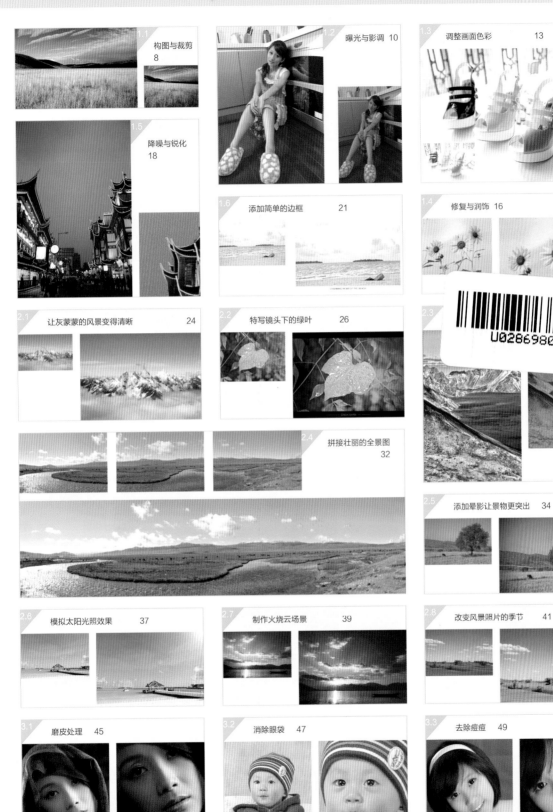

5.6　为夜空添加绚烂的烟火　100

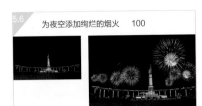

5.7　增强夜景中灯光的颜色　104

6.1　添加文字　107

6.2　描边文字　109

6.3　立体文字　111

6.4　变形文字　114

6.5　炫彩文字　116

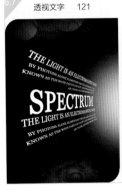

6.6　发光文字　118

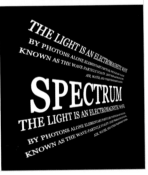

6.8　剪切文字　123

6.7　透视文字　121

7.1　多重描边文字　126

7.2　寒光金属文字　129

7.3　橙色荧光字　133

7.4 字母填充文字　　135

7.5 图文结合文字　　138

7.6 制作细沙质感文字　　141

7.7 磨损文字　　144

7.8 珍珠描边文字　　146

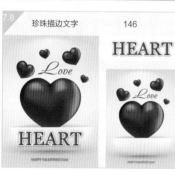

8.1 制作水墨画效果　　150

8.2 打造逼真的素描画　　153

8.3 制作油画风格的绘图效果　156

8.4 为绘图添加真实的纹理　159

8.5 打造木版画效果　　161

8.6 将照片制作成绘画效果　164

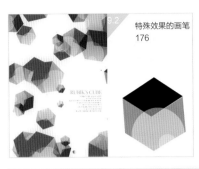

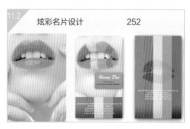

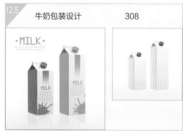
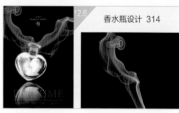

13.1　网站图标设计　329

13.2　网站应用元素设计　336

13.3　艺术网站设计　343

13.4　摄影网站设计　349

13.5　房产网站首页设计　354

14.1　清新的阳光生态　372

13.7　科技网站设计　366

13.6　女性网站设计　360

14.3　吹泡泡的小男孩　386
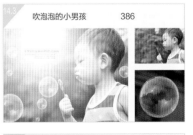

14.2　和谐的田园生活　379

14.5　眺望江边魅力夜景　398

14.4　儿童乐园　390

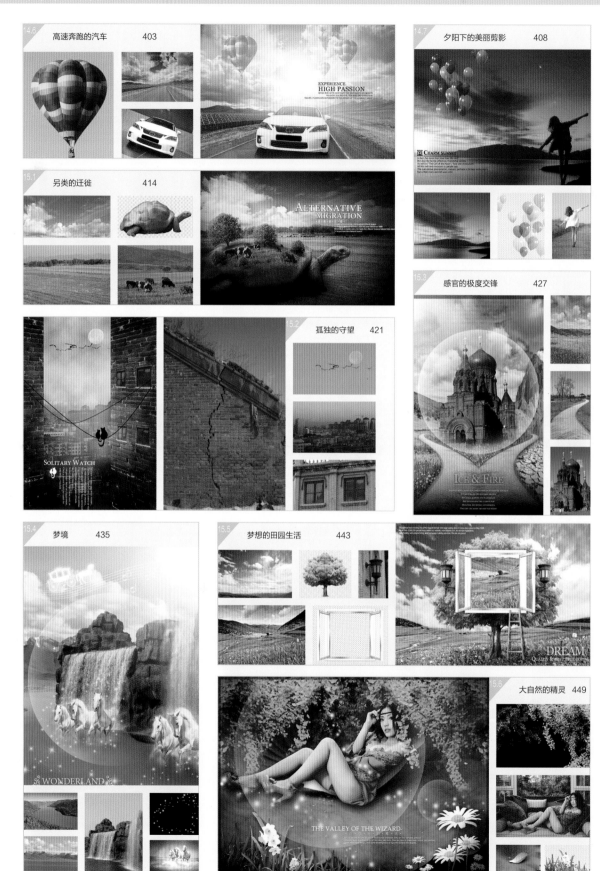

中文版 **Photoshop** CS6

实例教程（超值版）创锐设计◎编著

人民邮电出版社
北京

图书在版编目（CIP）数据

中文版Photoshop CS6实例教程：超值版 / 创锐设计编著. -- 北京：人民邮电出版社，2016.1（2019.9重印）
ISBN 978-7-115-40781-8

Ⅰ. ①中… Ⅱ. ①创… Ⅲ. ①图象处理软件—教材
Ⅳ. ①TP391.41

中国版本图书馆CIP数据核字(2015)第282048号

内 容 提 要

本书通过大量实例，介绍各种照片处理及创意图像特效的制作方法和技巧，全书共15章，总计105个实例，包括照片修饰、文字处理、绘图创作、设计应用及影像创意5个部分，通过精美的案例，从不同角度由浅入深地介绍了Photoshop的基础知识及操作技巧。

书中共分为5个部分，其中第1部分为照片处理，介绍了不同类型照片的处理和修饰技巧，引导读者快速掌握数码照片处理的核心技能；第2部分为文字的艺术化处理，该部分结合了作者多年从事平面设计工作的实战经验，通过大量实用、典型的设计案例，详细讲解了各种常见文字特效的设计方法及技巧；第3部分为图像的绘制与创作，利用"打造逼真的绘图效果"章节介绍了照片转换为绘图效果的多种编辑方法，再通过"绘图创作"章节将计算机绘图的操作技巧及绘制手法进行了专业的讲解；第4部分为平面设计应用，从海报广告、证卡名片、包装界面及网页设计4个方面，利用具有代表性的实用案例介绍了艺术设计的相关应用知识及操作技巧，让读者对平面设计有更深刻的理解；第5部分为影像的特效创作，通过精美的特效合成案例启迪读者的创意灵感，引领读者畅游想象的乐园，真正体会到设计的妙趣。同时，书中大量的TIPS知识点提示和"知识提炼"板块将Photoshop的基础知识与实例操作进行了完美的融合，让读者轻松掌握软件的相关基础概念及操作技巧。此外，本书附带的"下载资源"中包含书中案例的源文件和素材文件，以及本书案例的视频教学录像，可以帮助读者更好地学习和掌握本书内容。扫描封底"资源下载"二维码即可获得下载方法，如需资源下载技术支持，请致函 szys@ptpress.com.cn。

本书适合有一定基础的Photoshop爱好者，从事影楼后期处理技术、平面广告设计、产品包装造型等工作人员以及计算机美术爱好者，同时也可以作为各类计算机培训学校及大中专院校的教学参考书。

♦ 编　　著　创锐设计

　　责任编辑　张丹丹

　　责任印制　程彦红

♦ 人民邮电出版社出版发行　　北京市丰台区成寿寺路11号

　　邮编　100164　电子邮件　315@ptpress.com.cn

　　网址　http://www.ptpress.com.cn

　　固安县铭成印刷有限公司印刷

♦ 开本：787×1092　1/16

　　印张：28.5　　　　　　　彩插：4

　　字数：972 千字　　　　　2016 年 1 月第 1 版

　　印数：5 001 - 5 300 册　　2019 年 9 月河北第 9 次印刷

定价：49.00 元

读者服务热线：(010)81055410　印装质量热线：(010)81055316
反盗版热线：(010)81055315

在追求视觉美的今天，生活中的各个细节都包含着设计师的用心和创意。怎样才能打造出完美的图像和具有强烈视觉震撼的影像呢？各种各样炫彩多姿的视觉特效虽然看起来制作复杂、难以实现，但是一旦掌握其编辑原理，将其抽丝剥茧般进行重现，就可以真正理解其制作的方法和技巧。本书的编写目的就是要帮助读者快速掌握在Photoshop中如何对图像进行特效处理，包括照片的润饰、文字的编辑、绘图创作、设计应用和合成特效等，利用丰富的内容、全面的知识以及经典而时尚的案例带给读者全新的学习体验和完美的视觉享受。本书内容由浅入深、循序渐进地引导初学者快速入门，提高中级读者的平面设计制作技术，让高级读者更全面地了解软件的具体应用。

本书内容编排思路

第1部分照片修饰（第1～5章）：从照片的基础处理开始，通过不同类型照片的处理，对数码照片的修饰、构图、润色等进行有针对性的讲解。

第2部分艺术文字（第6～7章）：分为基础文字设计和艺术文字制作两个版块，对文字的修饰、创作和美化进行讲解，用精炼的案例将Photoshop的文字编辑进行介绍。

第3部分绘图创作（第8～9章）：通过对滤镜、"画笔工具"、"混合器画笔工具"、"喷枪画笔"和"毛刷画笔"的使用，对Photoshop中的绘图功能进行讲解。

第4部分设计应用（第10～13章）：分别从广告、证卡、网页和产品包装等多个方面进行案例的安排，将Photoshop的软件操作与实际应用相结合。

第5部分影像创意（第14～15章）：通过精美的特效合成案例启迪读者的创意灵感，引领读者畅游想象的乐园，真正体会到设计的妙趣。

本书特色

●**全面的知识讲解**：从基础知识到Photoshop的高级功能，在每个案例后的"知识精炼"版块都将进行比较有针对性的讲解，让读者快速掌握软件的常用操作。

●**精美实用的案例**：本书从照片处理、文字修饰、绘图制作、设计应用和创意特效5个方面进行案例的安排，提供了105个典型的实例，用精美的画面凸显出Photoshop强大的制作功能。

●**详尽丰富的操作**：每个案例都包含了详细的操作步骤，并配以图例演示和文字说明，方便读者理解和掌握操作的方法。

●**贴心的技巧提示**：书中包含了多个TIPS处理要点提示，对重要的知识点和处理技法进行了提炼，帮助读者快速深入地掌握更多的Photoshop CS6软件的应用知识。

●**超值的下载资源**：随书配赠的下载资源中包含了本书中所有实例的素材、源文件，帮助读者在进行学习的过程中参考和演练。

在编写本书的过程中难免会存在疏漏之处，恳请广大读者批评指正。

编　者

2013年10月

CONTENTS
目录

第1部分 照片修饰

第1章

照片的基础美化

想要得到一张高品质的照片，除了前期的选景、构图、环境和光线等因素以外，还需利用Photoshop对照片进行后期处理来实现对照片的曝光、颜色、瑕疵的校正和修复。本章将通过简单的基础操作对照片进行美化，由此增强画面的表现力。此外，通过后期处理不仅可以完善照片的整体画面，还能根据需要营造出不同的意境和画面效果。

本章内容

构图与裁剪	知识提炼：裁剪工具
曝光与影调	知识提炼：曝光度
调整画面色彩	知识提炼：色彩平衡与可选颜色
修复与润饰	知识提炼：仿制图章工具
降噪与锐化	知识提炼：减少杂色与USM锐化
添加简单的边框	知识提炼：矩形选框工具

1.1 构图与裁剪

在处理照片时，首先应对画面的表现内容有一定的构想，观察照片的构图是否需要进行调整。在Photoshop中可以通过"裁剪工具"及"拉直工具"对照片的构图及视觉角度进行校正，将多余的图像删除，让画面表现更为准确，主体对象更为突出，由此打造出完美的构图效果。

素　材	素材\01\01.jpg
源文件	源文件\01\构图与裁剪.psd

STEP 01　选择"裁剪工具"

运行Photoshop CS6应用程序，打开素材\ 01\01.jpg文件，可查看到照片原始效果，选择工具箱中的"裁剪工具"，Photoshop将自动在照片的周围创建一个裁剪框，将图像框选到其中。

STEP 02　绘制水平基线

选中"裁剪工具"后，在该工具的选项栏中单击"拉直"按钮，使用鼠标在图像窗口中单击，并沿着照片中的水平线进行拖曳，为照片创建新的水平基线，在基线的末端将显示出直线的角度。

打开文件的方法　　　　　　　　　　　TIPS

在Photoshop中执行"文件＞打开"菜单命令，或者直接按Ctrl+O快捷键，在打开的"打开"对话框中可以选择素材所在的路径，双击文件名称即可将需要打开的照片在Photoshop中打开。

STEP 03　编辑裁剪框

Photoshop将根据绘制的水平基线创建一个带有角度的裁剪框，使用鼠标调整裁剪框的大小，将照片中的水平线放置在裁剪框的中间，使画面中天空和大地的图像各占一半，让照片视觉效果更为完美。

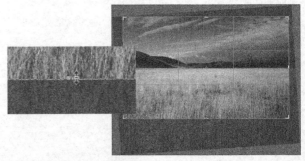

重复创建水平/垂直基线　　　　　　　TIPS

如果对绘制的水平/垂直基线不满意，可以再次单击工具栏中的"拉直"按钮，利用"拉直工具"重新创建基线，直到调整的效果满意为止。

STEP 04　确认裁剪

　　完成裁剪框的编辑后，选择工具箱中的"移动工具" ，Photoshop将弹出警示对话框，提示是否对图像进行裁剪，单击"裁剪"按钮，确认图像的裁剪编辑。

快速确认裁剪内容　　　　　　　　　　　　　　**TIPS**

　　按Enter键可以对裁剪框的编辑进行快速确认，并且不会弹出提示对话框。

STEP 05　预览裁剪效果

　　确认裁剪后，在图像窗口中可以看到裁剪后的图像效果，水平线更平稳，画面中天空与大地的图像比例显得更加协调，让观赏者的视野变得更为宽阔。

STEP 06　调整画面色阶

　　单击"调整"面板中的"色阶"按钮，创建色阶调整图层，在打开的"属性"面板中拖曳色阶滑块依次到10、1.16、240的位置，调整风景照片的影调，在图像窗口中可以看到最终的编辑效果。

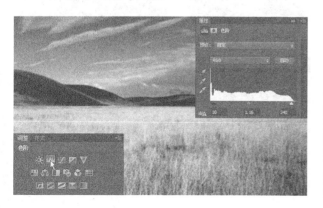

知识提炼　**裁剪工具**

　　当处理一些构图效果不理想的照片时，需要通过重新构图来使画面中的主体更突出，由此展现出构图完美的画面效果，利用"裁剪工具"可以快速对照片的构图进行调整，裁剪掉照片中多余的图像，对照片的构图进行重新定义。

　　单击工具箱中的"裁剪工具"按钮，可以在其选项栏中看到如下图所示的设置选项，通过这些选项的调整可以让图像的裁剪更为准确。

❶预设下拉列表：在该下拉列表中包含了"原始比例"、"1×1（方形）"、"4×5（8×10）"、"存储预设"、"大小和分辨率"等选项，可以选择预设的尺寸及比例来对裁剪框进行快速设定，还能将设置的裁剪比例存储为预设的裁剪进行保存，方便再次使用。

❷拉直：单击该按钮可以激活"拉直工具"，使用该工具可以在图像窗口中通过单击并拖曳的方式重新创建水平/垂直基线，常用于校正倾斜的照片。

❸视图：在视图下拉列表中包含了多种视图效果，它可以将裁剪框中的线条以不同的方式进行显示，方便用户进行准确的裁剪操作。下图所示分别为选择"网格"和"对角"视图下的裁剪框显示效果。

　　在"裁剪工具"选项栏的最末端还包含了如下图所示的三个设置按钮，可以对裁剪的编辑进行有效的控制。

复位裁剪框：单击该按钮可以将裁剪框恢复到最初始的编辑状态。

取消当前裁剪操作：单击该按钮可取消裁剪操作。

提交当前裁剪操作：单击该按钮可以对当前裁剪框进行确认，Photoshop将根据裁剪框的编辑裁剪图像。

1.2 曝光与影调

由于拍摄环境或者曝光设置不当，会导致拍摄出来的照片偏暗或者偏亮，本例中通过使用"曝光度"调整图层，将偏暗的照片调亮，并利用"色阶"调整图层中的通道对单个通道中的影调进行精确的调整，由此解决画面曝光不足的问题，让画面恢复真实的明暗对比效果。

素 材	素材\01\02.jpg
源文件	源文件\01\曝光与影调.psd

STEP 01　创建"曝光度"调整图层

运行Photoshop CS6应用程序，打开素材\ 01\02.jpg文件，可查看到照片原始效果。执行"窗口>调整"命令，打开"调整"面板，单击其中的"曝光度"按钮，创建"曝光度"调整图层。

STEP 02　设置"属性"面板

创建"曝光度"调整图层后，将自动打开"属性"面板，在其中设置选项，调整"曝光度"选项的参数为1.15、"位移"选项的参数为0、"恢复系数校正"选项的参数为0.86，完成后关闭该面板。

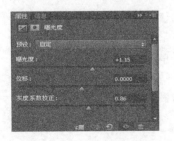

STEP 03　预览调整效果

对"曝光度"调整图层的"属性"面板进行设置后，可以在图像窗口中看到照片的画面变亮，恢复到了正常的明暗效果，同时在"图层"面板中可以看到创建的"曝光度"调整图层效果。

其他新建调整图层的方法　　　　　　　　　　　TIPS

执行"图层>新建调整图层"菜单命令，在打开的子菜单命令中，可以选择所需的调整图层命令；还可以单击"图层"面板下的"创建新的填充或调整图层"按钮，在打开的菜单命令中，可以单击所需的命令创建新的调整图层，这两种方法都可以创建新的调整图层。

STEP 04 调整画面整体色阶

通过"调整"面板创建"色阶"调整图层，在打开的"属性"面板中依次拖曳RGB选项下的色阶滑块到0、1.21、255的位置，对整体图像的色阶进行调整。

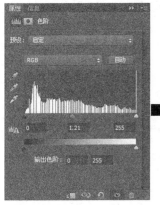

STEP 05 调整红和蓝通道的色阶

继续对"色阶"调整图层进行设置，选择"红"通道，在该选项下依次拖曳色阶滑块到12、1.05、238的位置，然后选择"蓝"通道，在该选项下依次拖曳色阶滑块到20、1.15、245的位置。

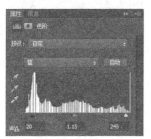

STEP 06 预览编辑效果

完成"色阶"调整图层的编辑后关闭其"属性"面板，在图像窗口中可以看到画面的影调更加细腻，在"图层"面板中可以看到创建的"色阶"调整图层效果。

STEP 07 提高画面对比度

通过"调整"面板创建"亮度/对比度"调整图层，在打开的"属性"面板中设置"对比度"选项的参数为20，在图像窗口中可以看到本例最终的编辑效果。

知识提炼 曝光度

● 曝光度

针对曝光过度导致的照片过白，或是曝光度不足造成的照片整体偏暗，都可以通过"曝光度"命令对照片进行调整。执行"图像>调整>曝光度"菜单命令，可以打开如下图所示的"曝光度"对话框。

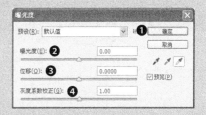

❶预设：在该选项的下拉列表中包含了多个预设选项，可以选择所需的效果应用到图像中。

❷曝光度：该选项用于设置图像的曝光度，单击并向右拖曳调整滑块，可以增强画面的曝光度，以提高亮度；单击并向左拖曳调整滑块，可以降低画面的曝光度，使图像变暗。下图所示分别为不同曝光度下的画面效果。

❸**位移**：用于调整图像的整体明暗度，向左拖曳滑块，可以使图像整体变暗；向右拖曳滑块，可以使图像整体变亮，该选项使阴影和中间调变暗，对高光的影响不大。下图所示分别为不同参数下的图效果。

❹**灰度系数校正**：该选项用简单的乘方函数调整图像的灰度系数，调整该选项将直接影响画面的明暗显示。

● **色阶**

如果拍摄的照片太亮、太暗或者对比度不强烈等问题，可以使用"色阶"命令来进行调整，它可以完善照片的曝光度和影调效果。

执行"图像>调整>色阶"菜单命令，可以打开如下图所示的"色阶"对话框，可以看到该命令是以调整图像直方图的方式控制画面明暗的。

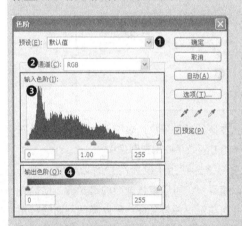

❶**预设**：在该选项中提供了多种软件自带的色阶选项，单击"预设"右边的下拉按钮✓，可以展开如下图所示的下拉列表，在其中可以选择所需的色阶调整效果。

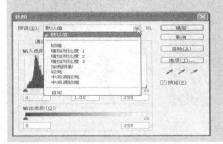

❷**通道**：单击"通道"右边的下拉按钮✓，可以展开该选项的下拉列表，在其中可以选择所需要调整的通道。在同一张照片中，选择不同的通道，将得到不同的直方图效果。下图所示为选择"红"和"蓝"通道后的直方图效果。

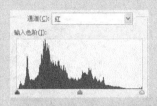 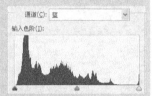

❸**输入色阶**：通过单击并拖曳"输入色阶"下方的滑块，或在其下方的数值框中输入参数，可以调整图像阴影、中间调和高光区域的色调和对比度，其黑色滑块所指的位置代表图像最暗的像素；灰色滑块所指的位置代表中间调的像素；白色滑块所指的位置代表图像最亮的像素。下图所示为使用"输入色阶"进行调整前后的图像效果。

❹**输出色阶**：通过单击并拖曳"输出色阶"下方的滑块，或在其下方的数值框中输入参数，可以调整图像的亮度，拖曳黑色滑块可以使图像变亮；拖曳白色滑块可以使图像变暗。下图所示分别为拖曳黑色滑块和白色滑块后的图形效果。

1.3 调整画面色彩

照片的拍摄过程中，由于白平衡的设置不准确、环境光线的影响等原因，会使拍摄出来的照片出现偏色的情况。在Photoshop中利用"色彩平衡"和"可选颜色"调整命令可以对照片的色调进行快速调整，由此来控制画面的整体色彩，纠正偏色的画面，还原最真实、自然的画面色彩。

素 材	素材\01\03.jpg
源文件	源文件\01\调整画面色彩.psd

STEP 01 创建"色彩平衡"调整图层

运行Photoshop CS6应用程序，打开素材\ 01\03.jpg文件，可查看到照片原始效果，单击"调整"面板中的"色彩平衡"按钮，创建"色彩平衡"调整图层。

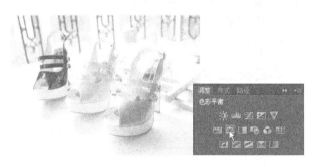

STEP 02 设置"中间调"选项参数

创建"色彩平衡"调整图层后，将打开"属性"面板，在其中的"中间调"选项下进行设置，调整色阶值为7、-8、55，在图像窗口中可以看到画面中的黄色减少，色彩趋于正常。

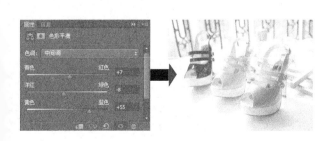

STEP 03 设置高光和阴影的颜色

继续在"属性"面板中进行设置，选择"色调"下拉列表中的"高光"选项，设置该选项下的色阶值分别为0、0、7，然后选择"色调"下拉列表中的"阴影"选项，设置该选项下的色阶值分别为0、6、10。

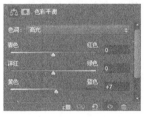 

STEP 04 预览调色效果

完成设置后，关闭"属性"面板，在图像窗口中可以看到画面的颜色不再偏黄，显示出其本来的色彩。

STEP 05　调整红色和黄色选项下的颜色

通过"调整"面板创建"可选颜色"调整图层，在打开的"属性"面板中设置"红色"选项下的色阶值分别为0、60、0、0，然后选择"颜色"下拉列表中的"黄色"选项，设置该选项下的色阶值分别为0、0、60、0。

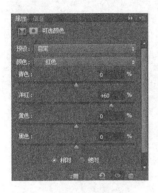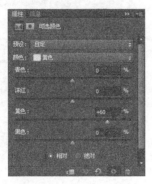

STEP 06　调整中间色和黑色选项下的参数

继续对"属性"面板进行设置，选择"颜色"下拉列表中的"中性色"选项，设置其色阶值分别为45、0、0、0，最后选择"颜色"下拉列表中的"黑色"选项，调整其色阶值分别为0、0、0、30。

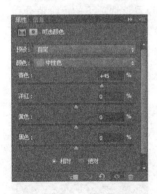

STEP 07　预览调色效果

完成"可选颜色"调整图层的设置后，在图像窗口中可以看到编辑后的效果，画面中鞋子的颜色更加鲜艳，展现出来的彩色更加接近人眼所看到的色调。

STEP 08　调整画面整体色阶

通过"调整"面板创建"色阶"调整图层，在打开的"属性"面板中设置RGB选项下的色阶值依次为23、1.00、255，对画面的影调进行调整，在图像窗口中可以看到本例最终的编辑效果。

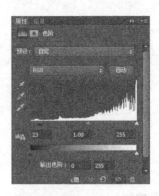

知识提炼　色彩平衡与可选颜色

● 色彩平衡

"色彩平衡"命令可以单独为高光、中间调和阴影区域的图像应用颜色更改，该命令可以改变图像整体颜色的混合，因此在对图像进行调整时，应先确定是否在"通道"面板中选择了符合通道，只有在选择了复合通道的情况下，该命令才可以使用。

执行"图像>调整>色彩平衡"菜单命令，可以打开如下图所示的对话框，在其中可以进行相应的设置。

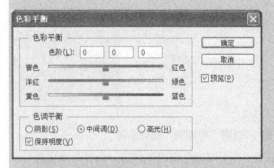

❶色彩平衡：在该选项组中拖曳滑块，或者直接改变"色阶"选项中的参数，可以对画面的颜色进行更改。下图所示为将滑块拖曳到"青色"方向的画面效果。

❷范围：在对图像的色彩平衡进行调整的过程中，可以对阴影、中间调和高光区域的颜色进行分别调整，单击选中需要调整范围的单选按钮，即可选中该范围进行调整。下图所示为对高光区域调整的效果。

❸保持明度：勾选该复选框，可以在调整色彩平衡时保持图像颜色的整体明度。下图所示分别为勾选和未勾选"保持明度"时的图像效果。

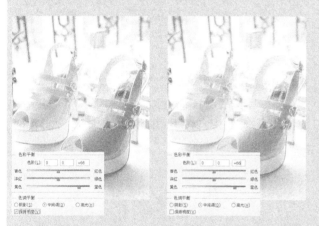

● 可选颜色

"可选颜色"命令可以有选择性地改变图像中主要颜色的印刷色，使印刷出来的颜色更加准确。在进行照片颜色的调整时，该命令可以让画面中特定颜色的表现更加精确，让最终的成像更加完美。

执行"图像＞调整＞可选颜色"菜单命令，可以打开如下图所示的"可选颜色"对话框，在其中可以针对不同的颜色进行有目的的设置。

❶颜色调整：在该选项的下拉列表中可以选择需要调整的颜色选项，然后在下方进行有针对性的调整，即对"青色"、"洋红"、"黄色"和"黑色"选项的参数进行调整。下图所示为对"黄色"选项进行调整前后的画面效果，图像中包含黄色的区域发生了颜色改变，而其他的颜色将不会发生变化。

❷方法：在该选项下包含了两个单选按钮，分别为"相对"单选按钮和"绝对"单选按钮。单击其中的"相对"单选按钮，可以按照总量的百分比更改现有的青色、洋红、黄色和黑色的含量；单击其中的"绝对"单选按钮，可以按照增加或减少的绝对值更改现有的青色、洋红、黄色和黑色的含量。下图所示为使用不同方法后的图像编辑效果。

快速恢复参数到默认状态   TIPS

　　在"可选颜色"对话框中进行设置的过程中，如果对设置的参数不满意，想要快速恢复数据到初始状态，可以选择"预设"下拉列表中的"默认值"选项，即可将所有的选项参数归零。

1.4 修复与润饰

由于拍摄角度或拍摄环境的原因，会将多余的图像纳入画面中，或由于镜头污点导致照片产生黑色的斑点，这些都可以使用Photoshop中的"仿制图章工具"来进行编辑，通过取样和覆盖的方式将多余的图像进行修复，让整体效果更加完美，最后使用"自然饱和度"调整图层对照片的颜色浓度进行调整，完善画面成像的效果。

素 材	素材\01\04.jpg
源文件	源文件\01\构图与裁剪.psd

STEP 01 复制图层

运行Photoshop CS6应用程序，打开素材\ 01\03.jpg文件，可查看到照片原始效果，按Ctrl+J快捷键复制"背景"图层，得到"图层1"图层。

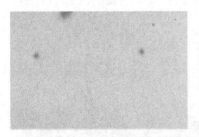

STEP 02 使用"仿制图章工具"

按住Alt键的同时上滑鼠标滑轮，将照片在图像窗口中放大显示，可以看到画面左上角的污点，选择工具箱中的"仿制图章工具" ![icon]，在其选项栏中进行设置，然后按住Alt键的同时在污点的周围单击进行取样，接着单击污点位置进行修复。

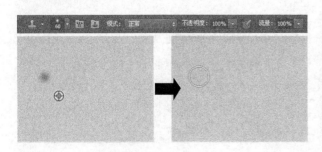

STEP 03 预览修复效果

使用与步骤02中相同的方法对其余的污点进行修复，在图像窗口中可以看到画面编辑后的效果，去除了左上角的污点图像。

STEP 04 盖印可见图层

按Ctrl+Alt+Shift+E快捷键盖印可见图层，得到"图层2"，在"图层"面板中可以看到盖印图层后所得到的图层效果。

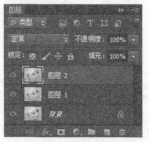

STEP 05　使用"仿制图章工具"

继续使用"仿制图章工具"进行编辑，保持该工具选项栏中的设置不变，按住Alt键的同时在左侧叶子的周围取样，然后在叶子位置单击，覆盖多余的叶子图像，在图像窗口中可以看到编辑的效果。

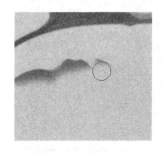

STEP 06　去除多余的枝干

使用"仿制图章工具"去除画面左侧多余的枝干，让画面保持整洁，在图像窗口中可以看到编辑后的画面更加协调，去除了繁杂的图像。

STEP 07　提高画面颜色浓度

通过"调整"面板创建"自然饱和度"调整图层，在打开的"属性"面板中设置"自然饱和度"选项的参数为90、"饱和度"选项的参数为30，增强画面的颜色浓度。

知识提炼　仿制图章工具

"仿制图章工具"可以将指定图像区域如同盖章一样，复制到指定的图像上，也可以将一个图层中的一部分图像绘制到另外一个图层中。

"仿制图章工具"对于复制对象或者移去图像中的缺陷很有用，其使用方法先是指定复制的基准点，即进行取样，然后移动鼠标进行图像的复制，完成图像的覆盖操作。在工具箱中选中"仿制图章工具"，可以看到如下图所示的选项栏，在其中可以对仿制的效果进行控制。

❶画笔样式：在设置仿制区域大小上单击，可以打开"画笔"选取器，在其中可以对仿制的图像形状、大小和硬度等进行设置，准确地控制笔尖的形状。

❷模式：用于设置仿制后的图像与背景图像之间的叠加模式。

❸不透明度：用于控制对仿制区域所应用的不透明程度，设置的参数越大，图像效果就越明显。下图所示为不同"不透明度"设置下的仿制效果。

❹对齐：勾选"对齐"复选框后，可连续对像素进行取样，即使释放鼠标也不会丢失当前取样点。如果取消勾选"对齐"复选框，则会在每次停止并重新开始绘制时使用初始取样点中的样本图像。

❺样本：从指定的图层中进行数据取样。如果要从当前图层及其下方的可见图层中进行取样，选择"当前和下方图层"选项；如果仅从当前图层中取样，选择"当前图层"选项；如果要从所有可见图层中取样，选择"所有图层"选项，根据需要可以选择所需的选项进行操作。

1.5 降噪与锐化

在拍摄夜景时，由于长时间的曝光或滤镜过滤等因素，会使拍摄出来的照片存在细小的杂色点，影响照片的整体效果，在后期处理中可以应用"减少杂色"滤镜将画面中细小的杂点去除，然后通过"USM锐化"滤镜凸显画面中景物的细节，最后提高画面颜色浓度，让画面效果更加完美。

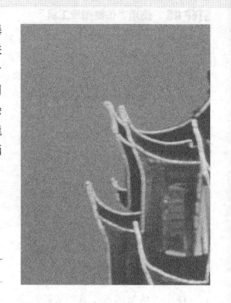

素 材	素材\01\05.jpg
源文件	源文件\01\降噪与锐化.psd

STEP 01　复制图层

运行Photoshop CS6应用程序，打开素材\ 01\03.jpg文件，按住Alt键的同时上滑鼠标滑轮，将图像放大显示，在图像窗口中可以看到画面中有很多细小的杂色点，接着按Ctrl+J快捷键复制"背景"图层，得到"图层1"图层。

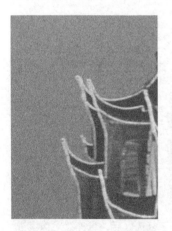

STEP 02　执行"减少杂色"命令

选中"图层1"图层，执行"滤镜>杂色>减少杂色"菜单命令，对图像应用"减少杂色"滤镜效果。

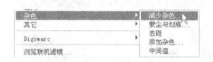

STEP 03　设置"高级"选项

执行"减少杂色"滤镜后，打开"减少杂色"对话框，在其中单击"高级"单选按钮，切换到高级编辑模式，设置"强度"选项为7、"保留细节"选项为30%、"减少杂色"选项为65%、"锐化细节"选项为10%，在左侧的图像预览窗口中可以看到画面杂色点减少了。

使用其他快捷键复制图层　　　　　　　　　　TIPS

在"新建图层"对话框中新建一个图层，可以按Ctrl+Shift+N快捷键；通过拷贝当前选中的图层来新建一个图层，可以按Ctrl+J快捷键，在"新建图层"对话框中建立一个当前选中的图层，可以按Ctrl+Alt+J快捷键。

STEP 04 设置"每通道"选项卡

继续进行设置,单击"每通道"标签,在其选项卡中选择"通道"下拉列表中的"蓝"选项,设置该选项下的"强度"为8、"锐化细节"为30%。

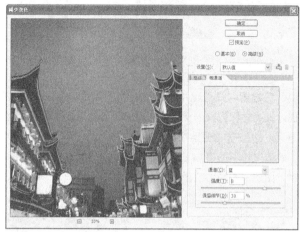

STEP 05 执行"USM锐化"命令

盖印可见图层,得到"图层2"图层,执行"滤镜>锐化>USM锐化"菜单命令,在打开的"USM锐化"对话框中对选项进行设置,让画面细节更加清晰。

STEP 06 预览效果

完成"减少杂色"滤镜和"USM锐化"滤镜的应用和编辑后,在图像窗口中可以看到画面中的杂色点消失,图像的细节更加清晰。

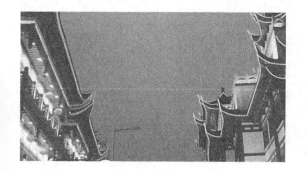

STEP 07 提高颜色浓度

通过"调整"面板创建"自然饱和度"调整图层,在打开的"属性"面板中设置"自然饱和度"选项的参数为70、"饱和度"选项的参数为10,增强画面的颜色浓度。

知识提炼 减少杂色与USM锐化

● 减少杂色

应用"减少杂色"滤镜可以在基于影响整个图像或者各个通道设置保留边缘的同时减少杂色,执行"滤镜>杂色>减少杂色"菜单命令,可以打开如下图所示的"减少杂色"对话框,在其中对各个选项进行设置,可以调整"减少杂色"的程度。

❶强度:该选项用于控制应用所有图像通道的明亮度杂色减少的数量,设置的参数越大,杂色去除的效果越明显。

❷保留细节:用于设置保留图像边缘和图像细节的程度,当参数设置为100%时,会保留大多数图像的细节,但会将明亮度杂色减到最少。

❸**减少杂色**：用于设置移去随机颜色像素的数量，参数越大，减少颜色杂色越多。

❹**锐化细节**：对图像细节部分进行锐化，移去杂色将会降低图像的清晰度，将该选项的参数设置为0%时，图像的边缘会变得很模糊。下图所示分别为10%和90%时的图像效果。

❺**移去JPEG不自然感**：勾选该复选框后，可以移去由于使用低JPEG品质设置存储图像而导致的斑驳伪像和光晕。

❻**高级**：如果明亮度杂色在一个或两个颜色通道中较明显，单击"高级"单选按钮，然后从"通道"选项的下拉列表中选择颜色通道，使用"强度"和"保留细节"选项对该通道中"去除杂色"的程度进行控制。下图所示为"高级"选项下的显示及选择颜色通道的操作。

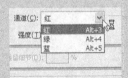

● USM锐化

在"锐化"滤镜组中包含了多个不同的锐化滤镜，其各自根据不同的锐化形式对图像进行清晰度的调整。其中"USM锐化"滤镜可以调节图像的对比度，使画面更加清晰，通过该滤镜对话框中的"数量"、"半径"和"阈值"选项的设置，可以对锐化后的图像效果进行完善，让画面中的细节更加清晰。

执行"滤镜>锐化>USM锐化"菜单命令，可以打开如下图所示的"USM锐化"对话框，其中包含了3个设置选项及锐化预览窗口。

❶**数量**：该选项用于控制锐化的数量，由于锐化是通过提高边缘像素的反差来实现的，因此，该选项的参数越大，边缘明暗像素之间的反差就越大，当"大小"和"阈值"选项的参数一定时，使用不同的"数量"可以得到下图所示的画面效果。

❷**半径**：该选项用于设置从图像的边缘开始，影响多少像素，参数越大，勾勒出来的图像边缘越宽。

❸**阈值**：该选项是避免因为锐化处理而导致的斑点、麻点等问题的关键参数，正确设置后即可使图像既保持平滑自然的效果，又可以对变化细节的反差做出相应的调整。当"阈值"选项的参数越大时，被认为是图像边缘像素越少，即只对主要边缘进行锐化；当"阈值"选项的参数为0时，所有不同色阶的相邻像素都要被提高反差。下图所示分别为不同"阈值"参数调整的画面效果。

1.6 添加简单的边框

在进行数码照片的编辑时，为了让画面的整体效果更加精致，可以为照片添加上简单的边框效果，只需使用"矩形选框工具"创建矩形选区，接着对选区进行反向选区，再为选区填充上适当的颜色，即可为照片的四周添加上边框，最后通过文字的添加让画面更加完整，展现出诗情画意的图片效果。

CHARMING VIEWS OF THE BEACH

素　材	素材\01\06.jpg
源文件	源文件\01\添加简单的边框.psd

STEP 01　提高画面颜色饱和度

运行Photoshop CS6应用程序，打开素材\ 01\06.jpg文件，可查看到照片的原始效果，通过"调整"面板创建"自然饱和度"调整图层，在打开的"属性"面板中设置"自然饱和度"选项的参数为90、"饱和度"选项的参数为10，增强画面的颜色浓度。

STEP 02　绘制矩形选区

选择"矩形选框工具" ，在其选项栏中进行设置，然后在图像窗口中单击并拖曳，释放鼠标后创建矩形的选区效果，在图像窗口中可看到创建的矩形选区。

STEP 03　反向选区

创建矩形选区后，执行"选择＞反向"菜单命令，将选区进行反向选取，即将之前选区以外的图像框选到选区中，在图像窗口中可以看到执行"反向"命令后的选区效果。

STEP 04　新建图层

完成选区的编辑后，在"图层"面板中单击"新建图层"按钮，创建新的图层，得到"图层1"图层，然后在工具箱中设置前景色为白色。

STEP 05　为选区填充白色

　　使用工具箱中的"油漆桶工具" ，在图像窗口中的选区中进行单击，将选区填充上白色，在图像窗口中可以看到照片的四周变成了白色的边框效果。

STEP 06　添加文字

　　选择"横排文字工具" ，在图像中单击并输入所需的文字，并打开"字符"面板进行设置，将文字放在画面的下方，在图像窗口可以看到本例最终的效果。

CHARMING VIEWS OF THE BEACH

知识提炼　矩形选框工具

　　在对照片进行处理的过程中，有时可能会对一些比较规则的区域进行调整和编辑，此时创建选区就显得很必要了，它可以让图像的操作更加快捷。

　　使用"矩形选框工具"可以创建规则的矩形选区，只需单击鼠标并进行拖曳，就能创建矩形选区，单击工具箱中的"矩形选框工具"按钮，可以在选项栏中显示出如下图所示的设置选项。

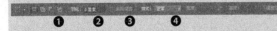

　　❶选取方式：用于控制选区的添加或减去，以控制选区的大小，单击其中的"新选区"按钮，可以用"矩形选框工具"在图像中创建新的矩形选区；单击"添加到选区"按钮，可将后建立的选区与原选区相加；单击"从选区中减去"按钮，可在原选区中减去新选区；单击"与选区交叉"按钮，可保留新选区和原选区之间的相交部分。下图所示依次为创建新选区、添加到选区、从选区中相减和与选区交叉的选区创建效果。

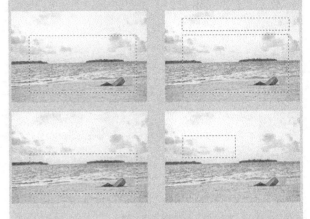

　　❷羽化：通过该选项可以对选区和选区周围之间的像素进行模糊处理，设置范围为0～1000像素。下图所示分别为羽化50像素与羽化200像素的选区效果，可以看到参数越大，边缘越光滑。

　　❸消除锯齿：该选项通过软化边缘像素与背景像素之间的颜色转换，使选区的锯齿状边缘平滑。

　　❹样式：用于设置选区的现状，在该下拉列表中包含了"正常"、"固定比例"和"固定大小"3个选项，如下图所示。当选择"固定比例"和"固定大小"选项后，后面的"宽度"和"高度"选项将被激活。

　　利用"固定比例"选项可以创建出宽度和高度比例相同的选区，"固定大小"选项可以创建出相同大小的矩形选区，创建的选区效果如下图所示。

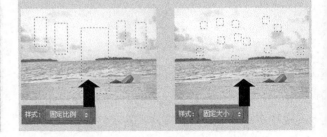

第2章

风景照片的处理

在拍摄风景照片时，由于天气、器材和个人技术等原因，不可能做到每张照片都完美无缺，只有根据照片的特色进行适当的后期处理，包括调整命令的巧妙运用、图层蒙版的使用和滤镜效果的添加等，才能使照片想要表达的意境再现出来，为照片带来颠覆性的改变。

本章内容

2.1 让灰蒙蒙的风景变得清晰

拍摄雪山时会由于曝光控制不当而导致画面呈现出灰蒙蒙的状态，在后期处理中可以使用"色阶"和"曲线"命令对其影调进行调整，恢复正常的曝光和画面层次，然后利用"自然饱和度"调整图层提高画面颜色的鲜艳度，最后通过"减少杂色"滤镜去除画面中的杂色点，让雪山更加清晰和壮丽。

素　材	素材\02\01.jpg
源文件	源文件\02\让灰蒙蒙的风景变得清晰.psd

STEP 01　创建"色阶"调整图层

运行Photoshop CS6应用程序，打开素材\ 02\01.jpg文件，可查看到照片的原始效果，执行"窗口>调整"命令，打开"调整"面板，单击其中的"色阶"按钮██，创建"色阶"调整图层。

STEP 02　设置"属性"面板

创建"色阶"调整图层后，在打开的"属性"面板中进行设置，依次拖曳RGB选项下的色阶滑块到31、1.19、232的位置，对全图的影调进行调整。

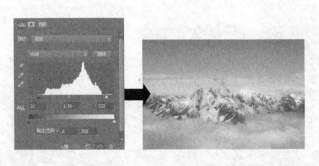

STEP 03　编辑"曲线"调整图层

创建"曲线"调整图层，选择"蓝"通道，对该通道下的曲线形态进行设置，调整上下两个控制点的位置，改变画面中蓝色区域的影调。

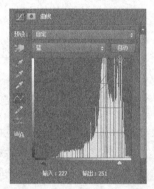

STEP 04　预览编辑效果

完成"蓝"通道曲线的调整后，可以在图像窗口中看到雪山的颜色更加洁白，画面的色彩趋于正常。

STEP 05　调整画面曝光度

　　创建"曝光度"调整图层，在打开的"属性"面板中设置"曝光度"选项为0.17、"灰度系数校正"选项的参数为0.88，在图像窗口中可以看到画面编辑后的效果。

STEP 06　增强画面颜色浓度

　　创建"自然饱和度"调整图层，在打开的"属性"面板中设置"自然饱和度"选项为50、"饱和度"选项为5，增强画面的颜色浓度，使其更加鲜艳。

STEP 07　减少画面杂色

　　按Ctrl+Shift+Alt+E快捷键盖印可见图层，得到"图层1"图层，执行"滤镜＞杂色＞减少杂色"菜单命令，在打开的对话框中对各个选项进行设置，减少画面中的杂色点，在图像窗口中可以看到最终的编辑效果。

知识提炼　色阶

　　"色阶"命令可以通过修改图像的阴影区、中间调和高光区的亮度来调整图像的色调范围和色彩平衡。执行"图像＞调整＞色阶"菜单命令，可以打开如下图所示的"色阶"对话框，在其中可以对各个选项进行设置。

　　❶预设：在"预设"下拉列表中可以选择多种预设的色阶调整效果，如下图所示。选择"自定"选项后，可以通过下面的"输入色阶"和"输出色阶"对影调进行调整。

　　❷通道：用于选择所要进行色调调整的通道。

　　❸输入色阶：利用"输入色阶"选项下的滑块可以对画面的影调和颜色进行调整，左边黑色的滑块代表画面的阴影部分；中间灰色的滑块代表中间色；右边白色的滑块代表高光部分。通过拖曳这些滑块就可以通过图像中最暗处、中间色和最亮处的色调值调整图像的对比度和颜色。

　　❹输出色阶：利用"输出色阶"选项可以调节图像的亮度，将黑色的滑块向右拖曳时图像会变得更亮，将右侧的白色滑块向左拖曳时图像会变得更暗。

　　❺选项：单击"选项"按钮会弹出"自动颜色校正选项"对话框，通过该对话框可以设置自动颜色，通过"目标颜色和剪切"选项组中的"阴影"、"中间调"和"高光"选项可以更改图像的阴影、中间调和高光区域的颜色。

2.2 特写镜头下的绿叶

　　在对植物进行特写拍摄的过程中，捕捉绿叶最佳的表现形态显得尤为重要。本例中的绿叶外形优美，但是背景太过繁杂，层次不够明显，在后期处理中利用"色彩平衡"和"亮度/对比度"调整图层加强绿叶颜色和层次的表现，再使用"画笔工具"将照片周围的像素变暗，凸显出主体对象，制作出完美的特写镜头下的拍摄效果。

素　材	素材\02\02.jpg
源文件	源文件\02\特写镜头下的绿叶.psd

STEP 01　创建"色彩平衡"调整图层

　　运行Photoshop CS6应用程序，打开素材\ 02\02.jpg文件，可查看到照片的原始效果，执行"窗口＞调整"命令，打开"调整"面板，单击其中的"色彩平衡"按钮，创建"色彩平衡"调整图层。

STEP 02　调整画面颜色

　　创建"色彩平衡"调整图层后，在"属性"面板中进行设置，调整"中间调"选项下的色阶值分别为-10、46、-30，可以看到叶子的颜色更加翠绿。

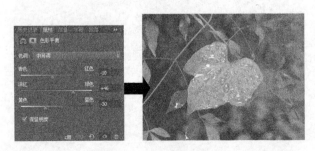

STEP 03　增强画面明暗区域的对比

　　创建"亮度/对比度"调整图层，在打开的"属性"面板中设置"对比度"选项的参数为45，增强画面明暗区域的对比，可以看到画面层次感增强了。

STEP 04　新建图层

　　在"图层"面板中单击下方的"创建新图层"按钮，在"亮度/对比度"调整图层的上方创建一个新的图层，得到"图层1"图层。

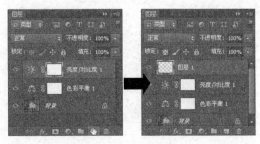

STEP 05 使用"画笔工具"进行编辑

选择"画笔工具" ✐，设置前景色为黑色，并调整其"不透明度"为20%、"流量"为100%，适当调整画笔的大小，使用鼠标在画面的四周进行涂抹。

设置画笔大小的快捷方式 TIPS

按键盘上的【键或者】键，可以快速对"画笔工具"的大小进行调整。

STEP 06 盖印可见图层

完成画笔的涂抹后，在图像窗口中可以看到编辑后的效果，然后按Ctrl+Alt+Shift+E快捷键盖印可见图层，得到"图层2"图层。

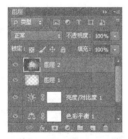

STEP 07 执行"高反差保留"滤镜

选中"图层2"图层，执行"滤镜>其他>高反差保留"菜单命令，在打开的"高反差保留"对话框中设置"半径"选项的参数为12像素，完成设置后单击"确定"按钮，接着在"图层"面板中设置该图层的混合模式为"叠加"，可以看到画面的细节更加清晰。

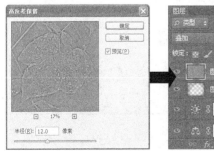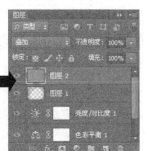

STEP 08 添加边框

新建图层，得到"图层3"图层，使用"矩形选框工具" ▦ 创建两个矩形选区，并为选区填充上黑色，为照片添加上黑色的边框，在图像窗口中可以看到编辑的效果。

STEP 09 添加文字

使用工具箱中的"横排文字工具" T，输入所需的文字，并打开"字符"面板进行设置，适当调整文字的位置，放在画面的下方，在图像窗口中可以看到本例最终的编辑效果。

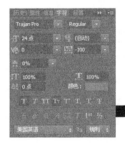

知识提炼 **"高反差保留"滤镜**

"高反差保留"滤镜可以调整图像中的亮度，降低阴影部分的饱和度。

执行"滤镜>其他>高反差保留"菜单命令，可以打开如下图所示的"高反差保留"对话框，该滤镜使用灰色的区域显示被删减的图像，由此凸显出图像的边缘部分。

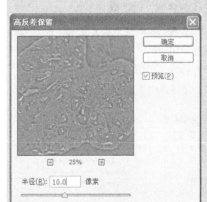

半径：该选项用于设置图像边缘显示的程度，设置的参数越大，所保留的原始图像就越多。

2.3 打造震撼的HDR影调

HDR影调是指一种高动态视觉影像的画面效果，它通过相机对固定的光线强度记录影像的范围，对一个画面内的亮部和暗部进行分段记录，在Photoshop CS6中可以通过"HDR色调"命令直接将普通照片转换为HDR影调，并结合调整命令完善画面的颜色和明暗，将画面打造成强烈明暗对比的画面效果。

素 材	素材\02\03.jpg
源文件	源文件\02\打造震撼的HDR影调.psd

STEP 01 执行"HDR色调"命令

运行Photoshop CS6应用程序，打开素材\ 02\03.jpg文件，可查看到照片的原始效果，执行"图像＞调整＞HDR色调"命令。

STEP 02 设置"HDR色调"对话框

在打开的"HDR色调"对话框中设置参数，设置"半径"为176像素、"强度"为0.46、"灰度系数"为0.75、"曝光度"为0.30、"细节"为300%、"阴影"为-50、"高光"为-35、"自然饱和度"为50、"饱和度"为26。

STEP 03 预览编辑效果

完成"HDR色调"对话框中的参数设置后，单击"确定"按钮关闭对话框，在图像窗口中可以看到编辑的效果，画面中的影调和色调均发生了改变，整体画面的视觉冲击力增强，更具感染力。

"HDR色调"对图层的拼合　　　　　　　TIPS

在执行"HDR色调"命令之前，如果"图层"面板中存在"背景"图层之外的图层，Photoshop会自动提醒是否对图层进行拼合，只有进行拼合后，方可执行"HDR色调"命令。

STEP 04 增强画面对比度

创建"亮度/对比度"调整图层，在打开的"属性"面板中设置"亮度"为-5、"对比度"为25，然后使用黑色的"画笔工具" ✏ 在调整过度的区域进行涂抹。

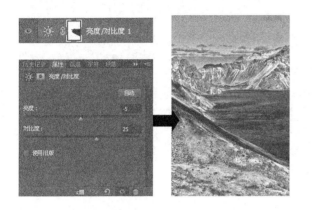

STEP 05 调整画面的色阶

通过"调整"面板创建"色阶"调整图层，在"属性"面板中依次拖曳色阶滑块到34、0.94、217的位置，然后设置该图层的混合模式为"柔光"、"不透明度"为50%。

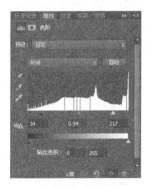 

STEP 06 编辑图层蒙版

选择"画笔工具" ✏，设置前景色为黑色，在画面中湖水的位置进行涂抹，隐藏对其应用的效果，在图像窗口中可以看到编辑后的效果。

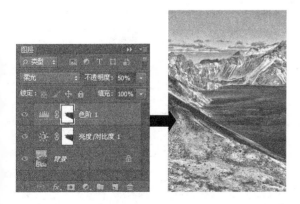

STEP 07 增强天空部分的颜色浓度

使用"套索工具" ⬚ 将画面中的天空部分创建为选区，然后单击"调整"面板中的"自然饱和度"按钮 ▽，创建"自然饱和度"调整图层，设置"自然饱和度"为80、"饱和度"为20，提高天空部分的颜色浓度。

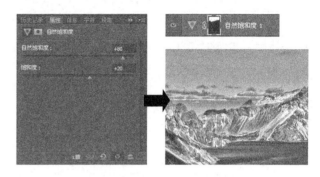

STEP 08 锐化图像细节

盖印可见图层，得到"图层1"图层，执行"滤镜＞锐化＞USM锐化"菜单命令，在打开的对话框中设置"数量"为60%、"半径"为3像素、"阈值"为2色阶，对画面中的细节进行锐化。

知识提炼 "HDR色调"与图层蒙版

● HDR色调

HDR的英文全称是High Dynamic Range，即高动态范围，图像的高动态范围是指图像最明亮部分和最暗部分的显示比例。

Photoshop CS6中的"HDR色调"命令可以把图像的亮部调得非常亮，暗的部分调得很暗，而且亮部的细节会被保留，可以用于修补太亮或太暗的图像，制作出高动态范围的图像效果。

执行"图像＞调整＞HDR色调"菜单命令，可以打开如下图所示的"HDR色调"对话框，在其中可以对画面的动态效果进行设置。

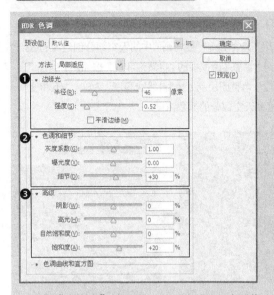

整的效果更加明显。下图所示分别为不同"阴影"和"高光"选项的调整效果，可以看到对"阴影"和"高光"选项的参数设置越大，画面就越亮。

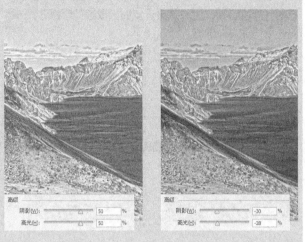

❶ "边缘光"选项组：用于设置画面中图像边缘的亮度，其中"半径"用于指定局部亮度区域的大小；"强度"用于指定两个像素之间色调值的差距，这两个选项分别用于设置不同的亮度区域。下图所示为不同设置下的调整效果，可以看到参数越大，图像的边缘就越亮。

单击"预设"选项后面的下拉按钮，还可以展开如下面左图所示的下拉列表，在其中可以选择预设的选项进行应用，其中包含了"城市暮光"、"平滑"、"单色艺术效果"、"单色高对比度"和"更加饱和"等选项。展开"色调曲线和直方图"选项，可以看到如下面右图所示的曲线调整视图，在其中可以对画面的影调进行精确的控制，由此让最终的HDR效果更加具有视觉冲击力。

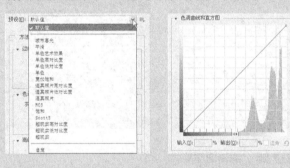

❷ "色调和细节"选项组："灰度系数"设置为1.0时动态范围最大，较低的设置会加重中间调，而较高的设置会加重高光和阴影。此外，"曝光度"选项的参数值反映光圈大小，拖动"细节"选项下的滑块可以调整画面的锐化程度，移动"灰度系数"选项下的滑块可以调整画面明暗区域的对比度。

❸ "高级"选项组：拖动"阴影"和"高光"滑块可以使这些区域变亮或变暗，"自然饱和度"选项可细微调整颜色浓度，同时尽量不剪切高度饱和的颜色，而"饱和度"选项用于调整从–100（单色）到+100（双饱和度）的所有颜色的强度，控制的颜色浓度范围更大，调

在对"色调曲线和直方图"选项进行调整的过程中，通过单击下方的按钮，还可以对直方图的显示视图进行垂直的翻转，以方便对图像的曝光进行查看，具体操作如下图所示。

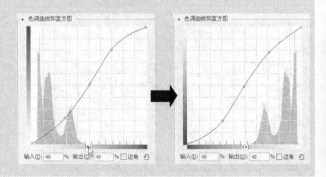

● 图层蒙版

蒙版是Photoshop中重要的功能之一，主要起到过渡的作用，可以把蒙版看作是遮挡在图像上的一块镜片，透过镜片可以看到图像的内容，利用各种蒙版可以快速完成图层之间的显示和隐藏。

创建蒙版后，双击蒙版的缩览图，会打开蒙版的"属性"面板，如下图所示，在其中可以查看到蒙版的类型及相关的设置选项，可以对蒙版的边缘进行羽化、控制蒙版的整体浓度、对蒙版的边缘进行调整以及反相等操作。

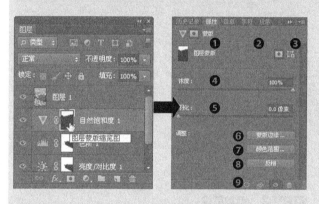

❶蒙版预览框：显示当前创建的蒙版效果和蒙版的类型。

❷添加图层蒙版：单击该按钮可以在选中的图层中创建图层蒙版。

❸添加矢量蒙版：单击该按钮可以在选中的图层中创建一个矢量蒙版。

❹浓度：用于设置蒙版的应用程度，默认状态下为100%显示，设置的参数越低，蒙版的显示就越淡。

❺羽化：该选项用于羽化蒙版的边缘，设置的参数越大，羽化的区域就越大。

❻蒙版边缘：单击"蒙版边缘"按钮，可以打开"调整蒙版"对话框，在其中可以对蒙版的边缘进行设置。

❼颜色范围：单击该按钮可以打开"色彩范围"对话框，在其中可以设置蒙板的覆盖区域。

❽反相：单击该按钮可以对蒙版进行反向处理。

❾快捷按钮：包含"从蒙版中载入选区" ▦ 、"应用蒙版" ◉ 、"停用/启用蒙版" ◉ 和"删除蒙版" 🗑 4个按钮，通过单击各个按钮可以对蒙版进行相应的操作。

通过在"图层"面板单击"添加图层蒙版"按钮▣或执行"图层>图层蒙版>从透明区域"菜单命令，可以为当前选中的图层添加白色的图层蒙版。创建蒙版后可以对蒙版进行编辑，在Photoshop中可以进入蒙版的编辑状态，利用多种创建选区工具、颜色工具和路径绘制工具等对蒙版进行编辑。

蒙版是一种灰度图像，并且具有透明的特性。蒙版是将不同的灰度值转化为不同的透明度，并作用到该蒙版所在的图层中，遮盖图像中的部分区域。当蒙版的灰度加深时，被灰度遮盖的区域会变得更加透明，通过这种方式不但对图像没有一点破坏，而且还会起到保护源图像的作用。

如果需要直接对蒙版里面的内容进行编辑，可以按住Alt键的同时单击该蒙版的缩览图，即可选中蒙版，在图像窗口中将显示该蒙版的内容，具体操作如下图所示。

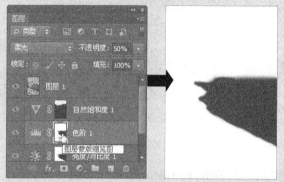

停用蒙版也就是隐藏蒙版的显示效果，但并不是删除蒙版，为了快速地对图像的原始效果和添加蒙版后的效果进行查看，使用停用/启用蒙版功能是最佳的操作方法。

在默认状态下蒙版为启用状态，有专门的蒙版缩览图，可以大致浏览蒙版的图像。当停用蒙版后，在蒙版的缩览图中将出现红色的叉，表明蒙版处于停用状态，图像窗口显示的也会是图层的原始图像效果。下图所示为启用/停用蒙版的画面效果。

应用蒙版就是将图层和蒙版一体化，使图层和图层上的蒙版合并为一个图层，使之成为一个整体，便于在图层上进行操作。

应用蒙版的方法有多种，如可以通过执行"图层>图层蒙版>应用"菜单命令，即将选中的图层蒙版合并到图层中，形成一个普通的图层。

2.4 拼接壮丽的全景图

　　本例中的素材是一组连续拍摄的风光照片，画面构图不够连贯，在Photoshop中可以将多幅照片拼接出一幅连贯的全景图，采用的方式是Photomerge的自动拼合命令，合成之后能够展现出壮丽的全景图效果，再结合"裁剪工具"和调整命令完善画面的影调和色调，让照片更加磅礴大气。

素　材	素材\02\04、05、06.jpg
源文件	源文件\02\拼接壮丽的全景图.psd

STEP 01　执行Photomerge命令

　　运行Photoshop CS6应用程序，执行"文件＞自动＞Photomerge"命令，在打开的对话框中进行设置，将本书素材\02\04、05、06.jpg文件添加到"源文件"选项组中，并单击左侧的"自动"单选按钮。

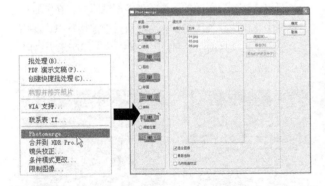

STEP 02　拼合图像

　　在Photomerge对话框中设置完成后，单击"确定"按钮，Photoshop将自动对添加的图层进行拼合，完成后可以看到"图层"面板中的图层效果。

STEP 03　裁剪图像

　　盖印可见图层，得到"图层1"图层，选择工具箱中的"裁剪工具"，在图像窗口中使用该工具单击并进行拖曳，将所需的图像框选到其中，然后对裁剪框进行细致的编辑，将多余的图像排除在裁剪框之外，在图像窗口中可以看到裁剪框编辑的效果。

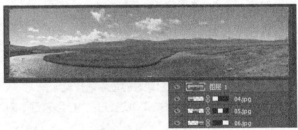

STEP 04　确认裁剪编辑

　　选择工具箱中的"移动工具"，在弹出的警示对话框中单击"裁剪"按钮，确认裁剪框的编辑，将多余的图像删除，在图像窗口中可以看到裁剪后的图像效果，画面显得更为完整。

STEP 05 提高画面颜色浓度

通过"调整"面板创建"自然饱和度"调整图层，在打开的"属性"面板中设置"自然饱和度"选项为85、"饱和度"为10，提高画面的颜色浓度。

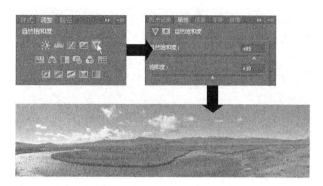

STEP 06 调整画面色阶

通过"调整"面板创建"色阶"调整图层，在打开的"属性"面板中依次拖曳RGB选项下的色阶滑块到9、1.12、242的位置，对图像的色阶进行调整。

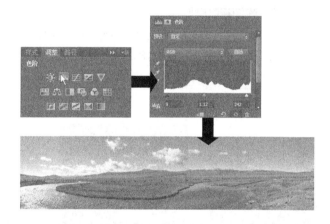

STEP 07 提高画面对比度

通过"调整"面板创建"亮度/对比度"调整图层，在打开的"属性"面板中设置"亮度"为5、"对比度"为50，增强画面的亮度和明暗区域的对比。

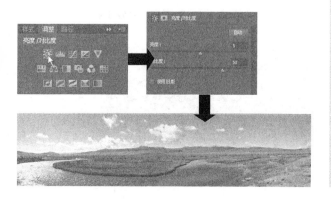

知识提炼 Photomerge命令

Photomerge命令能够将多张照片进行不同形式的拼接，设置具有整体效果的全景照片，通过执行"文件>自动>Photomerge"菜单命令，可以弹出如下图所示的Photomerge对话框，在其中可以对选项进行设置。

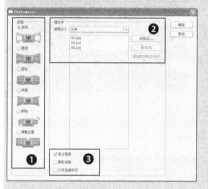

❶版面：在该选项组中提供了多种照片拼合的版面效果，可以对图像进行"自动"、"透视"、"圆柱"、"球面"和"调整位置"等版面的设置，不同的版面会得到不同的画面效果，如下图所示。

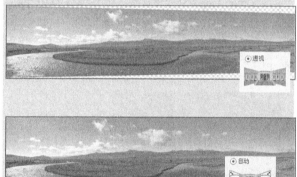

❷源文件：该选项可以选择照片的文件夹或是选择多张照片进行拼接，单击"浏览"按钮，可以打开"打开"对话框，在该对话框中可选择所需要拼接的多张照片，如果要移去照片，选中需要移除的照片名称，再单击"移去"按钮即可。

❸设置图像混合模式：在拼合照片中可以勾选"混合图像"复选框，对拼接照片边缘的最佳边界创建接缝，使图像的颜色更加匹配；选择"晕影去除"复选框，可以去除镜头瑕疵或者镜头遮光处理不当而导致边缘较暗的图像中的晕影，并进行自动曝光补偿；选择"几何扭曲校正"复选框，可以补偿桶形、枕形或者鱼眼形导致的画面失真。

2.5 添加晕影让景物更突出

利用广角镜头拍摄的照片会带有晕影效果，这种类型的照片会让观赏者的视觉更为集中，为了让风景照片中的主体对象更为突出，可以在后期处理时为照片应用"镜头校正"滤镜，为画面添加上黑色的暗角，并加强明暗区域的层次，最后对细节进行修饰，打造出自然的晕影效果，让照片中的主体更加突出。

素　材	素材\02\07.jpg
源文件	源文件\02\添加晕影让景物更突出.psd

STEP 01　创建自然饱和度调整图层

运行Photoshop CS6应用程序，打开素材\ 02\07.jpg文件，可查看到照片的原始效果，执行"窗口＞调整"命令，打开"调整"面板，单击其中的"自然饱和度"按钮 ▽ ，创建"自然饱和度"调整图层。

STEP 02　提高画面颜色浓度

创建"自然饱和度"调整图层后，在打开的"属性"面板中设置"自然饱和度"选项为80、"饱和度"选项为5，提高画面的颜色浓度，使其更加鲜艳。

STEP 03　调整画面影调

通过"调整"面板创建"色阶"调整图层，在打开的"属性"面板中依次拖曳RGB选项下的色阶滑块到13、1.07、239的位置，对图像的色阶进行调整。

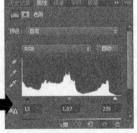

STEP 04　预览编辑效果

完成"色阶"调整图层的编辑后，在图像窗口中可以看到编辑的效果，画面的层次感增强了。

STEP 05 增强画面亮度和对比度

通过"调整"面板创建"亮度/对比度"调整图层，在打开的"属性"面板中设置"亮度"选项的参数为5、"对比度"选项的参数为40，增强画面的亮度和明暗区域的对比，在图像窗口中可以看到编辑的效果。

STEP 06 去除杂色

盖印可见图层，得到"图层1"图层，执行"滤镜＞杂色＞减少杂色"菜单命令，在打开的"减少杂色"对话框中对各个选项进行设置。

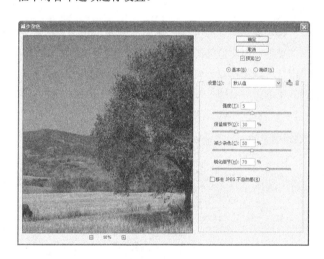

STEP 07 执行"镜头校正"滤镜

完成"减少杂色"滤镜的应用后，可以看到画面更加整洁，然后选中"图层1"图层，执行"滤镜＞镜头校正"菜单命令，应用该滤镜添加晕影效果。

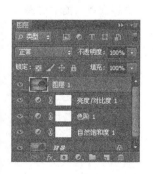

STEP 08 设置"镜头校正"对话框

执行"镜头校正"命令后，打开"镜头校正"对话框，在其中展开"自定"标签，在该标签下设置"晕影"选项组下的"数量"为-82、"中点"为53，在左侧的预览框中可以看到添加的晕影效果，完成设置后单击"确定"按钮，完成本例的编辑。

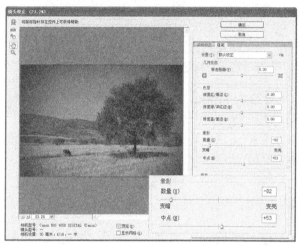

知识提炼 **"镜头校正"滤镜**

"镜头校正"滤镜可以校正照片的拍摄角度、几何扭曲形态、透视效果、边缘色差以及晕影的添加和消除等，对图像执行"滤镜＞镜头校正"菜单命令，即可打开如下图所示的"镜头校正"对话框，在该对话框中包含了"自动校正"和"自定"两种设置的方式。

❶工具条：工具条中包含了"移动扭曲工具" 🛢、"拉直工具" 📷、"移动网格工具" 👆、"抓手工具" ✋和"缩放工具" 🔍，用于校正由于镜头原因造成的画面透视

问题以及预览窗口图像的查看和缩放。下图所示为使用移动网格编辑图像的效果。

❷**图像预览窗口**：用于对调整后的图像效果进行预览查看，单击左下方的加号和减号可以对照片的显示进行放大或缩小，在预览窗口的下方还显示了照片的相关信息，如下图所示。

❸**"自动校正"标签**：用于对照片的"几何扭曲"、"色差"和"晕影"进行自动调整，在"搜索条件"选项组中还显示了"相机制造商"、"相机型号"和"镜头型号"，以便对照片的相关拍摄信息有更多的了解，在"校正"选项组中的"边缘"选项下拉列表中，还可以对图像边缘的校正效果进行设置，其下拉列表展开的效果如下图所示。

此外，单击"自动"图标，可以切换到"自动"标签，如下图所示。

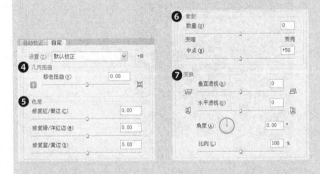

"自动"标签用于自定义照片的几何扭曲、色差、晕影和透视，针对不同的调整分成了4个选项组，通过单击并拖曳滑块或直接在数值框中输入参数，可以对各个选

项进行设置。单击"自定"标签右上角的"管理设置"按钮▼≡，在打开的菜单中可以选择"载入设置"、"存储设置"、"设置镜头默认值"和"删除设置"等多个命令，便于对同类型的照片进行快速的调整。

❹**几何扭曲**："自动"标签中的"几何扭曲"选项用于对照片的凹面和凸面的扭曲度进行校正。下图所示为不同设置下的图像效果。

❺**"色差"选项组**：该选项组中包含了3个设置选项，用于清除画面中图像边缘的彩色轮廓，让图像效果更加完美。

❻**"晕影"选项组**："数量"选项用于设置照片周围的亮度，向左拖曳滑块可以使图像的周围变暗，向右拖曳滑块可以使图像的周围变亮；"中点"选项用于设置晕影效果的大小范围，参数越大，晕影效果应用的范围就越广，具体效果和设置如下图所示。

❼**"变换"选项组**：该选项组包含了4个设置，其中"垂直透视"选项用于设置照片垂直方向上的透视效果；"水平透视"用于设置照片水平方向上的透视效果；"角度"选项用于调整照片旋转的角度，可以通过单击并拖曳圆环来调整画面的角度，也可以直接在数值框中输入参数，在设置的过程中，参数和圆环的角度是同步显示的，如下图所示；"比例"选项用于设置照片缩放的比例，参数越大，图像显示就越大。

2.6 模拟太阳光照效果

　　本例中的素材是一张夏季海滩景色的照片，画面中由于缺乏较强的光线而让照片的整体色彩和影调显得平淡，影响了画面的表现。为了让画面呈现出恰到好处的光照效果，在后期处理中使用"镜头光晕"滤镜为照片添加上逼真的太阳光照效果，使整体的画面更加完美，气氛更加统一。

素　材	素材\02\08.jpg
源文件	源文件\02\模拟太阳光照效果.psd

STEP 01　复制背景图层

　　运行Photoshop CS6应用程序，打开素材\ 02\08.jpg文件，可查看到照片的原始效果，按Ctrl+J快捷键复制"背景"图层，得到"图层1"图层。

STEP 02　执行"镜头光晕"滤镜

　　执行"滤镜＞渲染＞镜头光晕"菜单命令，在打开的"镜头光晕"对话框中设置"亮度"为150%，单击"50-300毫米变焦"，并对光照的位置进行设置。

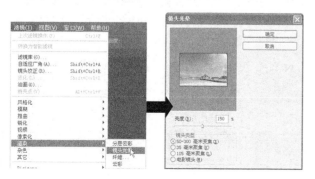

STEP 03　预览编辑效果

　　完成"镜头光晕"对话框的设置后单击"确定"按钮，在图像窗口中可以看到编辑的效果，阳光从画面的右侧照射到画面中。

STEP 04　创建"亮度/对比度"调整图层

　　通过"调整"面板创建"亮度/对比度"调整图层，在打开的"属性"面板中设置"亮度"选项的参数为-5、"对比度"选项的参数为35。

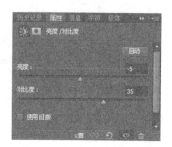

STEP 05 预览编辑效果

完成"亮度/对比度"调整图层的编辑后，在图像窗口中可以看到编辑的效果，画面层次增强。

STEP 06 提高画面颜色浓度

通过"调整"面板创建"自然饱和度"调整图层，在打开的"属性"面板中设置"自然饱和度"为85、"饱和度"为5，提高画面的颜色浓度。

STEP 07 执行"减少杂色"滤镜

盖印可见图层，得到"图层2"图层，执行"滤镜>杂色>减少杂色"菜单命令，在打开的"减少杂色"对话框中对各个选项进行设置，去除画面中多余的杂色点，在图像窗口中可以看到本例最终的编辑效果。

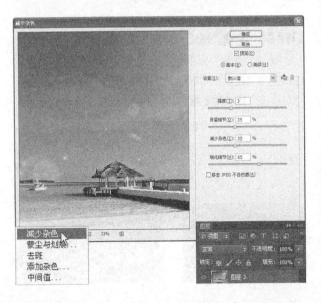

知识提炼 "镜头光晕"滤镜

"镜头光晕"滤镜可以使图像产生明亮光线进入摄像机镜头的眩光效果，执行"滤镜>渲染>镜头光晕"菜单命令，可以打开如下图所示的对话框。

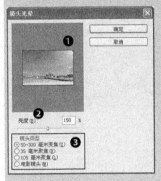

❶预览窗口：在预览窗口中可以查看到光晕添加后的效果，还能对光晕的发光点进行调整。下图所示为不同位置光晕的效果。

❷亮度：该选项用于控制光晕照射的亮度，设置的范围为10%～300%，参数越大，光晕就越明亮。下图所示分别为不同亮度的光照效果。

❸镜头类型：用于设置镜头光照的类型，包含"50-300毫米变焦"、"35毫米聚焦"、"105毫米聚焦"和"电影镜头"4个不同的选项，不同的镜头将产生不同的光晕效果。下图所示分别为"105毫米聚焦"和"电影镜头"的光晕效果。

2.7 制作火烧云场景

　　火烧云是日出或日落时出现的赤色云霞，它的色彩一般都是红彤彤的、色彩绚丽的，也是非常漂亮的自然景观。在Photoshop中可以通过使用"渐变映射"调整图层将普通的云彩制作成火烧云的效果，将画面的主体颜色进行改变，并应用调整命令对画面的层次和色彩进行修饰，呈现出自然、逼真的火烧云效果。

素　材	素材\02\09.jpg
源文件	源文件\02\制作火烧云场景.psd

STEP 01　创建"渐变映射"调整图层

　　运行Photoshop CS6应用程序，打开素材\ 02\09.jpg文件，可查看到照片的原始效果，打开"调整"面板，创建"渐变映射"调整图层。

STEP 02　设置渐变映射

　　创建"渐变映射"调整图层后，在打开的"属性"面板中单击渐变色条，打开"渐变编辑器"对话框，在其中对渐变色进行设置，完成后在"属性"面板中勾选"反向"复选框。

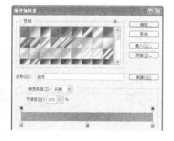

STEP 03　调整图层属性

　　完成"渐变映射"调整图层的"属性"面板的编辑后，在"图层"面板中设置该图层的混合模式为"柔光"、"不透明度"为90%，并使用"渐变工具"对该调整图层的蒙版进行编辑，在图像窗口中可以看到画面的效果。

STEP 04　创建"自然饱和度"调整图层

　　通过"调整"面板创建"自然饱和度"调整图层，在打开的"属性"面板中设置"自然饱和度"选项为60、"饱和度"为10，提高画面的颜色浓度。

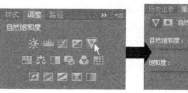

STEP 05　预览编辑效果

完成"自然饱和度"调整图层的编辑后，在图像窗口中可以看到画面的颜色变得更加艳丽。

STEP 06　调整画面整体色阶

通过"调整"面板创建"色阶"调整图层，在打开的"属性"面板中依次拖曳RGB选项下的色阶滑块到5、0.94、255的位置，对图像的色阶进行调整。

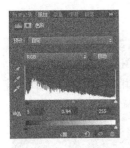

STEP 07　减少画面杂色

盖印可见图层，得到"图层1"图层，执行"滤镜＞杂色＞减少杂色"菜单命令，在打开的"减少杂色"对话框中对各个选项进行设置，去除画面中多余的杂色点，在图像窗口中可以看到本例最终的编辑效果。

知识提炼　渐变映射

"渐变映射"可以将一幅图像的最暗色调映射为一组渐变的最暗色调，将图像最亮色调映射为渐变的最亮色调，从而使图像的色阶改变为这组渐变色的色阶。执行"图层＞调整＞渐变映射"菜单命令，可以打开如下图所示的"渐变映射"对话框。

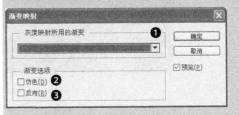

❶灰度映射所用的渐变：该选项用于设置渐变色，单击下方的渐变色条后，可以打开"渐变编辑器"对话框，在其中可以设置各种颜色的渐变，如下图所示。

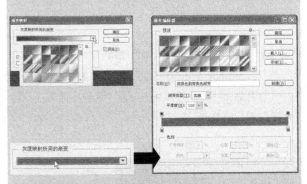

❷仿色：勾选该复选框后，对转变色阶后的图像进行仿色处理，使图像色彩的过渡更加和谐，如下图所示。

❸反向：该复选框可以反转转变后的色阶，将颜色进行反向显示，即呈现出负片的效果，如下图所示。

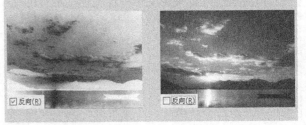

2.8 改变风景照片的季节

为了让同一张照片展现出不同的季节效果，可以在Photoshop中对照片中的景物进行局部的颜色调整，首先使用"色彩范围"创建精确的选区效果，然后对创建的选区图像进行颜色和影调的调整，将深秋时节的大地制作成初春的景象，改变风景照片中的季节，使照片的表现力更加多样化。

素 材	素材\02\10.jpg
源文件	源文件\02\改变风景照片的季节.psd

STEP 01   复制背景图层

运行Photoshop CS6应用程序，打开素材\ 02\10.jpg文件，在图像窗口中可查看到照片的原始效果，按Ctrl+J快捷键复制"背景"图层，得到"图层1"图层。

STEP 03   执行"色彩范围"命令

选中图层蒙版，执行"选择＞色彩范围"菜单命令，在打开的对话框中使用"吸管工具"在草地位置单击，然后设置"颜色容差"为110，完成后单击"确定"按钮。

STEP 02   添加图层蒙版

单击"图层"面板下方的"添加蒙版"按钮■，为"图层1"图层添加上白色的图层蒙版，在"图层"面板中可以看到添加蒙版的效果。

STEP 04   预览蒙版编辑效果

完成"色彩范围"对话框的编辑后，在"图层"面板中可以看到"图层1"图层蒙版的编辑效果。

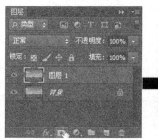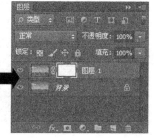

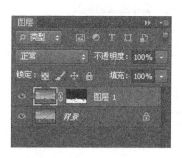

STEP 05　载入选区创建"色彩平衡"调整图层

按住Ctrl键的同时单击"图层蒙版缩览图"载入选区，然后单击"图层"面板中的"色彩平衡"按钮 。

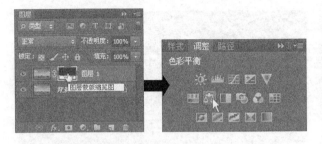

STEP 06　设置"属性"面板

创建"色彩平衡"调整图层后，在打开的"属性"面板中选择"色调"下拉列表中的"阴影"选项，设置该选项下的色阶值分别为-10、20、-55，然后设置"中间调"选项下的色阶值分别为-30、65、-90。

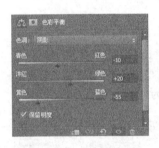 

STEP 07　预览编辑效果

设置"高光"选项下的色阶值分别为5、-30、-30，在图像窗口中可以看到草地的区域变成了翠绿色，风景由秋天变成了春天。

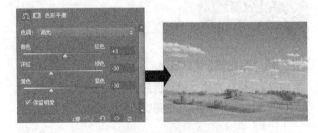

STEP 08　查看"色彩平衡"调整图层的蒙版

载入选区后创建的"色彩平衡"调整图层，其图层蒙版将自动把选区作为蒙版进行应用。

STEP 09　提高对比度

通过"调整"面板创建"亮度/对比度"调整图层，在打开的"属性"面板中设置"亮度"选项的参数为5、"对比度"选项的参数为70，增强画面的亮度和明暗区域的对比。

STEP 10　去除画面杂色

盖印可见图层，得到"图层2"图层，执行"滤镜>杂色>减少杂色"菜单命令，在打开的"减少杂色"对话框中设置"强度"选项为4、"保留细节"选项为30%、"减少杂色"选项为40%、"锐化细节"选项为75%，完成后单击"确定"按钮。

STEP 11　预览编辑效果

完成"减少杂色"滤镜的应用后，在图像窗口中可以看到本例最终的编辑效果。

知识提炼 "色彩范围"命令

"色彩范围"命令通过选择图像中包含的某种颜色来创建选区，只需使用"吸管工具"在"色彩范围"对话框中的选区预览框中单击即可，选区预览框中将以黑、白、灰三色来显示选区范围，其中白色为选取区域，灰色为透明区域，黑色为未选取区域。

执行"选择>色彩范围"菜单命令，可以打开如下图所示的"色彩范围"对话框，在该对话框中可以对选取的范围进行设置。

❶ "选择"：单击该选项的下拉按钮，在弹出的下拉列表中可以选择需要的颜色，包括红色、黄色、绿色和取样颜色等，如下图所示。

❷ "本地化颜色簇"复选框：勾选该复选框，可以启用本地化颜色簇进行连续选择，并且同时激活"范围"选项的设置，通过"范围"选项的调整可以对选取的范围进行设置，如下图所示。

❸ "颜色容差"：该选项用于柔化选区的边缘，设置的参数越大，选择的相似色越多，选区就越大；反之，

参数越小，选取的选区就越小。下图所示分别为拖曳"颜色容差"滑块到不同位置的选取效果。

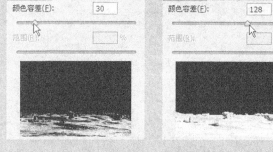

❹ 图像预览窗口：用于实时预览当前图像的选取范围。

❺ 查看方式：用于设置查看图像的方式，以改变预览窗口的画面。下图所示分别为"图像"和"选择范围"下的显示效果。

❻ "选区预览"：用于设置选区的预览方式，单击该选项后面的下拉按钮，可以打开如下图所示的下拉列表，在其中可以选择所需的选项。

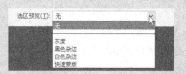

❼ 吸管工具：包括"吸管工具"、"添加到吸管工具"和"从取样中减去工具"，可以对颜色范围进行添加或减去，用于对选取的范围进行控制。

❽ "反相"复选框：勾选该复选框，可以将选区与蒙版区域互换。下图所示为该选项的设置及选取的效果。

第3章

人像照片的处理

人像摄影是最常见的摄影主题，一幅完美的人像照片能够给人带来视觉上的享受。本章案例涵盖了人像各个部位的精确润饰、修复、调整及完善的核心技术，并对常用的人像调色技术进行了讲解，让画面中的人物更完美，用一幅幅精彩的人像照片呈现人生百态。

本章内容

3.1 磨皮处理

平滑的肌肤可以为人物照片的整体效果加分，然而由于模特本身的因素，在拍摄的人像照片中会捕捉到人物脸部不平整的皮肤，在Photoshop中通过"表面模糊"和图层蒙版可以快速为人物进行磨皮处理，展现出细腻平滑的皮肤效果，使画面人物效果更加完美。

素　材	素材\03\01.jpg
源文件	源文件\03\磨皮处理.psd

STEP 01　复制背景

运行Photoshop CS6应用程序，打开素材\03\01.jpg文件，可查看到照片的原始效果，按Ctrl+J快捷键复制"背景"图层，得到"图层1"图层。

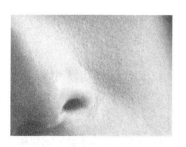

STEP 02　执行"表面模糊"滤镜

执行"滤镜>模糊>表面模糊"菜单命令，在打开的"表面模糊"对话框中设置"半径"为50像素、"阈值"为50色阶，完成设置后单击"确定"按钮。

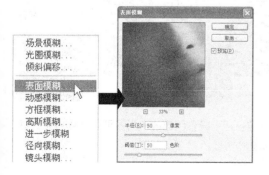

STEP 03　添加白色的图层蒙版

单击"图层"面板下方的"添加蒙版"按钮，为"图层1"添加上白色的图层蒙版，在"图层"面板中可以看到添加蒙版的效果。

STEP 04　将图层蒙版填充为黑色

选中"图层1"图层蒙版的缩览图，然后在工具箱中将前景色调整为黑色，选择"油漆桶工具"，在图像窗口单击，将图层蒙版填充为黑色。

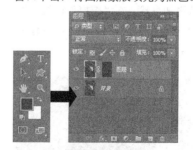

使用快捷键填充前景色　　　　　　　　　　　TIPS

按Alt+Delete快捷键，可以使用前景色为当前的图层或者选区进行颜色填充。

STEP 05　编辑图层蒙版

选中工具箱中的"画笔工具" ，在其选项栏中设置"不透明度"为20%，"流量"为100%，设置前景色为白色，使用"柔边圆"画笔在图像窗口中人物的脸部进行涂抹，对图层蒙版进行编辑。

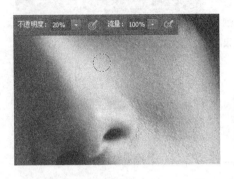

STEP 06　预览编辑效果

按住Alt键的同时单击"图层蒙版缩览图"，可以看到蒙版的编辑效果，再次单击返回图像显示，可以看到人物的脸部更加平滑。

STEP 07　降低图层不透明度

为了使人物的皮肤更加自然，在"图层"面板中设置"图层1"图层的"不透明度"选项为80%，在图像窗口中可以看到人物磨皮后的效果。

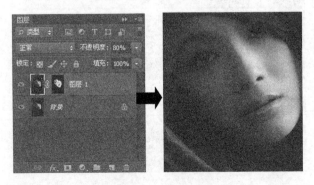

STEP 08　利用色阶提高亮度

创建"色阶"调整图层，并对其"属性"面板中的参数进行设置，依次拖曳色阶滑块到0、1.28、243的位置，在图像窗口中可以看到画面的影调更加细腻。

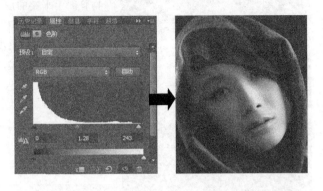

知识提炼　"表面模糊"滤镜

"表面模糊"滤镜可以将图像的表面设置出模糊效果，而保持图像中轮廓线的效果不变。执行"滤镜＞模糊＞表面模糊"菜单命令，可以打开如下图所示的对话框，在其中通过"半径"和"阈值"可对模糊的程度进行控制。

❶半径：通过"半径"选项来设置图像像素的模糊程度，设置的参数越大，模糊效果就越明显，下图所示为不同半径下的模糊效果。

❷阈值：用于设置图像的模糊效果，参数越大，图像的模糊就越明显。

3.2 消除眼袋

眼睛是心灵的窗户，可以透射出人物的性格和心情，当我们拍完照片后，眼部的眼袋会让画面的效果受到影响，因此在后期处理中需要对眼睛进行美化。通过"修补工具"将眼袋创建为选区并对选区中的图像进行修补，去除人物的眼袋，并使用"模糊工具"对眼部周围的像素进行修饰，让儿童的眼睛更具神采。

素 材	素材\03\02.jpg
源文件	源文件\03\消除眼袋.psd

STEP 01 复制背景图层

运行Photoshop CS6应用程序，打开素材\03\02.jpg文件，可查看到照片的原始效果，按Ctrl+J快捷键复制"背景"图层，得到"图层1"图层。

STEP 02 选择"修补工具"

选择"污点修复画笔工具"工具组中的"修补工具"，并在该工具的选项栏中进行设置，选择"修补"下拉列表中的"正常"选项，并单击"源"单选按钮，为人物眼袋的修复做好准备。

STEP 03 创建修补选区

使用"修补工具"在眼袋位置单击并进行拖曳，将眼袋区域的图像创建为选区，可以看到创建的选区效果。

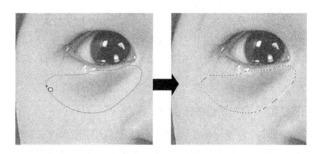

STEP 04 修补图像

使用鼠标在选区的位置单击，并向下拖曳选区，使用脸部其他位置的皮肤对眼袋进行修复，在图像窗口中可以看到人物的眼袋消失了。

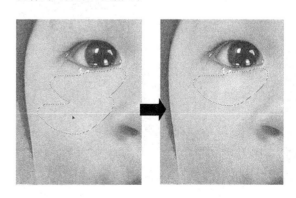

STEP 05 预览编辑效果

按Ctrl+D快捷键取消选区的选取状态，并使用相同的方法将另外一只眼睛的眼袋进行消除，在图像窗口中可以看到编辑后的效果。

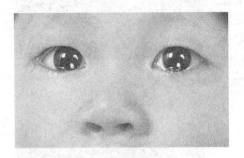

STEP 06 使用"模糊工具"

按Ctrl+J快捷键复制图层，得到"图层1副本"图层，选择工具箱中的"模糊工具" ，在其选项栏中进行设置，然后使用鼠标在人物眼部周围进行涂抹，去除因为使用"修补工具"而形成的不自然感。

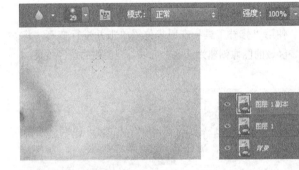

STEP 07 调整画面整体色阶

通过"调整"面板创建"色阶"调整图层，在打开的"属性"面板中依次拖曳RGB选项下的色阶滑块到0、1.13、248的位置，对图像的色阶进行调整。

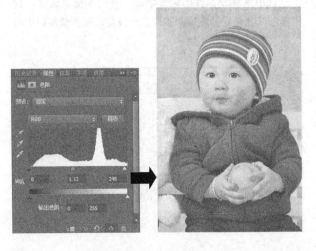

STEP 08 加强颜色饱和度

通过"调整"面板创建"自然饱和度"调整图层，在打开的"属性"面板中设置"自然饱和度"为50、"饱和度"为5，提高画面的颜色浓度，使其更加鲜艳。

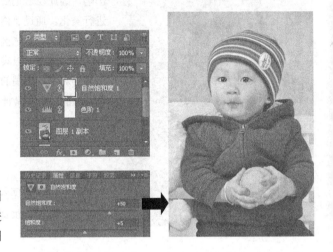

知识提炼 修补工具

通过使用"修补工具"可以使其他区域或者图案中的像素修复选区中的图像，将样本像素的纹理、光照和阴影与源像素进行匹配，在进行编辑时需要先创建一个选区，然后拖曳到替换的区域即可进行修复。

选择工具箱中的"修补工具"，可以看到如下图所示的工具选项栏，在其中可以对修补的方式、选区的创建等进行相应的设置。

❶选区方式：使用"修补工具"创建选区后，可以对选区进行添加、减去、与选区交叉等方式对选区的范围进行控制。

❷源：单击"源"单选按钮，可以将选区边框拖曳到想要进行取样的区域，释放鼠标后，原选区中的区域将使用样本像素进行修补。

❸目标：单击"目标"单选按钮，可以将选区边界拖曳到修补的区域，释放鼠标后，样本像素将修补新选定的选区图像。

❹使用图案：创建选区后，单击选择"使用图案"按钮，即可使用设置的图案来修补选区中的像素，同时激活"图案"选取器，单击后面的下拉按钮，可以在弹出的"图案"选取器中选择需要的图案进行应用。

3.3 去除痘痘

人物脸部的痘痘会让近距离拍摄的人像照片效果大打折扣，可以通过Photoshop中的"修复画笔工具"快速去除人物脸部的瑕疵，让皮肤变得光滑、细腻，然后对人物的皮肤进行磨皮处理，使图像效果更具美感，展现出少女青春甜美的气息。

素　材	素材\03\03.jpg
源文件	源文件\03\去除痘痘.psd

STEP 01 复制背景图层

运行Photoshop CS6应用程序，打开素材\ 03\03.jpg文件，可查看到照片的原始效果，按Ctrl+J快捷键复制"背景"图层，得到"图层1"图层。

STEP 02 选择"修复画笔工具"

选择"污点修复画笔工具"工具组中的"修复画笔工具" ，并在该工具的选项栏中进行设置，选择"模式"下拉列表中的"正常"选项，并单击"取样"单选按钮。

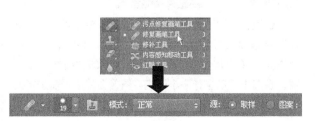

STEP 03 去除痘痘

按住Alt键的同时使用"修复画笔工具"在光滑的皮肤上单击取样，然后在痘痘皮肤上单击，去除脸部的痘痘，可以看到皮肤变得更加光滑了。

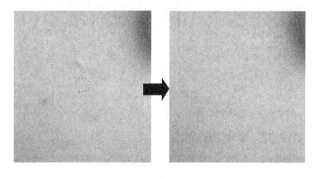

STEP 04 预览编辑效果

使用相同的方法，用"修复画笔工具"将脸部其余位置的痘痘去除，在图像窗口中可以看到去除痘痘的效果。

STEP 05　执行"表面模糊"滤镜

复制图层，得到"图层1副本"图层，执行"滤镜＞模糊＞表面模糊"菜单命令，在打开的对话框中设置"半径"为50像素、"阈值"为50色阶。

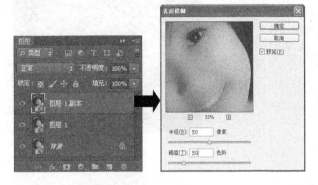

STEP 06　编辑图层蒙版

为"图层1副本"添加上图层蒙版，并将其填充上黑色，使用不透明度较低的画笔对图层蒙版进行编辑，在图像窗口中可以看到人物的皮肤进行磨皮处理的效果。

STEP 07　调整画面色阶

创建"色阶"调整图层，在打开的"属性"面板中进行设置，拖曳RGB选项下的色阶滑块依次到9、1.20、247的位置，在图像窗口中可以看到本例最终的完成效果。

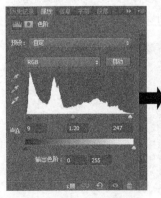

知识提炼　修复画笔工具

"修复画笔工具"可以校正画面中的瑕疵，使瑕疵消失在周围的图像中，与"仿制图章工具"一样，使用"修复画笔工具"可以利用图像或图案中的样本像素来绘画，但是"修复画笔工具"还可以将样本像素的纹理、光照、透明度和阴影与修复的像素进行匹配，从而使修复后的像素不留痕迹地融入图像的其余部分，取样的方法与"仿制图章工具"的相同。

按住Alt键的同时使用"修复画笔工具"进行取样，然后在瑕疵位置进行涂抹，可以去除涂抹位置的瑕疵，让皮肤变得更加平整，如下图所示。

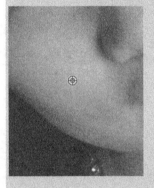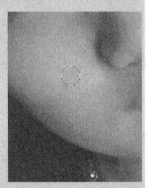

选择工具箱中的"修复画笔工具"，在其选项栏中可以看到如下图所示的设置。

❶模式：单击"模式"选项后面的下拉按钮，可以在弹出的彩度中选择"正常"、"替换"、"正片叠底"、"滤色"、"变暗"、"变亮"、"颜色"和"明度"8种模式，如下图所示。当选择"替换"模式时，可以在使用柔边画笔时保留画笔描边时边缘位置的杂色、胶片颗粒和纹理的效果。

❷源："源"选项包含两个单选按钮，当单击"取样"单选按钮时，可以使用当前图像的像素；当单击"图案"单选按钮时，可以激活后面的"图案"选取器，在其中可以选择一个图案，图像会使用当前选定的图案像素进行替换处理。

3.4 美白牙齿

洁白的牙齿能够为灿烂的笑容加分，但多数人的牙齿都带有一定程度的黄色，当近距离拍摄人像时，不够洁白的牙齿尤为明显，这样就会影响面部整体的美感。在后期处理时，可以通过改变牙齿影调和颜色的方式来达到美白牙齿的作用，展现出最美丽的微笑，使画面中的人物显得更加幸福和自信。

素　材	素材\03\04.jpg
源文件	源文件\03\美白牙齿.psd

STEP 01　选择"多边形套索工具"

运行Photoshop CS6应用程序，打开素材\03\04.jpg文件，可查看到照片的原始效果，选择"套索工具"工具组中的"多边形套索工具" ，并在该工具的选项栏中进行设置。

STEP 02　创建牙齿选区

按住Alt键的同时上滑鼠标滑轮，将图像放大，使用"多边形套索工具" 在牙齿周围单击并拖曳，创建出带有一定羽化边缘的多边形选区，在图像窗口中可以看到创建选区后的效果。

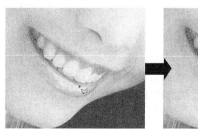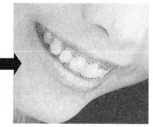

STEP 03　添加"色彩平衡"调整图层

为创建的选区创建"色彩平衡"调整图层，在打开的"属性"面板中对"色调"下拉列表中的"中间调"和"阴影"选项下的色阶值进行设置。

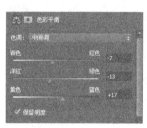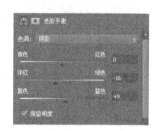

STEP 04　预览效果

再对"高光"选项下的色阶值选项进行设置，调整选区中的颜色，在图像窗口中可以看到牙齿变得洁白了。

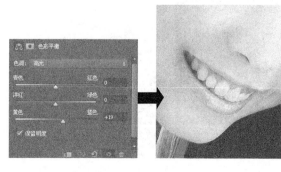

STEP 05　载入牙齿选区

按住Ctrl键的同时单击"色彩平衡"调整图层的"图层蒙版缩览图"，再次将牙齿作为选区，在图像窗口中可以看到载入选区的效果。

STEP 06　提高牙齿对比度

为选区创建"亮度/对比度"调整图层，在打开的"属性"面板中设置"亮度"选项的参数为5、"对比度"选项的参数为20，提高牙齿区域的明暗对比。

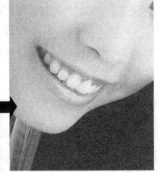

STEP 07　增强牙齿的亮度

再次将牙齿载入选区，为其创建"色阶"调整图层，在打开的"属性"面板中依次拖曳RGB选项下的色阶滑块到15、0.90、253的位置，对牙齿图像的色阶进行调整。

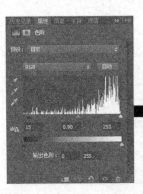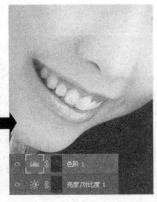

知识提炼　多边形套索工具

"多边形套索工具"可以在图像或者某个图层中创建多边形不规则选区，在工具箱中选择"多变形套索工具"后，可以使用鼠标在图像中需要创建选区的图形上连续单击绘制一个多边形，双击鼠标即可自动闭合多边形并形成选区。

选择工具箱中的"多边形套索工具"，在其选项栏中可以看到如下图所示的设置，该工具由于拖动时是以直线段的形式将需要选择的图像圈住的，因此一般用于一些复杂的、棱角分明的、边缘呈直线的图像的选取。

❶选区方式：使用"多边形套索工具"创建选区后，可以对选区进行添加、减去、与选区交叉等方式对选区的范围进行控制。下图所示为创建选区后，执行"添加到选区"的操作，可以看到选区的范围变大了。

❷羽化：用于设置多边形选区边缘的模糊程度，设置的参数越大，选区边缘羽化的范围就越广。下图所示为不同羽化参数创建的选区效果。

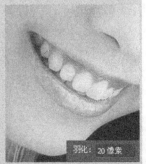

❸消除锯齿：该选项通过软化边缘像素与背景像素之间的颜色转换，使选区的锯齿状边缘更加平滑。

3.5 完善人物的妆容

完美的妆容能表现出女性独有的天然丽质，增添个人魅力。如果妆面的色彩太淡，则拍摄出来的照片色彩会不明显，在后期处理中可以利用"海绵工具"、"颜色填充"、"色阶"和"自然饱和度"等功能为人物添加彩妆效果，加强人物面部妆容的色彩，让艳丽的彩妆和旗袍之间更加匹配和协调。

素 材	素材\03\05.jpg
源文件	源文件\03\完善人物的妆容.psd

STEP 01　复制背景图层

运行Photoshop CS6应用程序，打开素材\03\05.jpg文件，在图像窗口中可查看到照片的原始效果，按Ctrl+J快捷键复制"背景"图层，得到"图层1"图层。

STEP 02　选择"海绵工具"

选择"减淡工具"工具组中的"海绵工具"，并在该工具的选项栏中进行设置，调整"模式"为"饱和"、"流量"为10%，并勾选"自然饱和度"复选框。

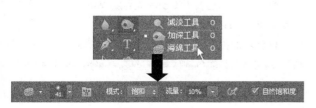

STEP 03　加深眼部妆容

使用"海绵工具"在人物的眼部上方进行反复涂抹，增强人物的眼影效果，在图像窗口中可以看到涂抹后眼影的颜色更加鲜艳。

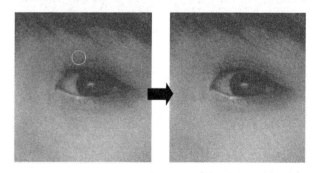

STEP 04　预览编辑效果

使用"海绵工具"在人物的嘴巴和另外一只眼影上进行涂抹，加强人物妆容的颜色。

STEP 05　添加腮红

创建颜色填充图层，在打开的"拾色器"对话框中设置填充颜色为R251、G167、B203，然后使用"油漆桶工具" 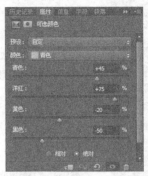将颜色填充图层的蒙版填充为黑色，使用"不透明度"为2%的白色画笔在人物脸部涂抹，为其添加上腮红。

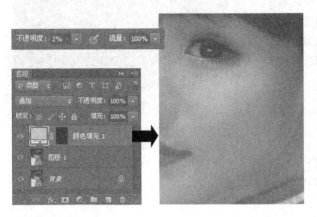

STEP 06　提亮肤色

创建"色阶"调整图层，在打开的"属性"面板中依次拖曳RGB选项下的色阶滑块到0、1.19、240的位置，提亮整体画面，让人物肤色更加亮白。

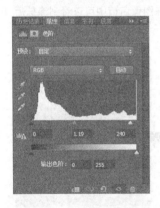

STEP 07　增强画面颜色饱和度

通过"调整"面板创建"自然饱和度"调整图层，在打开的"属性"面板中设置"自然饱和度"选项为75，提高画面的颜色浓度，使其更加鲜艳。

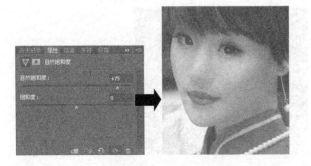

STEP08　调整可选颜色

创建"可选颜色"调整图层，在打开的"属性"面板中对"颜色"下拉列表中的"青色"和"洋红"选项进行设置，调整特定颜色在画面中的比例。

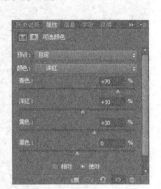

知识提炼　海绵工具

"海绵工具"可以精确地更改区域图像的颜色饱和度，使图像中一定区域的色调变深或变淡，利用"海绵工具"选项栏中的"模式"可以控制颜色浓度的调整。

选择工具箱中的"海绵工具"，在其选项栏中可以看到如下图所示的设置选项。

❶画笔大小：在该选项中可以调整涂抹的画笔大小和画笔样式，单击该选项后面的下拉按钮，可以打开"画笔预设"选取器。

❷模式：该选项的下拉列表中包含了"饱和"和"降低饱和度"两个选项，可以对颜色浓度的高低进行控制。下图所示为选择不同模式后的涂抹效果。

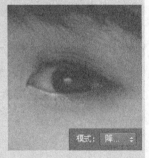

❸流量：该选项用于控制饱和度调整的程度，设置的参数越大，涂抹的效果就越明显。

❹自然饱和度：勾选该复选框后，可以在涂抹的过程中避免图像的颜色浓度调整过度，能够最大限度地保证画面色彩的真实感。

3.6 变换发型

每个爱美女性都喜欢长发飘飘的感觉，飘逸的长发能够增添女人味，使人显得文静、温柔，一头优美顺滑的头发可以捕捉无数惊艳的眼光。在Photoshop中只需稍作处理，就能将短发变成长发，此外，还可以对头发的线条应用"波浪"滤镜，增加头发的动感，使发型层次感增强，获得最完美的长发效果。

素　材	素材\03\06.jpg
源文件	源文件\03\变换发型.psd

STEP 01　创建头发选区

运行Photoshop CS6应用程序，打开素材\ 03\06.jpg文件，可查看到照片的原始效果，选择"多边形套索工具" ，在其选项栏中设置"羽化"为50像素，将人物的头发创建为选区。

STEP 02　复制选区内容

执行"图层>新建>通过拷贝的图层"菜单命令，复制选区中的图像，得到"图层1"图层，在"图层"面板中可以看到创建的图层。

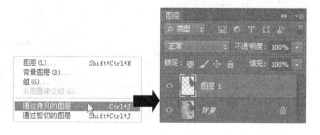

STEP 03　调整图像大小

按Ctrl+T快捷键对"图层1"图层中的头发图像进行调整，放大图像的显示，使头发变长。

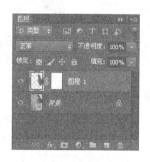

STEP 04　编辑图层蒙版

为"图层1"图层添加白色的图层蒙版，然后将前景色设置为黑色，选择"画笔工具" ，设置其"不透明度"为30%，对"图层1"的蒙版进行编辑。

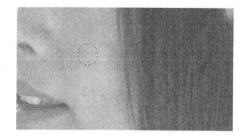

STEP 05　预览编辑效果

对"图层1"的蒙版进行编辑后，可以在图像窗口中看到编辑后的效果，加长的头发图像周围与背景中的人物自然地融合在一起。

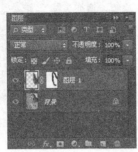

STEP 06　应用蒙版

在"图层"面板中右键单击"图层1"的蒙版缩览图，在弹出的快捷菜单中选择"应用图层蒙版"命令，将蒙版和图层图像进行拼合。

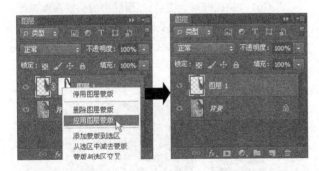

STEP 07　执行"波浪"滤镜

选中"图层1"图层，执行"滤镜>扭曲>波浪"菜单命令，在打开的"波浪"对话框中对各个选项的参数进行设置，同时在右侧的预览框中可以看到编辑的效果。

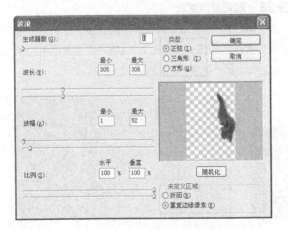

STEP 08　预览编辑效果

完成"波浪"对话框中的参数设置后单击"确定"按钮，关闭"波浪"对话框，在图像窗口中可以看到头发与背景人物之间合成的效果。

STEP 09　编辑图层蒙版

再次为"图层1"图层添加上图层蒙版，使用黑色的"画笔工具"对蒙版进行编辑，隐藏头发与背景人物衔接位置的不和谐部分。

STEP 10　调整画面整体色阶

通过"调整"面板创建"色阶"调整图层，在打开的"属性"面板中依次拖曳RGB选项下的色阶滑块到21、1.28、245的位置，对图像的色阶进行调整。

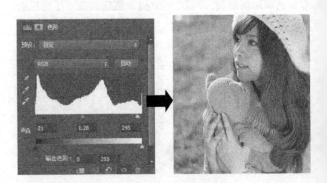

知识提炼 "波浪"滤镜

应用"波浪"滤镜可以使图像产生强烈起伏的波浪效果，执行"滤镜＞扭曲＞波浪"菜单命令，可以打开如下图所示的"波浪"滤镜，在其中可以对波浪起伏的程度进行控制。

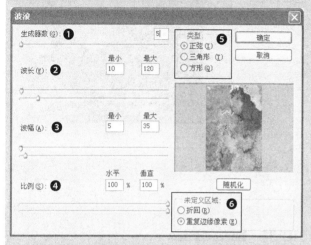

①生成器数：该选项用于控制波浪的数量，设置的参数越大，其波浪波动的褶皱就越多。下图所示为不同生成器数应用后的效果，可以看到参数越大，波浪扭曲的程度越明显。

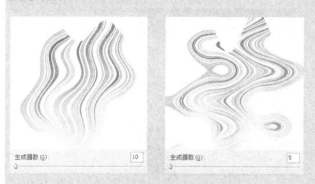

②波长：该选项用于设置波浪的长度，向左拖曳滑块可以缩小波浪的长度，向右拖曳滑块可以增加波浪的长度，此外还可以在"最小"和"最大"数值框中设置波浪长度的最大和最小参数。下图所示为不同波长的应用效果。

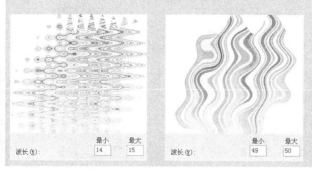

③波幅：该选项用于设置波浪的振幅，设置的参数越大，波浪震动的幅度就越明显。下图所示为不同波幅参数的应用效果。

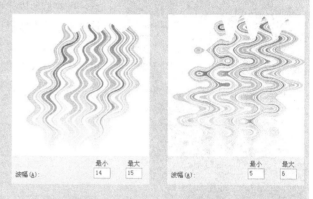

④比例：该选项用于设置波浪的大小，其中"水平"和"垂直"用于控制水平方向和垂直方向上波浪的大小比例，设置的参数越大，波浪就越大。下图所示为不同设置下的玻璃效果。

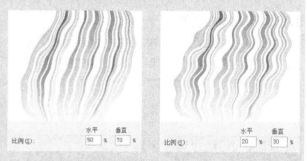

⑤类型：该选项中包含了"正弦"、"三角形"和"方形"3个单选按钮，用于设置不同类型的波浪形态。下图所示分别为应用"三角形"和"方形"的效果。

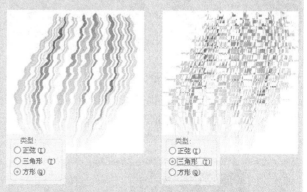

⑥未定义区域：该选项中包含了"返回"和"重复边缘像素"两个单选按钮，用于定义波浪图像以外的像素显示效果，其中的"返回"选项用源图像中溢出的像素来填补波浪图像中产生的空白；"重复边缘像素"选项用源图像中溢出像素周围的图像，来填补由于波浪效果所产生的空白像素。

3.7 改变人物脸型

脸部是身体肥胖最显而易见的地方，面部脂肪过多或者脸部的骨骼过宽，很容易形成胖嘟嘟的苹果脸，使拍摄出来的人像照片缺乏美感。使用"液化"命令中的"向前变形工具"可以快速对人物的脸型进行改变，使脸型变小，线条优美，从而完善人物形象。

素　材	素材\03\07.jpg
源文件	源文件\03\改变人物脸型.psd

STEP 01　复制背景图层

运行Photoshop CS6应用程序，打开素材\ 03\07.jpg文件，可查看到照片的原始效果，按Ctrl+J快捷键复制"背景"图层，得到"图层1"图层。

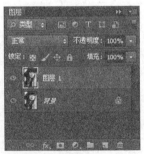

STEP 02　执行"液化"命令

选中"图层1"图层，执行"滤镜>液化"菜单命令，可以打开"液化"对话框。

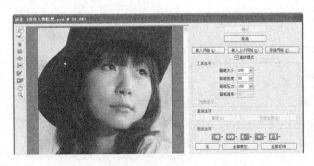

STEP 03　调整左边脸型

选中"向前变形工具"，并在右侧的选项组中进行设置，使用鼠标在人物脸部外侧单击，并向内拖曳鼠标，调整人物左边的脸型，使其变小。

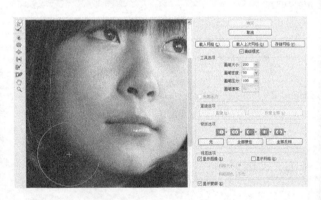

STEP 04　调整右边脸型

将"画笔大小"调大，继续使用"向前变形工具"对人物右边的脸型进行调整，使其左右脸型比例适当。

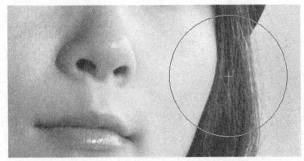

STEP 05 预览编辑效果

完成"液化"对话框中的编辑后单击"确定"按钮，在图像窗口中可以看到人物脸部编辑后的效果。

STEP 06 调整画面整体色阶

创建"色阶"调整图层后，在打开的"属性"面板中依次拖曳RGB选项下的色阶滑块到9、1.19、247的位置，在图像窗口中可以看到本例最终的编辑效果。

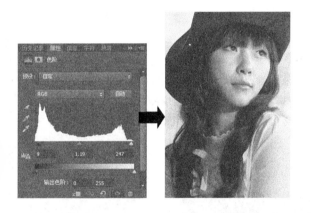

知识提炼 "液化"滤镜

"液化"滤镜可以将图像的任意部分进行扭曲、收缩、膨胀等液化变形操作，执行"滤镜>液化"菜单命令，可以打开如下图所示的设置选项，在其中可以通过不同的工具对图像进行液化操作。

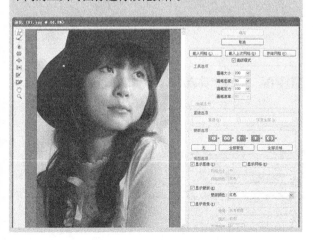

向前变形工具：单击选中该工具，在图像预览窗口中将出现一个圆形的画笔样式，拖动鼠标，通过推动像素的形式可对图像进行变形，具体操作如下图所示。

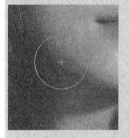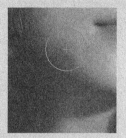

重建工具：使用该工具可以通过涂抹变形的方式，将图像恢复为原始状态。

顺时针旋转扭曲工具：按照顺时针或者逆时针方向对图像进行旋转。

褶皱工具：使用该工具可以像使用凹透镜一样缩小图像，对其进行变形处理，具体使用效果如下图所示。

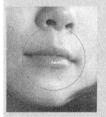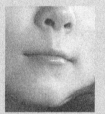

膨胀工具：使用该工具可以像使用凸透镜一样放大图像，对其进行变形处理。

左推工具：该工具可以向左推动像素，扭曲图像。

冻结蒙版工具：该工具用于设置蒙版区域，使用该工具在图像中进行涂抹，涂抹的区域将变成红色，并且不会受到变形操作的影响，具体操作如下图所示。

解冻蒙版工具：该工具用于解除蒙版区域。

抓手工具：使用该工具可以在图像预览窗口中任意移动图像，方便对其进行查看。

放大工具：该工具可以对图像预览窗口中显示的图像进行放大和缩小操作。

3.8 强对比度的黑白影像

黑与白，是非常对比又相互统一的，两者之间相互衬托，显得尊贵和纯粹，通常用于表现富有哲理性的对象。黑白是将五彩缤纷的世界归纳为统一，黑白的人像能够表现一种永恒与稳定，给人神秘和高贵的感觉。利用Photoshop中的"黑白"调整命令可以将彩色照片打造为高对比度的黑白画面，使其蕴含着具有老电影般的原始味道。

素　材	素材\03\08.jpg
源文件	源文件\03\强对比度的黑白影像.psd

STEP 01　创建黑白调整图层

运行Photoshop CS6应用程序，打开素材\ 03\08.jpg文件，可查看到照片的原始效果，单击"调整"面板中的"黑白"按钮，创建"黑白"调整图层。

STEP 02　编辑"属性"面板

创建"黑白"调整图层后，在打开的"属性"面板中对各个选项的参数进行设置，将彩色照片转换为黑白效果。

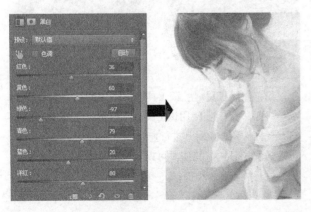

STEP 03　调整画面色阶

通过"调整"面板创建"色阶"调整图层，在打开的"属性"面板中依次拖曳RGB选项下的色阶滑块到50、1.02、255的位置，对图像的色阶进行调整。

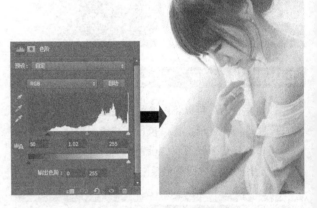

STEP 04　创建"亮度/对比度"调整图层

打开"调整"面板，单击其中的"亮度/对比度"按钮，创建"亮度/对比度"调整图层。

STEP 05 增强明暗对比

在打开的"属性"面板中设置"亮度"为-10、"对比度"为30，对画面的亮度和对比度进行调整。

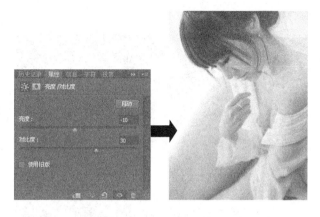

STEP 06 调整曲线形态

创建"曲线"调整图层，在打开的"属性"面板中添加一个控制线，设置其"输入"为120、"输出"为65，再添加一个控制点，设置"输入"为181、"输出"为180。

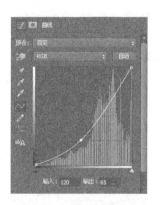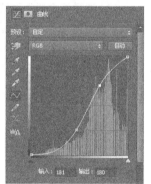

STEP 07 编辑图层蒙版

使用"画笔工具" 对"曲线"调整图层的蒙版进行编辑，对调整过度的区域进行隐藏，在图像窗口中可以看到画面明暗之间的对比更加强烈。

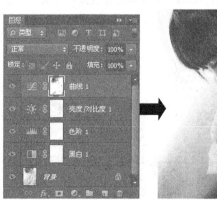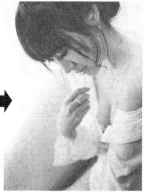

STEP 08 执行"USM锐化"命令

盖印可见图层，得到"图层1"图层，执行"滤镜＞锐化＞USM锐化"菜单命令，在打开的对话框中对参数进行设置，使图像中细节显示得更加清晰，在图像窗口中可以看到最终的编辑效果。

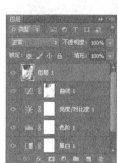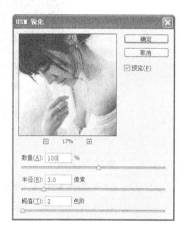

知识提炼 "黑白"调整命令

"黑白"调整命令可以将彩色的照片转换为黑白色，还能使用指定的颜色应用到图像中，制作出双色调的画面效果，执行"图像＞调整＞黑白"菜单命令，可以打开如下图所示的"黑白"对话框，在其中可以对相应的各个选项进行设置。

❶颜色选项：包含了"红色"、"黄色"、"绿色"和"青色"等6个选项，用于控制每种颜色在转换为黑白图像后的明暗度，参数越大，包含该颜色的图像就越亮。

❷色调：勾选"色调"复选框，可以将图像转换为双色调的画面效果，在后面的色块中单击，可以打开"拾色器"对话框，在其中可以对画面的颜色进行设置，此外利用"色相"选项还能对颜色进行控制，"饱和度"选项可以调整画面颜色的浓度，由此可以制作出多种颜色效果的画面。

3.9　温馨暖色调人像照

在人像照片色彩的处理中，通常会利用黄色调来烘托出夜晚昏黄的灯光效果，使人物笼罩在温暖的黄色环境光中，由此让画面的色彩更加具有感染力。只需利用"通道混合器"调整命令即可增强画面中的暖色调，营造出喜悦、欢快和温馨的画面氛围，更好地表现出画面中少女的温暖气息。

素　材	素材\03\09.jpg
源文件	源文件\03\温馨暖色调人像照.psd

STEP 01　转换照片颜色模式

运行Photoshop CS6应用程序，打开素材\ 03\09.jpg文件，可查看到照片的原始效果，执行"图层>模式>CMYK颜色"菜单命令。

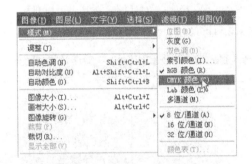

STEP 02　创建"通道混合器"调整图层

执行"窗口>调整"菜单命令，打开"调整"面板，单击其中的"通道混合器"按钮，创建"通道混合器"调整图层，在"图层"面板中可以看到创建的调整图层效果。

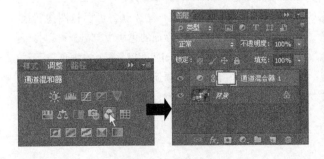

STEP 03　编辑"属性"面板

在"通道混合器"调整图层的"属性"面板中进行设置，分别选择"输出通道"下拉列表中的"青色"和"洋红"选项下的参数进行设置。

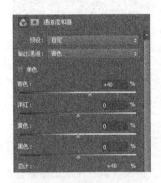

STEP 04　预览调色效果

再对"黄色"选项下的参数进行设置，完成后在图像窗口中可以看到画面的颜色变成了暖色调。

STEP 05　调整画面色阶

通过"调整"面板创建"色阶"调整图层，在打开的"属性"面板中依次拖曳RGB选项下的色阶滑块到12、0.89、240的位置，对图像的色阶进行调整。

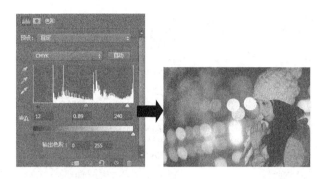

知识提炼　"通道混合器"调整命令

在后期的照片处理中，我们根据照片所拍摄的意境，往往要将照片调整成不同色调的图像，这就需要用到"通道混合器"命令，该命令可以创建高品质的灰度图像、棕褐色调图像或其他色调的图像，也可以对图像进行创造性的颜色调整。

执行"图像>调整>通道混合器"菜单命令，打开如下图所示的"通道混合器"对话框，在其中可以对相应的各个选项进行设置。

❶预设：在该选项的下拉列表中包含了多种预设的选项，如下图所示，通过单击选择可以直接应用效果。

❷输出通道：在该选项的下拉列表中包含了当前图像中所包含的通道选项，不同的颜色模式下该选项所包含的选项不同。

❸源通道：源通道是在打开新图像时自动创建的。图像的颜色模式决定了所创建颜色通道的数目。例如，RGB图像的每种颜色（红色、绿色和蓝色）都有一个通道，而CMYK颜色模式的图像包含了4个通道，如下图所示。

❹常数：该选项为图像的复合通道，直接拖曳滑块即可对图像的颜色进行调整。下图所示为不同"常数"选项下的色彩效果。

❺单色：勾选"单色"复选框，可以将图像转换为黑白图像效果，同时"输出通道"将只包含"灰色"选项，通过对"源通道"中颜色选项下的滑块进行调整，可以控制画面的明暗度。下图所示为勾选"单色"复选框并进行设置后的效果。

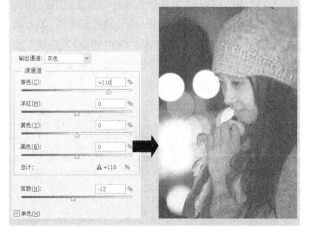

3.10 制作清新的阿宝色调

阿宝色是一位名为阿宝的摄影师所创的，是一种比较特别的色彩，这种色彩主要以橘色的肤色和偏青色的背景色调为主。本例中通过对"通道"面板中不同颜色通道之间的图像进行复制和粘贴，制作出阿宝色调效果，再使用调整命令修饰画面颜色，由此打造出清新的画面色彩。

素材	素材\03\10.jpg
源文件	源文件\03\制作清新的阿宝色调.psd

STEP 01　复制图层

运行Photoshop CS6应用程序，打开素材\ 03\10.jpg文件，可查看到照片的原始效果，按Ctrl+J快捷键复制"背景"图层，得到"图层1"图层。

STEP 03　预览编辑效果

完成通道的复制和粘贴操作后单击RGB通道，将所有通道中的图像显示出来，在图像窗口中可以看到编辑通道后的图像效果。

STEP 02　编辑"通道"面板

执行"窗口>通道"菜单命令，打开"通道"面板，单击选中其中的"绿"通道，按Ctrl+A快捷键进行全选，然后按Ctrl+C快捷键进行复制，接着选中"蓝"通道，按Ctrl+V快捷键进行粘贴，将"绿"通道中的图像复制粘贴到"蓝"通道中，在"通道"面板中可以看到通道缩览图的变化。

STEP 04　编辑"自然饱和度"调整图层

通过"调整"面板创建"自然饱和度"调整图层，在打开的"属性"面板中设置"自然饱和度"选项为60、"饱和度"选项为10，提高画面的颜色浓度。

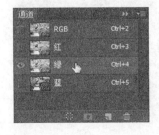

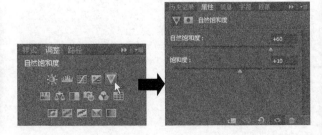

STEP 05 预览编辑效果

完成"自然饱和度"调整图层的编辑后，在图像窗口中可以看到画面的颜色更加的鲜艳。

STEP 06 调整画面色阶

通过"调整"面板创建"色阶"调整图层，在打开的"属性"面板中依次拖曳RGB选项下的色阶滑块到10、0.81、248的位置，对图像的色阶进行调整。

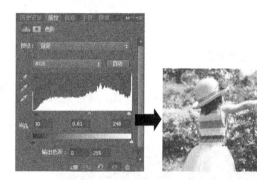

知识提炼 "通道"面板

通道应用灰度来存储图像的颜色信息和专色信息，通道中的颜色取决于该图像中每个单一色调的数量，并以灰度图像的形式来记录颜色的分布情况。通道的另外一个主要功能就是存储图像的选区，方便对选区内的图像进行编辑操作。下图所示为RGB颜色模式和CMYK颜色模式下"通道"面板中通道的显示效果，可以看到不同的颜色模式所包含的通道是不同的。

● 将通道作为选区载入

通道可以存储选区，如果需要对不同通道中的图像进行编辑，可以通过载入通道选区来进行操作。将通道

作为选区载入，就是以图像的颜色亮度值为标准，将其以选区的形式选取出来，方便编辑操作。

打开一张照片，执行"窗口＞通道"菜单命令，打开"通道"面板，单击其中的"红"通道，将其选中，然后单击"通道"面板下的"将通道作为选区载入"按钮，再将RGB复合通道选中，在图像窗口中即可看到将该通道下的颜色区域载入到选区中的效果，具体操作如下图所示。

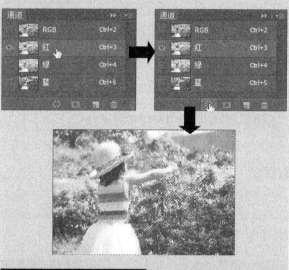

使用快捷键载入通道选区 | TIPS

除了使用"将通道转换为选区"按钮载入选区以外，还可以按住Ctrl键的同时单击"红"通道的通道缩览图，也能完成选区的载入，让区域图像的编辑调整更加快捷和准确。

● 将选区转换为Alpha通道

选区与通道之间可以进行相互的转换，由此来便于我们再次对选区中的图形进行编辑，其操作方法也很简单，只需按住Ctrl键的同时单击"绿"通道的通道缩览图，完成选区的载入，然后单击"将选区转换为通道"按钮，即可将当前选区转换为Alpha通道，方便选区的存储，具体操作如下图所示。

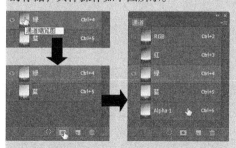

3.11 制作景深效果突出人物

为了使主体人物更加突出,通过对画面中杂乱的背景或其他对象进行模糊处理,可以让画面呈现出景深效果。在Photoshop中通过应用"光圈模糊"滤镜,利用类似相机镜头来对图像进行对焦,让人物周围的图像自动模糊,快速将画面背景进行柔和,由此模拟景深效果。

素 材	素材\03\11.jpg
源文件	源文件\03\制作景深效果突出人物.psd

STEP 01 复制图层

运行Photoshop CS6应用程序,打开素材\ 03\11.jpg文件,可以看到照片的原始效果,接着按Ctrl+J快捷键复制"背景"图层,得到"图层1"图层。

STEP 02 编辑光圈形态

选中"图层1"图层,执行"滤镜>模糊>光圈模糊"菜单命令,在模糊画廊中对光圈的形态进行调整,将其放在人物的上方。

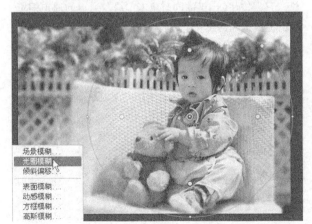

STEP 03 设置模糊参数

设置模糊画廊中的参数,调整"模糊"为20像素、"光源散景"为10%、"散景颜色"为15%,并对"光照范围"下的参数进行设置。

 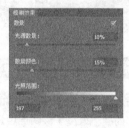

STEP 04 预览设置效果

完成设置后在左侧的预览窗口中可以看到设置后的画面效果,人物的周围呈现出自然的光圈模糊效果。

STEP 05　确认设置

完成设置后单击右上角的"确定"按钮，确认"光圈模糊"效果的编辑，Photoshop将弹出"进程"对话框，完成滤镜的应用后将自动关闭该对话框。

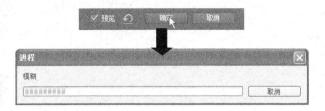

STEP 06　预览编辑效果

应用完成"光圈模糊"滤镜后，在图像窗口中可以看到应用滤镜后的效果，人物周围呈现出圆形向外的模糊效果，而圆形内的人物不会受到模糊的影响。

STEP 07　调整画面色阶

通过"调整"面板创建"色阶"调整图层，在打开的"属性"面板中依次拖曳RGB选项下的色阶滑块到12、1.15、230的位置，对图像的色阶进行调整。

图所示。

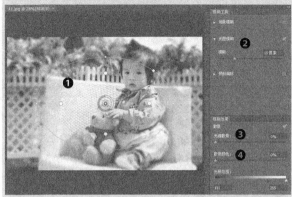

❶光圈形态：通过使用鼠标在图像窗口中的光圈上进行单击并拖曳，可以对光圈的形态进行调整。下图所示为不同光圈形态下的模糊效果。

❷模糊：该选项可以控制光圈外部图像的模糊程度，设置的参数越大，模糊效果越明显。

❸光源数量：该选项用于设置光圈外部的光源数量，参数越大，光圈外部的图像就越亮。下图所示为不同光源数量下的效果。

❹散景颜色：该选项用于设置光圈外部光斑的颜色，参数越大，光斑的颜色就越丰富。下图所示为不同散景颜色设置下的图像效果。

知识提炼　"光圈模糊"滤镜

"光圈模糊"滤镜可利用类似相机镜头来对图像进行对焦，焦点周围的图像会自动进行模糊。执行"滤镜＞模糊＞光圈模糊"菜单命令，可以打开"模糊画廊"对话框，在其中可以对模糊的各个选项进行设置，如下

第4章

动物照片的处理

生态动物是摄影爱好者喜爱的拍摄对象之一，因为不同的动物有着各自的生活习性，其各自的外貌特征也有所不同，这些都能极大地引起人们的关注，为了获得完美精彩的画面效果，在后期处理中通过对动物毛发的色彩和细节进行调整，并且利用光影增强画面立体感等操作，都能使生态动物的照片更加具有魅力。

本章内容

4.1　表现蓝天下飞翔的鸟儿

在生态摄影中，鸟类是常见的拍摄题材之一，为了精确捕捉到鸟儿展翅翱翔的姿态，在拍摄时可能会忽略掉画面曝光和构图等问题。想要呈现出完美的飞鸟画面，在后期处理中先要调整画面的亮度和层次，然后增强照片的饱和度，利用天空的色彩突出飞鸟的环境，接着进行锐化和降噪处理，表现出蓝天下鸟儿自由飞翔的美景。

素　材	素材\04\01.jpg
源文件	源文件\04\表现蓝天下飞翔的鸟儿.psd

STEP 01　复制背景图层

运行Photoshop CS6应用程序，打开素材\ 04\01.jpg文件，可查看到照片的原始效果，按Ctrl+J快捷键复制"背景"图层，得到"图层1"图层。

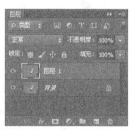

STEP 02　使用"仿制图章工具"

选择工具箱中的"仿制图章工具" ，并在该工具的选项栏中对选项进行设置，按住Alt键的同时单击天空位置取样，然后在建筑上单击进行修复。

STEP 03　预览编辑效果

完成"仿制图章工具"的使用后，在图像窗口中可以看到画面编辑后的效果，右下角多余的建筑被天空代替，画面整体显得更为清爽。

STEP 04　调整画面亮度和对比度

通过"调整"面板创建"亮度/对比度"调整图层，在打开的"属性"面板中进行设置，调整"亮度"选项的滑块到2的位置，调整"对比度"选项的滑块到25的位置，提高画面的亮度和对比度。

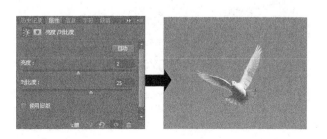

STEP 05　调整画面色阶

通过"调整"面板创建"色阶"调整图层，在打开的"属性"面板中依次拖曳RGB选项下的色阶滑块到0、1.66、255的位置，对图像的色阶进行调整。

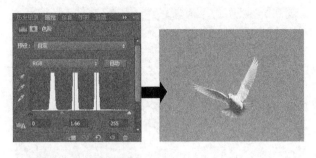

STEP 06　增强画面颜色浓度

创建"自然饱和度"调整图层，在打开的"属性"面板中设置"自然饱和度"选项的参数为为90、"饱和度"选项的参数为10，增强画面的颜色浓度，使其更加鲜艳，在图像窗口中可以看到编辑后的效果。

STEP 07　减少画面杂色

按Ctrl+Shift+Alt+E快捷键盖印可见图层，得到"图层2"图层，执行"滤镜＞杂色＞减少杂色"菜单命令，在打开的对话框中对各个选项进行设置，减少画面中的杂色点，在图像窗口中可以看到编辑的效果。

STEP 08　锐化细节处理

按Ctrl+Shift+Alt+E快捷键盖印可见图层，得到"图层3"图层，执行"滤镜＞锐化＞USM锐化"菜单命令，在打开的对话框中对各个选项进行设置，突出画面中的细节，在图像窗口中可以看到最终的编辑效果。

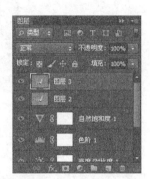

知识提炼　亮度/对比度

"亮度/对比度"命令可以调整一些光线不足、比较昏暗的图像，让画面变得清晰、明亮。执行"图像＞调整＞亮度/对比度"菜单命令，可以打开如下图所示的对话框，在其中可以设置图像的亮度和对比度。

❶亮度：该选项表示图像的明亮程度，设置的参数越大，图像越亮，反之图像就会越暗。

❷对比度：该选项是指图像中高光和阴影之间的对比程度，设置的参数越大，图像的明暗对比就越大，图像也就越清晰。

❸使用旧版：勾选"使用旧版"复选框后，在调整亮度时不只简单地增加或减少所有像素的亮度值，而且可以有效地防止在调整图像的过程中出现曝光过度的现象，从而保证画面色调和影调不受影响。编辑早期版本的Photoshop创建的"亮度/对比度"调整图层时，会自动勾选"使用旧版"复选框。

❹自动：单击"自动"按钮，Photoshop会根据当前图像的明暗程度对画面的亮度和对比度进行自动调整，单击后"亮度"和"对比度"的参数会发生相应的变化。

4.2 凸显威武的雄狮

雄狮拥有夸张的鬃毛，而且体形硕大，是最大的猫科动物之一。为了凸显出雄狮威武的神态，在后期处理中先使用"色阶"、"亮度/对比度"和"可选颜色"对照片的影调和色调进行调整，然后通过"减少杂色"和"USM锐化"对细节进行修饰，最后使用"径向模糊"滤镜夸张地表现雄狮的毛发，模拟摄像时旋转相机或者聚焦、变焦的效果，打造出具有发散效果的画面。

素　材	素材\04\02.jpg
源文件	源文件\04\凸显威武的雄狮.psd

STEP 01　创建"色阶"调整图层

　　运行Photoshop CS6应用程序，打开素材\ 04\02.jpg文件，可查看到照片的原始效果，打开"调整"面板，单击其中的"色阶"按钮■，创建"色阶"调整图层。

STEP 02　调整画面影调

　　通过"调整"面板创建"色阶"调整图层后，在打开的"属性"面板中依次拖曳RGB选项下的色阶滑块到13、1.22、249的位置，对图像的色阶进行调整。

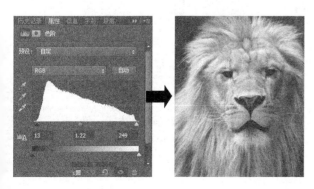

STEP 03　增强画面明暗区域的对比

　　创建"亮度/对比度"调整图层，在打开的"属性"面板中设置"亮度"为2、"对比度"为15，增强画面明暗区域的对比，可以看到画面层次感增强了。

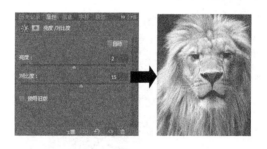

STEP 04　调整画面颜色

　　创建"可选颜色"调整图层，在打开的"属性"面板中设置"黄色"选项下的色阶值分别为-15、15、15、-5。

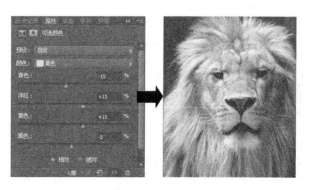

STEP 05　去除杂色处理

盖印可见图层，得到"图层1"图层，执行"滤镜＞杂色＞减少杂色"菜单命令，在打开的对话框中进行设置，减少画面中的杂色点，让画面效果更加干净。

STEP 06　锐化毛发细节

选中"图层1"图层，执行"滤镜＞锐化＞USM锐化"菜单命令，在打开的"USM锐化"对话框中设置参数，凸显出狮子的毛发细节，在图像窗口中可以看到编辑的效果。

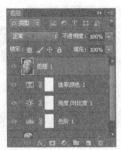

STEP 07　执行"径向模糊"命令

盖印可见图层，得到"图层2"图层，执行"滤镜＞模糊＞径向模糊"菜单命令，在打开的对话框中设置参数，对图像应用径向模糊效果。

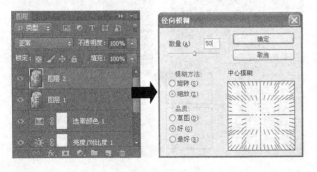

STEP 08　编辑图层蒙版

为"图层2"添加上图层蒙版，使用"画笔工具" ![]对蒙版进行编辑，让狮子的脸部显示出来，只对脸部周围的毛发应用模糊效果。

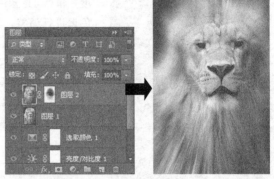

知识提炼　"径向模糊"滤镜

"径向模糊"滤镜能够模拟摄像时旋转相机或者聚焦、变焦的效果，从而可以将图像旋转成从中心辐射的画面效果。执行"滤镜＞模糊＞径向模糊"菜单命令，可以打开如下图所示的对话框，在其中可以对模糊的方法和品质等进行设置。

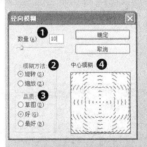

❶数量：该选项用于设置模糊的程度，当滑块向右移动时，参数变大，画面模糊的效果就会越明显。

❷模糊方法：该选项中包含了"旋转"和"缩放"两个单选按钮，即两种不同的模糊方式，如下图所示。

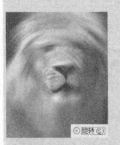

❸品质：用于设置模糊质量的方式，包含3个选项。

❹中心模糊：在视图中可以对模糊的基准点进行设置。

4.3 局部留色突出主体动物

　　在生态动物的拍摄中，为了捕捉到昆虫完美的形态，有时会将繁杂的背景纳入画面中，想要更准确地突出主体对象，可以在后期处理中将昆虫以外的图像调整为黑白色，然后对彩色的昆虫部分进行局部的色彩和影调的调整，最后利用"曲线"增强画面明暗区域的层次，通过局部彩色突出色彩艳丽的蝴蝶。

素　材	素材\04\03.jpg
源文件	源文件\04\局部留色突出主体动物.psd

STEP 01　创建"色相/饱和度"调整图层

　　运行Photoshop CS6应用程序，打开素材\ 04\03.jpg文件，可查看到照片的原始效果，执行"窗口＞调整"命令，打开"调整"面板，单击"色相/饱和度"按钮圖，创建"色相/饱和度"调整图层。

STEP 02　将照片转换为黑白色

　　创建"色相/饱和度"调整图层后，将打开"属性"面板，在"全图"选项下进行设置，调整"色相"为-15、"饱和度"为-100，在图像窗口中可以看到彩色的照片被转换成了黑白色。

STEP 03　编辑图层蒙版

　　选择工具箱中的"画笔工具" ，将前景色设置为黑色，并在工具箱选项栏中设置"流量"和"不透明度"选项的参数均为100%，使用画笔在蝴蝶上进行涂抹，还原其彩色的图像效果。

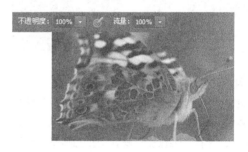

STEP 04　预览编辑效果

　　完成图层蒙版的编辑后，在图像窗口中可以看到编辑后的图像效果，画面的颜色形成了强烈的对比。

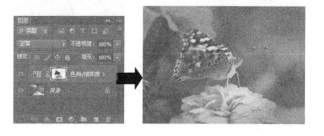

STEP 05　利用曲线调整画面影调

通过"调整"面板创建"曲线"调整图层，在"属性"面板中对曲线的形态进行设置，添加两个控制点，分别为控制点的"输出"和"输入"选项的参数进行设置，调整画面的明暗对比。

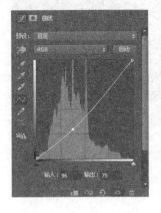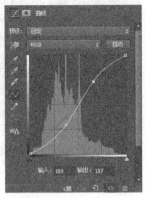

STEP 06　预览编辑效果

完成曲线形态的编辑后，在图像窗口中可以看到编辑后的画面明暗对比增强，更具立体感。

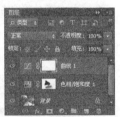

STEP 07　锐化图像细节

盖印可见图层，得到"图层1"图层，执行"滤镜＞锐化＞USM锐化"菜单命令，打开"USM锐化"对话框，在其中设置"数量"为60%、"半径"为2像素、"阈值"为2色阶，确认设置后可以看到画面细节更加清晰。

知识提炼 **色相/饱和度**

利用"色相/饱和度"命令可以单独调整整个图像或者图像中某个颜色的色相、饱和度和明度。执行"图像＞调整＞色相/饱和度"菜单命令，打开如下图所示的对话框，即可对图像的颜色进行调整。

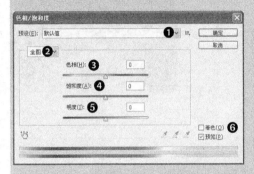

❶预设：　在该选项的下拉列表中包含了多种预设的调整选项，单击该选项后面的下拉按钮，展开如下图所示的下拉列表，选择其中的选项即可应用到图像中。

❷编辑范围：　用于选择调整的颜色，在该选项的下拉列表中包含了"红色"、"黄色"、"绿色"和"全图"等多个设置选项。

❸色相：　该选项可以改变图像的颜色，通过输入参数或者拖曳滑块来对图像的颜色进行调整。

❹饱和度：　该选项是指色彩的鲜艳程度，即色彩的纯度，设置的参数越大，画面中颜色的浓度就越重，其设置范围为+100～-100。

❺明度：　该选项是指图像的明暗程度，数值越大图像就越亮；反之，数值越小，图像就越暗。

❻着色：　勾选该复选框，可以将当前图像调整为双色调的效果，通过"色相"选项即可对图像的颜色进行调整，设置和效果如下图所示。

4.4 自由奔跑的马群

马具有优美的身形，它们形态结实紧凑、外貌俊美、肌肉发达、体质结实，奔跑起来背腰平直、关节明显，给人以热血澎湃的感觉。为了展现出自由奔跑中马儿飒爽的英姿，在后期处理中通过多个调整命令对照片的影调和颜色进行调整，并利用"减少杂色"和"USM锐化"对细节进行修饰，制作出完美的骏马狂奔图。

素　材	素材\04\04.jpg
源文件	源文件\04\自由奔跑的马群.psd

STEP 01　创建"亮度/对比度"调整图层

运行Photoshop CS6应用程序，打开素材\ 04\04.jpg文件，可查看到照片的原始效果，执行"窗口>调整"命令，打开"调整"面板，单击"亮度/对比度"按钮，创建"亮度/对比度"调整图层。

STEP 02　设置"属性"面板

创建"亮度/对比度"调整图层后，在打开的"属性"面板中设置"亮度"选项为8、"对比度"选项为25，增强画面的亮度和对比度。

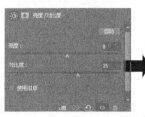 

快速将"属性"面板的参数进行复位　　　　TIPS

直接单击"属性"面板中的"复位到调整默认值"按钮 ，即可快速将选项的参数归零。

STEP 03　调整色阶

通过"调整"面板创建"色阶"调整图层，在打开的"属性"面板中依次拖曳RGB选项下的色阶滑块到9、1.17、241的位置，对图像的色阶进行调整。

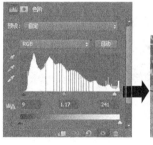 

STEP 04　编辑可选颜色

创建"可选颜色"调整图层，在打开的"属性"面板中进行设置，分别调整"中性色"和"黑色"选项下的参数，对特定颜色的比例进行调整。

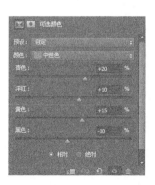 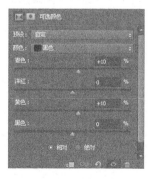

STEP 05　预览编辑效果

创建可选颜色后，在图像窗口中可以看到画面的颜色表现更为丰富。

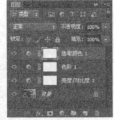

STEP 06　去除画面杂色点

盖印可见图层，得到"图层1"图层，执行"滤镜＞杂色＞减少杂色"菜单命令，在打开的"减少杂色"对话框中对各个选项进行设置，去除画面中的杂色点，在图像窗口中可以看到画面更加干净。

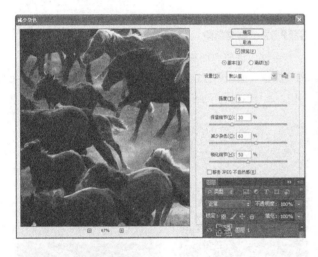

STEP 07　锐化图像细节

盖印可见图层，得到"图层2"图层，执行"滤镜＞锐化＞USM锐化"菜单命令，在打开的"USM锐化"对话框中设置参数，凸显出图像中的细节，完成设置后单击"确定"按钮即可。

STEP 08　编辑图层蒙版

为"图层2"添加上白色的图层蒙版，选择"画笔工具"，设置前景色为黑色，在锐化过度的区域进行涂抹，对"图层2"的蒙版进行编辑，在图像窗口中可以看到图层蒙版编辑后的效果。

STEP 09　提高画面颜色浓度

创建"自然饱和度"调整图层，在打开的"属性"面板中设置"自然饱和度"选项的参数为60、"饱和度"选项的参数为20，提高画面的颜色浓度。

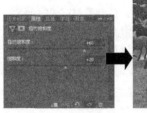

STEP 10　调整阴影和高光

盖印可见图层，得到"图层3"图层，执行"图像＞调整＞阴影/高光"菜单命令，打开"阴影/高光"对话框，在其中对各个选项进行设置，调整画面阴影和高光的亮度，让画面层次感增强。

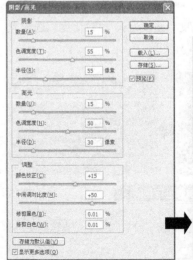

STEP 11 添加晕影

执行"滤镜>镜头校正"菜单命令，在打开的对话框中单击"自定"标签，设置"晕影"选项组中的"数量"为-100、"中点"为45，为画面添加上黑色的暗角。

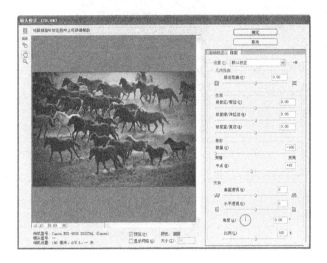

STEP 12 查看编辑效果

完成晕影的添加后，画面中的马群更加突出，在图像窗口中可以看到本例最终的编辑效果。

知识提炼　阴影/高光

通过"阴影/高光"命令可以调整在图像的阴影和高光区域的明亮度，主要用于修改一些因为阴影或逆光而比较暗的照片。执行"图像>调整>阴影/高光"菜单命令，即可打开如下图所示的"阴影/高光"对话框，在其中调整滑块的位置，即可使图像变亮或者变暗。

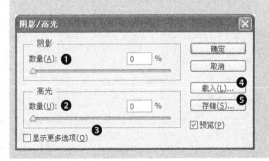

❶阴影：该选项用于设置图像中的阴影部分，通过下方"数量"选项的滑块调整图像的阴影，向左拖曳滑块则图像变暗，向右拖曳滑块则图像变亮，具体效果如下图所示。

❷高光：该选项用于设置图像的高光部分，向左拖曳滑块可以使图像变亮，向右拖曳滑块可以使图像变暗，具体效果和设置如下图所示。

❸显示更多选项：勾选该复选框可以将"阴影/高光"对话框中所包含的隐藏选项全部显示出来，如下图所示，在其中可对更多的选项进行精确的设置，让画面的明暗效果更为完美。

❹载入：单击"载入"按钮　载入(L)... ，可以打开"载入"对话框，在其中可以选择预设的设置，将其应用到当前编辑的图像中。

❺存储：单击"存储"按钮　存储(S)... ，可以将当前设置存储为预设选项，方便再次使用。

4.5 打造色彩艳丽的鸳鸯

鸳鸯有美丽而多彩的羽毛，为了完美地呈现出水面上鸳鸯五彩缤纷的羽衣，打造出层次分明且色彩艳丽的画面，在后期处理中先对照片的层次进行调整，然后增强画面的饱和度，再对画面的细节进行修饰，利用"光圈模糊"让主体更为突出，由此呈现出美丽又惬意的鸳鸯戏水画面。

素材	素材\04\05.jpg
源文件	源文件\04\打造色彩艳丽的鸳鸯.psd

STEP 01　创建"色阶"调整图层

运行Photoshop CS6应用程序，打开素材\ 04\05.jpg文件，可查看到照片的原始效果，执行"窗口>调整"命令，打开"调整"面板，单击其中的"色阶"按钮，创建"色阶"调整图层。

STEP 02　提高画面影调

创建"色阶"调整图层后，在打开的"属性"面板中依次拖曳RGB选项下的色阶滑块到0、1.46、242的位置，对图像的色阶进行调整。

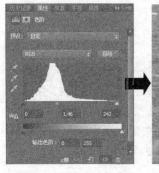 

STEP 03　调整画面对比度

创建"亮度/对比度"调整图层，在打开的"属性"面板中设置"亮度"选项为20、"对比度"选项为35，提高画面的亮度和对比度。

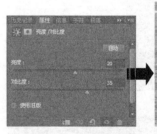 

STEP 04　提高颜色浓度

创建"自然饱和度"调整图层后，在打开的"属性"面板中设置"自然饱和度"选项为95、"饱和度"选项为30，提高画面的颜色浓度，使其更加鲜艳。

STEP 05 添加照片滤镜

创建"照片滤镜"调整图层，在打开的"属性"面板中选择"滤镜"下拉列表中的"黄"选项，并拖曳"浓度"选项的滑块到40%的位置。

STEP 06 编辑图层蒙版

选择"画笔工具" ，在工具箱中设置前景色为黑色，在鸳鸯上进行涂抹，隐藏对其应用的照片滤镜效果，在图像窗口中可以看到图层蒙版编辑的效果。

STEP 07 去除画面杂色

盖印可见图层，得到"图层1"图层，执行"滤镜＞杂色＞减少杂色"菜单命令，在打开的"减少杂色"对话框中对各个选项进行设置，去除画面中的杂色点，在图像窗口中可以看到画面更加整洁。

STEP 08 锐化图像细节

执行"滤镜＞锐化＞USM锐化"菜单命令，在打开的对话框中设置"数量"为100%、"半径"为3像素、"阈值"为2色阶，锐化照片中图像的细节。

STEP 09 执行"光圈模糊"命令

盖印可见图层，得到"图层2"图层，执行"滤镜＞模糊＞光圈模糊"菜单命令，为"图层2"应用"光圈模糊"滤镜效果。

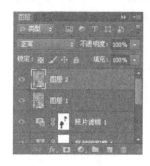

STEP 10 设置"光圈模糊"参数

在打开的"模糊画廊"中对"光圈模糊"滤镜的效果进行编辑，在图像预览中调整光圈的大小和位置，在右侧的选项中设置参数，完成设置后直接单击右上角的"确定"按钮即可。

STEP 11 预览编辑效果

完成"光圈模糊"滤镜的编辑后，在图像窗口中可以看到本例最终的编辑效果。

知识提炼 照片滤镜

"照片滤镜"命令可以在图像上设置颜色滤镜。执行"图像>调整>照片滤镜"菜单命令，可以打开如下图所示的对话框，在其中可以选择预设的颜色或者自定义滤镜应用在图像上。

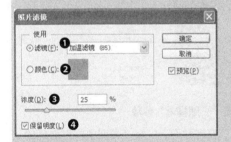

❶滤镜：在"滤镜"选项的下拉列表中包含了多种预设的滤镜效果，即"加温滤镜"、"冷却滤镜"、"红"、"黄"、"洋红"和"水下"等选项，单击"滤镜"后面的下拉按钮，可以看到如下图所示的下拉列表，在其中选中所需的颜色即可将色彩应用到图像上。

选择不同的预设滤镜，可以得到不同的画面色彩。下图所示分别为应用"红"和"水下"选项后的画面颜色效果，可以看到选择不同的选项后，画面的颜色也随之改变。

❷颜色：该选项可以自定义滤镜的颜色，单击选中"颜色"单选按钮，然后单击"颜色"选项后面的颜色框，可以打开"拾色器（照片滤镜颜色）"对话框，在其中可以选择所需的颜色，并将其应用到图像上，具体操作如下图所示。

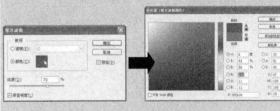

❸浓度：用于调整颜色滤镜的应用程度，设置的参数越大，图像中的颜色滤镜就越浓。下图所示为不同浓度下的图像效果。

❹保留明度：勾选"保留明度"复选框，可以在图像应用"照片滤镜"命令后依然保持原始图像中的明暗程度，不会对画面的影调造成影响。

4.6 展现猫咪细腻的毛发

宠物的眼神是其传情达意的关键，在拍摄时要保持充分的耐心和爱心，可以利用曝光补偿捕捉宠物毛发的细节，获得画面亲切且独特的效果。在后期处理中先使用"色阶"和"色彩平衡"对画面的影调和色调进行调整，然后通过"减少杂色"去除暗部的杂色点，最后利用"智能锐化"凸显出猫咪细腻的毛发。

素 材	素材\04\06.jpg
源文件	源文件\04\展现猫咪细腻的毛发.psd

STEP 01　创建"色彩平衡"调整图层

运行Photoshop CS6应用程序，打开素材\ 04\06.jpg文件，可查看到照片的原始效果，执行"窗口>调整"命令，打开"调整"面板，单击其中的"色彩平衡"按钮，创建"色彩平衡"调整图层。

STEP 02　设置"属性"面板

创建"色彩平衡"调整图层后，在打开的"属性"面板中设置参数，调整"中间调"选项下的色阶值为11、-8、-36，在图像窗口中可以看到画面色彩更加温馨。

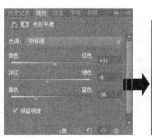

STEP 03　调整画面色阶

创建"色阶"调整图层，在打开的"属性"面板中依次拖曳RGB选项下的色阶滑块到0、1.28、255的位置，对图像的色阶进行调整，然后使用"画笔工具"对该调整图层的蒙版进行编辑。

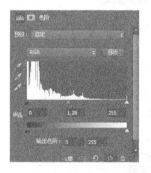

STEP 04　预览编辑效果

完成"色阶"调整图层的编辑后，在图像窗口中可以看到画面变得更具有层次，增强了画面的立体感。

STEP 05　调整画面曝光

创建"曝光度"调整图层，在打开的"属性"面板中设置参数，并对该调整图层的蒙版进行编辑。

STEP 06　预览编辑效果

完成"曝光度"调整图层的编辑后，在图像窗口中可以看到画面变得更具有层次，增强了画面的立体感。

STEP 07　执行"减少杂色"滤镜

盖印可见图层，得到"图层1"图层，执行"滤镜＞杂色＞减少杂色"菜单命令，在打开的"减少杂色"对话框中对各个选项进行设置，去除画面中多余的杂色点，在图像窗口中可以看到编辑的效果。

STEP 08　智能锐化图像

执行"滤镜＞锐化＞智能锐化"菜单命令，在打开的"智能锐化"对话框中对选项进行设置，锐化猫咪的毛发，使其更加清晰，完成设置后单击"确定"按钮即可。

STEP 09　预览编辑效果

完成"智能锐化"滤镜的编辑后，在图像窗口中可以看到本例最终的编辑效果。

知识提炼　"智能锐化"滤镜

"智能锐化"滤镜可以对图像的锐化做到智能地调整，达到更好的锐化效果，让图像更为清晰。执行"滤镜＞锐化＞智能锐化"菜单命令，可以打开如下图所示的"智能锐化"对话框，在其中可以对各个选项进行设置。

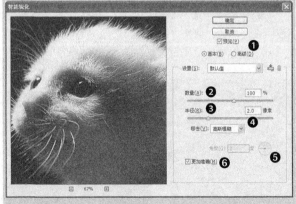

❶ **"基本"和"高级"**：用于对锐化的方式进行选择，单击"高级"单选按钮后，可以在下方的选项中看到更多的设置，如下图所示。

使用其中的"阴影"和"高光"选项卡中的设置可以调整较暗和较亮区域的锐化。如果较暗或较亮的锐化光晕出现得太强烈，可以使用下方的选项进行调整，即"渐隐量"选项调整高光或阴影中的锐化量；"色调宽度"选项控制阴影或高光中色调的修改范围，向左移动滑块会减小色调宽度值，向右移动滑块会增加该值，较小的值会限制只对较暗区域进行阴影校正的调整，并只对较亮区域进行高光校正的调整；"半径"选项控制每个像素周围的区域大小，该选项用于确定像素是在阴影还是在高光中，向左移动滑块会指定较小的区域，向右移动滑块会指定较大的区域。下图所示为使用"高级"选项中锐化的效果。

❷ **数量**：该选项用于设置锐化的数量，较大的参数将会增强边缘像素之间的对比度，从而使图像看起来更加锐利。下图所示分别为不同数量的锐化效果。

❸ **半径**：该选项用于确定边缘像素周围受锐化影响的像素数量，设置的半径值越大，受影响的边缘就越宽，锐化的效果也就越明显。下图所示为不同半径设置的锐化效果。

❹ **移去**：该选项用于对图像进行锐化的锐化算法，其下拉列表中包含了3个不同的选项，如下图所示。其中"高斯模糊"是"USM锐化"滤镜使用的方法；"镜头模糊"将检测图像中的边缘和细节，可对细节进行更精细的锐化，并减少了锐化光晕；"动感模糊"将尝试减少由于相机或主体移动而导致的模糊效果。

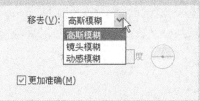

❺ **角度**：该选项为"移去"选项中的"动感模糊"选项设置运动方向，当选择"动感模糊"选项后，该选项才会被激活，如下图所示。

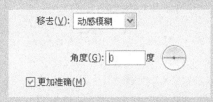

在调整角度的过程中，在数值框中输入数字，或者直接在后面的圆环上单击并进行拖曳，都可以对角度进行设置，并且圆环的角度和数值框中的参数会同时进行改变，如下图所示。

❻ **更加准确**：勾选该复选框，将会花更长的时间处理文件，以便更精确地移去模糊，Photoshop会通过应用多次重复锐化产生更准确的锐化效果。

第5章

建筑及夜景照片的处理

数码影像技术的发展，为拍摄建筑和夜景带来了更多的便利和更丰富的控制手段。流光溢彩的夜景、形态多变的建筑，已成为各城市随处可见的亮丽风景线，更成为摄影发烧友普遍热衷的拍摄题材。在后期处理中，通过增强照片中光影的表现，突出建筑体的细节，加强夜晚光线的色彩等操作，可以起到修饰和美化的作用，由此打造出层次鲜明、色彩丰富、外形清晰的画面效果。

本章内容

5.1 校正变形的建筑物

当从一定角度而不是以平直视角拍摄对象时，会发生梯形扭曲。例如，从地面拍摄高楼的照片时，楼房顶部的边缘看起来比底部的边缘要更近一些，在后期处理中可以利用"透视裁剪工具"进行视觉校正，恢复建筑体正常的显示效果。

素 材	素材\05\01.jpg
源文件	源文件\05\校正变形的建筑物.psd

STEP 01　选择"透视裁剪工具"

运行Photoshop CS6应用程序，打开素材\ 05\01.jpg文件，可查看到照片的原始效果，在工具箱的"裁剪工具"工具组中选择其中的"透视裁剪工具" ▦。

STEP 02　编辑透视裁剪框

使用"透视裁剪工具"在图像窗口中单击并进行拖曳，创建透视裁剪框，并对裁剪框的范围进行编辑，使裁剪框的垂直边线与建筑体的垂直方向平行。

STEP 03　确认裁剪

选择"移动工具" ▦，在弹出的提示对话框中单击"裁剪"按钮，确认透视裁剪框的编辑，在图像窗口中可以看到经过透视裁剪后的建筑体趋于正常视觉效果。

STEP 04　调整画面色阶

通过"调整"面板创建"色阶"调整图层，在弹出的"属性"面板中依次拖曳RGB选项下的色阶滑块到10、1.24、238的位置，调整画面整体的层次。

STEP 05 提高画面颜色鲜艳度

创建"自然饱和度"调整图层，在打开的"属性"面板中设置"自然饱和度"选项的参数为85、"饱和度"选项的参数为20，提高画面的颜色浓度。

STEP 06 调整画面颜色

创建"色彩平衡"调整图层，在打开的"属性"面板中设置"中间调"选项下的色阶值分别为25、6、-35，调整画面的颜色，在图像窗口中可以看到编辑的效果。

STEP 07 减少画面杂色

按Ctrl+Shift+Alt+E快捷键盖印可见图层，得到"图层1"图层，执行"滤镜>杂色>减少杂色"菜单命令，在打开的对话框中对各个选项进行设置，调整"强度"为5、"保留细节"为30%、"减少杂色"为60%、"锐化细节"为75%，完成设置后单击"确定"按钮。

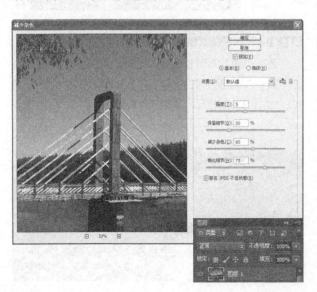

STEP 08 锐化图像细节

执行"滤镜>锐化>USM锐化"菜单命令，在打开的对话框中对各个选项进行设置，调整"数量"为80%、"半径"为2像素、"阈值"为2色阶，完成设置后单击"确定"按钮，使图像的细节更加清晰。

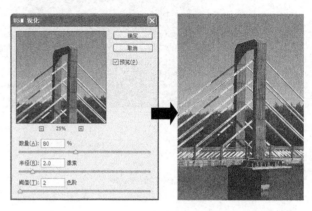

知识提炼 透视裁剪工具

"透视裁剪工具" ▣ 是Photoshop CS6新增加的图像透视调整工具，它可以在裁剪图像的同时变换图像的透视，帮助用户更加准确地校正照片中的透视效果。

当处理包含梯形扭曲的图像时，使用"透视裁剪工具"可以从一定角度对图像的透视角度进行校正。该工具位于"裁剪工具"的隐藏工具组中，单击"裁剪工具"右下角的按钮，在打开的菜单中可以选择"透视裁剪工具"，如下图所示。

选择"透视裁剪工具"后，在其选项栏中可以看到如下图所示的设置，在其中可以对透视裁剪进行设置。

使用"透视裁剪工具"在图像上裁剪透视裁剪框之后，当鼠标在裁剪框的调整线位置显示出三角形状态时，可以对图像的透视角度进行调整；当出现双箭头状态时，可以对裁剪框的形状、角度和大小进行更改。围绕扭曲的对象修改裁剪框，将裁剪框的边缘和对象的矩形边缘匹配，完成裁剪框的编辑后按Enter键确认裁剪操作，即可完成图像的裁剪。

5.2 打造对称式的建筑体

在拍摄一些外形对称的建筑体时，由于摄影机的摆放，或者拍摄者站立位置的原因，会使拍摄出来的建筑体不够对称，在后期处理中可以借助参考线的使用，通过"裁剪工具"对照片的布局进行调整，并利用调整命令修饰画面的影调和色彩，打造出对称式的建筑体。

素　材	素材\05\02.jpg
源文件	源文件\05\打造对称式的建筑体.psd

STEP 01　选择"裁剪工具"

运行Photoshop CS6应用程序，打开素材\ 05\02.jpg文件，可查看到照片的原始效果，选择工具箱中的"裁剪工具" 。

STEP 02　编辑裁剪框

在"裁剪工具"的选项栏中进行设置，然后在图像窗口中对裁剪框进行编辑，调整裁剪框的角度，让建筑以水平的方向进行显示。

STEP 03　预览裁剪效果

由于未勾选"删除裁剪的像素"复选框，因此在按Enter键确认裁剪后，在"图层"面板中的"背景"图层将变成"图层0"图层。

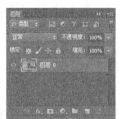

STEP 04　显示标尺

为了让编辑的效果更为准确，还需要将标尺显示出来，执行"视图>标尺"菜单命令即可。

STEP 05   添加参考线

执行"视图＞新建参考线"菜单命令，将弹出"新建参考线"对话框，在其中单击"垂直"单选按钮即可，接着单击"确定"按钮。

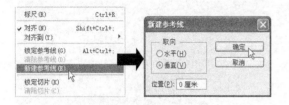

STEP 06   添加其余的参考线

使用鼠标在参考线的位置单击并进行拖曳，调整参考线的位置，接着新建另外两条参考线，使两条垂直方向的参考线在建筑体的两边，水平方向的参考线在下面。

STEP 07   复制图层

按Ctrl+J快捷键复制"图层0"图层，得到"图层0副本"图层，然后按Ctrl+T快捷键将自由变换框显示出来，单击鼠标右键选择"变形"命令。

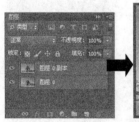 

STEP 08   变形图像

对自由变换框进行编辑，调整建筑体的外形和位置，完成后按Enter键，可以看到建筑体基本对称的效果。

STEP 09   调整亮度和对比度

创建"亮度/对比度"调整图层，在打开的"属性"面板中设置"亮度"选项的参数为20、"对比度"选项的参数为30，增强画面的亮度和对比度。

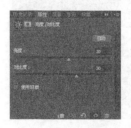 

STEP 10   增强颜色浓度

创建"自然饱和度"调整图层，在打开的"属性"面板中设置"自然饱和度"选项的参数为70、"饱和度"选项的参数为1，提高画面的颜色浓度，在图像窗口中可以看到画面的颜色更加鲜艳。

STEP 11   去除画面杂色

按Ctrl+Shift+Alt+E快捷键盖印可见图层，得到"图层1"图层，执行"滤镜＞杂色＞减少杂色"菜单命令，在打开的对话框中对各个选项进行设置，调整"强度"为5、"保留细节"为30%、"减少杂色"为60%、"锐化细节"为75%，完成设置后单击"确定"按钮。

STEP 12　锐化图像细节

执行"滤镜>锐化>USM锐化"菜单命令，在打开的对话框中对各个选项进行设置，调整"数量"为100%、"半径"为2像素、"阈值"为2色阶，完成设置后单击"确定"按钮，使图像的细节更加清晰。

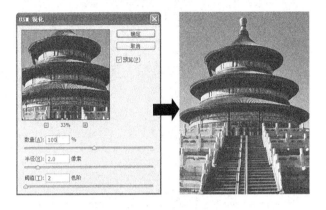

知识提炼　参考线与标尺

● 参考线

参考线可以帮助我们在编辑图像的过程中对图像的对齐和位置移动等操作更加准确。执行"视图>新建参考线"菜单命令，可以打开如下图所示的对话框，在其中可以对参考线的方向和位置进行设置。

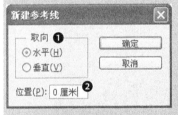

❶取向：该选项下包含了"水平"和"垂直"两个单选按钮，用于对参考线的方向进行设置。下图所示分别为创建水平和垂直参考线的效果。

❷位置：该选项用于对参考线的位置进行设置，直接在数值框中输入数字即可。

执行"编辑>首选项>参考线、网格和切片"菜单命令，打开如下图所示的对话框，在其中可以对参考线的颜色进行设置，以方便对参考线进行编辑和查看。

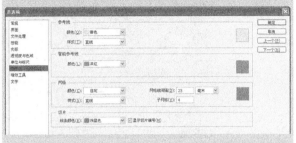

● 标尺

"标尺"命令用于显示具体的尺码，执行"视图>标尺"菜单命令后，在图像的左侧和上方将显示出刻度，如下图所示。

使用"标尺工具"定位图像　　TIPS

除了使用"参考线"和"标尺"对图像的位置进行定位以外，还可以用"标尺工具"███精确地定位图像的长度和角度。使用该工具在图像中单击要测定的起点位置，再拖动鼠标到其终点，此时在"信息"面板中将显示相关的度量信息，其中X和Y是起点位置的坐标值，W和H是宽度和高度的坐标值，A和L是角度和距离的坐标值，如下图所示。

5.3 展现清晰的建筑群

俯瞰城市中层层叠叠的建筑群会体会到一览众山小的感觉，为了展现出具有浓郁的都市气息和多样的建筑形态，在处理此类照片时，先用影调调整命令增强建筑和周围环境的层次，然后用"自然饱和度"、"变化"命令修饰画面中建筑的颜色，打造出细节清晰、层次分明的画面效果。

素材	素材\05\03.jpg
源文件	源文件\05\展现清晰的建筑群.psd

STEP 01　复制背景图层

运行Photoshop CS6应用程序，打开素材\ 05\03.jpg文件，可查看到照片的原始效果，复制"背景"图层，得到"图层1"图层，执行"图像＞调整＞阴影/高光"菜单命令，调整画面的影调。

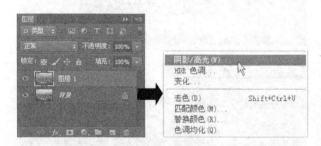

STEP 02　设置"阴影/高光"对话框

执行"阴影/高光"命令后，将打开"阴影/高光"对话框，在其中对各个选项的参数进行设置，调整画面中亮部和阴影区域的明亮程度。

STEP 03　预览编辑效果

完成设置后单击"确定"按钮关闭对话框，在画面中可以看到阴影区域的亮度增强了。

STEP 04　增强画面对比度

创建"亮度/对比度"调整图层，在打开的"属性"面板中设置"亮度"为25、"对比度"为30，提高画面的亮度和对比度，使明暗区域的层次增强。

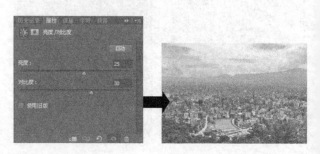

STEP 05　调整画面的颜色

创建"自然饱和度"调整图层，在打开的"属性"面板中设置"自然饱和度"选项的参数为55、"饱和度"选项的参数为10，提高画面的颜色饱和度，在图像窗口中可以看到照片的颜色更加鲜艳。

STEP 06　执行"变化"命令

盖印可见图层，得到"图层2"图层，执行"图像>调整>变化"菜单命令，打开"变化"对话框，在其中对选项进行设置，调整画面的颜色。

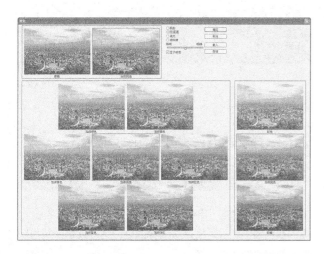

STEP 07　预览编辑效果

完成"变化"对话框的编辑后，单击"确定"按钮关闭对话框，在图像窗口中可以看到编辑后的画面色彩效果，颜色更加丰富，表现力也增强。

STEP 08　编辑图层蒙版

为"图层2"添加白色的图层蒙版，选择工具箱中的"渐变工具"，设置渐变色为白色到黑色的线性渐变，然后使用该工具对图层蒙版进行编辑，只对画面的下方建筑群应用"变化"效果。

STEP 09　去除画面杂色

盖印可见图层，得到"图层3"图层，执行"滤镜>杂色>减少杂色"菜单命令，在打开的对话框中进行参数设置，去除画面中多余的噪点。

STEP 10　预览编辑效果

完成"减少杂色"滤镜的编辑后单击"确定"按钮，在图像窗口中可以看到本例最终的编辑效果。

知识提炼 变化

"变化"命令可以在调整图像的色彩平衡、对比度及饱和度的同时，看到图像调整前和调整后的缩览图效果，让编辑的过程简单明了。

执行"图像＞调整＞变化"菜单命令，可以打开如下图所示的"变化"对话框，单击相应的颜色预览图标，颜色就会增加一个等级。

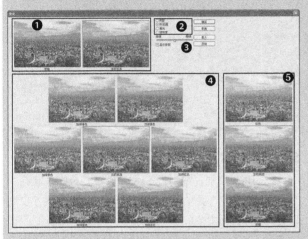

❶前后对比效果：在该选项下可以看到图层中原始的图像效果和调整后效果的对比，第一次打开该对话框时，这两个图像是一样的，随着调整的进行，"当前挑选"图像将随之更改以反映所进行处理的效果，如下图所示。

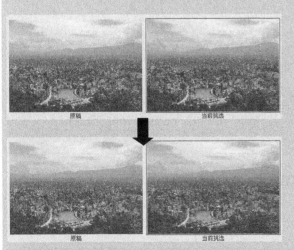

❷指示调整对象：该选项中包含了4个单选按钮，即"阴影"、"中间色调"、"高光"和"饱和度"，分别用于指示要调整暗区域、中间调区域还是高光区域，此外"饱和度"选项用于更改图像中的颜色浓度，如果超出了最大的颜色饱和度，则颜色可能被剪切。

当选择"饱和度"单选按钮后，下方调整视图中将只包含"减少饱和度"和"增加饱和度"两个显示缩览

图，通过单击缩览图，即可实时预览调整的效果，如下图所示。

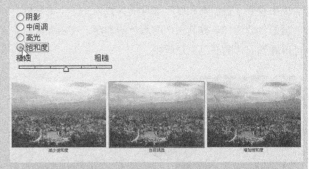

❸精确/粗糙：拖曳"精细/粗糙"滑块可以确定每次调整的程度，将滑块移动一格可使调整量双倍增加。下图所示为不同"精细/粗糙"设置下相同操作后的效果，可以看到越精细，调整后的效果越不明显。

❹颜色调整：若要将颜色添加到图像，可以单击相应的颜色缩览图；若要减去一种颜色，则可以单击其相反颜色的缩览图，如下图所示。

❺调整亮度：若要调整亮度，可以单击对话框右侧的缩览图，每单击一个缩览图，其他的缩览图都会更改，中心缩览图总是反映当前的选择。

5.4 增强墙面浮雕立体效果

浮雕是古人对于生活和梦想的表述，由于浮雕的年代久远，拍摄出来的照片都会缺乏强烈的层次感，不能清晰地反映出浮雕的形态，处理时可以使用"亮度/对比度"、"曲线"、"高反差保留"和"阴影/高光"命令来突显浮雕的纹理，重现形态生动的浮雕质感。

素材	素材\05\04.jpg
源文件	源文件\05\增强墙面浮雕立体效果.psd

STEP 01　创建"曲线"调整图层

运行Photoshop CS6应用程序，执行"文件>打开"命令，打开本书素材\05\04.jpg文件，然后执行"窗口>调整"菜单命令，在打开的"调整"面板中单击"曲线"按钮，创建"曲线"调整图层。

STEP 02　调整曲线形态

在"属性"面板中对曲线的形态进行设置，在RGB选项下单击曲线上方的控制点，调整到"输入"为206、"输出"为255的位置，接着调整曲线下方的控制点到"输入"为0、"输出"为34的位置。

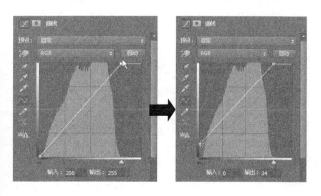

STEP 03　预览编辑效果

在曲线的中间位置单击，调整该控制点的"输入"为93、"输出"为120，完成曲线的编辑后，在图像窗口中可以看到画面影调调整后的效果。

STEP 04　提高明暗区域的对比

单击"调整"面板中的"亮度/对比度"按钮，创建"亮度/对比度"调整图层，在打开的"属性"面板中设置"亮度"选项为-5、"对比度"选项为30。

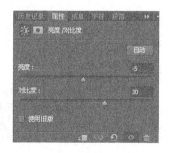

STEP 05　预览编辑效果

完成"亮度/对比度"调整图层的编辑后，在图像窗口中可以看到画面的层次增强，浮雕显得更立体。

STEP 06　调整画面色阶

通过"调整"面板创建"色阶"调整图层，在打开的"属性"面板中依次拖曳RGB选项下的色阶滑块到29、2.10、249的位置，对图像的色阶进行调整。

STEP 07　编辑图层蒙版

选择"画笔工具"，并在其选项栏中设置"不透明度"为50%，调整画笔的笔触为"柔边圆"，对"色阶"调整图层的蒙版进行编辑，只对左侧的图像应用效果，在图像窗口中可以看到浮雕的整体影调更为统一。

查看蒙版的方法　　　　　　　　　　　　TIPS

按住Alt键的同时单击图层蒙版的"蒙版缩览图"，可以看到该图层的蒙版效果。

STEP 08　执行"阴影/高光"命令

盖印可见图层，得到"图层1"图层，执行"图像＞调整＞阴影/高光"菜单命令，在打开的对话框中对各个选项的参数进行设置。

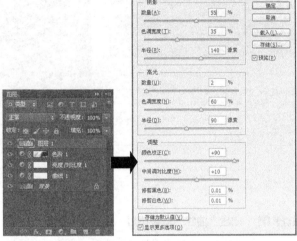

STEP 09　执行"高反差保留"滤镜

盖印可见图层，得到"图层2"图层，执行"滤镜＞其他＞高反差保留"菜单命令，在打开的对话框中设置"半径"为11像素，完成设置后单击"确定"按钮。

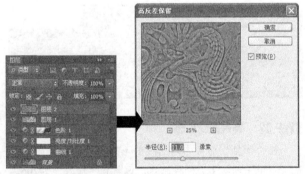

STEP 10　设置图层属性

在"图层"面板中设置"图层2"图层的混合模式为"叠加"，在图像窗口中可以看到叠加后的画面细节更为清晰。

STEP 11　使用"仿制图章工具"

选择工具箱中的"仿制图章工具"，在其选项栏中进行设置，在铁锈的周围进行取样，对浮雕上的污点进行修复，让画面整体更加完美。

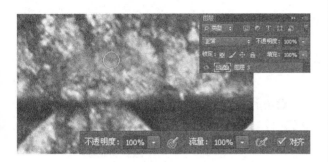

STEP 12　预览编辑效果

完成画面污点的修复后，在图像窗口中可以看到本例最终的编辑效果，呈现出立体且清晰的浮雕效果。

知识提炼　曲线

"曲线"命令一共有三个主要的作用，一是可以调整全图或单独通道的对比度；二是可以调整任意局部的亮度；三是可以调整图像的颜色。

执行"图像>调整>曲线"菜单命令，可以打开如下图所示的"曲线"对话框，在其中可以对曲线的形态进行设置。

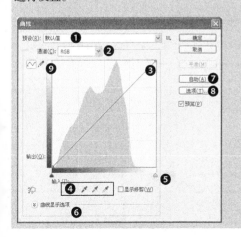

❶预设：该选项可以选择预设的效果，在其下拉列表中包含了多个预设选项，如下图所示。

❷通道：在"通道"下拉列表中可以选择需要调整的通道，其中包含了当前图像所拥有的所有通道。下图所示分别为选择"绿"通道和"红"通道调整后的设置和效果，可以看到通过对不同的通道进行调整，可以改变画面的颜色。

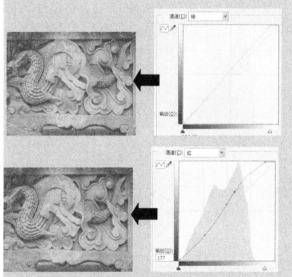

❸曲线视图显示：在该区域可以对曲线的形态进行设置，单击曲线即可添加一个控制点，同时在选中控制点的时候，"输出"和"输入"选项将显示出相应的坐标值，此外，在曲线不同的位置会对不同的亮度区域进行定义，具体如下图所示。

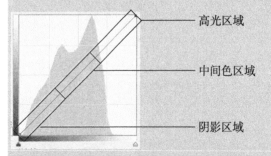

在对控制点位置进行调整的时候，图像窗口中的图像明暗会发生相应的变化。在曲线视图显示中，可以为曲线添加多个控制点，可以对控制点进行自由的添加和

删减，由此来对曲线的形态进行控制，不同的曲线形态会得到不同的画面效果。下图所示为编辑曲线形态后图像的效果，可以看到调整后的画面对比度更强。

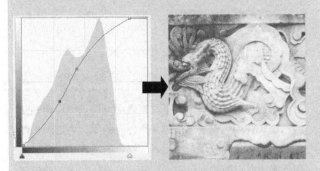

❹**吸管工具**：单击 🖊 按钮，可以使用鼠标在图像窗口中单击来设置黑场；单击 🖊 按钮，可以使用鼠标在图像窗口中单击来设置灰场；单击 🖊 按钮，可以使用鼠标在图像窗口中单击来设置白场。在使用这三个吸管的同时，曲线视图中的曲线形态也会发生相应的变化，如下图所示。

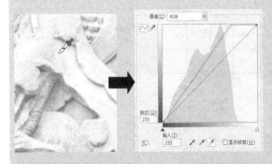

❺**显示修剪**：勾选"显示修剪"复选框，可以显示图像中发生修剪的位置。

❻**曲线显示选项**：单击该选项前的箭头按钮，可以展开隐藏的设置选项，在其中可以对更多的选项进行设置，如下图所示。

单击其中的 ⊞ 图标，可以将曲线以10%增量显示详细的网格，让曲线形态的调整更加准确。

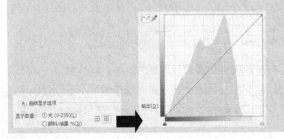

❼**自动**：单击该按钮，可以对图像的颜色、对比度和色调进行自动调整，如下图所示。

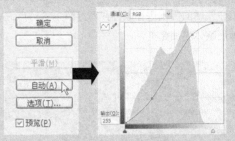

❽**选项**：单击"选项"按钮，可以打开"自动颜色校正选项"对话框，在其中可以对调整的算法、目标颜色和修剪等进行设置，如下图所示。

❾**通过绘制来修改曲线**：利用该工具可以通过绘制来更改曲线的形状，在"曲线"对应的"调整"面板中单击右侧的"通过绘制来修改曲线"按钮 🖊，可以在右侧的曲线图上用"铅笔工具" 🖊 自由地绘制线条，并同时将绘制的曲线应用于图像中，如下图所示。

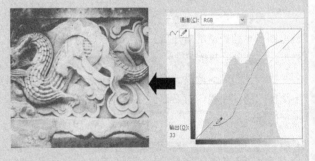

通过单击 ∿ 按钮，还能够将绘制的曲线转换为可以编辑的控制点，让曲线的编辑更加精确和便捷，具体操作和显示效果如下图所示。

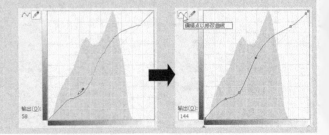

5.5 增强夜景中的水面倒影

在一些包含水面倒影的夜景照片中，由于某些因素会使画面中水面的灯影效果不明显，削弱了画面的表现力，在处理时可以合成水面倒影，并结合使用"波纹"滤镜和多个调整命令，打造出以假乱真的水面灯影效果，增强夜景中倒影的表现。

素 材	素材\05\05.jpg
源文件	源文件\05\增强夜景中的水面倒影.psd

STEP 01 选择"矩形选框工具"

运行Photoshop CS6应用程序，打开素材\ 05\05.jpg文件，可查看到照片的原始效果，选择工具箱中的"矩形选框工具" ，然后在其选项栏中设置"羽化"选项为50像素。

STEP 02 复制选区内容

使用"矩形选框工具"在岸上灯塔的位置单击并拖曳，创建矩形选区，然后按Ctrl+J快捷键对选区中的图像进行复制，得到"图层1"图层。

STEP 03 调整图像位置

按Ctrl+T快捷键对"图层1"图层中的图像进行自由变换处理，将其调整到画面的下方，作为灯塔的倒影，并设置"图层1"图层的混合模式为"柔光"、"不透明度"为80%。

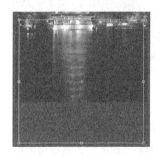 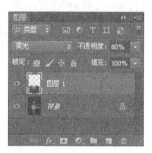

STEP 04 执行"波纹"滤镜

执行"滤镜>扭曲>波纹"菜单命令，在打开的"波纹"对话框中设置"数量"为175%、"大小"为"大"。

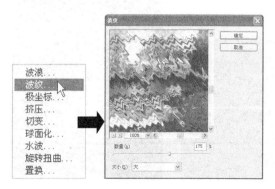

STEP 05　执行"高斯模糊"命令

选中"图层1"图层，执行"滤镜>模糊>高斯模糊"菜单命令，在打开的"高斯模糊"对话框中设置"半径"为10像素，让倒影与画面进行自然地融合，在图像窗口中可看到编辑后的画面效果。

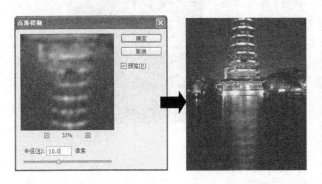

STEP 06　提高亮度和对比度

创建"亮度/对比度"调整图层，在打开的"属性"面板中设置"亮度"选项的参数为50、"对比度"选项的参数为10，调整画面的亮度和对比度。

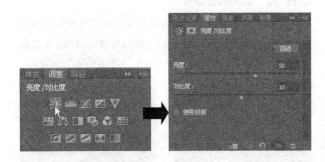

STEP 07　编辑图层蒙版

选择工具箱中的"渐变工具" ，设置渐变色为白色到黑色的线性渐变，对"亮度/对比度"调整图层的图层蒙版进行编辑，只对画面的下方图像应用效果。

STEP 08　提高颜色鲜艳度

创建"自然饱和度"调整图层，在打开的"属性"面板中设置"自然饱和度"选项的参数为50、"饱和度"选项的参数为10，提高画面的颜色饱和度。

STEP 09　锐化图像细节

盖印可见图层，得到"图层2"图层，执行"滤镜>锐化>USM锐化"菜单命令，在打开的对话框中对各个选项进行设置，调整"数量"为80%、"半径"为2像素、"阈值"为2色阶，完成设置后单击"确定"按钮，使图像的细节更加清晰。

STEP 10　添加图层蒙版

在"图层"面板中单击下方的"添加蒙版"按钮 ，为"图层2"添加上白色的图层蒙版。

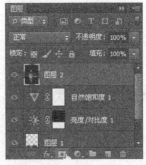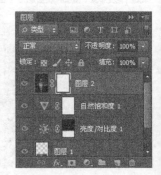

STEP 11 编辑图层蒙版

选择工具箱中的"渐变工具" ，设置渐变色为白色到黑色的线性渐变，对"图层2"的图层蒙版进行编辑，只对画面的上方图像应用效果。

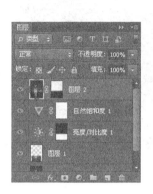

知识提炼 "波纹"滤镜

"波纹"滤镜与"波浪"滤镜相似，可以产生波纹起伏的效果，但是相比较而言效果更加柔和。

执行"滤镜>扭曲>波纹"菜单命令，可以打开如下图所示的"波纹"对话框，在其中可以看到相关的设置选项，能够对波纹的大小进行控制。

❶预览窗口：用于实时地查看"波纹"滤镜应用后的图像效果，通过调整滑块可以移动图像的显示范围，还可以对预览的显示比例进行调整，只需单击显示比例后面的下拉按钮，在其中选择相应的选项，或者直接在显示比例数值框中输入参数即可。

❷数量：该选项用于调整波浪的密度大小，设置的

参数越大，图像的波纹密度和扭曲的范围就越大；设置的参数越小，波纹的密度和扭曲范围就越小，具体设置和效果如下图所示。

❸大小：用于设置波纹效果的大小，单击该选项后面的下拉按钮，可以展开该选项的下拉列表，其中包含了"大"、"中"和"小"三个选项，如下图所示。

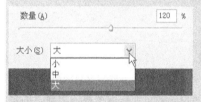

选择不同的"大小"选项，可以得到不同的波纹效果。下图所示分别为选择"大"、"中"和"小"选项时的波纹效果，可以看到选择"大"选项时，波纹波动的幅度很明显；而选择"小"选项时，波纹的起伏效果很微小。

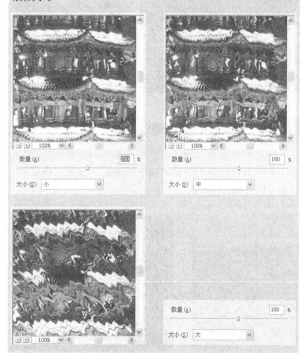

5.6　为夜空添加绚烂的烟火

　　绚丽的烟花是黑色的夜空中最美丽的风景线，为了打造出璀璨夺目的夜景，在后期处理的时候可以使用合成的方式为夜空添加烟花效果，并通过调整图层混合模式让烟花与夜空自然地融合在一起，然后对画面的色调和影调进行处理，打造出色彩绚丽、美丽夺目的烟火夜景。

素　材	素材\05\06、07、08.jpg
源文件	源文件\05\为夜空添加绚烂的烟火.psd

STEP 01　新建图层

　　运行Photoshop CS6应用程序，打开素材\ 05\06.jpg文件，可查看到照片的原始效果，新建图层，得到"图层1"图层。

STEP 03　复制图层并调整图像位置

　　选中"图层1"图层，连续按两次Ctrl+J快捷键复制图层，得到"图层1副本"和"图层1 副本2"图层，对复制图层中的图像大小和位置进行调整，让颜色呈现出自然分布的效果。

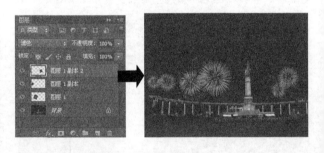

STEP 02　添加素材图像到图层

　　打开素材\05\07.jpg文件，将其复制到"图层1"图层中，并适当调整烟花图像的大小和位置，设置"图层1"的混合模式为"滤色"。

STEP 04　新建图层

　　单击"图层"面板下的"创建新图层"按钮，得到"图层2"图层，并打开素材\05\08.jpg文件。

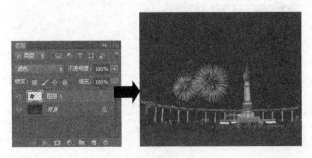

STEP 05　添加其余的烟花

将08.jpg文件复制到"图层2"中，并调整烟花的大小和位置，设置"图层2"的混合模式为"滤色"，复制"图层2"图层，得到"图层2副本"图层，按Ctrl+T快捷键调整"图层2副本"中烟花的大小和位置。

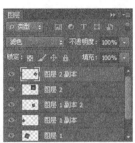

STEP 06　调整亮度

按Ctrl+Shift+Alt+2快捷键创建选区后，创建"亮度/对比度"调整图层，在打开的"属性"面板中设置"亮度"为30，提高选区中图像的亮度。

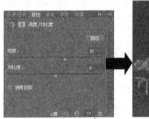

快速调整画面亮度和对比度 TIPS

创建"亮度/对比度"调整图层后，在其"属性"面板中单击"自动"按钮，可以快速对画面的亮度和对比度进行自动调整。

STEP 07　提高颜色鲜艳度

创建"自然饱和度"调整图层，在打开的"属性"面板中设置"自然饱和度"选项的参数为90、"饱和度"选项的参数为10，提高画面的颜色饱和度。

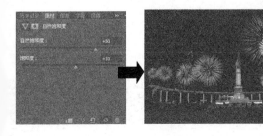

STEP 08　执行"高反差保留"滤镜

盖印可见图层，得到"图层3"图层，执行"滤镜>其他>高反差保留"菜单命令，在打开的对话框中设置"半径"为7像素，并调整该图层的混合模式为"柔光"。

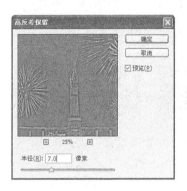

知识提炼　图层混合模式

在多个图层的拼接与合成的操作中，通过调整图层混合模式可以对图像颜色进行相加或相减，从而创建出各种特殊的效果。

在Photoshop中包含了多种类型的混合模式，分别为组合型、加深型、减淡型、对比型、比较型和色彩型，根据不同的视觉需要，可以应用不同的混合模式。单击"图层"面板中图层混合模式右侧的下拉按钮，可以弹出如下图所示的图层混合模式菜单。

与图层混合模式相关的几个概念 TIPS

基色是指源图像的颜色，混合色是指通过绘画或编辑工具应用的颜色，结果色是指混合后得到的颜色。

❶组合型混合模式：组合型混合模式包含了"正常"和"溶解"两个，在"图层"面板中图层默认的混合模式都为"正常"，而"溶解"混合模式可以根据任何图像像素位置的不透明度编辑每个像素，使图像呈现

溶解效果。下图所示为"溶解"混合模式下的图像效果。

❷ **加深型混合模式**：加深型混合模式包含了"变暗"、"正片叠底"、"颜色加深"、"线性加深"和"深色"，这5种图层混合模式可以将当前图像与底层图像进行加深混合，将底层图像变暗。其中"变暗"选择基色或混合色中较暗的颜色作为结果色；"正片叠底"将基色与混合色复合，得到较暗的颜色；"颜色加深"通过增加对比度使基色变暗；"线性加深"通过降低亮度使基色变暗以显示出混合色；"深色"加深图像的颜色，但与黑色混合后图像不产生变化。下图所示分别为加深型混合模式应用的效果。

❸ **减淡型混合模式**：减淡型混合模式包含了"变亮"、"滤色"、"颜色减淡"、"线性减淡（添加）"和"浅色"5种，该类型混合模式与加深型混合模式相反，它可以使当前图像中的黑色消失，任何比黑色亮的区域都可能加亮底层图像。其中"变亮"混合模式选择基色或混合色中较亮的颜色作为结果色，比混合色暗的像素将被替代，比混合色亮的像素将保持不变；"滤色"混

合模式将混合色的互补色与基色混合，结果色是较亮的颜色；"颜色减淡"通过降低对比度使基色变亮以显示出混合色；"线性减淡（添加）"混合模式通过增加亮度使基色变亮以显示出混合色；"浅色"通过叠加对颜色进行过滤，保留较亮的颜色。下图所示分别为减淡型混合模式应用的效果。

❹ **对比型混合模式**：对比型混合模式包含"叠加"、"柔光"、"强光"、"亮光"、"线性光"、"点光"和"实色混合"7种。对比型混合模式综合了加深型和减淡型混合模式的特点，可以让图层混合后的图像产生更强烈的对比效果，使图像暗部变得更暗，亮部变得更亮。其中"叠加"可以对颜色进行过滤，结果色取决于基色；"柔光"可以模拟发散的聚光灯照效果，使颜色变亮；"强光"可以复合或过滤颜色，具体取决于混合色；"亮光"通过增加或减少对比度来加深或减淡颜色；"线性光"通过降低或增加亮度来加深或减淡颜色；"点光"混合模式可以替换颜色；"实色混合"将混合颜色的红色、绿色和蓝色通道值添加到基色的RGB值中，将像素更改为原色。下图所示分别为对比型混合模式应用的效果。

❻色彩型混合模式：色彩型混合模式包括"色相"、"饱和度"、"颜色"和"明度"4种，通过将色彩三要素中的一种或两种应用到图像中，从而混合图层色彩。其中"色相"混合模式用基色的亮度和饱和度以及混合色的色相来创建结果色；"饱和度"混合模式用基色的亮度和色相，以及混合色的饱和度来创建结果色；"颜色"混合模式用基色的亮度及混合色的色相和饱和度，来创建结果色；"明度"混合模式用基色的色相和饱和度，以及混合色的亮度来创建结果色。下图所示分别为色彩型混合模式应用的效果。

❺比较型混合模式：该组模式包括"差值"、"排除"、"减去"和"划分"，可以通过比较当前图像与底层图像，将相同的区域显示为黑色，不同的区域显示为灰度或彩色。其中"差值"混合模式可以从基色中减去混合色或从混合色中减去基色；"排除"混合模式可以创建与"差值"模式相似但对比度较低的效果；"减去"混合模式通过查看每个通道中的颜色信息，并从基色中减去混合色；"划分"混合模式通过从基色中分割混合色的方式来进行颜色混合。下图所示分别为比较型混合模式应用的效果。

快速选择图层混合模式　　　　　　　　　　TIPS

在选择图层混合模式的过程中，可以直接按键盘上的↑键和↓键快速对图层混合模式进行应用和查看，让操作更为便捷。

5.7 增强夜景中灯光的颜色

夜晚河岸边火红的灯光能够传递出祥和、喜悦的气氛，为了增强夜景中光线色彩的表现力，后期处理时可以利用"自然饱和度"和"可选颜色"调整灯笼的饱和度和色相，通过"减少杂色"和"智能锐化"滤镜突出灯笼的细节，营造出喜气洋洋的氛围。

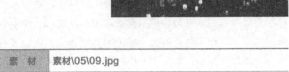

素材	素材\05\09.jpg
源文件	源文件\05\增强夜景中灯光的颜色.psd

STEP 01 创建"亮度/对比度"调整图层

运行Photoshop CS6应用程序，打开素材\ 05\09.jpg文件，可查看到照片的原始效果，然后执行"窗口＞调整"菜单命令，在打开的"调整"面板中单击"亮度/对比度"按钮，创建"亮度/对比度"调整图层。

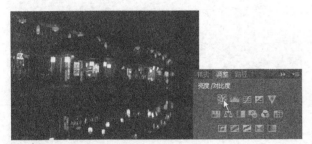

STEP 02 设置"属性"面板

创建"亮度/对比度"调整图层后，在打开的"属性"面板中设置"亮度"选项的参数为50、"对比度"选项为10，调整画面的亮度和对比度。

STEP 03 调整颜色浓度

创建"自然饱和度"调整图层，在打开的"属性"面板中设置"自然饱和度"选项的参数为80、"饱和度"选项的参数为15，提高画面的颜色饱和度。

STEP 04 编辑可选颜色

创建"可选颜色"调整图层，在"属性"面板中设置"红色"选项下的色阶值分别为-55、15、10、-5。

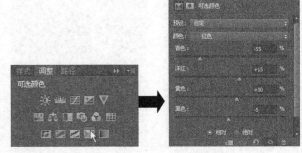

STEP 05 预览画面颜色

完成"可选颜色"调整图层的编辑后，在图像窗口中可以看到灯笼的颜色更加红火。

STEP 06 去除杂色点

盖印可见图层，得到"图层1"图层，执行"滤镜>杂色>减少杂色"菜单命令，在打开的对话框中设置"强度"为6、"保留细节"为30%、"减少杂色"为60%、"锐化细节"为90%，完成设置后单击"确定"按钮。

STEP 07 锐化细节

执行"滤镜>锐化>智能锐化"菜单命令，在打开的对话框中设置"数量"为80%、"半径"为2像素，对画面中的细节进行锐化处理。

STEP 08 预览编辑效果

完成"智能锐化"滤镜的应用后画面细节更加清晰，在图像窗口中可以看到本例最终的编辑效果。

知识提炼 | 自然饱和度

"自然饱和度"命令可以将图像的饱和度调整到自然状态。执行"图像>调整>自然饱和度"菜单命令，可以打开如下图所示的对话框，在其中可以对选项进行设置。

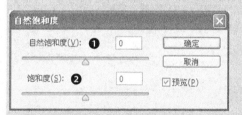

❶饱和度： 该选项用于调整画面的颜色浓度，向左拖曳滑块可以使图像的颜色变淡，向右拖曳滑块可以使图像的颜色变浓。在调整画面鲜艳度的时候，会由于调整过度而产生色彩失真的情况。

❷自然饱和度：该选项在调整时会大幅增加不饱和像素的饱和度，而对已经饱和的像素只做很少、很细微的调整，对保护色彩的真实性起着非常明显的作用。下图所示为相同参数下"饱和度"和"自然饱和度"选项调整的画面效果，可以看到"饱和度"选项调整的效果比"自然饱和度"调整的效果更加明显。

第2部分 艺术文字

第6章

基础文字的设计

文字是人类用来记录语言的符号系统，在实际生活中，文字逐渐成为向外界传递产品信息和企业宣传自身形象的一个重要手段，通过对文字进行设计，可以让文字散发出艺术的魅力。本章利用图层样式、"变形文字"命令和自由变换等操作对文字进行简单的基础处理，让平淡无奇的文字展现出独特的效果，增强画面的观赏性。

本章内容

6.1　添加文字

文字在画面中的作用就犹如女人的首饰一样，适当而精彩的文字添加可以为画面的表现起到画龙点睛的作用。本章通过使用"横排文字工具"输入所需的主题文字，并利用"字符"面板对文字的属性进行设置，然后使用"自定形状工具"为文字添加上修饰的图形，增强文字和画面的表现，使照片更具观赏性。

素　材	素材\06\01.jpg
源文件	源文件\06\添加文字.psd

STEP 01　输入文字

运行Photoshop CS6应用程序，执行"文件＞打开"菜单命令，打开素材\06\01.jpg文件，可查看到照片的效果，选择工具箱中的"横排文字工具"，在图像窗口的左上角位置单击，然后输入Women's Shoes，可以看到输入文字后的效果。

STEP 02　设置"字符"面板

输入文字后，执行"窗口＞字符"菜单命令，打开"字符"面板，在其中对字体、字号、字间距和文字颜色等属性进行设置，在图像窗口可以看到编辑后的效果。

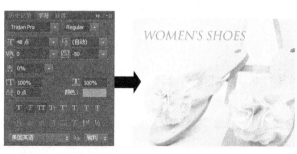

STEP 03　设置"字符"面板

完成主题文字的编辑后，在"图层"面板中取消文字图层的选取状态，继续在"字符"面板中进行设置，为辅助文字的编辑做好准备。

STEP 04　输入辅助文字

完成"字符"面板的设置后，再次使用"横排文字工具"在图像窗口中单击，输入辅助文字，将其放在主题文字的下方，在"图层"面板中可以看到创建的文字图层。

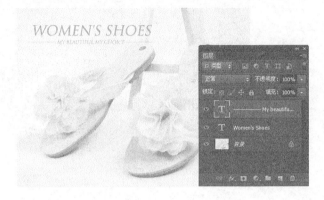

STEP 05　添加修饰图形

选中工具箱中的"自定形状工具" ，在其选项栏中选择所需的图形，在文字的适当位置单击并进行拖曳，绘制出花瓣的形状，并对前景色进行设置。

STEP 06　为选区填色

单击"路径"面板中的"将路径作为选区载入"按钮 ，将绘制的花瓣转换为选区，在"图层"面板中新建图层，得到"图层1"图层，按At+Delete快捷键将选区填充上前景色，在图像窗口中可以看到编辑的效果。

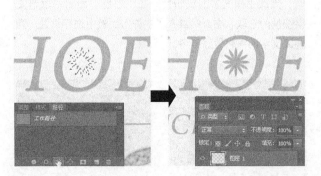

STEP 07　预览效果

选中"图层1"图层，按Ctrl+J快捷键复制该图层，得到"图层1副本"图层，然后调整图层中花朵的位置，将其放在另外一个字母上，在图像窗口可以看到本例最终的编辑效果。

知识提炼　文字工具

在Photoshop中可以利用"文字工具"为图像添加各式各样的文本，文字的添加可以起到烘托整个画面效果的作用。

创建文字的工具包含了"横排文字工具"和"直排文字工具"，在其选项栏中可以对文字的字体、字号和对齐方式等进行设置，如下图所示。

选择不同的文字工具，可以得到不同方向的文字排列效果。下图所示分别为使用"横排文字工具"和"直排文字工具"添加文本的画面效果。

6.2 描边文字

描边文字在平面设计中使用率非常高，对文字进行描边可以将文字更加凸显，让主体文字的表达更为准确。本例先使用"横排文字工具"输入文字，然后通过自由变换框对文字进行角度调整，接着对文字应用"描边"图层样式，将描边颜色设置为色彩丰富的渐变色，对文字进行修饰，打造出多彩的描边文字效果。

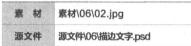

素　材	素材\06\02.jpg
源文件	源文件\06\描边文字.psd

STEP 01　输入文字

打开素材\06\02.jpg文件，可查看到照片的效果，选择工具箱中的"横排文字工具" T ，在图像窗口中单击并输入所需的文字。

STEP 02　设置"字符"面板

完成文字的输入后，就可以开始文字属性的设置了，打开"字符"面板和"段落"面板，在其中设置字体为Cooper Std、字号为171.51、字间距为-25、段落的对齐方式为左对齐，再对其他选项进行调整。

STEP 03　预览文字效果

完成"字符"面板和"段落"面板的设置后，在图像窗口中可以看到文字编辑后的效果，在"图层"面板中将自动创建文字图层。

STEP 04　进行自由变换

接下来需要对文字的角度进行调整，按Ctrl+T快捷键，文字的四周将出现自由变换框，即可对文字进行自由变换操作。

STEP 05 调整文字角度

将鼠标放在自由变换框任意直角的外侧，当鼠标呈现出弯曲的双箭头状态时，单击并拖曳鼠标，对文字的角度进行调整，完成后按Enter键即可。

STEP 06 应用"描边"图层样式

在"图层"面板中双击文字图层，打开"图层样式"对话框，在其中勾选"描边"复选框，为文字添加上描边效果，然后在左侧的"填充类型"下拉列表中选择"渐变"选项，将描边的颜色调整为渐变色。

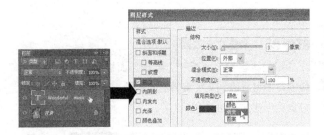

STEP 07 设置渐变色描边效果

在"渐变编辑器"中对渐变色进行编辑，然后返回到"图层样式"对话框中，对描边的大小、混合模式、不透明度等选项进行设置，完成后单击"确定"按钮。

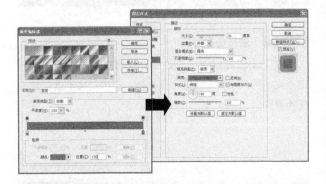

渐变色的编辑   TIPS

在"渐变编辑器"中可以对描边的渐变色进行编辑，通过对渐变图标进行添加和删除，可以控制渐变色中颜色的数量以及颜色之间的距离。

STEP 08 预览编辑效果

完成"图层样式"的编辑后，在图像窗口中可以看到编辑的效果，在"图层"面板中可以看到图层样式以子图层的方式显示在文字图层的下方。

STEP 09 复制文字

对编辑的文字图层进行复制，然后通过自由变换框对文字的大小进行调整，将复制的文字放在适当的位置，在图像窗口中可以看到本例最终的编辑效果。

知识提炼 "描边"图层样式

"描边"图层样式可以扩大图层中图像的轮廓，并能够对轮廓的宽度、颜色和混合模式进行设置。

❶大小：用于控制描边的宽度。

❷位置：用于控制描边的位置，可选择居中、外部和内部。

❸混合模式：用于调整描边轮廓与图层下方图像的混合模式。

❹不透明度：用于调整描边轮廓的不透明程度。

❺填充类型：用于设置描边颜色的类型，包含渐变、颜色和图案3个选项。

6.3 立体文字

为了配合某些平面广告的画面表现，需要将文字制作成具有立体感的文字效果，使其呈现出强烈的质感。在具体的操作中先使用"横排文字工具"输入文字，然后为文字应用"斜面和浮雕"图层样式，让文字表现出一定的立体感，接着应用"描边"图层样式，完善文字的表现，打造出立体文字效果。

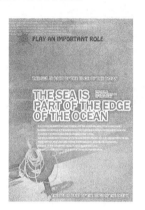

素 材	素材\06\03.jpg
源文件	源文件\06\立体文字.psd

STEP 01　输入文字

打开素材\06\03.jpg文件，可查看到照片的效果，选择工具箱中的"横排文字工具" T，在图像窗口中单击并输入所需的文字。

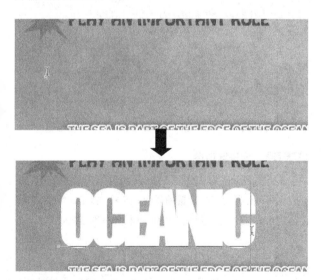

STEP 02　设置"字符"面板

输入文字后，执行"窗口>字符"菜单命令，打开"字符"面板，在其中对字体、字号、字间距和文字颜色等属性进行设置，在图像窗口可以看到编辑后的效果。

STEP 03　双击文字图层

完成文字属性的编辑后，就可以对文字应用"斜面和浮雕"图层样式了，在"图层"面板中双击文字图层，将打开"图层样式"对话框。

默认状态下输入文字的样式　　　　　　　TIPS

如果在未对文字属性进行设置的情况下，使用"文字工具"在图像窗口中输入文字，文字将以最近一次使用"文字工具"所进行的设置来显示，完成文字的输入后，再使用"字符"和"段落"面板设置即可。

STEP 04　应用"斜面和浮雕"图层样式

在打开的"图层样式"对话框中勾选"斜面和浮雕"复选框，然后在右侧的选项组中对样式、深度、大小、软化等选项的参数进行设置。

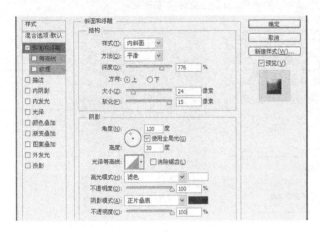

STEP 05　预览效果

完成设置后单击"确定"按钮，关闭"图层样式"对话框，在图像窗口中可以看到应用"斜面和浮雕"图层样式后文字显得立体感十足。

STEP 06　应用"描边"图层样式

再次打开"图层样式"对话框，在其中勾选"描边"复选框，对描边的大小、颜色和混合模式进行设置，在图像窗口中可以看到编辑后的效果。

STEP 07　载入文字选区

完成图层样式的编辑后，按住Ctrl键的同时单击文字图层的"指示文本图层"，将文字图层中的文字载入到选区中，在图像窗口中可以看到创建的选区效果。

STEP 08　扩展选区

执行"选择＞修改＞扩展"菜单命令，打开"扩展选区"对话框，在其中设置"扩展量"为30像素，单击"确定"按钮后可以在图像窗口中看到文字选区扩大了，超出了文字的显示范围。

STEP 09　为选区填色

新建图层，得到"图层1"图层，将其拖曳到"背景"图层的上方，在工具箱中设置前景色，按Alt+Delete快捷键将选区填充上红色，在图像窗口中可以看到填色后的效果。

STEP 10 设置图层混合模式

为了让填色后的图像与背景更加融合，在"图层"面板中设置"图层1"的图层混合模式为"线性减淡（添加）"，在图像窗口中可以看到本例最终的编辑效果。

知识提炼 "斜面和浮雕"图层样式

"斜面和浮雕"是Photoshop图层样式中最为复杂的，其中包括内斜面、外斜面、浮雕、枕形浮雕和描边浮雕表现形式，虽然每一项中包含的设置选项都是一样的，但是制作出来的效果却大相径庭。

打开"图层样式"对话框，勾选"斜面和浮雕"复选框，可以看到该样式所包含的设置，如下图所示。

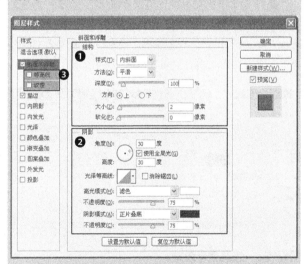

❶"结构"选项组：该选项组主要用于设置立体效果的外形构造，其中"深度"选项必须和"大小"选项进行配合使用，在"大小"选项参数一定的情况下，用"深度"可以调整斜面梯形斜边的光滑程度；"方向"的设置只有"上"和"下"两种，只需单击选中单选按钮即可使用；"柔化"选项一般用来对整个效果进行进一步的模糊，使对象的表面更加柔和，减少棱角感；"样式"下拉列表中包含了不同的结构效果。下图所示依次为使用下拉列表中不同样

式的效果。

ANIC ANIC
ANIC ANIC
ANIC

❷"阴影"选项组：该选项组用于设置图像中浮雕效果上阴影的效果，其中"光等高线"用于设置斜面高光和阴影位置的光线效果，单击该选项后面的下拉按钮，可以选择所需的样式，如下图所示。

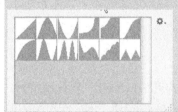

"颜色"选项用于设置高光和阴影的颜色，单击色块可以打开"拾色器"对话框，在其中可以选择所需的颜色进行应用；"模式"用于设置高光和阴影区域的颜色与图像的叠加模式；"不透明度"用于设置高光和阴影区域颜色的显示程度。

❸"等高线"和"纹理"选项卡："等高线"对斜面的形态进行定义，通过不同的等高线可以表现出丰富的立体效果；"纹理" 用来为图层中的图像添加材质，其设置比较简单，首先在下拉列表中选择纹理，然后设置纹理的属性进行应用，具体设置选项如下图所示。

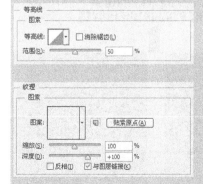

6.4 变形文字

为了呈现出动感十足的画面效果，可以将添加的主题文字打造成变形文字，在具体的操作中首选使用"横排文字工具"输入所需的文字，然后执行"变形文字"命令，为文字应用变形效果，将文字设置成水波纹涌动的效果，接着为文字应用"描边"图层样式，最终使用"画笔工具"沿着文字的方向绘制出闪亮的光点，由此制作出具有动感的变形文字效果。

素材	素材\06\04.jpg
源文件	源文件\06\变形文字.psd

STEP 01 输入文字

启动Photoshop CS6应用程序，新建一个A4大小的文档，选择工具箱中的"横排文字工具" T ，在图像窗口中单击并输入所需的文字。

SCIENCE AND TECHNOLOGY
PRIMARY PRODUCTIVE FORCES

STEP 02 设置"字符"和"段落"面板

打开"字符"面板和"段落"面板，在其中设置字体为Impact、字号为24、字间距为-10、段落的对齐方式为居中对齐，再对其他选项进行调整。

SCIENCE AND TECHNOLOGY
PRIMARY PRODUCTIVE FORCES

STEP 03 执行"变形文字"命令

执行"文字>文字变形"菜单命令，打开"变形文字"对话框，在其中选择"样式"下拉列表中的"旗帜"选项，单击"水平"单选按钮，设置"弯曲"为33%、"水平扭曲"为-13%、"垂直扭曲"为4%。

STEP 04 预览变形效果

完成设置后单击"确定"按钮，关闭"变形文字"对话框，在图像窗口中可以看到文字变形的效果，同时在"图层"面板中文字图层的指示效果将发生改变。

SCIENCE AND TECHNOLOGY
PRIMARY PRODUCTIVE FORCES

STEP 05 打开图像

打开素材\06\04.jpg文件，可查看素材的原始效果，将编辑的文字复制到其中，并打开"字符"面板，将文字的颜色调整为白色。

STEP 06 应用"描边"图层样式

双击文字图层，打开"图层样式"对话框，在其中勾选"描边"复选框，对描边的大小、混合模式、不透明度等选项进行设置，完成后单击"确定"按钮。

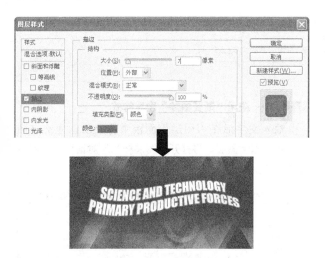

STEP 07 设置"画笔"面板

新建图层，得到"图层1"图层，选择"画笔工具" ，并打开"画笔"面板进行设置，然后调整"画笔工具"选项栏中的选项参数，设置前景色为白色。

STEP 08 添加光点

完成画笔的设置后，在文字的上下进行单击，沿着文字变形的方向添加上光点，在图像窗口中可以看到本例最终的编辑效果。

知识提炼 "变形文字"命令

利用"变形文字"命令可以将文字制作出多种不同的变形效果，执行"文字>变形文字"菜单命令，可以打开如下图所示的"变形文字"对话框，在其中可以对多个选项进行设置。

❶样式：该选项用于设置文字变形的样式，在该选项的下拉列表中包含了"扇形"、"拱形"和"鱼眼"等17个选项，根据文字所要表达的内容，可以选择不同的样式进行应用。

❷"水平"和"垂直"单选按钮：单击"水平"单选按钮，可以将选择的样式在水平方向进行应用；单击"垂直"单选按钮，可以将选择的样式在垂直方向进行应用。

❸弯曲：用于控制文字变形弯曲的程度，设置范围为+100%～-100%。

❹水平扭曲：用于控制文字在水平方向上的扭曲程度，设置范围为+100%～-100%。

❺垂直扭曲：用于控制文字在垂直方向上的扭曲程度，设置范围为+100%～-100%。

6.5 炫彩文字

为画面色彩比较丰富的图像添加文字,可以将文字制作成彩色渐变的效果,让文字的色彩更加绚丽。在具体的操作中首选使用"横排文字工具"输入文字,然后为文字应用"渐变叠加"图层样式,将文字的颜色调整为多种颜色混合的效果,最后为文字应用"描边"图层样式,由此打造出色彩绚丽的文字效果。

素 材	素材\06\05.jpg
源文件	源文件\06\炫彩文字.psd

STEP 01 输入文字

启动Photoshop CS6应用程序,新建一个A4大小的文档,选择工具箱中的"横排文字工具" T ,在图像窗口中单击并输入所需的文字,在图像窗口中可以看到输入文字的效果。

MAGICAL

STEP 02 设置"字符"及"段落"面板

输入文字后,执行"窗口>字符"菜单命令,打开"字符"面板,在其中设置字体为Hobo Std、字号为84、字间距为-25、文字颜色为黑色,在图像窗口中可以看到编辑后的效果。

STEP 03 应用"渐变叠加"图层样式

输入文字后在"图层"面板中将自动创建文字图层,双击文字图层,将打开"图层样式"对话框,在其中勾选"渐变叠加"复选框,应用渐变叠加效果。

STEP 04 设置渐变色

双击"渐变"选项后面的渐变色条,打开"渐变编辑器"对话框,在其中对渐变色进行设置,完成渐变色编辑后单击"确定"按钮。

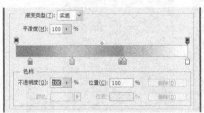

STEP 05 设置"渐变叠加"选项组

在"图层样式"对话框中对"渐变叠加"选项卡中的混合模式、不透明度、样式、角度和缩放等选项的参数进行设置，完成设置后可以看到文字应用的渐变色效果。

STEP 06 应用"描边"图层样式

继续对"图层样式"对话框进行设置，勾选"描边"复选框，在"描边"选项卡中进行设置，为文字添加上描边效果，在图像窗口中可以看到文字添加上了褐色轮廓。

STEP 07 打开图像

打开素材\06\05.jpg文件，可以看到素材的原始效果，将编辑的文字复制到其中，在"图层"面板中可以看到文字应用图层样式后的子图层效果。

STEP 08 添加阴影

使用"椭圆选框工具" 在图像窗口中创建选区，然后新建图层，得到"图层1"图层，在该图层中为选区填充上黑色，在图像窗口中可以看到本例最终的编辑效果。

知识提炼 **"渐变叠加"图层样式**

利用"图层样式"对话框中的"渐变叠加"样式可以为图层中的图像应用上渐变色效果，并通过对"混合模式"选项的设置让色彩的叠加更加自然。

打开"图层样式"对话框，勾选左侧的"渐变叠加"复选框，在右侧可以看到如下图所示的设置选项。

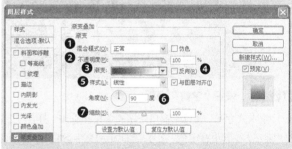

❶混合模式：用于设置渐变色与图层中图像之间的混合模式。

❷不透明度：用于控制渐变色的显示程度。

❸渐变：单击渐变条，可以打开"渐变编辑器"对话框，在其中可以对渐变色进行编辑。

❹反向：勾选该复选框，可以对设置的渐变色进行反向处理。

❺样式：用于设置渐变的类型，包括线性、径向等。

❻角度：用于设置渐变色填充的角度。

❼缩放：用于控制渐变色在应用时的大小比例。

6.6 发光文字

在某些画面比较闪亮的图像中添加文字效果，为了让文字与画面整体的风格更为统一，可以将文字制作成发光文字。在具体的操作中首选为输入的文字应用"外发光"图层样式，接着通过对文字选区的编辑，让文字下方产生荧光照射的效果，最后使用"画笔工具"添加上闪亮的光点，打造出光耀的发光文字效果。

素　材	素材\06\06.jpg
源文件	源文件\06\发光文字.psd

STEP 01　输入文字

打开素材\06\06.jpg文件，可以看到照片的效果，选择工具箱中的"横排文字工具" T，在图像窗口中单击并输入所需的文字。

STEP 02　设置"字符"面板

输入文字后，执行"窗口>字符"菜单命令，打开"字符"面板，在其中对字体、字号、字间距和文字颜色等属性进行设置，在图像窗口中可以看到编辑后的效果。

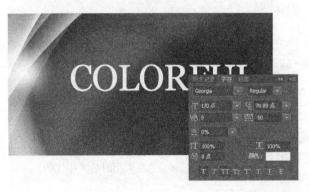

STEP 03　应用"外发光"图层样式

双击文本图层，打开"图层样式"对话框，在其中勾选"外发光"复选框，为文字添加上外发光效果，并对相应的选项进行设置。

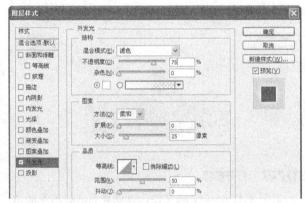

STEP 04　预览外发光效果

完成设置后单击"确定"按钮，关闭"图层样式"对话框，在图像窗口中可以看到编辑的效果，文字的周围散发着白色的光。

STEP 05 载入文字选区

完成图层样式的编辑后，按住Ctrl键的同时单击文字图层的"指示文本图层"，将文字图层中的文字载入到选区中，在图像窗口中可以看到创建的选区效果。

STEP 06 扩展选区

执行"选择＞修改＞扩展"菜单命令，打开"扩展选区"对话框，在其中设置"扩展量"为40像素，单击"确定"按钮后可以在图像窗口中看到文字选区扩大了。

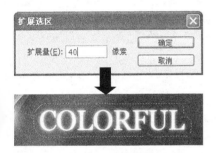

STEP 07 羽化选区

执行"选择＞修改＞羽化"菜单命令，打开"羽化选区"对话框，在其中设置"羽化半径"为32像素，单击"确定"按钮后可以在图像窗口中看到选区更加平滑。

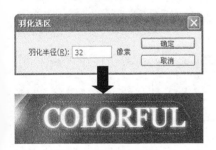

STEP 08 新建图层

完成选区的编辑后，在"图层"面板中新建图层，得到"图层1"图层，然后将"图层1"图层拖曳到"背景"图层的上方。

STEP 09 为选区填色

在工具箱中将背景色设置为白色，按Alt+Delete快捷键将选区填充上白色，在图像窗口中可以看到选区填色后的效果。

STEP 10 设置"不透明度"选项

为了让文字发光的效果更加自然，在"图层"面板中设置"图层1"图层的"不透明度"选项参数为50%，在图像窗口中可以看到发光文字的效果。

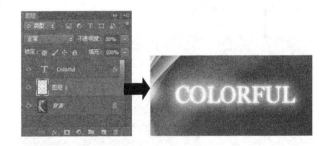

STEP 11 添加闪光点

选择工具箱中的"画笔工具"，在其选项栏中设置笔尖样式为"柔边圆"，并调整"不透明度"和"流量"选项均为100%，将前景色调整为白色，新建图层，得到"图层2"图层，使用设置好的画笔在文字上单击，添加上多个闪光点，在图像窗口中可以看到编辑的效果。

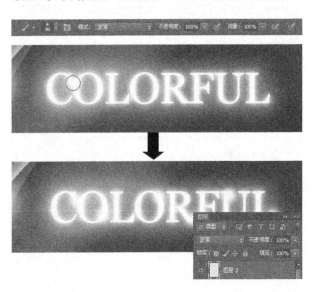

STEP 12 输入辅助文字

使用"横排文字工具"在图像窗口中输入辅助文字，打开"字符"面板进行设置，在其中设置字体为Georgia、字号为17.34、字间距为-50、段落的对齐方式为左对齐，在图像窗口中可以看到编辑的效果。

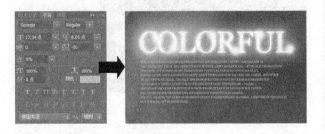

STEP 13 降低"不透明度"

为了更好地突出主题文字，在"图层"面板中将辅助文字图层的"不透明度"降低为70%，在图像窗口中可以看到本例最终的编辑效果。

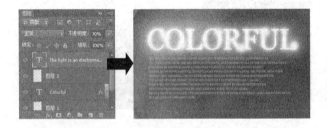

知识提炼 "外发光"图层样式

利用"图层样式"对话框中的"外发光"样式可以制作出从图像边缘向外发光的效果。打开"图层样式"对话框，在其中勾选"外发光"复选框，可以在右侧对应的选项组中看到如下图所示的设置选项，通过对各个选项的调整可以控制外发光应用的效果。

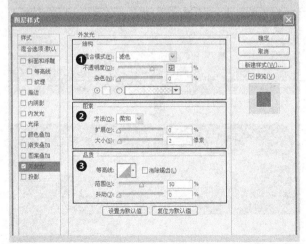

❶结构：用于设置外发光样式的颜色和光照强度等属性。其中"混合模式"将影响外发光和下方图层之间的混合关系；"不透明度"用于控制光线的不透明度，当设置的参数越大，光线越强；"杂色"用来为光芒部分添加随机的透明点；"渐变"和"颜色"用于设置光芒的颜色。下图所示分别为设置不同光芒颜色的效果。

❷图案：用于设置光芒的大小。其中"方法"选项包含了"柔和"与"精确"，"精确"用于一些发光较强的对象或者棱角分明反光效果比较明显的对象，一般情况都选择"柔和"；"扩展"用于设置光芒中有颜色的区域和完全透明的区域之间的柔和程度；"大小"用于设置光芒的延伸范围，参数越大，光照的范围就越广。下图所示分别为不同光照大小的效果。

❸品质：用于设置外发光效果的细节，其中的"范围"选项用来设置等高线对光芒的作用范围，也就是说对等高线进行缩放，截取其中的一部分作用于光芒上，调整"范围"选项和重新设置一个新的"等高线"的作用是一样的，但是使用"范围"对等高线进行调整可以更加精确；"抖动"用来为光芒添加随意的颜色点，为了使"抖动"选项设置后的效果能够清晰地显示出来，光线至少需要两种颜色。

6.7 透视文字

为了让文字可以表现出一定的空间感，可以将文字制作成透视文字，通过远小近大的排列方式，增强文字的动感。在具体操作中只需将文字栅格化处理，接着对其执行"变换"命令，调整文字的透视角度，打造出具有立体感的透视文字效果。

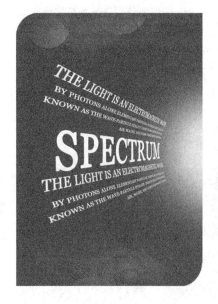

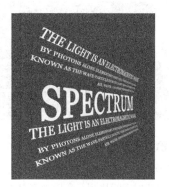

素　材	素材\06\07.jpg
源文件	源文件\06\透视文字.psd

STEP 01　输入文字

打开素材\06\07.jpg文件，可查看到照片的效果，选择工具箱中的"横排文字工具" T，在图像窗口中单击并输入所需的文字，打开"字符"面板，在其中对文字的属性进行设置。

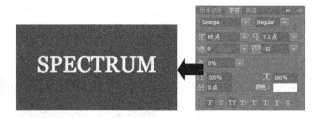

STEP 02　栅格化文字

执行"文字>栅格化文字图层"菜单命令，将文字图层转换为普通图层，在"图层"面板中可以看到文字图层的变化。

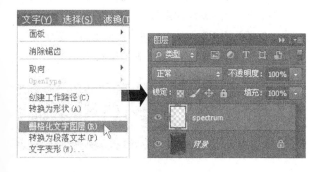

STEP 03　执行"透视"命令

完成文字属性的编辑后，按Ctrl+T快捷键，文字的四周将出现自由变换框，即可对文字进行自由变换操作，单击鼠标右键，在弹出的快捷菜单中选择"透视"命令，对文字进行透视编辑。

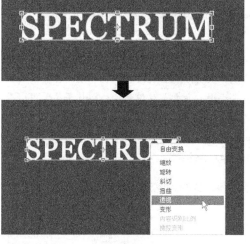

其他执行"透视"命令的方法　　　　　　　　　　TIPS

在"图层"面板中选中需要进行变换操作的图层，执行"编辑>变换>透视"菜单命令，可以对图像进行透视变换操作。

STEP 04　编辑透视文字

对透视变换框进行编辑，单击变换框的直角并进行拖曳，调整文字的透视角度，完成编辑后按Enter键，在图像窗口中可以看到编辑的效果。

STEP 05　添加其余的透视文字

按照前面编辑透视文字的方法制作出更多的透视文字，并按一定的顺序和位置进行排列，在图像窗口中可以看到本例最终的编辑效果。

知识提炼　自由变换

应用"变换"命令可以对整个图层或者部分图像进行自由变换，实现缩放、旋转、斜切、扭曲和变形等操作。执行"编辑＞变换"菜单命令，在其子菜单可以看到相关的命令，如下图所示。此外，按Ctrl+T快捷键也将弹出自由变换框，在自由变换框上单击右键可以看到相应的快捷菜单命令。

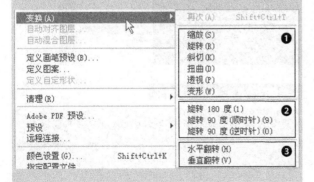

❶自由变换：用于对图像的外形进行变换处理。其中"缩放"命令可以对图像的大小进行调整；"旋转"命令可以对图像的倾斜角度进行设置；"斜切"命令用于对图像的斜切面进行调整；"扭曲"用于控制图像弯曲度；"透视"命令用于对图像的透视角度进行控制；"变形"命令用于对图像的形状进行自由变换。下图所示依次为缩放、旋转、斜切、扭曲、透视和变形的操作效果。

❷图像的旋转：用于对图像进行指定角度的旋转操作，"旋转180度"命令将对图像进行180度的旋转操作；"旋转90度（顺时针）"命令用于对图像在顺时针方向上进行90度的旋转；"旋转90度（逆时针）"命令用于对图像在逆时针方向上进行90度的旋转。下图所示依次为旋转180度、顺时针旋转90度和逆时针旋转90度后的图像效果。

❸图像的翻转：用于对图像进行镜像翻转处理。"水平翻转"用于对图像进行水平方向上的镜像处理；"垂直翻转"用于对图像进行垂直方向上的镜像处理。下图所示分别为水平翻转和垂直翻转的效果。

6.8 剪切文字

在创作一些个性鲜明的海报设计时，为了让文字的表现更为独特，可以将文字制作成剪切文字，使文字产生中间断裂的视觉效果。在实际的操作中需要将文字进行栅格化处理，使文字图层变成普通图层，且可以进行随意剪切，接着通过"矩形选框工具"选取部分文字并进行自由变换处理，让文字呈现出剪切分裂的效果。

素　材	素材\06\08.jpg
源文件	源文件\06\剪切文字.psd

STEP 01　设置"字符"及"段落"面板

在Photoshop中新建一个A4大小的文件，打开"字符"面板及"段落"面板，在这两个面板中设置字体为Arial、字号为64点、字间距为-75、字体颜色为黑色，并调整行间距为-50点、段落的对齐方式为"居中"，完成设置后就可以开始文字的输入操作了。

STEP 02　输入文字

选择工具箱中的"横排文字工具"，使用鼠标在图像窗口中单击，输入所需的英文，可以看到英文字母按照"字符"和"段落"面板中的设置进行了相应的排列。

HAPPY CHOICE
ENLIGHTENED FULL HUMAN TOUCH MOVING

STEP 03　输入文字

使用鼠标分别选中第一行和第二行的英文字母，然后分别调整字号为64点和22点，在图像窗口中可以看到输入文字的效果，同时在"图层"面板中将自动创建一个文字图层。

快速选中文字图层中的文字　　　　　　TIPS

文字图层是以当前输入文字的内容来进行命名的，双击文字图层的"指示文本图层"图标，可以快速将文本图层中的文本选中，选中的文字将以黑色的底色显示，如下图所示。

123

STEP 04 调整部分字母的颜色

使用"横排文字工具"在图像窗口中选中HUMAN TOUCH，在"字符"面板中设置所选英文的颜色为R2、G74、B172，让文字的颜色表现更为丰富。

STEP 05 栅格化文字

由于文字图层中的图像不能使用选区工具对其进行编辑，因此需要将其转换为普通图层，使用鼠标右键单击文字图层，在弹出的菜单中选择"栅格化文字"命令，将文字图层转换为可随意编辑的普通图层，在"图层"面板中可以看到图层的变化。

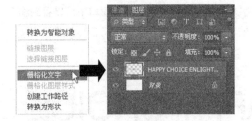

STEP 06 编辑选区中的文字

选择工具箱中的"矩形选框工具"，设置"羽化"为0像素，将文字的上半部分框选到选区中，然后按Ctrl+T快捷键，调整自由变换框中图像的位置和角度，让选区中的文字与下方的文字产生一定的距离，由此制作出剪切文字效果，完成后按Enter键即可。

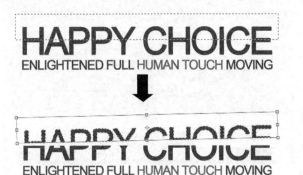

STEP 07 调整选区中文字的颜色

保持选区的选取状态，在工具箱中设置前景色为R2、G74、B172，按快捷键Alt+Delete将选区中的文字填充上蓝色，在图像窗口中可以看到填色后的效果。

STEP 08 为文字添加投影

打开素材\06\08.jpg文件，将编辑后的文字复制到该文件中，并适当调整其大小，放置在画面的下方，双击图层打开"图层样式"对话框，为编辑的文字添加"投影"样式，并进行适当的设置，在图像窗口中可以看到最终的编辑效果。

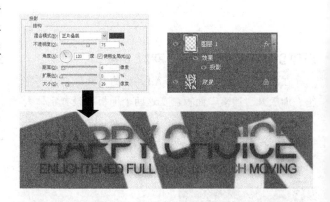

知识提炼 栅格化文字

Photoshop中使用"文字工具"输入的文字都是以矢量的方式存在的，它的优点是可以无限放大而不会出现马赛克现象，而缺点是无法使用Photoshop中的滤镜及不能对部分文字进行选取及变换操作。通过使用"栅格化文字"命令可以将文字栅格化，方便对文字进行编辑，由此制作更加丰富的效果。

除了在"图层"面板中右键单击文字图层，在快捷菜单中选择"栅格化文字"命令以外，还可以通过执行"文字>栅格化文字图层"命令，将文字图层转换为普通图层，使其变成不可编辑的文本图像。栅格化处理的同时，文字将自动转换为图像，其具有普通图像具备的所有特征，将其无限放大后，文字的边缘会出现锯齿该操作为不可逆转的编辑，在操作前应当确保不再对文字进行设置。

第7章
艺术文字的制作

艺术文字是将文字进行艺术加工后呈现出来的文字效果，具有外形美观、易认易识、表现形式多样、风格鲜明等特征，是一种有图案意味或装饰意味的字体效果。本章从文字的意、形和结构特征出发，对文字进行艺术化的修饰，打造出多种风格的艺术文字。

本章内容

7.1 多重描边文字

多重描边文字就是文字的描边效果表现出两层或两层以上的文字，通过多层的描边可以让主体文字的表现更为突出。本例中通过将文字载入到选区，然后使用"扩展选区"和"收缩选区"命令对选区的大小进行改变，由此制作出多重描边文字，最后为文字添加上"外发光"图层样式，打造出醒目的多重描边文字效果。

素　材	素材\07\01.jpg
源文件	源文件\07\多重描边文字.psd

STEP 01　选择"横排文字工具"

运行Photoshop CS6应用程序，执行"文件＞打开"菜单命令，打开素材\07\01.jpg文件，可查看到照片的效果，选择工具箱中的"横排文字工具" ，并设置前景色为R255、G102、B102。

STEP 02　输入文字并进行设置

输入文字后，执行"窗口＞字符"菜单命令，打开"字符"面板，在其中对字体、字体大小、字间距和文字颜色等属性进行设置，在图像窗口中可以看到编辑后的效果。

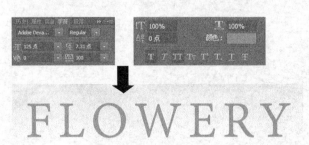

STEP 03　将文字载入选区

完成主题文字的编辑后，按住Ctrl键的同时单击文字图层的"指示文本图层"，将文字载入选区，在图像窗口中可以看到创建的选区效果。

STEP 04　扩展选区

载入文字选区后，执行"选择＞修改＞扩展"菜单命令，在打开的"扩展选区"对话框中设置"扩展量"为20像素，将选区放大。

STEP 05 为选区填色

新建图层，得到"图层1"图层，将该图层拖曳到"背景"图层的上方，设置前景色为R255、G102、B102，按Alt+Delete快捷键将选区填充上前景色。

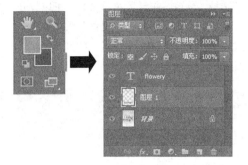

STEP 06 预览填色后的效果

完成选区颜色填充后，在图像窗口中可以看到填色后的效果，文字显得很粗壮。

STEP 07 收缩选区

保持选区的选取状态，执行"选择＞修改＞收缩"菜单命令，在打开的"收缩选区"对话框中设置"收缩量"为5像素，将选区缩小，完成设置后直接单击"确定"按钮即可。

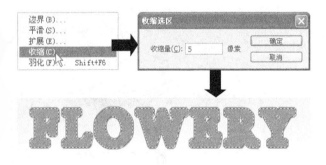

STEP08 删除选区内容

将选区缩小后，选中"图层1"图层，按Delete键将选区中的图像删除，可以在图像窗口中看到文字的周围有了细细的描边效果。

STEP09 再次载入文字选区

按住Ctrl键的同时单击文字图层的"指示文本图层"，将文字载入选区，在图像窗口中可以看到选取的效果。

STEP 10 扩展选区

载入文字选区后，执行"选择＞修改＞扩展"菜单命令，在打开的"扩展选区"对话框中设置"扩展量"为10像素，将选区放大。

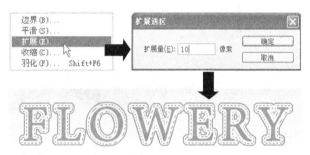

STEP 11 为选区填充颜色

新建图层，得到"图层2"图层，将该图层拖曳到"图层1"图层的上方，设置前景色为R255、G102、B102，按Alt+Delete快捷键将选区填充上前景色。

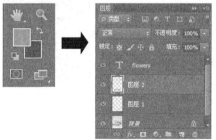

STEP 12 预览填色效果

完成选区颜色填充后，在图像窗口中可以看到填色后的效果。

STEP13 收缩选区

保持选区的选取状态，执行"选择>修改>收缩"菜单命令，在打开的"收缩选区"对话框中设置"收缩量"为5像素，将选区缩小，完成设置后直接单击"确定"按钮即可。

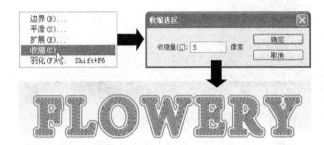

STEP14 删除选区内容

将选区缩小后，选中"图层2"图层，按Delete键将选区中的图像删除，可以在图像窗口中看到文字的周围有了两层细细的描边效果。

STEP15 添加"外发光"样式

选中"图层1"图层，双击打开"图层样式"对话框，在其中勾选"外发光"复选框，并对其相应的选项进行设置，为文字添加上外发光效果。

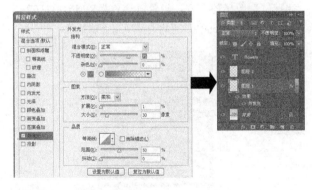

STEP16 预览编辑效果

完成"外发光"样式的编辑后，在图像窗口中可以看到文字最终的编辑效果。

知识提炼 扩展选区和收缩选区

● 扩展选区

通过"扩展"命令可以对选区进行扩展，即放大选区。执行"选择>修改>扩展"菜单命令，可以打开"扩展选区"对话框，在其中的"扩展量"数值框中输入参数，完成设置后单击"确定"按钮，即可将当前选区扩大。下图所示为扩展选区的效果。

● 收缩选区

通过"收缩"命令可以对选区进行收缩，即缩小选区。执行"选择>修改>收缩"菜单命令，可以打开"收缩选区"对话框，在其中的"收缩量"数值框中输入参数，完成设置后单击"确定"按钮，即可将当前选区缩小。下图所示为收缩选区的效果。

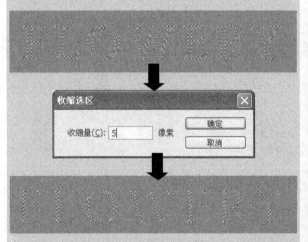

除了"扩展"和"收缩"命令以外，还可以使用"修改"命令下的"平滑"、"羽化"和"边界"子命令对选区的边缘进行设置，让选取的效果更加准确和多样化，方便选区的编辑。

7.2 寒光金属文字

金属质感的文字可以表现出强烈的视觉效果。本例通过对文字应用"图案叠加"和"斜面和浮雕"图层样式，让文字呈现出银色的金属质感，并根据画面的色调，利用"矩形选框工具"和"高斯模糊"滤镜为文字添加上蓝色的光泽，由此打造出质感强烈的寒光金属文字，让画面和文字的效果更为协调和匹配。

素　材	素材\07\02.jpg
源文件	源文件\07\寒光金属文字.psd

STEP 01　设置"字符"面板

打开素材\07\02.jpg文件，可查看到照片的效果，选择工具箱中的"横排文字工具" T.，再执行"窗口>字符"菜单命令，打开"字符"面板，并对该面板中的选项进行设置。

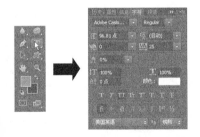

STEP02　输入文字

使用"横排文字工具"在图像窗口中的适当位置单击，并输入所需的文字，在图像窗口中可以看到输入文字后的画面效果。

STEP03　调整文字大小

按Ctrl+T快捷键显示自由变换框，对自由变换框进行编辑，缩小文字的宽度，在图像窗口中可以看到编辑后的效果。

STEP04　复制文字图层

选中文字图层，按Ctrl+J快捷键复制文字图层，得到文字副本图层，在"图层"面板中可以看到复制后的效果。

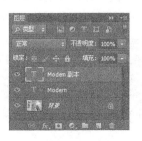

STEP 05　添加"图案叠加"样式

双击文字图层，打开"图层样式"对话框，在其中勾选"图案叠加"复选框，为文字应用图案叠加效果，并设置"不透明度"为100%、"图案"为"纤维纸2（128×128像素，RGB模式）"、"缩放"为100%，在"图层样式"对话框右侧的缩览图中可以看到设置的效果。

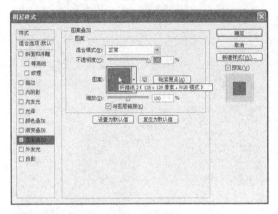

STEP 06　应用"投影"图层样式

继续在"图层样式"对话框中进行设置，勾选"投影"复选框，添加上投影效果，设置"混合模式"为"正片叠底"、"角度"为70度、"距离"为2像素、"扩展"为0、"大小"为29像素，在"图层样式"对话框右侧的缩览图中可以看到设置的效果。

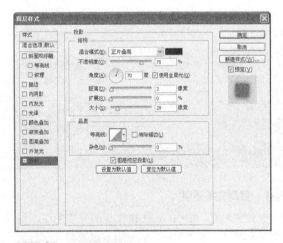

STEP 07　预览编辑效果

完成"图层样式"对话框的编辑后单击"确定"按钮，在图像窗口中可以看到编辑后的文字效果。

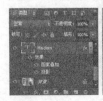

STEP 08　添加"图案叠加"样式

双击文字副本图层，在打开的对话框中为当前图层应用"图案叠加"样式，并设置"图案"为"褐色水彩纸（150x150像素，RGB模式）"、"不透明度"为100%。

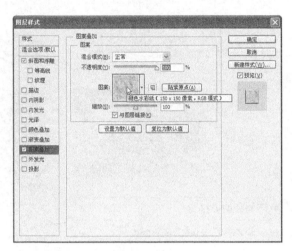

STEP 09　添加"斜面和浮雕"样式

继续在"图层样式"对话框中进行设置，勾选"斜面和浮雕"复选框，添加上浮雕效果，并在其对应的选项组中进行设置。

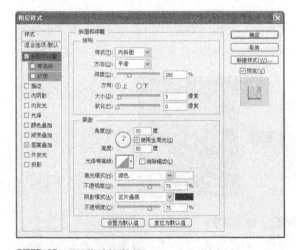

STEP 10　预览编辑效果

完成设置后单击"确定"按钮，然后选中文字副本图层，分别按4次键盘上的←键和↑键，对文字的位置进行微调，在图像窗口中可以看到编辑的效果。

STEP 11　创建矩形选区并填色

单击"图层"面板中的"创建新图层"按钮，新建图层，得到"图层1"图层，使用"矩形选框工具"在文字的上方创建矩形选区，设置前景色为R51、G102、B153，并为选区填充上前景色。

填充前景色和背景色的方法　　　　TIPS

使用"油漆桶工具"在选区中单击，即可为选区填充上前景色，或者直接按Alt+Delete快捷键填充前景色，按Ctrl+Delete快捷键填充背景色。

STEP 12　应用"高斯模糊"滤镜

选中"图层1"图层，执行"滤镜＞模糊＞高斯模糊"菜单命令，在打开的"高斯模糊"对话框中设置"半径"为20像素，完成设置后单击"确定"按钮，并在"图层"面板中设置该图层的混合模式为"颜色"。

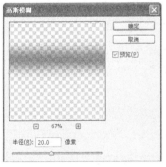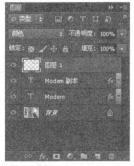

STEP 13　预览编辑效果

完成"图层1"的编辑后，在图像窗口中可以看到编辑后的文字效果，其呈现出寒光的金属质感。

STEP 14　应用"外发光"样式

双击"图层1"图层，在打开的"图层样式"对话框

中为图层添加上"外发光"样式，并设置外发光的颜色为R102、G204、B255，在图像窗口中可以看到文字最终的编辑效果。

知识提炼　**"图案叠加"图层样式**

使用"图层样式"中的"图案叠加"可以快速应用纹理和图案。该功能不仅可以通过各种选项对纹理的多个属性进行细致的调节，同时在图像窗口中还能即时预览到调整的效果。双击"图层"面板中的图层，可以打开"图层样式"对话框，在其中勾选"图案叠加"复选框，可以展开该选项的设置，如下图所示。

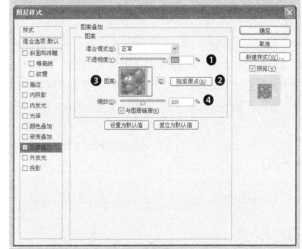

❶混合模式：利用"图案叠加"中的混合模式可以将图案与当前图层中的图像进行不同方式的叠加，由此让图案与图像自然地融合，在"混合模式"下拉列表中

可以尝试多种模式，方便用户快速找到满意的叠加方式。单击"混合模式"后面的下拉按钮，可以展开其下拉列表，如右图所示，集中包含了多种混合模式。

还可以载入Photoshop中所包含的其他图案样式，单击"图案"拾色器中的设置按钮，在其中的快捷菜单中包含了多种类型的图案，选择所需的图案即可载入当前"图案"拾色器中，让预设图案的选择更为丰富。单击"图案"拾色器右上角的设置按钮，在展开的快捷菜单中选择"艺术家画笔画布"选项，弹出警示对话框，单击"追加"按钮，将选中的图案类型添加到"图案"拾色器中，具体操作如下图所示。

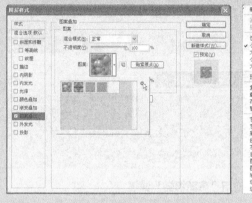

❷**不透明度**：用于对图案的不透明程度进行控制，由此来调节纹理应用到图像上的效果，设置的不透明度越高，纹理的质感就越清晰；不透明度越低，纹理应用的效果就越浅，其设置的参数范围为0%～100%。下图所示为不同透明度的图案叠加效果。

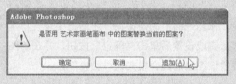

❸**图案**：在Photoshop中包含了多种预设的图案，用户可以根据需要在"图案"拾色器中进行选择，让纹理的添加操作变得更简单。单击"图案"后面的下拉按钮，打开"图案"拾色器，如下面左图所示，在其中单击即可选中所需的图案，在"图案"拾色器中选择所需的图案后，"图案"预览窗口中将显示出当前选中的图案效果，具体操作和显示情况如下图所示。

❹**缩放**：通过"缩放"选项对图案的大小缩放进行控制，参数范围为1%～1000%，设置的参数越大，单位面积上图案显示的效果就越大。调整"缩放"为200%，可以看到图案显示很小；当"缩放"增大到500%时，图案显示会非常清晰，如下图所示。

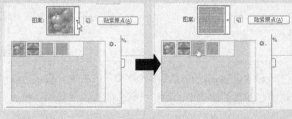

除了使用"图案"拾色器中默认的纹理图案以外，

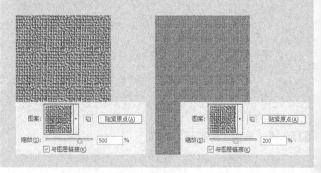

7.3 橙色荧光字

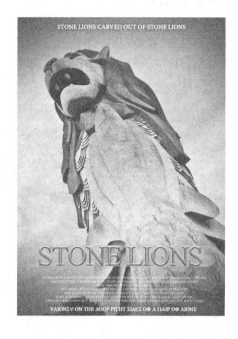

荧光字即文字周围发散出荧光灯照效果的文字。本例中先使用"横排文字工具"输入主题文字，并对其应用"斜面和浮雕"及"颜色叠加"图层样式，然后将下方的文字栅格化处理，并应用"动感模糊"滤镜，制作出橙色的荧光灯照射效果，再对其进行复制，增强荧光灯照射的效果，打造出橙色的荧光字。

素　材	素材\07\03.jpg
源文件	源文件\07\橙色荧光字.psd

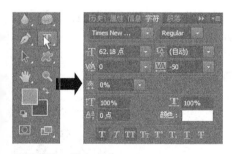

STEP 01　设置"字符"面板

打开素材\07\03.jpg文件，可查看到照片的效果，选择工具箱中的"横排文字工具"，再执行"窗口>字符"菜单命令，打开"字符"面板，并对该面板中的选项进行设置。

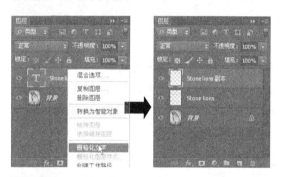

STEP 03　栅格化文字图层并复制

右键单击文字图层，在打开的快捷菜单中选择"栅格化文字"命令，将文字图层转换为普通图层，并对其进行复制，得到副本图层。

STEP 02　输入文字

使用"横排文字工具"在图像窗口中的适当位置单击，并输入所需的文字，在图像窗口中可以看到输入文字后的画面效果。

STEP 04　改变文字颜色

设置前景色为R255、G153、B0，将文字图层中的对象创建为选区，并填充上前景色，然后将文字副本图层隐藏，在图像窗口中可以看到填色后的效果。

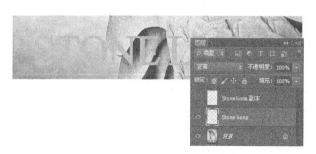

STEP 05 执行"动感模糊"命令

选中文字图层，执行"滤镜＞模糊＞动感模糊"菜单命令，在打开的对话框中设置"距离"为70像素，在图像窗口中可以看到编辑后的效果。

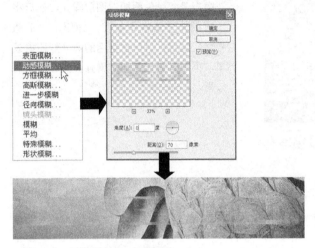

STEP 06 复制图层并调整大小

对编辑后的文字图层进行两次复制，分别按Ctrl+T快捷键，对自由变换框进行编辑，放大显示文字图层，在图像窗口中可以看到编辑后的效果。

STEP 07 应用"斜面和浮雕"样式

将隐藏的文字副本图层显示出来，并为该图层的文字应用"斜面和浮雕"样式，并在其对应的选项组中进行设置。

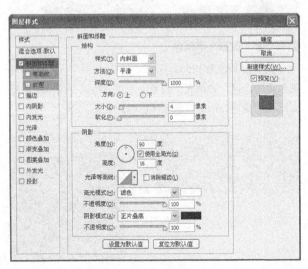

STEP 08 调整文字颜色和纹理

继续在"图层样式"中进行设置，分别添加上"图案叠加"和"颜色叠加"图层样式，设置颜色叠加下的颜色为R255、G153、B0，并对其余的选项进行设置，完成设置后单击"确定"按钮。

STEP 09 预览编辑效果

完成图层样式的设置后，在图像窗口中可以看到本例最终的文字编辑效果。

知识提炼　**"动感模糊"滤镜**

"动感模糊"滤镜可以模拟摄像中拍摄运动物体时的间接曝光功能，从而使图像产生一种动态的效果。执行"滤镜＞模糊＞动感模糊"菜单命令，可以打开如下图所示的对话框，在其中可以对模糊的效果进行设置。

❶角度：该选项用于设置动感模糊的方向，直接在数值框中输入参数，或者在该选项右侧的角度圆环中单击并进行拖曳，即可调整模糊的方向。

❷距离：该选项用于控制图像动感模糊的程度。下图所示为不同参数下的模糊效果，可以看到参数越大，模糊的效果就越明显。

7.4 字母填充文字

字母填充文字就是将字母以填色的方式叠加到文字上。本例中先使用"横排文字工具"输入主题文字，并应用"描边"样式，接着输入段落文字，再对其进行栅格化处理，通过创建剪贴蒙版的方式将段落文字叠加到主题文字上，使上方的段落文字只显示出下方文字图层中的内容，打造出字母填充文字效果，让文字的表现更为丰富。

素 材	素材\07\04.jpg
源文件	源文件\07\字母填充文字.psd

STEP 01 输入文字

启动Photoshop CS6应用程序，新建一个文档，并将背景色填充为黑色，选择工具箱中的"横排文字工具" T，输入文字，并在"字符"面板中进行设置，调整文字的填充色为R51、G0、B0。

STEP 02 应用"描边"样式

双击文字图层，在打开的"图层样式"对话框中勾选"描边"复选框，为文字应用描边效果，并设置描边的颜色为白色。

STEP 03 预览编辑效果

完成描边的设置后，单击"确定"按钮即可，在图像窗口中可以看到应用样式后的效果，文字的边缘被添加上了白色的边线。

STEP 04 设置"字符"和"段落"面板

打开"字符"和"段落"面板，对文字的字体、字间距、行间距、排列方式等文字属性进行设置，调整文字的填充色为白色，完成文字的设置后，就可以输入所需的段落文本了。

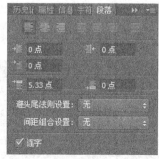

STEP 05 输入文字

使用"横排文字工具"  在图像窗口中单击，输入所需的段落文字，将主题文字全部铺满，在图像窗口中可以看到编辑的效果。

STEP 06 栅格化图层

右键单击段落文本图层，在弹出的快捷菜单中选择"栅格化文字"命令，将文字图层转换为普通图层，在"图层"面板中可以看到编辑的效果。

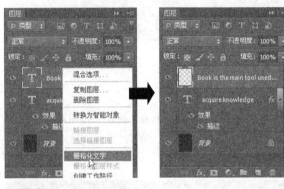

STEP 07 创建剪贴蒙版

选中转换后的文字图层，执行"图层＞创建剪贴蒙版"菜单命令，创建剪贴蒙版，将段落文字以剪贴蒙版的方式进行显示，在图像窗口中可以看到编辑的效果。

STEP 08 添加文字到素材文件

打开素材\07\04.jpg文件，将编辑的文字复制到其中，并适当调整文字的位置，在图像窗口中可以看到编辑的效果。

STEP 09 输入文字

使用"横排文字工具"在图像窗口中的适当位置添加修饰文字，并打开"段落"和"字符"面板进行设置，调整文字的填充色为R204、G0、B0。

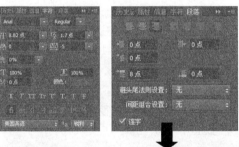

STEP 10 创建矩形选区

新建图层，得到"图层1"图层，将其拖曳到"背景"图层的上方，在工具箱中设置前景色为R51、G0、B0，选择"矩形选框工具"，在文字的下方创建矩形选区，并将选区填充上前景色。

STEP 11 执行"高斯模糊"命令

选中"图层1"图层，执行"滤镜＞模糊＞高斯模糊"菜单命令，在打开的对话框中设置"半径"为100像素，完成设置后单击"确定"按钮，在图像窗口中可以看到本例最终的编辑效果。

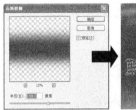 

知识提炼 剪贴蒙版

剪贴蒙版，也称作剪贴组，它是通过处于下方的图层形状来限制上方图层的显示状态，使之形成一种剪贴画的效果。剪贴蒙版至少需要两个图层才能进行创建，位于下方的图层叫做基底图层，位于上方的图层叫做剪贴图层，基底图层只能有一个，但是剪贴图层可以有若干个。

创建剪贴蒙版可以通过"图层"菜单栏中的"创建剪贴蒙版"命令来实现，也可以通过选择"图层"面板菜单中的"创建剪贴蒙版"命令来实现。下图所示为选中剪贴图层后执行"创建剪贴蒙版"命令。

当创建剪贴蒙版后，上方的剪贴图层缩览图将自动缩进，并且带有一个向下的箭头，基底图层的名称下面将出现一条下划线。下图所示为创建剪贴蒙版后的图层效果和图像显示效果。

使用快捷键创建剪贴蒙版 TIPS

使用快捷键创建剪贴蒙版有两种方法，一种是选中图层，按Ctrl+Alt+G快捷键即可将当前选中的图层创建为剪贴蒙版；另外一种是打开"图层"面板，按住Alt键的同时在两个图层之间单击，即可创建剪贴蒙版。

当创建了剪贴蒙版后，可以将基底图层和剪贴图层进行合并，使"图层"面板中的图层便于管理和查看，可以通过"图层"菜单栏中的"向下合并"命令将基底图层和剪贴图层进行合并，得到的普通图层将以基底图层的名称命令。下图所示为合并剪贴蒙版后的"图层"面板显示效果。

两个以上剪贴图层的合并 TIPS

当出现两个或两个以上的剪贴图层时，要对剪贴蒙版进行合并操作就不能使用"向下合并"命令了，此时，需要将所有的剪贴图层和基底图层一起选中，执行"图层＞合并图层"命令，将选中的所有剪贴图层和基底图层合并到一个图层中，合并后的图层将以最顶端剪贴图层的名称进行命名。

当不需要使用创建的剪贴蒙版时，可以通过Photoshop中的释放剪贴蒙版功能，将基底图层和剪贴图层进行恢复，使其显示出最初的画面效果。

要释放剪贴蒙版，只需选中任意一个剪贴图层，执行"图层＞释放剪贴蒙版"菜单命令，即可释放剪贴蒙版。下图所示为释放剪贴蒙版前后"图层"面板中的显示效果。

7.5 图文结合文字

图文结合的文字就是将输入的文字与绘制的图形进行适当叠加和排列，使两者融为一体。本例先使用"横排文字工具"输入主题文字，接着使用"钢笔工具"绘制多个图形，并将排列和编辑后的文字和图形进行合并，再对其应用"描边"、"斜面和浮雕"及"投影"图层样式，让文字与画面内容更加协调。

素材	素材\07\05.jpg
源文件	源文件\07\图文结合文字.psd

STEP 01　输入文字

打开素材\07\05.jpg文件，可查看到照片的效果，选择工具箱中的"横排文字工具" T，在图像窗口中输入文字，并打开"字符"面板，对该面板中的选项进行设置。

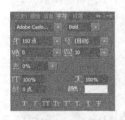 

STEP 02　使用"钢笔工具"

选择工具箱中的"钢笔工具" ，在该工具的选项栏中进行设置，然后在字母P上按如下图所示连续单击，绘制出形状将字母上的区域进行填充。

STEP 03　查看编辑效果

在绘制形状的过程中，一定要将字母P上半部分圈起来的区域填充完整，在图像窗口中可以看到编辑的效果，在"图层"面板中将显示出自动生成的"形状1"图层。

STEP 04　绘制其他的形状

使用与步骤02和步骤03相同的方法，用"钢笔工具"在其余字母上创建形状，在图像窗口中可以看到编辑后的文字效果。

 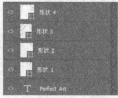

STEP 05 合并图层

选中"图层"面板中除了"背景"图层之外的其余图层，单击鼠标右键，在弹出的快捷菜单中选择"合并图层"命令，将选中的图层进行合并，得到"形状4"图层。

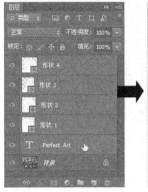

STEP 06 调整图像角度

按Ctrl+T快捷键对文字进行自由变换处理，将鼠标放在自由变换框的直角位置，当鼠标呈现弯曲双箭头时单击并进行拖曳，调整文字的角度。

STEP 07 添加图层样式

双击"形状4"图层，在打开的"图层样式"对话框中分别勾选"斜面和浮雕"、"阴影"和"描边"复选框，为文字应用内斜面、投影和描边效果，并对相应的选项进行设置。

STEP 08 预览编辑效果

完成"图层样式"对话框的编辑后单击"确定"按钮，在图像窗口中可以看到编辑的效果，文字被应用上了内斜面、投影和描边效果。

知识提炼 钢笔工具

"钢笔工具"是绘制矢量图形的工具，可创建出任意形态的路径效果。通过单击添加锚点，可以精确地绘制出直线或光滑的曲线，并利用这些线条连接出需要的图形。选择工具箱中的"钢笔工具"，可以在该工具的选项栏中看到如下图所示的设置。

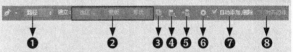

❶ **类型：** 该选项包括形状、路径和像素3个选项。每个选项所对应的工具选项也不同。下图所示为选择"形状"选项后的设置，可以在其中对图形的填充、描边等进行设定。

❷ **建立：** 该选项是Photoshop CS6新加的选项，可以使路径与选区、蒙版和形状间的转换更加方便快捷。绘制完成路径后，如果单击"选区"按钮，即可在打开的"创建选区"对话框中设置参数，如下图所示，可将路径转换为选区。

如果单击"蒙版"按钮即可将绘制的路径在图层中生成矢量蒙版；如果单击"形状"按钮即可将绘制的路径转换为形状图层。

❸**路径操作**：其用法与选区相同，可以实现路径的相加、相减和相交等运算，单击该按钮可以展开如下图所示的快捷菜单，在其中可以进行选择。

❹**路径对其方式**：设置路径的对齐方式，在当前文件中有两条以上的路径被选择后才可用。该选项与文字的对其方式类似，单击该按钮可以展开如下面左图所示的快捷菜单，包含"左边"、"水平居中"、"顶边"、"右边"等选项，在其中可以进行选择。

❺**排列顺序**：该选项用于设置路径的排列方式，单击该按钮可以展开如下面右图所示的快捷菜单，包含"将形状置为顶层"、"将形状前移一层"、"将形状后移一层"和"将形状置为底层"4个命令，在其中可以根据绘制的需要进行选择。

❻**橡皮带**：该选项用来设置路径在绘制的时候是否连续，在选择不同的形状工具时，该选项将随之消失。选择"钢笔工具"后，单击该选项按钮，在"橡皮带"复选框中进行勾选，如下图所示，可以在绘制路径时根据鼠标移动的位置出现橡皮带效果。

❼**自动添加/删除**：如果勾选该选项的复选框，当移动到锚点上时，钢笔工具会自动转换为删除锚点样式；若没有勾选该复选框，当钢笔工具移动到路径上时，钢笔工具会自动转换为添加锚点样式。

❽**对齐边缘**：选择"形状"选项时，该选项才可用，该选项主要作用于将矢量形状边缘与像素网格对齐。

使用"钢笔工具"可以精确地绘制出直线或者光滑的曲线，在用该工具绘制曲线的过程中，每绘制一个锚点，都会在该锚点上出现一个或者两个控制杆。控制杆用于控制曲线的弯曲程度和位置，由此为"钢笔工具"提供

图形绘制时进行精确定位和编辑精准的功能。下图所示为单击锚点并拖曳控制杆调整锚点的位置及绘制闭合路径的效果。

如果要绘制不带控制杆的路径，可以使用"钢笔工具"在画面中单击，单击的过程不进行拖曳，就可以创建不带控制杆的锚点，绘制的路径锚点以直线的形式进行连接，并以锚点为转折点创建出任意形状的多边形效果，具体操作如下图所示。

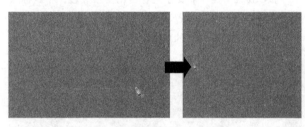

如果要绘制带有双向控制杆的锚点，可以在使用"钢笔工具"时在画面中单击并拖曳鼠标，可以为当前锚点添加上两个控制杆，并且这两个控制杆以锚点为中心向两端延伸，对控制杆的长度和方向进行调整的同时可以对路径的形状进行变换，具体效果和操作如下图所示。

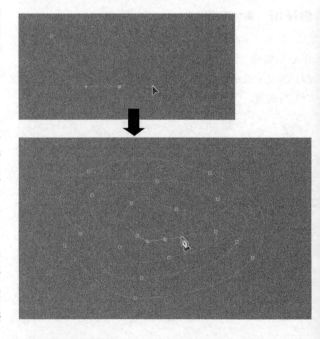

7.6 制作细沙质感文字

细沙质感的文字即为文字的表面呈现出细腻的颗粒状，犹如细沙覆盖的效果。本例中先使用"横排文字工具"输入文字，并为其应用适当的图层样式效果，接着使用"渐变工具"填充空白图层，再应用"添加杂色"滤镜，使图像形成细小的颗粒状，最后通过创建剪贴蒙版让上方的图层只显示出下方文字的形状，由此打造出质感细腻的细沙文字。

素　材	素材\07\06.jpg
源文件	源文件\07\制作细沙质感文字.psd

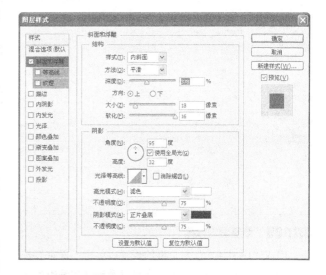

STEP 01　设置"字符"面板

打开素材\07\06.jpg文件，在图像窗口中可查看到照片的效果，选择工具箱中的"横排文字工具" T，再执行"窗口>字符"菜单命令，打开"字符"面板，并对该面板中的选项进行设置，调整文字的填充颜色为白色。

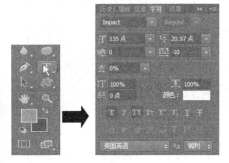

STEP 02　输入文字

使用"横排文字工具" T 在图像窗口中的适当位置进行单击，然后输入所需的文字，在图像窗口中可以看到添加文字的效果。

STEP 03　应用"斜面和浮雕"图层样式

双击文本图层，打开"图层样式"对话框，在其中勾选"斜面和浮雕"复选框，为文字添加斜面和浮雕效果，并对相应的选项进行设置。

文字位置的调整　　　　　　　　　　　TIPS

在使用"文字工具"在图像窗口中单击并输入文字后，如果对文字的位置不满意，可以切换到工具箱中的"移动工具" ，单击并拖曳文字，对文字的位置进行调整，直到满意为止。

STEP 04　应用"描边"样式

141

接着勾选"描边"复选框，为文字添加描边效果，并对相应的选项进行设置，调整"大小"为7像素、"位置"为"外部"、"不透明度"为100%。

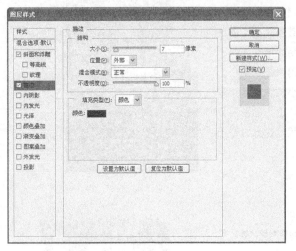

STEP 05　应用"投影"样式

继续对"图层样式"对话框进行设置，勾选"投影"复选框，为文字添加投影效果，并对相应的选项进行设置，调整投影的颜色为R255、G204、B0。

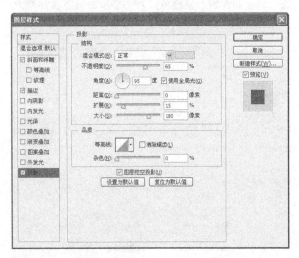

STEP 06　查看编辑效果

完成"图层样式"对话框的设置后单击"确定"按钮，关闭对话框，在图像窗口中可以看到文字编辑的效果，并在"图层"面板中看到添加的样式。

STEP 07　编辑渐变色

新建图层，得到"图层1"图层，选择工具箱中的"渐变工具"，设置渐变色为R102、G0、B0到R204、G153、B51的线性渐变，在图像窗口中从左到右单击并拖曳鼠标，为"图层1"图层填充上渐变色。

STEP 08　预览填充效果

完成渐变色的填充后，选择工具箱中的"移动工具"，在图像窗口中可以看到渐变色填充的效果。

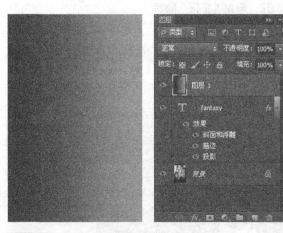

STEP 09　执行"添加杂色"命令

选中"图层1"图层，执行"滤镜>杂色>添加杂色"菜单命令，在打开的"添加杂色"对话框中设置"数量"为20%、"分布"为"平均分布"，并勾选"单色"复选框。

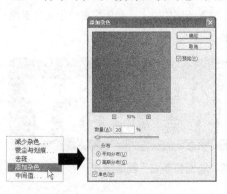

STEP 10 查看编辑效果

完成"添加杂色"滤镜的设置后，单击"确定"按钮，在图像窗口中可以看到编辑的效果。

STEP 11 创建剪贴蒙版

在"图层"面板中右键单击"图层1"图层，在弹出的快捷菜单中选择"创建剪贴蒙版"命令，将"图层1"创建为剪贴蒙版效果。

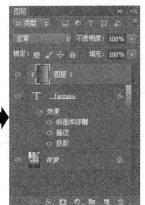

STEP 12 查看编辑效果

完成剪贴蒙版的创建后，可以看到文字被应用上了杂色效果，呈现出细腻的细沙质感，在图像窗口中可以看到编辑的效果。

知识提炼 "添加杂色"滤镜

"添加杂色"滤镜可以在图像上按照像素形态和颜色生成杂点，表现出陈旧的感觉。执行"滤镜>杂色>添加杂色"菜单命令，可以打开如下图所示的对话框，在其中可以对杂色的数量、分布和颜色等进行设置。

❶数量：该选项用于控制杂色点的多少，设置的参数越大，杂点的数量就越多，杂点的颜色或位置可以随意地设置。下图所示为不同数量下的杂色显示效果。

❷分布：用于选择杂色应用的形态，单击"平均分布"单选按钮，可以按照一定的形态生成杂色点；单击"高斯分布"单选按钮，可以生成任意随机效果的杂色点。

❸单色：用于控制杂色的颜色表现，勾选该复选框，可以用单色表现杂色。下图所示分别为勾选和未勾选时的杂色显示效果。

7.7 磨损文字

磨损文字就是外形很破旧的文字，可以给人沧桑感和历史感。本例中通过输入的文字创建选区，并利用"收缩"命令对选区进行收缩，再为选区进行填色处理，接着使用"分层云彩"滤镜对其图层蒙版进行编辑，形成自然的破损效果，让文字的纹理呈现出破旧磨损的视觉感。

素 材	素材\07\07.jpg
源文件	源文件\07\磨损文字.psd

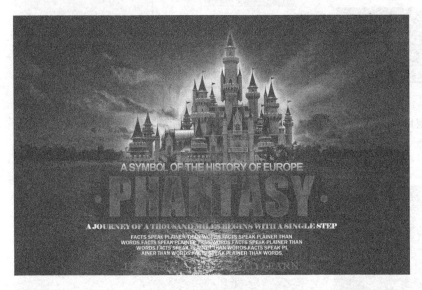

STEP 01　设置"字符"面板

打开素材\07\07.jpg文件，可查看到照片的效果，选择工具箱中的"横排文字工具" T ，打开"字符"面板，并对该面板中的选项进行设置，调整文字的填充颜色为R153、G0、B0。

STEP 02　输入文字

使用"横排文字工具"在图像窗口中的适当位置进行单击，然后输入所需的文字，在图像窗口中可以看到添加文字的效果。

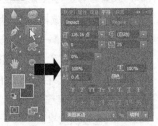

STEP 03　应用"投影"样式

双击文本图层，打开"图层样式"对话框，在其中勾选"投影"复选框，为文字添加上投影效果，并对相应的选项进行设置。

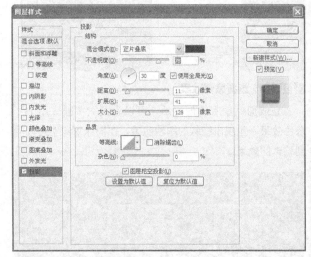

STEP 04　查看编辑效果

完成"图层样式"对话框中"投影"样式选项组的设置后，单击"确定"按钮关闭对话框，在图像窗口中可以看到编辑的效果。

STEP 05 载入文字到选区

按住Ctrl键的同时单击"图层"面板中文字图层的"指示文本图层",将文字载入到选区,在图像窗口中可以看到创建的选区效果。

STEP 06 收缩选区

执行"选择>修改>收缩"菜单命令,在打开的对话框中设置"收缩量"为2像素,在图像窗口中可以看到选区缩小了。

STEP 07 为选区填充颜色

在"图层"面板中新建图层,得到"图层1"图层,在工具箱中设置前景色为黑色,按Alt+Delete快捷键将选区填充上黑色,在图像窗口中可以看到选区填色后的效果,按Ctrl+D快捷键取消选区的选取。

STEP 08 执行"高斯模糊"命令

选中"图层1"图层,执行"滤镜>模糊>高斯模糊"菜单命令,在打开的对话框中设置"半径"为5像素,并为"图层1"添加上白色的图层蒙版。

STEP 09 执行"分层云彩"滤镜

选中图层蒙版,执行3次"滤镜>渲染>分层云彩"菜单命令,对"图层1"的图层蒙版进行编辑,在图像窗口中可以看到编辑的最终效果。

知识提炼 "分层云彩"滤镜

"分层云彩"滤镜利用前景色、背景色和原图像的色彩混合出一个带有背景图案的云彩造型。这个滤镜如果反复使用,每次使用均能产生负片的效果,多次使用后会出现大理石一样的纹理,由于该滤镜是Photoshop自动生成的,因此没有设置对话框,执行命令后将自动对图像进行处理。下图所示为连续使用两次后图像的效果。

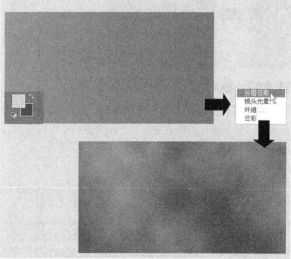

7.8 珍珠描边文字

珍珠描边文字效果就是在文字的周围形成白色立体的圆形，外形犹如珍珠链一样。本例中通过对文字选区进行扩展，然后将选区转换为路径，并对路径进行描边，应用设置的画笔效果，最后为描边路径的图形添加"浮雕效果"和"投影"效果，使之形成外形逼真的珍珠效果。

素材	素材\07\08.jpg
源文件	源文件\07\珍珠描边文字.psd

STEP 01 设置"字符"面板

运行Photoshop CS6应用程序，打开素材\07\08.jpg文件，在图像窗口中可查看到照片的效果，选择工具箱中的"横排文字工具" T，打开"字符"面板，并对该面板中的选项进行设置，调整文字的填充颜色为R204、G0、B0。

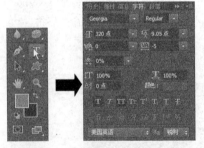

STEP 02 输入文字

使用"横排文字工具"在图像窗口中的适当位置进行单击，然后输入所需的文字，在图像窗口中可以看到添加文字的效果。

STEP 03 应用"斜面和浮雕"样式

双击文本图层，打开"图层样式"对话框，在其中勾选"斜面和浮雕"复选框，为文字添加上斜面和浮雕效果，并对相应的选项进行设置，在图像窗口中可以看到应用样式后的文字效果。

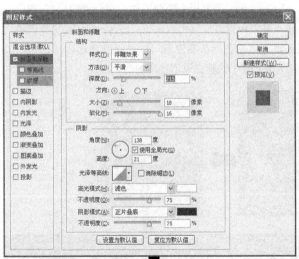

STEP 04 应用"投影"样式

继续对"图层样式"对话框进行设置，在其中勾选"投影"复选框，为文字添加投影效果，并对相应的选项进行设置，在图像窗口中可以看到应用"斜面和浮雕"及"投影"样式后的文字效果。

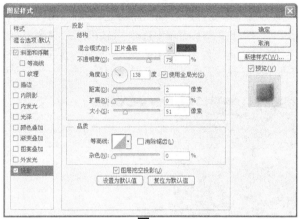

STEP 05 载入文字到选区

按住Ctrl键的同时单击"图层"面板中文字图层的"指示文本图层"，将文字载入到选区，在图像窗口中可以看到创建的选区效果。

STEP 06 扩展选区

执行"选择＞修改＞扩展"菜单命令，在打开的对话框中设置"扩展量"为20像素，然后单击"确定"按钮关闭对话框，在图像窗口中可以看到选区放大了。

STEP 07 将选区转换为路径

执行"窗口＞路径"菜单命令，打开"路径"面板，通过"路径"面板将创建的选区转换为路径，在图像窗口中可以看到选区变成了路径，在文字的周围进行勾勒。

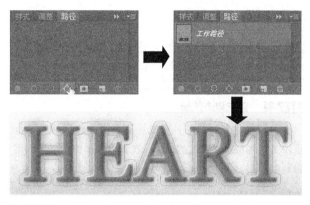

STEP 08 设置"画笔"面板

选择工具箱中的"画笔工具"，并打开"画笔"面板进行设置，选择其中的"硬边圆"笔触，调整"大小"为20像素、"间距"为100%，在"画笔监视器"中可以看到设置后的画笔效果。

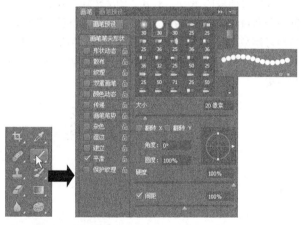

STEP 09 新建图层

单击"图层"面板下方的"创建新图层"按钮 ，新建图层，得到"图层1"图层，并在工具箱中设置前景色为白色。

STEP 10 描边路径

单击"路径"面板右上方的扩展按钮，在弹出的快捷菜单中选择"描边路径"命令，打开"描边路径"对话框，在其中的"工具"下拉列表中选择"画笔"选项，然后单击"确定"按钮关闭对话框。

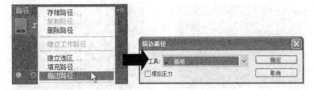

STEP 11 预览描边效果

对路径进行描边后，可以看到路径的位置被白色圆点覆盖，形成图形描边的效果，在图像窗口中可以看到编辑后的效果。

STEP 12 添加图层样式

双击"图层1"图层，打开"图层样式"对话框，在其中分别勾选"斜面和浮雕"和"投影"复选框，为图形应用浮雕效果和投影效果，并设置投影的颜色为R255、G153、B153，在图像窗口中可以看到本例文字最终的编辑效果。

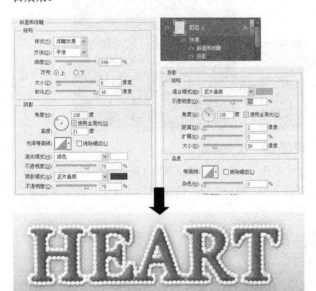

知识提炼 | 描边路径

完成对路径的绘制后，可以使用Photoshop中的"描边路径"功能对绘制的路径进行描边处理。如果选中的路径需要进行画笔描边，可以直接单击"路径"面板下方的"用画笔描边路径"按钮 ；如果需要进一步对描边选项进行设置，可以单击"路径"面板右上角的扩展按钮，在弹出的快捷菜单中选择"描边路径"命令，如下图所示，可以打开"描边路径"对话框，在其中可以对描边的选项进行所需的设置。

❶工具：单击"描边路径"对话框中"工具"选项后的下拉按钮，在弹出的下拉列表中可以选择多种方式的描边工具，如"画笔"、"背景橡皮擦"、"混合画笔工具"、"修复画笔"等，如下图所示。

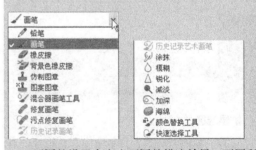

不同的设置会产生不同的描边效果。下图所示为设置"画笔工具"后的描边效果。

❷模拟压力：勾选该复选框，可以在对"画笔"面板中的画笔形状动态进行设置后，用于路径描边渐隐和双向描边渐隐效果。

第3部分 绘图创作

第8章

打造逼真的绘图效果

利用Photoshop中强大的图像处理功能，可以将普通的照片打造成多种不同风格的绘图效果。本章通过调整命令、"混合器画笔工具"以及"滤镜库"中各种滤镜的应用，将数码照片制作成水墨画、素描画和油画等风格迥异的绘图画面，由此展现出不同质感的视觉效果。

本章内容

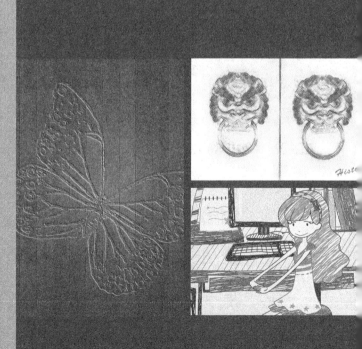

8.1 制作水墨画效果

水墨画被视为中国传统的绘画形式，是国画的代表，在Photoshop中可以通过滤镜及调整命令的配合使用，制作出水墨画效果，并通过图层混合模式凸显出水墨和宣纸相融，产生浸湿渗透的特殊画面，最终使图像呈现出符合水墨画注重意境的视觉效果。

素　材	素材\08\01.jpg
源文件	源文件\08\制作水墨画效果.psd

STEP 01　增强画面对比度

运行Photoshop CS6应用程序，打开素材\ 08\01.jpg文件，可查看到照片的原始效果，创建"亮度/对比度"调整图层，在打开的"属性"面板中设置"对比度"选项的参数为100。

STEP 02　调整可选颜色

通过"调整"面板创建"可选颜色"调整图层，在打开的"属性"面板中设置"白色"选项下的色阶值为0、0、0、-100，"黑色"选项下的色阶值为20、20、10、20。

STEP 03　盖印可见图层

完成"可选颜色"调整图层的编辑后，在图像窗口中可以看到编辑后的效果，按Ctrl+Alt+Shift+E快捷键盖印可见图层，得到"图层1"图层。

STEP 04　应用"喷溅"滤镜

执行"滤镜>滤镜库"菜单命令，打开"滤镜库"对话框，在其中为"图层1"应用上"喷溅"滤镜，设置"喷溅半径"为17、"平滑度"为7。

STEP 05　应用"干画笔"滤镜

添加效果图层，继续添加滤镜，为其应用"干画笔"滤镜，设置"画笔大小"为2、"画笔细节"为8、"纹理"为2，完成设置后单击"确定"按钮。

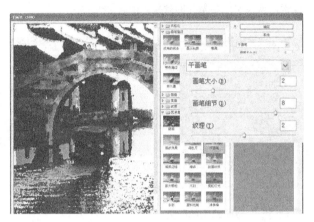

STEP 06　预览应用滤镜后的效果

完成"喷溅"和"干画笔"滤镜的应用后，可以在图像窗口中看到应用滤镜后的效果，图像的边缘产生了墨水喷溅的效果。

STEP 07　降低画面颜色浓度

通过"调整"面板创建"自然饱和度"调整图层，在打开的"属性"面板中设置"自然饱和度"选项的参数为-90，降低画面的颜色浓度，可以看到画面的颜色变淡了。

STEP 08　应用"高斯模糊"滤镜

盖印可见图层，得到"图层2"图层，执行"滤镜＞模糊＞高斯模糊"菜单命令，在打开的"高斯模糊"对话框中设置"半径"为3像素，对图像进行模糊处理，完成设置后单击"确定"按钮。

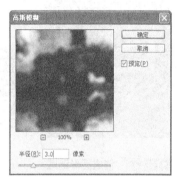

STEP 09　应用"高斯模糊"滤镜

复制"图层2"图层，得到"图层2副本"图层，将其混合模式设置为"深色"，执行"滤镜＞模糊＞高斯模糊"菜单命令，在打开的"高斯模糊"对话框中设置"半径"为14像素，完成设置后单击"确定"按钮。

STEP 10　预览编辑效果

对"图层2"和"图层2副本"进行高斯模糊处理，同时调整"图层2副本"的图层混合模式，可以在图像窗口中看到大致成形的水墨画图像，图像周围产生了油墨浸湿的晕开效果。

STEP 11 利用色阶调整画面影调

通过"调整"面板创建"色阶"调整图层，在打开的"属性"面板中依次拖曳RGB选项下的色阶滑块到0、1.43、242的位置，调整画面整体的影调。

STEP 12 创建矩形选区

选择工具箱中的"矩形选框工具" ，在其选项栏中设置"羽化"为100像素，使用鼠标在图像窗口中单击并拖曳，创建带有一定羽化边缘效果的矩形选区。

STEP 13 反向选区并填充颜色

执行"选择＞反向"菜单命令，对选区进行反向选取，在"图层"面板中新建图层，得到"图层3"图层，在工具箱中设置前景色为白色，按Alt+Delete快捷键将选区填充上白色，在图像窗口中可以看到编辑的效果。

STEP 14 添加文字并进行模糊处理

使用"直排文字工具" 输入"江南水乡"，并打开"字符"面板进行设置，将文本图层栅格化处理，执行"滤镜＞模糊＞高斯模糊"菜单命令，设置"半径"为4像素，模拟出水墨晕开的效果。

STEP 15 添加修饰的印章

新建图层，得到"图层4"图层，使用"文字工具"和"形状工具"绘制印章，并为其填充上适当的颜色，将文字和印章图案放在画面的左下角，完成本例的编辑。

知识提炼 "高斯模糊"滤镜

"高斯模糊"滤镜可以通过"半径"选项来调节像素的模糊程度，让画面形成难以辨识的朦胧效果。

执行"滤镜＞模糊＞高斯模糊"菜单命令，可以打开如下图所示的"高斯模糊"对话框，

"半径"选项用于控制模糊的程度，参数越大，图像雾化效果越明显；参数越小，模糊的程度越轻微，其设置范围为0.1像素～1000像素。

8.2 打造逼真的素描画

本例中先使用"去色"和"最小值"命令将彩色照片转换成黑色的细线条，接着应用"阴影线"和"海报边缘"滤镜为笔触添加上清晰的纹理，使其更符合素描的绘画形式，最后添加上文字，让画面呈现出素描勾勒图像的画面效果。

素 材	素材\08\02.jpg
源文件	源文件\08\打造逼真的素描画.psd

STEP 01 复制背景图层

运行Photoshop CS6应用程序，打开素材\ 08\02.jpg文件，在图像窗口中可以查看到照片的原始效果，按Ctrl+J快捷键复制"背景"图层，得到"图层1"图层。

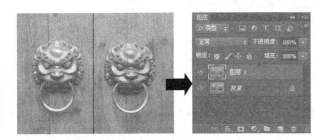

STEP 02 将画面转换为黑白色

选中"图层1"图层，执行"图像>调整>去色"菜单命令，将彩色照片转换为黑白色，在图像窗口中可以看到编辑的效果。

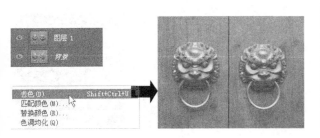

STEP 03 执行"反相"命令

复制"图层1"图层，得到"图层1副本"图层，执行"图像>调整>反相"菜单命令，同时在"图层"面板中将该图层的混合模式设置为"线性减淡（添加）"，在图像窗口中可以看到画面趋于白色。

STEP 04 应用"最小值"滤镜

选中"图层1副本"图层，执行"滤镜>其他>最小值"菜单命令，在打开的"最小值"对话框中设置"半径"为6像素，可以看到画面中出现了细小的线条。

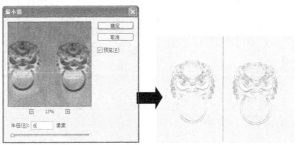

STEP 05　调整画面影调

通过"调整"面板创建"色阶"调整图层，在打开的"属性"面板中依次拖曳RGB选项下的色阶滑块到82、0.90、255的位置，调整画面整体的影调，可以看到图像中的线条更加清晰。

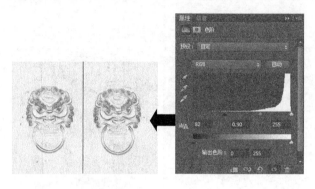

STEP 06　盖印可见图层

按Ctrl+Alt+Shift+E快捷键盖印可见图层，得到"图层2"图层，在"图层"面板中可以看到盖印的图层。

STEP 07　执行"滤镜库"命令

执行"滤镜＞滤镜库"菜单命令，在打开的"滤镜库"对话框中为其应用"海报边缘"和"阴影线"滤镜，并分别对其进行设置，完成设置后单击"确定"按钮，关闭"滤镜库"对话框。

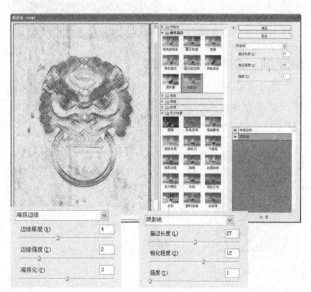

STEP 08　预览应用滤镜后的效果

应用"海报边缘"和"阴影线"滤镜后，在图像窗口中可以看到图像线条与真实绘图的笔触更加接近。

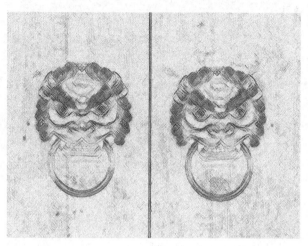

STEP 09　新建图层

在"图层"面板中新建图层，得到"图层3"图层，将该图层拖曳到"图层2"的下方，设置前景色为白色，按Alt+Delete快捷键将"图层3"填充上白色。

STEP 10　编辑图层蒙版

为"图层2"添加上白色的图层蒙版，然后选择"画笔工具"，设置"不透明度"为50%，调整前景色为黑色，使用画笔在门栓的周围进行涂抹，对图层蒙版进行编辑，隐藏图层中的内容。

STEP 11　预览编辑效果

完成图层蒙版的编辑后，在图像窗口中可以看到画面的四周更加干净，主体更为突出。

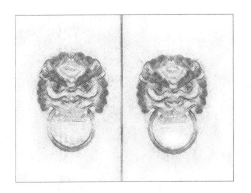

STEP 12　利用曲线调整影调

创建"曲线"调整图层，在打开的"属性"面板中单击曲线的中下部分，添加一个控制点，设置其"输入"为103、"输出"为53，接着单击曲线的中上部分，添加一个控制点，设置其"输入"为164、"输出"为156。

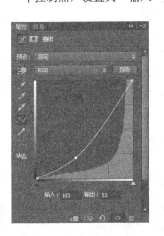
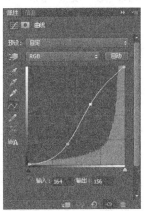

STEP 13　预览编辑效果

完成"曲线"调整图层的编辑后，在图像窗口中可以看到画面中的笔触更加清晰，同时可以在"图层"面板中看到创建的"曲线"调整图层。

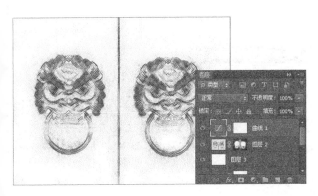

STEP 14　添加文字

选择工具箱中的"横排文字工具"，输入所需的文字，并打开"字符"面板进行设置，接着按Ctrl+T快捷键，对文字的角度进行调整，完成本例的编辑。

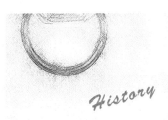

知识提炼　"最小值"滤镜

"最小值"滤镜可以使用阴影颜色的像素代替图像的边缘部分，以简化画面图像的细节。

执行"滤镜＞其他＞最小值"菜单命令，可以打开如下图所示的"最小值"对话框，可以看到该滤镜的设置选项。

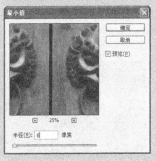

"半径"选项用于控制图像简化的程度，设置范围为1像素～500像素，设置的参数越大，简化效果越明显。下图所示为设置不同参数后的画面效果。

8.3 制作油画风格的绘图效果

油画具有色彩丰富、浓重,且具有强烈立体感的特点,利用Photoshop CS6中的"油画"滤镜,可以快速将普通的风景照打造成具有特殊纹理质感的油画效果,再结合使用调整命令及"浮雕效果"滤镜,加强画面色彩及层次感的表现,让画面呈现出别样的魅力。

素材	素材\08\03.jpg
源文件	源文件\08\制作油画风格的绘图效果.psd

STEP 01 复制图层

运行Photoshop CS6应用程序,打开素材\ 08\03.jpg文件,可查看到照片的原始效果,按Ctrl+J快捷键复制"背景"图层,得到"图层1"图层。

使用快捷键复制图层的其余方法   TIPS

通过"新建图层"对话框中新建一个图层,可以按Ctrl+Shift+N快捷键;通过"新建图层"对话框中建立一个当前选中的图层,可以按Ctrl+Alt+J快捷键。

STEP 02 执行"油画"滤镜

在"图层"面板中选中"图层1"图层,执行"滤镜>油画"菜单命令,对图像添加"油画"滤镜效果。

STEP 03 设置"油画"对话框

打开"油画"对话框,在其中设置"样式化"为6、"清洁度"为7、"缩放"为10、"硬毛刷细节"为10、"角方向"为300、"闪亮"为2,完成设置后,在左侧的预览窗口中可以看到应用滤镜后的画面效果。

"油画"滤镜的应用   TIPS

由于"油画"滤镜是Photoshop中的增强功能,因此需要开启软件的OpenGL功能后才能进行使用,操作方法很简单,只需执行"编辑>首选项>性能"菜单命令,在打开的"性能"对话框中勾选"使用图形处理器"复选框即可。

STEP 04 调整画面对比度

通过"调整"面板创建"亮度/对比度"调整图层，在打开的"属性"面板中设置"亮度"选项为5、"对比度"为25，增强画面明暗区域的对比度。

STEP 05 增强颜色饱和度

通过"调整"面板创建"自然饱和度"调整图层，在打开的"属性"面板中设置"自然饱和度"选项的参数为80、"饱和度"选项的参数为10，增强照片的颜色饱和度。

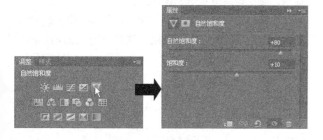

STEP 06 预览编辑效果

完成照片对比度和颜色饱和度的调整后，在图像窗口中可以看到编辑后的效果，画面的明暗对比更强，颜色显示更为鲜艳。

STEP 07 对图像进行锐化处理

按Ctrl+Alt+Shift+E快捷键盖印可见图层，得到"图层2"图层，执行"滤镜＞锐化＞智能锐化"菜单命令，在打开的对话框中对各个选项的参数进行设置，凸显图像中笔触的细节，完成后单击"确定"按钮。

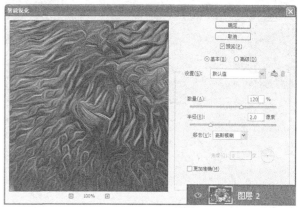

STEP 08 添加"浮雕效果"滤镜

盖印可见图层，得到"图层3"图层，执行"滤镜＞风格化＞浮雕效果"菜单命令，在打开的对话框中设置"角度"为135度、"高度"为10像素、"数量"为110%，完成设置后单击"确定"按钮即可。

STEP 09 预览应用的浮雕效果

应用"浮雕效果"滤镜后，在图像窗口中可以看到画面变成了灰色，具有一定的凹凸形状。

STEP 10 调整图层混合模式

在"图层"面板中调整"图层3"图层的混合模式为"叠加"，将该图层中的凹凸效果与下方的图像进行融合，由此凸显出画面中颜料的厚度。

STEP 11 调整可选颜色

通过"调整"面板创建"可选颜色"调整图层，在打开的"属性"面板中调整"黄色"选项下的色阶值分别为5、55、0、20，调整"蓝色"选项下的色阶值分别为0、0、-10、15，调整画面中黄色和蓝色的显示比例。

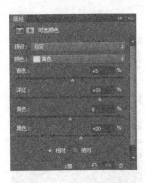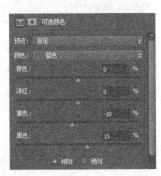

STEP 12 预览最终编辑效果

完成"可选颜色"调整图层的编辑后，在图像窗口中可以看到照片最终的编辑效果，画面中黄色的向日葵更为鲜艳，展现了油画中浓重的色彩效果。

知识提炼 "油画"滤镜

"油画"滤镜是Photoshop CS6中新增加的滤镜效果，该滤镜可以模拟出现实中排笔绘制图像的画面效果。执行"滤镜>油画"菜单命令，可以打开如下图所示的"油画"对话框，通过对右侧各个选项的设置，可以快速将画面改变为油画效果。

❶ "画笔"选项组：该选项组中包含了"样式化"、"清洁度"、"缩放"和"硬毛刷细节"4个设置选项，通过拖曳滑块或直接在数值框中输入参数，可以对各个选项进行设置。其中"样式化"选项用于控制油画效果的应用程度；"清洁度"选项用于设置画面中杂色的数量；"缩放"选项用于设置油画中画笔纹理效果的笔触粗细；"硬毛刷细节"选项用于调整画面中笔刷细节的数量。下图所示分别为"画笔"选项组中不同设置下的效果。

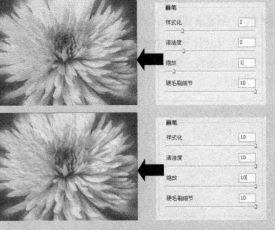

❷ "光照"选项组：该选项组中包含了"角方向"和"闪亮"2个选项，"角方向"选项用于设置画面中笔触的纹理方向，"闪亮"选项用于控制纹理中高光部分的光亮程度。

8.4 为绘图添加真实的纹理

利用"滤镜库"中的"纹理化"滤镜可以快速为作品添加上真实的纹理效果，让画面更具质感，只需使用"色彩范围"命令将背景的画布创建为选区，并分别为绘制区域和画布添加上不同质感的纹理，然后结合调整图层的操作，使其展现出细腻的纹理效果。

素 材	素材\08\04.jpg
源文件	源文件\08\为绘图添加真实的纹理.psd

STEP 01　复制背景图层

运行Photoshop CS6应用程序，打开素材\ 08\04.jpg文件，在图像窗口中可以查看到照片的原始效果，按Ctrl+J快捷键复制"背景"图层，得到"图层1"图层。

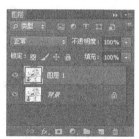

STEP 02　添加图层蒙版

选中"图层1"图层，单击"图层"面板下方的"添加图层蒙版"按钮，为该图层添加上白色的图层蒙版，在"图层"面板中可以看到编辑的效果。

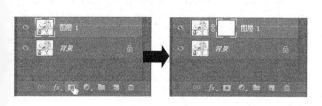

STEP 03　执行"色彩范围"命令

选中"图层1"图层的"蒙版缩览图"，执行"选择＞色彩范围"菜单命令，打开"色彩范围"对话框，使用"吸管工具"在纯色背景的位置单击，并设置"颜色容差"选项为100，完成设置后单击"确定"按钮。

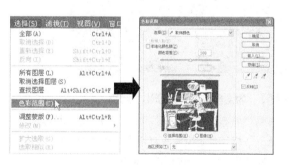

STEP 04　载入选区并复制选区图像

按住Ctrl键的同时单击"图层1"图层的"蒙版缩览图"，将其载入选区，然后选中"背景"图层，按Ctrl+J快捷键得到"图层2"图层，将其拖曳到最顶端。

STEP 05 应用"纹理化"滤镜

选中"图层2"图层，执行"滤镜＞滤镜库"菜单命令，打开"滤镜库"对话框，在其中应用"纹理化"滤镜，并设置"纹理"为"砂岩"、"缩放"为200%、"凸现"为5，完成设置后单击"确定"按钮。

STEP 06 复制"背景"图层

选中"背景"图层，按Ctrl+J快捷键复制"背景"图层，得到"背景副本"图层，将该图层拖曳到"图层2"图层的下方。

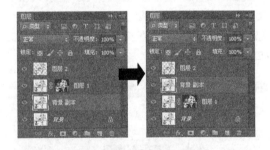

STEP 07 为全图应用"纹理化"滤镜

选中"背景副本"图层，执行"滤镜＞滤镜库"菜单命令，打开"滤镜库"对话框，在其中应用"纹理化"滤镜，并对相应的选项进行设置。

STEP 08 用色阶调整画面影调

通过"调整"面板创建"色阶"调整图层，在打开的"属性"面板中设置RGB选项下的色阶值依次为20、0.60、248，对画面的影调进行调整，在图像窗口中可以看到本例最终的编辑效果。

知识提炼 "纹理化"滤镜

"纹理化"滤镜可以选择多种纹理代替图像的表面纹理，由此产生不同的纹理效果。

执行"滤镜＞滤镜库"菜单命令，打开"滤镜库"对话框，在其中单击"纹理化"滤镜，在右侧的选项组中可以看到如下图所示的设置选项。

❶纹理：在该选项的下拉列表中可以选择"砂岩"、"画布"、"粗麻布"和"砖形"4种纹理类型。

❷缩放：用于调整纹理的大小，设置的参数越大，纹理的细节就越明显。

❸凸现：用于设置纹理的扭曲程度，设置的参数越大，纹理凸现的效果越明显。

❹光照：在该选项的下拉列表中可以选择所需的光照方向，包含了"左"、"左下"、"下"、"上"和"左上"等。

❺反相：勾选该复选框，可以对纹理的效果进行反转。

8.5 打造木版画效果

木版画可以呈现出质感非常强烈的视觉效果。本例中先将彩铅画处理成线条清晰的黑色轮廓效果，接着在木板材质上添加轮廓纹理，将蝴蝶图案纹理应用到木质材料上，使其形成凹凸有致的效果，最后对画面明部和暗部的影调进行调整，使其画面表现更为真实和生动。

素　材	素材\08\05、06.jpg
源文件	源文件\08\打造木版画效果.psd

STEP 01　复制图层

运行Photoshop CS6应用程序，打开素材\ 08\05.jpg文件，可查看到照片的原始效果，按Ctrl+J快捷键复制"背景"图层，得到"图层1"图层。

STEP 02　执行"查找边缘"滤镜

在"图层"面板中选择"图层1"图层，执行"滤镜>风格化>查找边缘"菜单命令，将图像的边缘进行突出显示，在图像窗口中可以看到应用滤镜后的效果。

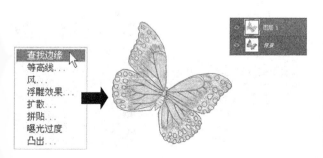

STEP 03　应用"照亮边缘"滤镜

复制"图层1"图层，得到"图层1副本"图层，执行"滤镜>滤镜库"菜单命令，在打开的对话框中应用"照亮边缘"滤镜，并对相应的选项进行设置，完成后单击"确定"按钮即可。

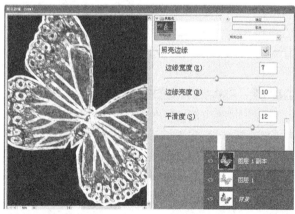

"查找边缘"滤镜的特点
TIPS

"查找边缘"滤镜可以找出图像的边线，并用深色表现出来，其他部分则填充上白色。当图像边线部分的颜色变化较大的时候，使用粗轮廓线；而变化较小的时候，则用较细的轮廓线，因此图像颜色的变化是否明显，直接关系到最终成像的效果。

STEP 04　进行反相处理

按Ctrl+Alt+Shift+E快捷键盖印可见图层，得到"图层2"图层，执行"图像＞调整＞反相"菜单命令，将图像进行反转，在图像窗口中可以看到编辑的效果。

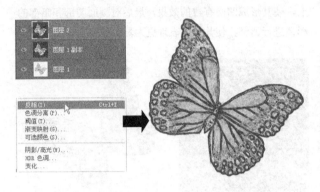

STEP 05　将画面转换为黑白色

选中"图层2"图层，按Ctrl+J快捷键复制该图层得到"图层2副本"图层，执行"图像＞调整＞去色"菜单命令，将彩色图像转换为黑白图像，在图像窗口中可以看到编辑的黑白图像效果。

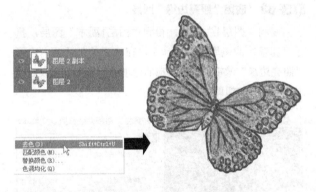

STEP 06　利用色阶调整画面影调

通过"调整"面板创建"色阶"调整图层，在打开的"属性"面板中设置RGB选项下的色阶值依次为0、1.80、255，对画面的影调进行调整，在图像窗口中可以看到蝴蝶的轮廓线更加清晰和突出。

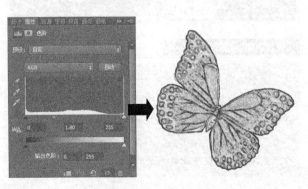

STEP 07　增强画面对比度

通过"调整"面板创建两个"亮度/对比度"调整图层，并在各自打开的"属性"面板中设置"对比度"选项的参数均为100，在图像窗口中可以看到蝴蝶的轮廓更加明显，便于制作出逼真的木版画效果。

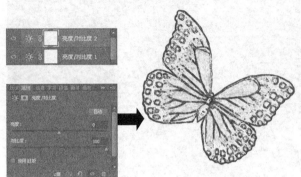

STEP 08　简化细节

盖印可见图层，得到"图层3"图层，将前景色设置为白色，选择工具箱中的"画笔工具"，将其"不透明度"和"流量"均设置为100%，使用画笔在轮廓线以外的位置进行涂抹，简化图像的细节。

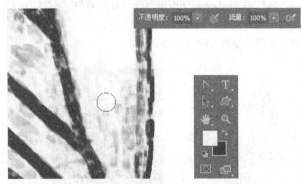

STEP 09　预览并进行存储

完成简化细节的操作后，在图像窗口中可以看到本例编辑的效果，接着按Ctrl+S快捷键对文件进行保存，得到05.psd文件。

STEP 10 载入纹理

打开素材\08\06.jpg文件，复制"背景"图层，得到"图层1"图层，执行"滤镜>滤镜库"菜单命令，应用"纹理化"滤镜，并载入编辑的05.psd文件作为纹理效果。

STEP 11 预览"纹理化"滤镜效果

在"纹理化"滤镜相应的选项中进行设置，为"图层1"图层应用蝴蝶纹理效果，可以在左侧的预览框中看到蝴蝶木版画的效果，完成设置后单击"确定"按钮。

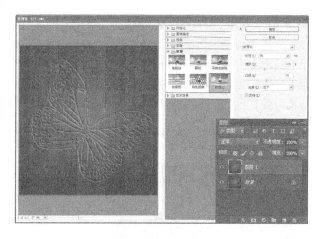

STEP 12 增强画面对比度

通过"调整"面板创建"亮度/对比度"调整图层，打开"属性"面板，在其中向右拖曳"对比度"选项的滑块到40的位置，增强画面的明暗对比，在图像窗口中可以看到编辑的效果。

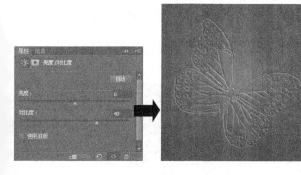

知识提炼 **"照亮边缘"滤镜**

"照亮边缘"滤镜可以描绘图像的轮廓，将亮部区域的图像用黑色表示，通过调整轮廓的亮度、宽度等属性，可以制作出类似霓虹灯发光的效果。

执行"滤镜>滤镜库"菜单命令，打开"滤镜库"对话框，在其中单击"照亮边缘"滤镜，在右侧的选项组中可以看到如下图所示的设置选项。

❶边缘宽度：该选项用于设置图像转换后边缘的宽度，其设置范围为1～14，设置的参数越大，边缘的光亮就越宽。下图所示为不同"边缘宽度"设置的效果。

❷边缘亮度：用于设置边缘的亮度，其设置范围为0～20。下图所示为不同"边缘亮度"设置的效果，可以看到参数越大，边缘越亮。

❸平滑度：用于控制转换图像边缘的柔和性和平滑性，其设置范围为1～15，设置的参数越大，边缘就越平滑；反之，参数越小，边缘越粗糙。

8.6 将照片制作成绘画效果

为了轻松打造出笔触纹理清晰的绘画效果，可以使用"混合器画笔工具"将所有图层中的颜色根据所设定的笔触进行混合。本例中通过使用"混合器画笔工具"将普通的风景照片制作成排笔绘图的效果，用笔触来简化照片中的细节，让画面呈现出油画风格。

素　材	素材\08\07.jpg
源文件	源文件\08\将照片制作成绘画效果.psd

STEP 01　新建图层

运行Photoshop CS6应用程序，打开素材\ 08\07.jpg文件，在图像窗口中可以查看到照片的原始效果，在"图层"面板中单击"创建新图层"按钮，得到"图层1"图层。

STEP 02　设置"画笔"面板

选择工具箱中的"混合器画笔工具"，并通过该工具的选项栏打开"画笔"面板，在其中选择"平角"毛刷画笔，并对其"硬毛刷"、"长度"、"粗细"、"硬度"和"角度"等选项进行设置。

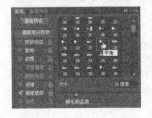

STEP 03　使用"混合器画笔工具"

完成"画笔"面板的设置后，在"混合器画笔工具"的选项栏中对其他选项进行设置，并勾选"对所有图层取样"复选框，接着在照片的最下端进行涂抹，涂抹的方向为由下至上。

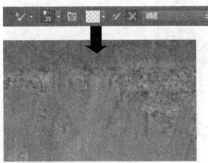

STEP 04　预览涂抹效果

完成照片最下端植物的涂抹后，在图像窗口中可以看到编辑后的效果，被涂抹的地方以笔触为形态将画面的颜色进行了自然的融合，产生绘画的效果。

STEP 05　设置笔刷样式及新建图层

通过"混合器画笔工具"的选项栏打开"画笔"面板，在其中选择"平钝形"毛刷画笔，并对其他选项进行设置，完成设置后在"图层"面板中单击"创建新图层"按钮 ，新建图层，得到"图层2"图层。

STEP 06　在近景上进行涂抹

在"混合器画笔工具"的选项栏中进行设置，完成后使用该工具在近景的植物上进行涂抹，将近景也转换为自然的笔触绘画效果。

STEP 07　预览编辑效果

在近景所有的图像上进行涂抹，将图像进行自然的混合，在图像窗口中可以看到涂抹后的效果，此时可以大致看到初步成型的绘画质感。

STEP 08　新建图层

在"图层"面板中单击"创建新图层"按钮 ，新建图层，得到"图层3"图层。

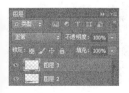

STEP 09　设置"画笔"面板

通过"混合器画笔工具"的选项栏打开"画笔"面板，在其中选择"平角"毛刷画笔，并对其他选项进行设置，在"画笔监视器"中可以看到设置后的笔画绘制效果，为其余的植被编辑做准备。

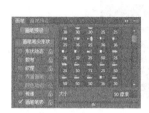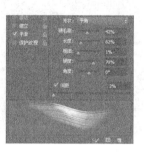

STEP 10　在植被上进行涂抹

在"混合器画笔工具"的选项栏中进行设置，完成后使用该工具在剩余的植被和山峦上进行涂抹，将剩余的植被和山峦也转换为自然的笔画绘画效果，在山峦的涂抹中要沿着山峰起伏的方向安排涂抹的角度。

STEP 11　预览编辑效果

完成植被和山峦的涂抹后，在图像窗口中可以看到编辑后的画面效果。

STEP 12　新建图层

在"图层"面板中单击"创建新图层"按钮 ，新建图层，得到"图层4"图层。

STEP 13　在湖面上进行涂抹

保持"画笔"面板中的设置不变，在"混合器画笔工具"的选项栏中进行设置，接着使用鼠标在近景湖水的位置进行涂抹。

STEP 14　预览编辑效果

在湖水位置的涂抹过程中，要将笔触的方向安排为水平方向，由此使得湖水具有一定的流动感，在图像窗口中可以看到编辑后的效果。

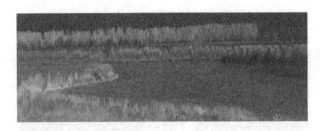

STEP 15　设置"画笔"面板

通过"混合器画笔工具"打开"画笔"面板，在其中选择"平钝形"毛刷画笔，并对其余的选项进行设置，在"画笔监视器"中可以看到设置后的画笔绘制效果，为天空云朵的编辑做准备。

STEP 16　设置工具选项栏

完成"画笔"面板的设置后，在"混合器画笔工具"的选项栏中进行设置。

STEP 17　在白云上进行涂抹

在"图层"面板中新建图层，得到"图层5"图层，使用"混合器画笔工具"在天空的云朵位置进行涂抹，沿着云朵的形态安排涂抹的方向。

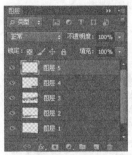

STEP 18　预览编辑效果

天空中所有云朵进行涂抹后，在图像窗口中可以看到涂抹后的效果，云朵呈现出自然的毛刷画笔的绘图画面。

STEP 19　新建图层

在"图层"面板中单击"创建新图层"按钮　，新建图层，得到"图层6"图层。

STEP 20　在天空上涂抹

保持"画笔"面板中的设置不变，在"混合器画笔工具"的选项栏中进行设置，在蓝色天空的位置进行涂抹。

STEP 21　预览编辑效果

在蓝天位置进行涂抹的过程中，要让所有的蓝色部分都布满笔触的绘制痕迹，在图像窗口中可以看到涂抹后的效果。

STEP 22　应用"浮雕效果"滤镜

盖印可见图层，得到"图层7"图层，执行"滤镜＞风格化＞浮雕效果"菜单命令，在打开的对话框中进行设置，完成设置后单击"确定"按钮即可。

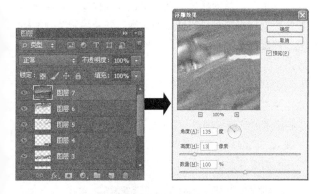

STEP 23　设置图层混合模式

在"图层"面板中设置"图层7"图层的混合模式为"叠加"，将浮雕效果与其余的图像进行自然的融合，在图像窗口中可以看到编辑后的效果。

STEP 24　提高画面颜色浓度

创建"自然饱和度"调整图层，在打开的"属性"面板中设置"自然饱和度"选项的参数为80、"饱和度"选项的参数为20，提高画面的颜色浓度，在图像窗口中可以看到画面的色彩更加鲜艳。

STEP 25　提高亮度和对比度

创建"亮度/对比度"调整图层，在打开的"属性"面板中设置"亮度"选项的参数为10、"对比度"选项的参数为40，增强画面的亮度和对比度。

STEP 26　用"色彩平衡"调整画面颜色

创建"色彩平衡"调整图层，在打开的"属性"面板中设置"中间调"选项下的色阶值分别为10、20、40，调整画面的颜色，在图像窗口中可以看到编辑后的效果。

STEP 27　盖印可见图层

按Ctrl+Shift+Alt+E快捷键盖印可见图层，得到"图层8"图层。

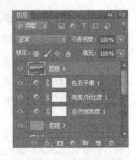

STEP 28　执行"智能锐化"滤镜

执行"滤镜＞锐化＞智能锐化"菜单命令，在打开的"智能锐化"对话框中设置"数量"选项的参数为100%、"半径"选项的参数为2像素，对画面中的细节进行锐化处理，完成设置后单击"确定"按钮。

STEP 29　设置"可选颜色"

创建"可选颜色"调整图层，在打开的"属性"面板中设置"红色"选项下的色阶值依次为-40、25、70、-10，"黄色"选项下的色阶值依次为-30、25、25、0，对画面中的特定颜色进行调整。

STEP 30　预览编辑效果

完成"可选颜色"的编辑后，可以改变画面中红色和黄色的显示比例，在图像窗口中可以看到本例最终的编辑效果，呈现出逼真的绘图效果。

知识提炼　混合器画笔工具

"混合器画笔工具"可以绘制出逼真的手绘效果，是一个较为专业的绘画工具，通过该工具选项栏中的设置可以调节笔触的颜色、潮湿度、混合程度等，这些就如同我们在绘制水彩或油画的时候，随意地调节颜料颜色、浓度和颜色混合，由此可以绘制出更为细腻的绘图效果。

选择工具箱中的"画笔工具"，在其展开的快捷工具菜单中选择"混合器画笔工具" ，可以在该工具的选项栏中查看到相关的设置，如下图所示，通过对"潮湿"、"载入"、"混合"等参数的设置，并根据个人的喜好或者绘图的需要，可以制作出符合要求的画笔效果。

❶当前画笔载入：在"当前画笔载入"选项中会显示当前前景色的颜色，在进行调色的过程中，画笔当前所用的颜色会不断变化，在这里可以查看到所有的颜色变化。单击"当前画笔载入"选项后的下拉按钮，在弹出的下拉列表中可以看到该选项包含了"载入画笔"、"清理画笔"和"只载入纯色"3个选项，根据实际绘图需要可以进行相应的选择，如下图所示。

❷**每次描边后载入画笔**：单击"每次描边后载入画笔"按钮，可以在每次涂抹操作后重新混合前景色再进行绘制。激活该选项后即可持续向画笔提供颜料，保持颜料的数量和浓度，如下图所示。

❸**每次描边后清理画笔**：单击"每次描边后清理画笔"按钮，可以对每一笔涂抹结束后对画笔进行自动清洗,类似于现实中人们在绘画时画一笔后将画笔在水中清洗的动作。激活该选项后可以保持画笔笔触颜色的纯度。

❹**有用的混合画笔组合**：该选项提供多种为用户提前预设的画笔组合类型，集合了画笔的各种特性，包括干燥、湿润、潮湿和非常潮湿等。当选择某一种混合画笔时，右边4个选项的参数会自动调整为预设值，除此之外还可以自定义设置，让笔触的效果更为多样。选择"有用的混合画笔组合"选项，在弹出的下拉列表中包含了5个部分，分别为自定、干燥、湿润、潮湿和非常潮湿，一共12种预设选项，在其中可以根据需要选择预设选项进行绘图，如下图所示。

自定	
干燥 干燥，浅描 干燥，深描	潮湿 潮湿，浅混合 潮湿，深混合
湿润 湿润，浅混合 湿润，深混合	非常潮湿 非常潮湿，浅混合 非常潮湿，深混合

❺**潮湿**：用于设置画笔的湿润程度，设置的参数越大，画笔在画布上的色彩就越淡。下图所示依次为10%和100%设置下的混合效果。

❻**载入**：该选项用于设置黏在画笔上颜料或者油漆的数量，设置的参数越大，笔画中所包含的颜料就越多；设置的参数越小，笔触中所包含的颜料就越小。

❼**混合**：用于调节画笔上颜料与画布上其他颜料之间的混合程度，设置的参数越大，颜色的混合比例越高；设置的参数越小，混合的比例就越不明显。

❽**流量**：用于设定"混合器画笔工具"在绘图描边的过程中输送颜料的数量，设置的参数越大，其色彩就越浓重，形成的笔触效果将越清晰；而设置的参数越小，其色彩就越淡，形成的笔触效果就越轻。直接在数值框中输入数值或者利用弹出的快捷式滑块就可以进行参数的调整。下图所示由上到下依次为使用5%、20%和50%的流量时绘制的笔画效果。

❾**启用喷枪样式建立效果**：单击"启用喷枪样式建立效果"按钮，可以将该设置激活。在进行绘图的过程中能够模拟喷枪的特征，同一位置用"混合器画笔工具"绘制笔画的时候，在停顿的过程中颜色会变深，并呈现出晕开的效果，与"画笔"面板中的"建立"功能相同。下图所示分别为使用后提留1秒和停留5秒的混合效果。

❿**对所有图层取样**：在使用"混合器画笔工具"的过程中，勾选"对所有图层取样"复选框后，无论"图层"面板中有多少图层，都将作为一个合并的图层看待。

对所有图层取样的重要性   TIPS

是否勾选"混合器画笔工具"选项栏中的"对所有图层取样"复选框，对画笔绘制的结果会产生很重要的影响。

当未勾选"对所有图层取样"复选框时，在绘制的过程中相当于只在当前正在绘制的图层上应用画笔效果，而不会影响到背景图层上的图像，就好像隔着一张纸进行绘画一样；而勾选了"对所有图层取样"复选框后，使用"混合器画笔工具"进行绘图的过程中，就可以激活所有图层中的颜色，这就相当于现实中在一块画布上进行所有的绘图操作一样。

第9章

绘图创作

除了使用Photoshop中的调整命令和滤镜将照片打造成绘图风格的画面以外，还可以使用"画笔工具"、"混合器画笔工具"、"毛刷画笔"和"喷枪画笔"等进行复杂的绘图创作，通过这些工具的诗意能够得到不同质感的笔触，由此可以制作出特殊效果的画笔、实现蜡笔绘图和简约插画风格的画面，让数码绘图的表现形式更加多样化，得到更为丰富的视觉画面。

本章内容

9.1 为线稿进行上色处理

绘制简单的黑白线稿后，为了表现出丰富的画面内容，可以对画面进行上色操作，使用Photoshop中的"画笔工具"可以为图像填充上单一的色彩，并利用调整命令加强画面的颜色和影调，让线稿中的场景呈现出丰富的色彩，使其形象更为生动，表现出栩栩如生的画面效果。

素 材	素材\09\01.jpg
源文件	源文件\09\为线稿进行上色处理.psd

STEP 01　复制背景图层

运行Photoshop CS6应用程序，打开素材\ 09\01.jpg文件，在图像窗口中可以查看到图像的原始效果，按Ctrl+J快捷键复制"背景"图层，得到"图层1"图层。

STEP 02　执行"色彩范围"命令

在"图层"面板中为"图层1"添加白色的图层蒙版，然后选中"图层蒙版缩览图"，执行"选择＞色彩范围"菜单命令，在打开的对话框中用"吸管工具" 在白色背景上单击，并勾选"反相"复选框。

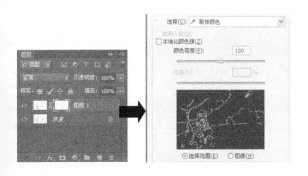

STEP 03　新建图层

完成"色彩范围"对话框的设置后进行确认，在"图层"面板中可以看到编辑后的蒙版效果，接着新建图层，得到"图层2"图层，将其拖曳到"背景"图层的上方。

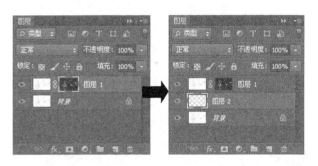

STEP 04　为裙子填充蓝色

设置前景色为R102、G204、B255，然后选择工具箱中的"画笔工具" ，并在其选项栏中进行设置，使用画笔在女孩裙子的位置进行涂抹上色。

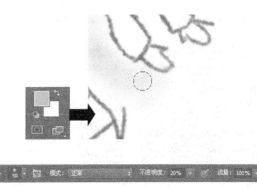

STEP 05　预览填色效果

在裙子位置涂抹后，接着在领口的位置进行涂抹，为领口和裙子都涂抹上蓝色，在图像窗口中可以看到上色后的效果。

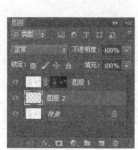

STEP 06　为衣服和头发上色

设置前景色为R222、G233、B117，保持"画笔工具"选项栏中的设置不变，在女孩的衣服和发夹位置进行涂抹上色，接着设置前景色为R204、G255、B102，在女孩头发和鞋子上进行涂抹上色，在图像窗口中可以看到女孩上色后的大致效果。

STEP 07　新建图层

在"图层"面板中新建图层，得到"图层3"图层，将其调整到"图层2"的上方，在工具箱中设置前景色为R204、G153、B102，为椅子上色操作做准备。

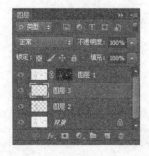

STEP 08　为椅子填色

选择工具箱中的"画笔工具" ，在其选项栏中设置"不透明度"为20%、"流量"为100%，选择"柔边圆"笔触在椅子上进行涂抹，为椅子填充上褐色，在图像窗口中可以看到上色后的效果。

STEP 09　新建图层

在工具箱中设置前景色为R255、G255、B102，在"图层"面板中新建图层，得到"图层4"图层，将其拖曳到"图层3"的上方。

STEP 10　为风景填充底色

选择工具箱中的"画笔工具" ，设置"不透明度"为30%，使用"柔边圆"画笔在画面中的植物上进行涂抹，为植被填充上黄色的底色。

STEP 11 新建图层

在"图层"面板中新建图层，得到"图层5"图层，将其调整到"图层4"的上方，在工具箱中设置前景色为R255、G153、B51。

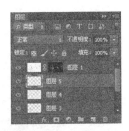

使用"颜色"面板设置前景色和背景色   TIPS

利用"颜色"面板可轻松地设置前景色和背景色。只需先单击前景色或背景色的颜色框，然后通过拖曳"颜色"面板中的R、G、B滑块来调整颜色，还可直接在颜色样板条上单击选择颜色。

STEP 12 为画面添加橘红色

选择工具箱中的"画笔工具"，设置"不透明度"为25%，使用"柔边圆"画笔在画面中的植物的阴影上进行涂抹，为植被填充上橘黄色的阴影。

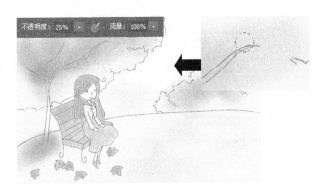

STEP 13 新建图层

在"图层"面板中新建图层，得到"图层6"图层，将其调整到"图层5"的上方，在工具箱中设置前景色为R102、G204、B255。

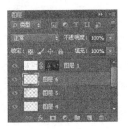

STEP 14 为画面添加上蓝色

选择工具箱中的"画笔工具"，设置"不透明度"为15%，使用"柔边圆"画笔在图像的天空和植被上进行涂抹，为天空填充上蓝色，并勾勒出云朵的形态。

STEP 15 创建"色阶"调整图层

创建"色阶"调整图层，在打开的"属性"面板中依次拖曳色阶滑块到112、0.44、255的位置，然后使用"油漆桶工具"将该调整图层的蒙版填充为黑色。

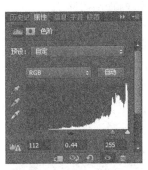
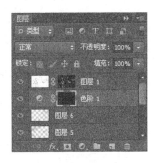

STEP 16 编辑图层蒙版

选择"画笔工具"，在其选项栏中进行设置，调整前景色为白色，对"色阶"调整图层的蒙版进行编辑，让画面的层次感增强，在图像窗口中可以看到编辑后的效果。

STEP 17　用色阶调整画面影调

单击"调整"面板中的"色阶"按钮，创建"色阶"调整图层，在打开的"属性"面板中依次拖曳RGB选项下的色阶滑块到47、1.04、255的位置，调整画面整体的影调。

STEP 18　利用"照片滤镜"改变整体颜色

创建"照片滤镜"调整图层，在打开的"属性"面板中选择"滤镜"下拉列表中的"加温滤镜（85）"选项，然后拖曳"浓度"选项的滑块到20%的位置。

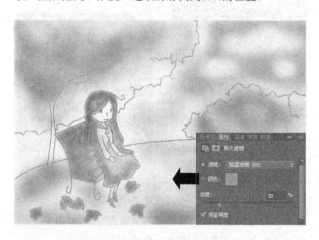

STEP 19　应用"强化的边缘"滤镜

盖印可见图层，得到"图层7"图层，执行"滤镜>滤镜库"菜单命令，在打开的"滤镜库"对话框中为画面应用上"强化的边缘"滤镜，并对选项进行设置。

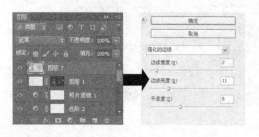

STEP 20　盖印可见图层

完成"强化的边缘"滤镜的设置后，在"图层"面板中设置"图层7"图层的混合模式为"叠加"、"不透明度"为50%，在图像窗口中可以看到画面中线条的轮廓加深了。

STEP 21　应用"纹理化"滤镜

盖印可见图层，得到"图层8"图层，执行"滤镜>滤镜库"菜单命令，在打开的"滤镜库"对话框中为画面应用上"纹理化"滤镜，并对选项进行设置。

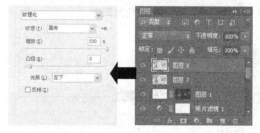

STEP 22　预览编辑效果

完成"纹理化"滤镜的编辑后，单击"确认"按钮即可，在图像窗口中可以看到编辑的效果，画面中产生了细小的纹理，使得上色效果更为自然、逼真。

STEP 23　载入选区并新建图层

按住Ctrl键的同时在"图层"面板中单击"图层1"图层的"蒙版缩览图"，载入蒙版到选区，然后新建图层，得到"图层9"图层，将其拖曳到图层的最顶端。

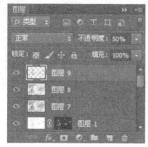

STEP 24　为选区填充颜色

在工具箱中设置前景色为R49、G23、B2，然后按Alt+Delete快捷键将选区填充上前景色，在图像窗口中可以看到更为清晰的轮廓效果。

知识提炼　画笔工具

"画笔工具"是绘图中最常用的工具，在绘图中利用以像素为基础的笔触的不同形态，表现出丰富的绘画质感，绘制图像的颜色以前景色决定。选择"画笔工具" 后，可以在选项栏中设置画笔的笔触类型、混合模式、颜料不透明度、流量和喷枪性能，如下图所示。

❶ "工具预设"选取器：在"画笔工具"选项栏的最前端可以打开"工具预设"选取器，其中包含了"画笔工具"的预设工具选项，能够快速进行选择，大大提高了绘图的工作效率。单击工具图标后面的三角形按钮，可以打开如下图所示的"工具预设"选取器，可以

看到其中以工具特点对预设的工具进行了命名，方便用户进行选择。

❷ "画笔预设"选取器："画笔工具"选项栏中的"画笔预设"选取器与"画笔预设"面板的作用相似，在其中可以对笔触的大小和硬度进行调整，并且可以选择所需的画笔样式，方便用户快速对画笔样式进行设置。

❸ "画笔"面板：在"画笔工具"的选项栏中还可以随时切换到"画笔"面板，方便用户在使用该工具的过程中更加快捷地对画笔笔触的形状进行设定。

❹模式：用于设置绘制的笔画与图层中图像的混合模式，与图层混合模式效果相同。

❺不透明度：用于调节画笔的不透明程度，设置的参数越大，画笔效果就越明显；反之，设置的参数越小，画笔效果就越淡。下图所示由上到下依次为使用100%、60%和20%的不透明度对画笔进行设置后绘制的效果，可以看到随着不透明度的降低笔触越淡。

❻流量：用于设定"画笔工具"在绘图描边的过程中应用油彩的速度，设置的参数越大，其色彩就越浓重，形成的笔触效果将越清晰；而设置的参数越小，其色彩就越淡，形成的笔触效果就越轻。下图所示由上到下依次为使用100%、60%和20%的流量对画笔进行设置后绘制的笔触效果，可以看到随着流量的降低笔触的表现越轻。

9.2 特殊效果的画笔

使用"画笔工具"可以自定义特殊效果的画笔，这个功能在实际绘图中应用非常广泛，它可以让笔触效果更为多样，以满足不同情况下的绘图需要。本例中先使用"画笔工具"绘制出具有透视感的魔方，然后将其创建为预设画笔，接着在"画笔"面板中对预设画笔的笔触形态、分布、大小和颜色等特性进行调整，让魔方的表现更为丰富，最后通过文字的添加让画面内容更为完整，呈现艺术感十足的绘图效果。

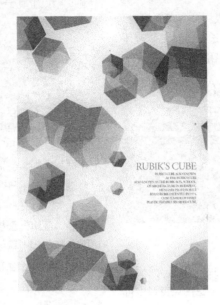 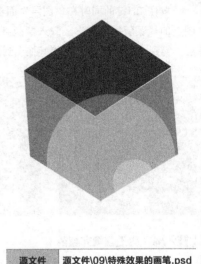

| 源文件 | 源文件\09\特殊效果的画笔.psd |

STEP 01 新建文档

运行Photoshop CS6应用程序，执行"文件＞新建"菜单命令，在打开的"新建"对话框中设置"名称"为"特殊效果的画笔"、"宽度"为210毫米、"高度"为297毫米、"分辨率"为200像素/英寸、"颜色模式"为"RGB颜色"，完成设置后单击"确定"按钮。

STEP 02 绘制路径

选择工具箱中的"钢笔工具" ，绘制菱形的路径，在图像窗口中可以看到绘制的路径效果。

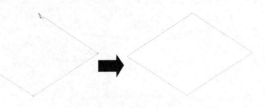

STEP 03 将路径转换为选区

完成路径的绘制后，执行"窗口＞路径"菜单命令，打开"路径"面板，单击下方的"将路径作为选区载入"按钮 ，得到菱形的选区效果。

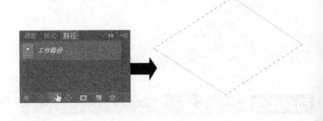

STEP 04 为选区填充颜色

新建图层，得到"图层1"图层，设置前景色为黑色，按Alt+Delete快捷键将选区填充上黑色，在图像窗口中可以看到填色后的效果。

STEP 05　绘制侧面的路径

选择工具箱中的"钢笔工具" ，参照绘制菱形路径的方法，在菱形左侧绘制出魔方侧面的路径，并通过"路径"面板将路径创建为选区。

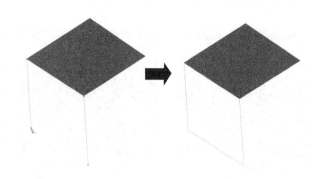

STEP 06　为创建的选区填充颜色

新建图层，得到"图层2"图层，将左侧的菱形填充上黑色，并在"图层"面板中设置"不透明度"为50%，在图像窗口中可以看到填色的效果。

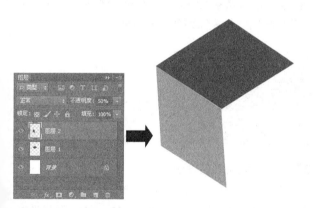

STEP 07　绘制其余的图形

参照前面绘制菱形的方法，绘制出右侧的菱形，新建图层，得到"图层3"图层，将右侧菱形填充上黑色，并设置其"不透明度"选项为50%。

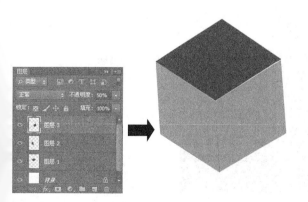

STEP 08　创建圆形选区

在工具箱中设置前景色为白色，使用"椭圆选框工具" 在按住Shift键的同时单击并拖曳，绘制圆形形的选区，在图像窗口中可以看到创建的选区效果。

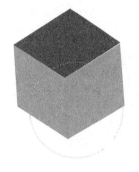

STEP 09　为选区填充白色

新建图层，得到"图层3"图层，按Alt+Delete快捷键将圆形选区填充上白色，并在"图层"面板中设置"不透明度"为40%，可以看到填色后的效果。

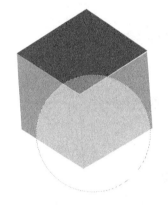

STEP 10　绘制其余的圆形图像

新建图层，得到"图层5"图层，使用"椭圆选框工具"创建另外一个圆形形选区，也填充上白色，在"图层"面板中设置"不透明度"为30%，在"图层"面板中可以看到绘制完成的魔方效果。

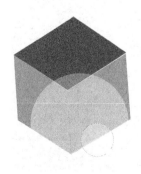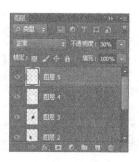

STEP 11 用"多边形套索工具"创建选区

将"背景"图层隐藏，使用"多边形套索工具" 创建选区，将魔方图像框选到选区中，在图像窗口中可以看到创建的选区效果。

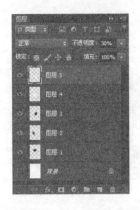

STEP 12 定义画笔预设

执行"编辑＞定义画笔预设"菜单命令，打开"画笔名称"对话框，在其中的"名称"文本框中输入"魔方"，并单击"确定"按钮。

STEP 13 查看定义的画笔

完成自定义画笔的创建后，在"画笔工具"的"画笔选取器"中可以看到创建的画笔效果，接着在"图层"面板中新建图层组，命名为"魔方"，将包含魔方图像的图层拖曳到其中，并将该图层组隐藏。

STEP 14 设置"画笔"面板

选择工具箱中的"画笔工具" ，并打开"画笔"面板，在其中选择自定的画笔样式，设置"大小"为700像素"间距"为200%，接着勾选"形状动态"复选框，对该选项卡中的各选项进行设置。

STEP 15 预览设置的笔画效果

继续对"画笔"面板中的参数进行设置，勾选"散布"复选框，设置该选项卡中的"散布"为800%；勾选"两轴"复选框，设置"数量"为1、"数量抖动"为90%，在"画笔预览监视器"中可以看到编辑的笔画效果。

STEP 16 绘制橘红色的魔方

在"图层"面板中新建图层，得到"图层6"图层，在工具箱中设置前景色为R250、G152、B65，使用设置好的画笔在图像窗口中进行绘制，可以看到橙色的若干个大小不同的魔方笔刷效果。

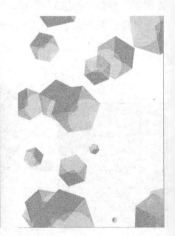

STEP 17 绘制蓝色的魔方

继续使用画笔进行绘制,在"图层"面板中新建图层,得到"图层7"图层,在工具箱中设置前景色为R73、G147、B248,使用设置好的画笔在图像窗口中进行绘制,可以看到蓝色的若干个大小不同的魔方笔刷效果。

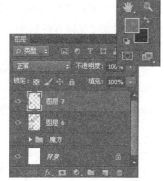

STEP 18 设置图层属性

盖印可见图层,得到"图层8"图层,按Ctrl+J快捷键复制图层,得到"图层8副本"图层,设置"图层8副本"图层的混合模式为"颜色加深"、不透明度为50%。

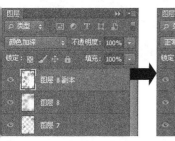

STEP 19 应用"高斯模糊"滤镜

选中"图层8"图层,执行"滤镜>模糊>高斯模糊"菜单命令,在打开的"高斯模糊"对话框中设置"半径"为92像素,可以看到应用滤镜后的图像更加完美。

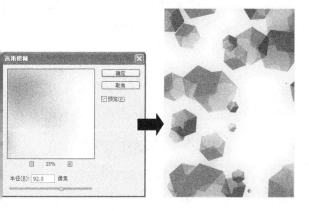

STEP 20 提高颜色浓度

通过"调整"面板创建"自然饱和度"调整图层,在打开的"属性"面板中设置"自然饱和度"选项的参数为70、"饱和度"选项的参数为10,增强画面的颜色浓度。

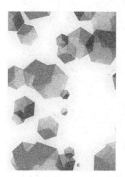

STEP 21 添加文字

使用"横排文字工具" 输入所需的文字,并分别填充上R250、G152、B65和R73、G147、B248的颜色,适当调整文字的大小,放在画面的右侧,在图像窗口中可以看到本例最终的编辑效果。

知识提炼 "画笔"面板

在"画笔"面板中可以完成几乎所有画笔形状的设置,包括笔尖的大小、倾斜程度、硬度和间距等,对画笔的编辑提供了更大的空间。在其中除了可以选择预设的画笔进行使用以外,还能对Photoshop中预设的画笔进行重新设置,由此来控制绘图中笔触的形状,制作出满意的画笔。在进行绘图的过程中,正是因为"画笔"面板中设置的多样性,使我们创作出的绘画效果更为丰富、灵活。

执行"窗口>画笔"菜单命令,打开"画笔"面板,该面板分为4大区域,左侧为画笔笔尖形状设置,通过勾选复选框即可添加多种样式效果;右上方为画笔选取器,可以选择Photoshop中自带的画笔样式;右侧为基本设置,用于调整画笔的基本属性;在编辑画笔形状的过程中，面板最下方的画笔预览监视器中将显示当前编辑的画笔形态。

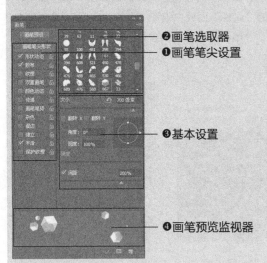

❷画笔选取器
❶画笔笔尖设置
❸基本设置
❹画笔预览监视器

❶**画笔笔尖设置**：通过对复选框的勾选，可以对画笔的形态进行设置。其中"形状动态"用于设置单个笔触的大小和角度等变化程度；"散布"用于设置每个笔触分散的程度。下图所示分别为应用"形状动态"和"散布"后的笔画效果。

"纹理"用于对画笔应用纹理效果；"双重画笔"用于设置两种不同画笔之间混合重叠的效果；"颜色动态"用于设置笔触颜色的变化。下图所示为应用"颜色动态"后的笔画效果。

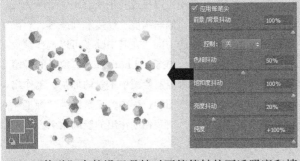

"传递"中的设置是针对画笔笔触的不透明度和填充效果来进行调整的；"画笔笔势"中的设置可以获得类似光笔的绘图效果；"杂色"可以为笔触添加上杂色点，由此来凸显笔触形态的质感；"湿边"可以模拟水彩画的特性，在笔画上增加透明度。

❷**画笔选取器**：在"画笔选取器"中可以查看到预设载入的画笔笔尖，并在每个画笔预览形状的下方将显示出画笔预设的像素大小，通过单击即可选中所需要使用的画笔笔尖。此外，还能在其中选择需要重新进行编辑的画笔，对画笔的形状进行二次调整。

❸**基本设置**：用于设置笔触基本的属性。其中"大小"用于设置画笔的大小；"翻转X"和"翻转Y"复选框可以对当前选择的画笔进行镜像的翻转，由此来对画笔的笔触方向进行调整；"角度"用于调整画笔笔触在绘图中的旋转角度，"圆度"用于控制画笔笔尖的扁圆状态，同时将实时地在预览管理器中观察到画笔笔尖的形态。下图所示为不同设置下的预览效果。

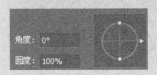

"硬度"选项可以调节画笔笔触的坚硬程度，输入的参数越小，画笔笔触越柔软，输入的参数越大，画笔笔触越坚硬，且效果越明显；"间距"选项用于调整笔画中单个笔触之间的距离。下图所示为不同间距所绘制的笔画效果。

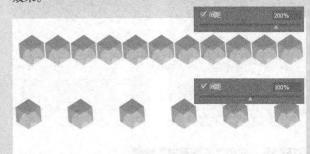

❹**画笔预览监视器**："画笔预览监视器"位于"画笔"面板的最下方，用于实时地预览当前设置下的画笔形态。当设置发生变化时，"预览监视器"中也会进行相应的变化。在对画笔进行调整时，预览监视器会发挥重要的作用，它能让我们提前预知画笔绘制时的效果。下图所示为选取不同画笔的预览效果。

9.3 打造简约插画效果

插画的创作表现可以具象，也可以抽象，创作的自由度极高。本例制作的是一副简约风格的人像插画，通过"阈值"命令将照片转换为黑白色块，然后对人物轮廓进行美化，并搭配凌乱的墨迹丰富画面的内容，表现出个性十足的画面效果。

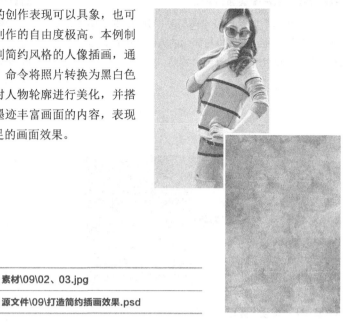

素材	素材\09\02、03.jpg
源文件	源文件\09\打造简约插画效果.psd

STEP 01 复制背景图层

运行Photoshop CS6应用程序，打开素材\ 09\02.jpg文件，可查看到照片的原始效果，按Ctrl+J快捷键复制"背景"图层，得到"图层1"图层。

STEP 02 执行"阈值"命令

在"图层"面板中选中"图层1"图层，执行"图像>调整>阈值"菜单命令，在打开的对话框中设置"阈值色阶"选项的参数为150，将照片转换为黑白简化图像。

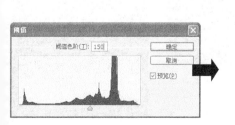

STEP 03 添加素材文件

新建图层，得到"图层2"图层，打开素材\09\03.jpg文件，将其复制到"图层2"图层中，按Ctrl+T快捷键显示出自由变换框，适当调整纹理图像的大小和位置，使其铺满整个画布。

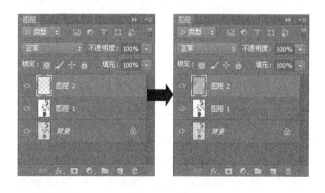

"剪切"、"拷贝"和"粘贴"命令　　　　　TIPS

"拷贝"、"剪切"、"粘贴"都是Photoshop中最常用的命令，它们用来完成复制与粘贴任务。打开图像并创建选区以后，执行"编辑>拷贝"命令（或按Ctrl+C快捷键）可以将选中的图像复制到剪贴板上，

画面中的图像保持不变，将图层复制或剪切到剪贴板上以后，执行"编辑>粘贴"命令，或者按Ctrl+V快捷键，可将剪贴板上的图像粘贴到当前文档中。

STEP 04　设置图层混合模式

在"图层"面板中将"图层2"的图层混合模式设置为"滤色"，将纹理图像与简化的人物轮廓进行混合，在图像窗口中可以看到编辑后的效果。

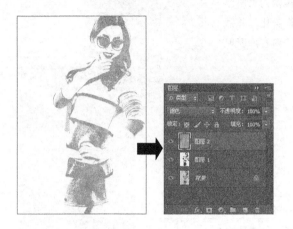

STEP 05　设置"画笔"面板

选择工具箱中的"画笔工具"  ，再打开"画笔"面板进行设置，选择合适的画笔笔触，并对其相应的选项进行设置，将笔触的"大小"调整为600像素，在"画笔监视器"中可以看到设置后的画笔效果。

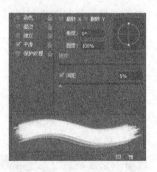

STEP 06　新建图层

在工具箱中单击前景色块，打开"拾色器"对话框，在其中设置颜色为R255、G0、B0，完成设置后单击"确定"按钮，接着在"图层"面板中单击"创建新图层"按钮，得到"图层3"图层。

STEP 07　绘制红色的墨迹

使用设置好的画笔在图像窗口中人物的左边位置单击并进行拖曳，绘制出红色的墨迹点，在图像窗口中可以看到绘制后的画面效果。

STEP 08　设置图层混合模式

在"图层"面板中设置"图层3"图层的混合模式为"正片叠底"，将红色墨迹与人物图像进行叠加，在图像窗口中可以看到墨迹与人物之间的显示更为自然。

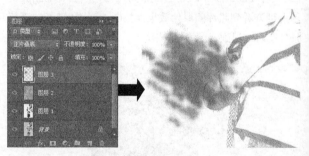

STEP 09　设置"画笔"面板

选择工具箱中的"画笔工具"  ，并打开"画笔"面板进行设置，选择合适的画笔笔触，并调整"大小"为400像素，对其余的参数进行设置，在"画笔监视器"中可以看到设置后的画笔绘制效果，为添加其余的墨迹做好准备。

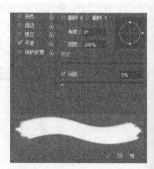

STEP 10　绘制蓝色的墨迹

新建图层，得到"图层4"图层，并在工具箱中设置前景色为R0、B102、B255，然后使用设置好的画笔在人物的头部右侧位置进行绘制，添加上蓝色的墨迹点。

STEP 11　设置图层混合模式

在"图层"面板中设置"图层4"图层的混合模式为"正片叠底"，将蓝色墨迹与人物图像进行叠加，在图像窗口中可以看到墨迹与人物之间的显示更为自然。

STEP 12　绘制墨迹形状

选择工具箱中的"自定形状工具"，在其选项栏中打开"形状"选取器，并通过扩展按钮将所有的预设形状载入到其中，选择其中的"污渍7"，在图像窗口中单击并进行拖曳，绘制出污渍的路径。

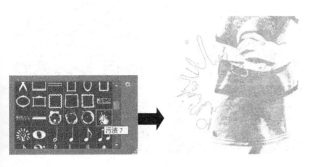

STEP 13　将形状转换为选区并填色

通过"路径"面板将绘制的污渍路径转换为选区，然后在"图层"面板中新建图层，得到"图层5"图层，在工具箱中设置前景色为R0、G102、B255，按Alt+Delete快捷键将选区填充上蓝色。

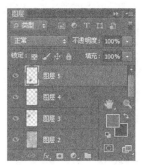

STEP 14　调整图层混合模式

完成污渍选区的填色后，在"图层"面板中设置"图层5"图层的混合模式为"正片叠底"，将蓝色污渍与人物图像进行叠加。

STEP 15　绘制其余的墨迹并创建图层组

使用与前面相同的方法，绘制出其余的污渍图像，并在"图层"面板中创建图层组，命名为"水墨"，在图像窗口中可以看到编辑的效果。

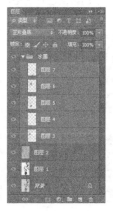

STEP 16　创建纯色填充图层

创建纯色填充图层，在打开的"拾色器（纯色）"对话框中设置填充色为R176、G102、B6，完成设置后单击"确定"按钮即可。

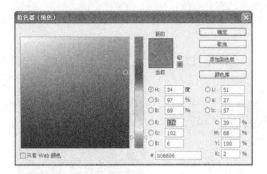

STEP 17　设置图层混合模式

将纯色填充图层拖曳到"图层1"的上方，并在"图层"面板中设置该图层的混合模式为"正片叠底"，在图像窗口中可以看到编辑后的效果。

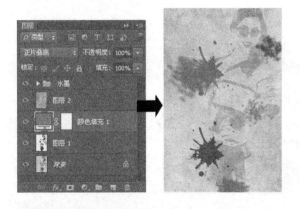

STEP 18　设置"色阶"调整图层

通过"调整"面板创建"色阶"调整图层，并在打开的"属性"面板中设置RGB选项下的色阶值分别为0、0.76、255，"红"选项下的色阶值分别为88、1.05、255，对画面的影调进行调整。

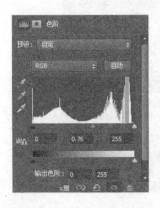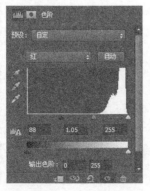

STEP 19　查看编辑效果

完成"色阶"调整图层的编辑后，在图像窗口中可以看到编辑后的画面效果，在"图层"面板中可以看到创建的"色阶"调整图层。

STEP 20　提高画面颜色浓度

创建"自然饱和度"调整图层，在打开的"属性"面板中设置"自然饱和度"选项的参数为90、"饱和度"选项的参数为40，提高画面的颜色饱和度。

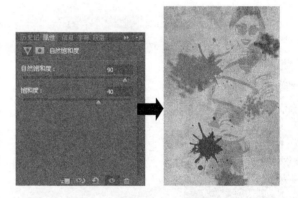

STEP 21　创建"曲线"调整图层

创建"曲线"调整图层，在打开的"属性"面板中对曲线的形态进行调整，接着使用"画笔工具"对该调整图层的蒙版进行编辑。

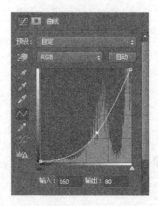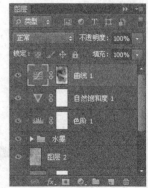

STEP 22 查看编辑效果

完成图层蒙版的编辑后，在图像窗口中可以看到画面编辑的效果，按住Alt键的同时单击"曲线"调整图层的"图层蒙版缩览图"，可以看到蒙版的黑白效果。

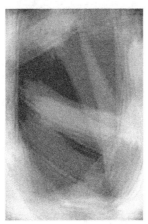

STEP 23 输入文字

选择工具箱中的"横排文字工具" T，在图像窗口的上方位置单击，并输入所需的文本，接着打开"字符"面板，在其中对各个选项进行设置，调整文字的字体、字号、字间距和粗体效果等，并设置文字的颜色为R248、G231、B194，在图像窗口中可以看到添加文字的效果。

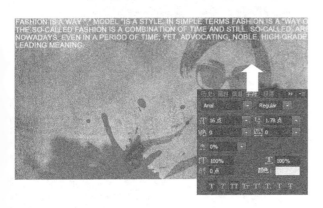

STEP 24 调整图层混合模式

在"图层"面板中设置文字图层的混合模式为"叠加"，让文字与背景中的图案进行自动的融合，在图像窗口中可以看到编辑后的效果。

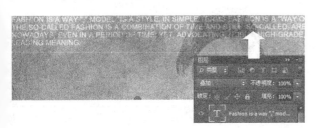

STEP 25 复制文字图层

选中文字图层，按Ctrl+J快捷键对其进行复制，然后按Ctrl+T快捷键对文字的大小和位置进行调整，并放在画面的下方位置。

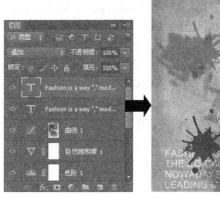

STEP 26 设置"字符"和"段落"面板

选择工具箱中的"横排文字工具" T，并打开"字符"面板和"段落"面板，在其中对文字的字体、字间距、行间距进行设置，同时调整文字的填充色为R248、G231、B194。

STEP 27 输入主题文字

完成"字符"和"段落"面板的设置后，使用鼠标在图像窗口中单击，并输入主题文字，在图像窗口中可以看到输入文字后的效果。

STEP 28　调整图层混合模式

在"图层"面板中设置文字图层的混合模式为"亮光"、"不透明度"为50%，让文字与背景中的图案进行自动的融合，在图像窗口中可以看到编辑后的效果。

STEP 29　应用"外发光"样式

在"图层"面板中双击主题文字图层，打开"图层样式"对话框，在其中勾选"外发光"复选框，为文字添加上外发光效果，并在其中对各个选项进行设置，调整外发光的颜色为R204、G0、B0，完成设置后直接单击"确定"按钮即可。

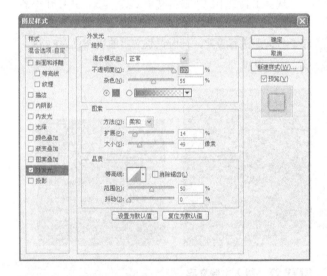

STEP 30　调整图层混合模式

完成"图层样式"对话框的设置后，在图像窗口中可以看到添加样式后的文字效果，同时在"图层"面板中"外发光"将以子图层的方式进行显示。

STEP 31　预览编辑效果

完成主题文字的编辑后，在图像窗口中可以看到本例最终的编辑效果，制作出简约的人像插画。

知识提炼　阈值

通过"阈值"命令可以将一幅彩色图像转换为高对比度的黑白图像。对图像执行"图像>调整>阈值"菜单命令，可以打开如下图所示的"阈值"对话框，在其中对"阈值色阶"选项进行调整，可以对转换后的效果进行控制，该选项的默认值为128。

当设置的"阈值色阶"参数越小，画面的白色将会增多；而"阈值色阶"选项的参数越大，画面中的黑色就越多，如下图所示。

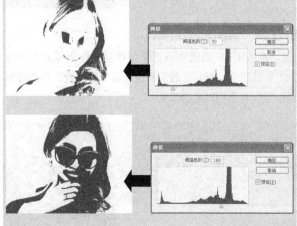

9.4 蜡笔绘图效果

蜡笔是一种不具渗透性，靠附着力固定在画面中的绘图工具，绘制出来的画面具有特殊的稚拙美感。在Photoshop中可以利用喷枪画笔创作出蜡笔绘画效果。本例通过对"画笔"面板中的喷枪画笔进行设置，调整出具有蜡液附着的笔触质感，绘制出可爱的小熊，再为画面添加上文字，打造出稚嫩的蜡笔绘图效果。

源文件	源文件\09\蜡笔绘图效果.psd

STEP 01　新建文档

运行Photoshop CS6应用程序，执行"文件>新建"菜单命令，在打开的"新建"对话框中进行设置，创建一个新的文件。

STEP 02　创建"纯色"填充图层

通过"图层"面板下方的快捷按钮创建"颜色填充"图层，并在打开的"拾色器"对话框中设置填充色为R222、G233、B237，完成后单击"确定"按钮。

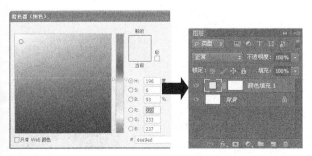

STEP 03　预览编辑效果

完成填充图层的创建后，在图像窗口中可以看到文件的背景呈现出淡蓝色。

STEP 04　设置"画笔"面板

选择工具箱中的"画笔工具"，并打开"画笔"面板进行设置，选择合适的喷枪画笔，设置完成后在"画笔监视器"中可以看到创建的笔画效果。

STEP 05　新建图层

在工具箱中设置前景色为R153、G204、B255，然后单击"图层"面板下方的"创建新图层"按钮，新建图层，得到"图层1"图层。

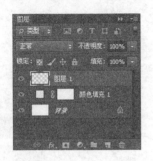

STEP 06　绘制背景中的曲线

使用设置好的画笔在图像窗口中进行绘制，绘制出垂直弯曲的曲线，笔画可以安排得随意些，在图像窗口中可以看到绘制的效果。

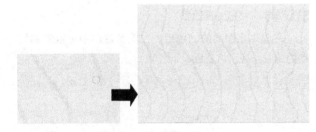

STEP 07　新建图层

在工具箱中设置前景色为白色，然后单击"图层"面板下方的"创建新图层"按钮，新建图层，得到"图层2"图层。

恢复默认前景色/背景色　　　　　　　　　TIPS

如果要恢复默认的前景色和背景色，可以直接单击工具箱中的按钮，或者直接按键盘中的D键，Photoshop将恢复默认的前/背景色，即前景色为白色，背景色为黑色。此外，单击工具箱中的按钮，可以将前景色和背景色进行互换。

STEP 08　绘制白色的头部轮廓

保持"画笔"面板中的设置不变，使用白色的喷枪画笔在"图层2"中绘制出小熊头部的轮廓，将笔画安排得紧密一些，让头部的轮廓看起来更加厚实，在图像窗口中可以看到绘制的效果。

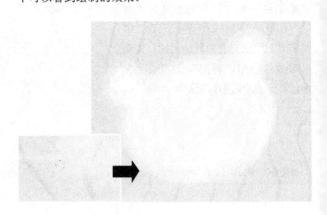

STEP 09　应用"投影"样式

双击"图层2"图层，打开"图层样式"对话框，在其中勾选"投影"复选框，并在右侧的选项组中对各个选项进行设置。

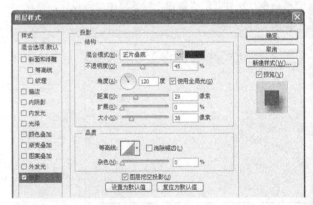

STEP 10　预览编辑效果

完成"投影"图层样式的编辑后，在图像窗口中可以看到添加阴影后的效果，同时"投影"图层样式将以子图层的形式显示在"图层2"图层的下方。

STEP 11 复制图层并载入选区

在工具箱中设置前景色为R173、G169、B144，并按Ctrl+J快捷键复制"图层2"图层，得到"图层2副本"图层，按住Ctrl键的同时单击图层缩览图载入选区。

STEP 12 为选区填充上前景色

载入图层选区后，按Alt+Delete快捷键将选区填充上前景色，在图像窗口中可以看到小熊轮廓变成了浅咖啡色。

STEP 13 对褐色轮廓进行变形处理

按Ctrl+T快捷键显示出自由变换框，将自由变换框调小，缩小咖啡色小熊的轮廓，接着用鼠标右键单击自由变换框，在其中选择"变形"命令，对小熊图像进行变形处理。

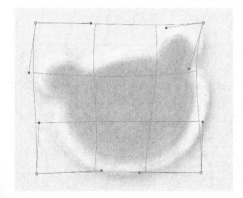

对自由变换框进行编辑　　　　　　　　　TIPS

在对自由变换框进行变形处理的过程中，单击其中任意的控制点，会出现两个控制杆，通过对控制杆进行调节，可以对变换框进行变形。

STEP 14 应用"内阴影"样式

双击"图层2副本"图层，打开"图层样式"对话框，在其中取消勾选"投影"复选框，接着为图像添加"内阴影"样式，并在右侧的选项组中对各项选项进行设置。

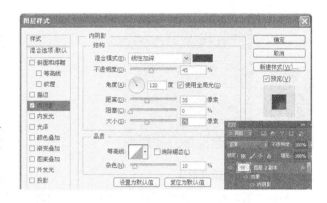

STEP 15 预览编辑效果

完成"内阴影"图层样式的添加和设置后，直接单击"确定"按钮，在图像窗口中可以看到编辑的效果。

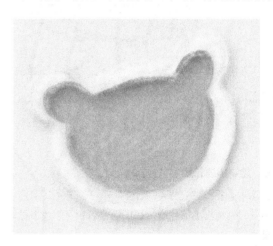

STEP 16 设置"画笔"面板

选择工具箱中的"画笔工具"，并打开"画笔"面板进行设置，选择合适的喷枪画笔，并对其"硬度"、"扭曲度"、"喷溅大小"等属性进行设置，设置完成后在"画笔监视器"中可以看到创建的笔画效果。

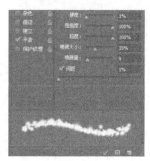

STEP 17　新建图层

在工具箱中设置前景色为R51、G51、B51，然后单击"图层"面板下方的"创建新图层"按钮，新建图层，得到"图层3"图层。

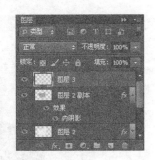

STEP 18　绘制蝴蝶结轮廓

使用"画笔工具" 在小熊轮廓的下方进行绘制，画出蝴蝶结的轮廓，在图像窗口中可以看到绘制的简约效果的蝴蝶结。

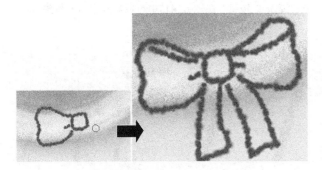

STEP 19　绘制小熊轮廓

新建图层，得到"图层4"图层，保持"画笔工具"的设置不变，绘制出小熊轮廓，在图像窗口中可以看到绘制的效果。

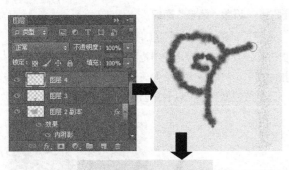

STEP 20　使用"橡皮擦工具"

选中"图层4"图层，选择工具箱中的"橡皮擦工具" ，在该工具的选项栏中进行设置，调整"不透明度"为100%、"流量"为80%，然后在小熊轮廓的线条周围进行涂抹，擦除不需要的图像。

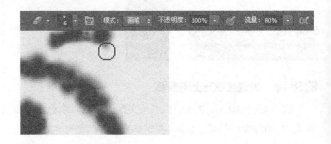

STEP 21　预览修改的效果

分别在小熊眼睛、鼻子等位置进行涂抹，修饰小熊的轮廓，让小熊的效果更加完美，在图像窗口中可以看到编辑的效果。

STEP 22　新建图层

单击"图层"面板下方的"创建新图层"按钮 ，新建图层，得到"图层5"图层，然后单击并拖曳"图层5"到"图层3"图层的下方，调整图层的顺序。

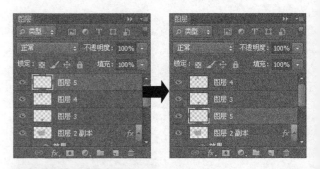

使用菜单命令调整图层顺序　　　　　　　　TIPS

选中需要调整顺序的图层，执行"图层>排列"菜单命令，可以在其子菜单中选择所需的命令进行操作，也可以实现调整图层顺序的目的。

STEP 23 设置"画笔"面板

选择工具箱中的"画笔工具"，并打开"画笔"面板进行设置，选择合适的喷枪画笔，设置完成后在"画笔监视器"中可以看到创建的笔画效果。

STEP 24 为蝴蝶结填色

在工具箱中设置前景色为R153、G204、B204，使用设置好的画笔在蝴蝶结上进行反复的涂抹，为蝴蝶结填充上蓝绿色。

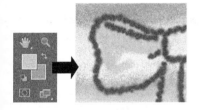

STEP 25 预览上色效果

在进行蝴蝶结填色的操作中，可以将画笔安排得紧密些，但是需要留出少量的缝隙，在图像窗口中可以看到填色后的效果。

STEP 26 新建图层

单击"图层"面板下方的"创建新图层"按钮，得到"图层6"图层，将该图层调整到"图层4"的下方。

STEP 27 为小熊填色

在工具箱中设置前景色为R255、G255、B204，保持"画笔工具"的设置不变，在小熊上进行反复的涂抹，为小熊填充上粉黄色。

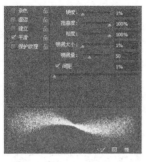

STEP 28 预览上色效果

在进行小熊填色的操作中，笔画涂抹的疏密程度与蝴蝶结的效果类似，但还是需要留出少量的缝隙，在图像窗口中可以看到填色后的效果。

STEP 29 应用"投影"样式

双击"图层5"图层，打开"图层样式"对话框，在其中勾选"投影"复选框，为该图层中的图像添加上投影效果，并在右侧的选项组中进行设置，降低"不透明度"为45，分别设置"距离"为19像素、"扩展"为18%、"大小"为27像素。

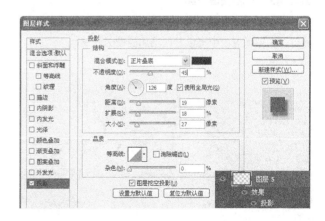

STEP 30 预览阴影效果

完成"投影"图层样式的编辑后单击"确定"按钮即可，在图像窗口中可以看到添加投影效果之后的蝴蝶结更具立体感。

STEP 31 应用"投影"样式

双击"图层6"图层，打开"图层样式"对话框，在其中勾选"投影"复选框，为该图层中的图像添加上投影效果，并设置投影的颜色为R255、G153、B0。

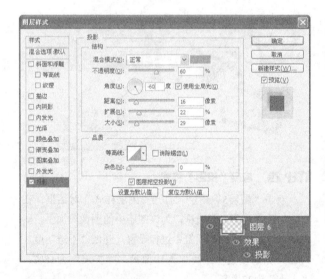

STEP 32 预览投影效果

完成"投影"图层样式的编辑后单击"确定"按钮即可，在图像窗口中可以看到添加的投影效果。

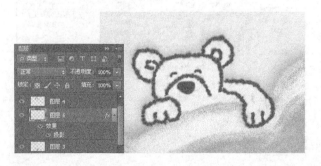

STEP 33 设置"画笔"面板

打开"画笔"面板进行设置，选择合适的喷枪画笔，设置完成后在"画笔监视器"中可以看到创建的笔画效果，再新建图层，得到"图层7"图层。

STEP 34 绘制心形

在工具箱中设置前景色为R255、G204、B102，选中"图层7"图层，使用设置好的画笔在画面的四周绘制橘黄色的心形图案。

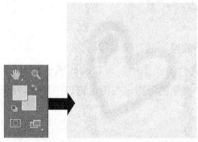

STEP 35 预览绘制的心形

完成心形的绘制后，在图像窗口中可以看到绘制的效果，在绘制的过程中要注意笔画的疏密程度，使其充分体现出蜡笔绘图的稚嫩感。

STEP 36 绘制其余的心形

使用相同的方法绘制其余的心形图案，并填充上适当的颜色，接着新建图层组，命名为"心"，将包含心形图案的图层都拖曳到其中。

STEP 37 设置"画笔"面板

打开"画笔"面板进行设置，选择合适的喷枪画笔，设置完成后在"画笔监视器"中可以看到创建的笔画效果，新建图层，得到"图层11"图层。

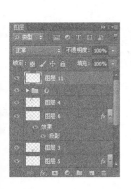 

STEP 38 绘制头部轮廓的边线

在工具箱中设置前景色为R51、G51、B51，选中"图层11"图层，使用设置好的画笔在小熊轮廓的周围绘制出咖啡色的边线。

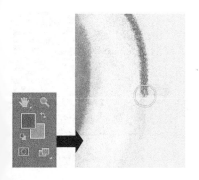

STEP 39 预览绘制的效果

完成边线的绘制后，在图像窗口中可以看到绘制的效果，在绘制的过程中要一气呵成，保证笔画的流畅性。

STEP 40 添加修饰文字

选择工具箱中的"横排文字工具" T ，在图像窗口中的小熊头部位置单击，并输入所需的文字，接着打开"字符"面板进行设置，并调整文字的颜色为白色，在图像窗口中可以看到输入文字的效果。

STEP 41 输入文字

在"字符"和"段落"面板中进行设置，并调整文字的填充色为R51、G51、B51，在图像窗口的右下角位置添加上段落文字。

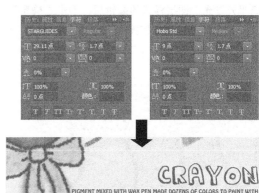

STEP 42　复制小熊图案

复制"图层4"和"图层6"图层，得到"图层4副本"和"图层6副本"图层，并调整图层中图像的大小，将小熊的图案放置在文字上。

STEP 43　应用"外发光"样式

选中白色的文字图层，双击后打开"图层样式"对话框，在其中勾选"外发光"复选框，为文字添加上外发光效果，并对选项进行设置。

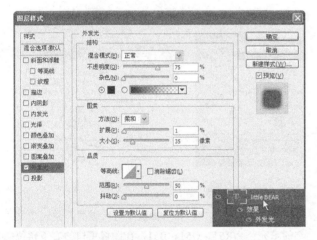

STEP 44　预览编辑的效果

完成"外发光"图层样式的编辑后，单击"确定"按钮，在图像窗口中可以看到编辑后的效果，文字显得更具立体感。

STEP 45　用"照片滤镜"改变画面颜色

创建"照片滤镜"调整图层，在打开的"属性"面板中选择"滤镜"下拉列表中的"黄"选项，并拖曳"浓度"选项的滑块到20%的位置。

STEP 46　提高画面颜色浓度

创建"自然饱和度"调整图层，并在打开的"属性"面板中设置"自然饱和度"选项的参数为90、"饱和度"选项的参数为30，提高画面的颜色浓度。

STEP 47　应用"纹理化"滤镜

盖印可见图层，得到"图层12"图层，执行"滤镜>滤镜库"菜单命令，在打开的对话框中为图层应用上"纹理化"滤镜，并对相应的选项进行设置，添加上"画布"纹理，完成本实例的绘制。

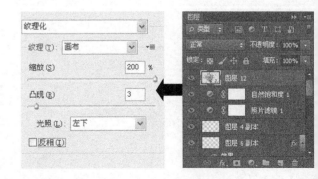

知识提炼 | 喷枪画笔

"画笔"面板中自带的喷枪样式画笔可以模拟真实绘图中油墨逐渐晕开的效果,因此在绘图的过程中点击鼠标的时间长短将会影响笔触呈现的效果,单击鼠标的时间越长,其晕开后呈现出的纹理和颜色就越明显。如果使用手写笔进行绘图,将会与施力的大小有关,由此可以根据实际的绘图获得一种朦胧的墨水效果,让笔画的效果更加自然和逼真。

在"画笔选取器"中可以看到包含了7种不同的喷枪样式,如下图所示。在"画笔"面板中选择其中一种喷枪画笔,可以在该面板中对喷枪的硬度、扭曲度、粒度、喷溅大小和喷溅量进行设置。

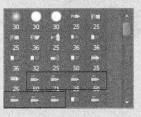

❶硬度:用于控制喷枪笔尖的坚硬程度,其设置范围为1%～100%。通过输入参数或直接拖曳滑块的方式即可对其参数进行设置,设置的参数越大,喷枪的笔尖越坚硬,得到的绘图效果就会越粗糙;反之,设置的参数越小,喷枪的笔尖就越柔和。相同设置下,当"硬度"为1%时,喷枪绘制的笔画效果会显得很柔和,笔画会较粗;当"硬度"为60%时,笔画会显得略微坚硬,笔画会较细,具体设置和绘制笔画后的效果如下图所示。

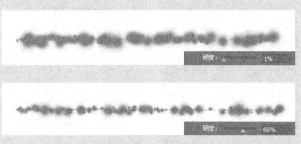

❷扭曲度:该选项用于控制喷枪画笔在绘制曲线的过程中线条的扭曲程度,设置的范围为0%～100%,设置的参数越大,曲线的扭曲程度就越明显。

❸粒度:用于控制喷枪笔画笔边缘的毛糙程度,其设置的范围为0%～100%。当设置的参数越大时,笔画边缘就会呈现出颗粒状的形态,类似于噪点的样式;当设置的参数越小时,喷枪笔画的边缘会越平滑。当设置"粒度"为100%时,使用喷枪进行绘制的笔画边缘会呈现出毛糙的感觉,笔画效果类似于蜡笔的笔触;而当设置"粒度"为0%时,笔画

的边缘会表现得很平滑,如下图所示。

❹喷溅大小:用于对喷枪中每个笔触的大小进行调整,设置的范围为1%～100%。参数越大,笔触的尺寸就越大,呈现的笔画纹理就越模糊;参数越小,笔触的尺寸就越小,笔触的纹理表现就会越清晰。下图所示可以看到随着"喷溅大小"选项参数的增大,喷枪每个笔触的尺寸也随之变大,笔画的纹理变得更加模糊。当"喷溅大小"为1%时还可以清晰地看到笔触之间的间隔;而当"喷溅大小"为50%时,笔触变大,笔触之间的间隔变小,也就削弱了笔画纹理的表现。

❺喷溅量:用于控制单位长度上笔画中所包含的笔触数量,设置范围为1～200。设置的参数越大,其包含的笔触数量就越多,绘制的笔画效果就越明显;反之,设置的参数越小,其包含的笔触数量就越少,绘制的笔画效果就越淡。在使用"喷枪"画笔进行绘图创作的过程中,常常会利用"喷溅量"选项的调节来控制笔画颜色的深浅,由此来表现同一色相不同力度下的绘制效果,让绘制对象的颜色层次更为清晰。

9.5 绘制真实的油画效果

笔刷画笔是Photoshop基于现实中毛刷画笔的形态和特征来进行设定的，可以模拟出真实的笔触绘制效果。本例使用笔刷画笔先对景物大致的外形进行绘制，然后利用"浮雕效果"滤镜与图层混合模式将笔画的纹理增强，最后通过调整命令提高整体图像的色彩浓度和明暗对比，增强层次和颜色的表现力，让画面呈现出逼真的油画效果。

源文件	源文件\09\绘制真实的油画效果.psd

STEP 01　新建文档

运行Photoshop CS6应用程序，执行"文件＞新建"菜单命令，在打开的"新建"对话框中进行设置，调整"宽度"为300毫米、"高度"为200毫米、"分辨率"为200像素/英寸，完成设置后单击"确定"按钮。

STEP 02　新建图层并设置颜色

在工具箱中设置前景色为R51、B0、B0，背景色为R255、G204、B51，然后单击"图层"面板中的"创建新图层"按钮，新建图层，得到"图层1"图层。

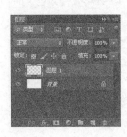

STEP 03　设置"画笔"面板

选择工具箱中的"画笔工具"，通过该工具的选项栏打开"画笔"面板，在其中选择所需的毛刷画笔，并在其基本设置中进行设置，接着勾选"颜色动态"复选框。

通过"画笔工具"选项栏打开"画笔"面板　　　　TIPS

单击"画笔工具"选项栏中的"切换画笔面板"按钮，可以打开"画笔"面板。当打开"画笔"面板后再次单击该按钮，还可以关闭"画笔"面板，方便控制参数的调节和保持工作界面的宽阔性。

STEP 04 绘制树木的树干

在"画笔工具"的选项栏中进行设置，然后使用该工具绘制出树木的树干，在绘制的过程中要把握好树干的透视效果，使其呈现出远小近大的排列。

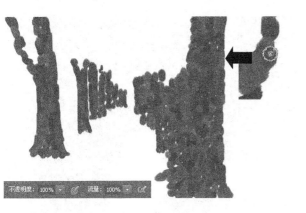

STEP 05 新建图层

在"图层"面板中单击"创建新图层"按钮，新建图层，得到"图层2"图层，然后在工具箱中设置前景色为R255、B204、B51，背景色为R204、G102、B51，为绘制树干的高光做准备。

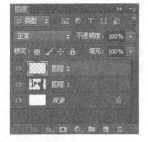

STEP 06 绘制树干上的高光

设置好前景色和背景色后，在"画笔工具"选项栏中进行设置，使用画笔在树干上进行涂抹，绘制出树干上的高光，在绘制的过程中尽量将笔画的方向安排为垂直方向，并且以短小的笔触进行表现。

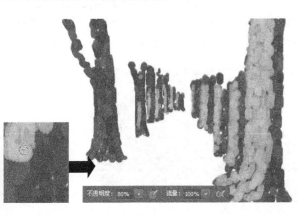

STEP 07 调整图层混合模式

在"图层"面板中将"图层2"的图层混合模式调整为"叠加"，使其与下方的树干进行自然的融合。

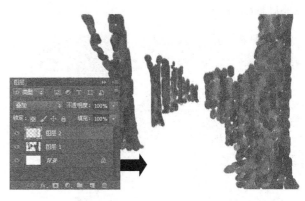

STEP 08 设置"画笔"面板

选择工具箱中的"画笔工具"，通过该工具的选项栏打开"画笔"面板，在其中选择所需的毛刷画笔，并在其基本设置中进行设置，接着勾选"颜色动态"复选框，添加上颜色变化效果。

STEP 09 绘制树叶

设置前景色为R255、B204、B51，背景色为R204、G102、B51，新建图层，得到"图层3"图层，使用设置的画笔绘制树叶的形态。

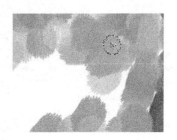

STEP 10　预览绘制的效果

在绘制树叶的过程中，可以将笔画安排得简单和简短，并且用紧密的方式进行排列，在图像窗口中可以看到绘制后的效果。

STEP 11　新建图层

在"图层"面板中单击"创建新图层"按钮，新建图层，得到"图层4"图层，然后在工具箱中设置前景色为R204、B255、B102，背景色为R51、G153、B0。

STEP 12　设置"画笔"面板

选择工具箱中的"画笔工具"，通过该工具的选项栏打开"画笔"面板，在其中选择所需的毛刷画笔，并在其基本设置中进行设置，接着勾选"颜色动态"复选框。

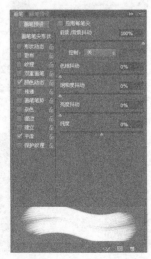

STEP 13　绘制绿色的树叶

在"画笔工具"选项栏中进行设置，使用该工具在树叶上进行涂抹，绘制出绿色的树叶，在图像窗口中可以看到绘制的效果。

STEP 14　设置图层混合模式

完成绿色树叶的绘制后，在"图层"面板中设置"图层4"的图层混合模式为"叠加"，使其与下方图层中的图像进行自然的融合。

STEP 15　新建图层

在"图层"面板中单击"创建新图层"按钮，新建图层，得到"图层5"图层，然后在工具箱中设置前景色为R153、B0、B0，背景色为R255、G153、B0。

STEP 16　绘制地面

打开"画笔"面板进行设置，并调整"不透明度"和"流量"均为100%，使用调整好的画笔在图像窗口中横向涂抹，绘制出秋叶铺满地面的形态。

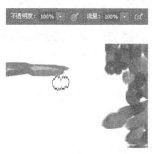

STEP 17　预览绘制效果

完成地面的绘制后，在图像窗口中可以看到绘制的效果，在笔画的安排上可以尽量紧密，但是笔画的方向必须是横向的。

STEP 18　创建纯色填充图层

通过"图层"面板下方的快捷按钮创建"颜色填充"图层，并在打开的"拾色器"对话框中设置填充色为R251、G235、B169，完成后单击"确定"按钮。

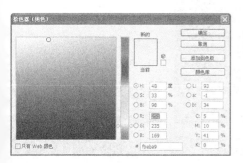

STEP 19　查看编辑效果

完成颜色填充图层的编辑后，在"图层"面板中将该图层拖曳到"背景"图层的上方，在图像窗口中可以看到编辑的效果。

STEP 20　设置"画笔"面板

选择工具箱中的"画笔工具"，通过该工具的选项栏打开"画笔"面板，在其中选择所需的毛刷画笔，并在其基本设置中进行设置，接着勾选"颜色动态"复选框。

STEP 21　新建图层

在"图层"面板中单击"创建新图层"按钮，新建图层，得到"图层6"图层，然后在工具箱中设置前景色为R255、B255、B153，背景色为R255、G153、B0。

STEP 22　绘制树叶上的高光

在"画笔工具"的选项栏中设置"不透明度"为70%、"流量"为100%，使用设置好的画笔在树叶上进行绘制，为树叶绘制高光。

STEP 23　预览绘制效果

在绘制树叶高光的时候，要注意笔画一定要短小，同时可以将笔画的方向随意地安排，在图像窗口中可以看到绘制完成后的效果。

STEP 24　设置图层混合模式

完成树叶高光的绘制后，在"图层"面板中将"图层6"的图层混合模式设置为"线性加深"，使该图层中的图像与下方的图像进行自然的融合，在图像窗口中可以看到编辑后的画面效果。

STEP 25　使用"加深工具"

按Ctrl+Shift+Alt+E快捷键盖印可见图层，得到"图层7"图层，然后在工具箱中选择"减淡工具"工具组中的"加深工具" 。

STEP 26　加深画面中阴影的表现

在"加深工具"选项栏中进行设置，调整"范围"为"中间调"、"曝光度"为20%，用该工具在画面中进行涂抹，加深画面中阴影的表现，在图像窗口中可以看到编辑后的效果。

STEP 27　使用"减淡工具"

按Ctrl+Shift+Alt+E快捷键盖印可见图层，得到"图层8"图层，然后在工具箱中选择"减淡工具" ，并在该工具的选项栏中设置"范围"为"中间调"、"曝光度"为15%，完成设置后就可以使用该工具对图像进行修饰操作了。

STEP 28　在高光位置进行涂抹

完成"减淡工具"选项栏的设置后，使用该工具在树叶上进行涂抹，增强树叶高光区域的显示，在图像窗口中可以看到涂抹后的效果。

STEP 29　应用"浮雕效果"滤镜

按Ctrl+Shift+Alt+E快捷键盖印可见图层，得到"图层9"图层，执行"滤镜>风格化>浮雕效果"菜单命令，在打开的对话框中进行设置，并在"图层"面板中将该图层的混合模式调整为"叠加"。

STEP 30　预览编辑效果

对"图层9"进行编辑后，可以看到画面中的笔触更为立体，表现出了现实中颜料绘画的效果。

STEP 31　用"照片滤镜"加强暖色调

创建"照片滤镜"调整图层，在打开的"属性"面板中选择"滤镜"选项下拉列表中的"橙"，并将"浓度"选项的滑块调整到50%的位置。

STEP 32　提高画面颜色浓度

创建"自然饱和度"调整图层，在打开的"属性"面板中设置"自然饱和度"选项为80%、"饱和度"选项为20%，提高画面的颜色浓度。

STEP 33　创建"色彩平衡"调整图层

创建"色彩平衡"调整图层，在打开的"属性"面板中设置"中间调"选项中的色阶值分别为-74、78、76，并将该调整图层的图层蒙版填充为黑色。

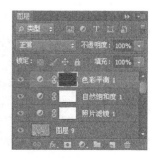

STEP 34　编辑图层蒙版

　　将前景色设置为白色，使用"画笔工具" 🖌 对"色彩平衡"调整图层的蒙版进行编辑，让部分区域应用上效果，丰富画面的色彩表现。

STEP 35　执行"智能锐化"滤镜

　　按Ctrl+Shift+Alt+E快捷键盖印可见图层，得到"图层10"图层，执行"滤镜＞锐化＞智能锐化"菜单命令，在打开的对话框中设置"数量"为90%、"半径"为2像素，完成后直接单击"确定"按钮。

STEP 36　预览编辑效果

　　完成"智能锐化"滤镜的应用后，在图像窗口中可以看到画面中的笔触细节更加清晰。

STEP 37　创建"曲线"调整图层

　　创建"曲线"调整图层，在打开的"属性"面板中为曲线添加两个控制点，并分别对各个控制点的"输入"和"输出"进行设置。

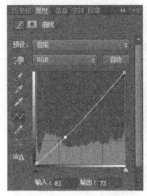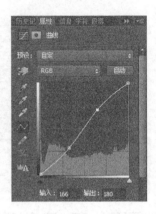

STEP 38　预览编辑效果

　　利用"曲线"调整图层对画面的层次进行增强，在图像窗口中可以看到本例最终的编辑效果。

知识提炼　毛刷画笔

　　"画笔"面板中有10种不同的笔刷，可以根据笔尖的形状来进行区分，由于每种笔刷的宽窄、粗细和硬度各有不同，因此在实际的绘制和应用中也会不同，但主要可以分为5个圆刷画笔和5个扁刷画笔。

　　为了更方便对其进行区分，可以在"画笔预设"面板中对其进行大致的预览，由此来直观地感受各种笔刷之间的特点。下图所示为在"画笔预设"面板中以"大缩览图"进行显示下的预览效果。

　　"画笔"面板中新增加的10种笔刷形状可以通过不

同的设置来模拟出用户所需要的形态和特征，由于这些笔画都是由刷毛构成的，可以自由控制其长度、粗细和硬度等，由此获得非常逼真的绘图效果。

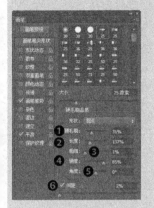

❶**硬毛刷**：可以控制画笔笔触中刷毛的数量，设置范围从1%～100%。随着参数增大，刷毛的数量也逐渐增多，其笔触绘制的笔画效果会更显细腻；参数较小时，刷毛的线条会很清晰，绘制的笔画效果会略显粗糙，具体的设置可以根据实际的绘图需要进行设置。下图所示为不同"硬毛刷"的绘制效果。

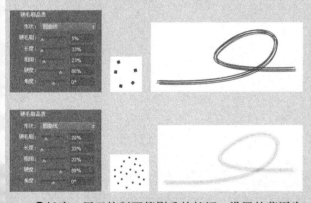

❷**长度**：用于控制画笔刷毛的长短，设置的范围为25%～500%。参数越小，刷毛就会越短，获得的笔画效果越粗糙；参数越大，刷毛就会越长，笔画的表现力就会越强。下图所示为不同长度下的绘制效果。

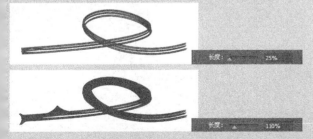

❸**粗细**：对画笔各个刷毛的粗细进行控制，其设置的范围为1%～200%。参数越小，刷毛越细；参数越大，刷毛越粗。

❹**硬度**：用于调节形成画笔的刷毛的软硬度，设置的范围为1%～100%。参数越大，刷毛越硬，绘制出来的笔画效果就越粗糙；反之，参数越小，绘制时各个刷毛就会柔和地散开，笔画效果会相对柔软。

❺**角度**：用于控制画笔接触到画布时画笔笔杆的旋转角度。利用不同的角度绘制相同的曲线，会获得不同的笔画效果，其设置的范围为-180°～180°。下图所示为不同角度下的绘制效果。

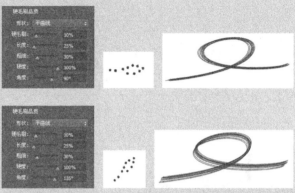

❻**间距**：用于调节画笔笔触之间的距离，通过输入数值或调节滑块来进行调整，设置范围为1%～1000%，由此来决定笔画是不间断地连接在一起，还是以间隔的形式出现。如果取消"间距"复选框的勾选，在绘制的过程中将会以鼠标的拖曳力度或者手写笔所设定的平滑度和着力度来控制笔触之间的间距。

如下图所示，当"间距"为1%时，笔画中的笔触是以连接的形式出现的，显得十分连贯；当"间距"为60%时，笔触之间的间距拉大，可以看到笔触按照一定的距离呈现出有规律的排列状态。

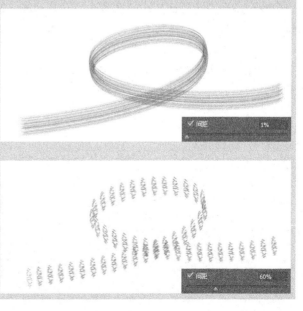

第4部分 设计应用

第10章

海报及广告设计

海报及广告是视觉形象化的设计，是使用视觉语言将广告创意予以形象化的表现，具有生动直观、画面精美的特点。一幅优秀的海报、广告画面，可以表达出真实的生活感受和美的感召力，具有不可抗拒的宣传力量。通过Photoshop可以将照片、文字、图形等元素进行搭配组合，为海报和广告的设计带来广阔的空间，在进行完美设计的同时也体现出了利用Photoshop进行平面设计的魅力所在。

本章内容

10.1　电影海报设计

当今的电影海报大多画面精美，即使是同一部电影的海报，各国的版本都会有不同的表现手法，也可能突出不同的主题。利用Photoshop的合成功能可以快速将多张素材拼合到一个画面中，并通过影调和色调的调整制作成具有欧美神秘风格的电影海报，让普通的照片焕发出别样的风采。

素　材	素材\10\01、02、04.jpg，03.psd
源文件	源文件\10\电影海报设计.psd

STEP 01　新建文档

运行Photoshop CS6应用程序，执行"文件＞新建"菜单命令，打开"新建"对话框，在其中对各个选项进行设置，创建一个空白的文档。

STEP 02　添加素材文件

在"图层"面板中新建图层，得到"图层1"图层，打开本书素材\10\01.jpg素材文件，将其复制到"图层1"中，并调整大小，放置在合适的位置。

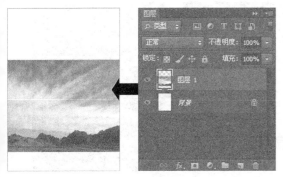

STEP 03　复制图层

按Ctrl+J快捷键复制"图层1"图层，得到"图层1副本"图层，按Ctrl+T快捷键，对图像的大小继续调整，使整个画布都铺满图像。

STEP 04　编辑图层蒙版

为"图层1副本"图层添加上白色的图层蒙版，使用"渐变工具"对蒙版进行编辑，只显示出天空部分。

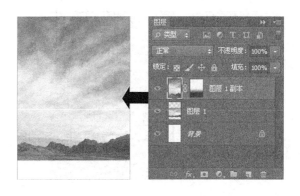

STEP 05　添加城堡素材

在"图层"面板中新建图层，得到"图层2"图层，打开本书素材\10\02.jpg素材文件，将其复制到"图层2"中，并调整大小，放置在合适的位置。

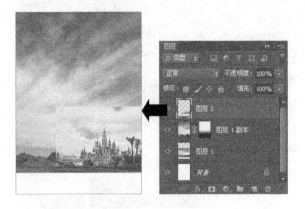

STEP 06　编辑图层蒙版

为"图层2"添加上白色的图层蒙版，选择工具箱中的"画笔工具"，设置前景色为黑色，在城堡的周围进行涂抹，让城堡与周围图像进行自然的融合。

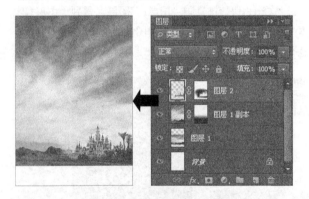

STEP 07　添加"照片滤镜"调整图层

通过"调整"面板创建"照片滤镜"调整图层，在打开的"属性"面板中选择"滤镜"下拉列表中的"加温滤镜（85）"，并设置"浓度"为80%，接着使用"渐变工具"对图层蒙版进行编辑，只对下半部分的图像应用效果。

STEP 08　添加"渐变映射"调整图层

创建"渐变映射"调整图层，在打开的"属性"面板中单击渐变色块，打开"渐变编辑器"对话框，设置渐变色为R51、G0、B102到R255、G102、B0。

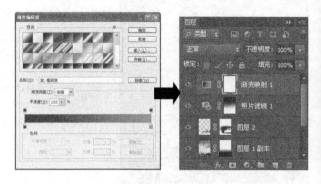

STEP 09　调整图层混合模式

在"图层"面板中设置"渐变映射"调整图层的混合模式为"叠加"，并使用"渐变工具"对该调整图层的蒙版进行编辑，只对天空部分应用效果。

STEP 10　应用色阶调整整体影调

通过"调整"面板创建"色阶"调整图层，在打开的"属性"面板中依次拖曳色阶滑块到33、1.09、255的位置，对画面的整体影调进行校正，使其更具立体感。

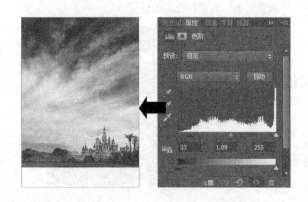

STEP 11　使用"照片滤镜"调整画面颜色

通过"调整"面板创建"照片滤镜"调整图层,在打开的"属性"面板中选择"滤镜"下拉列表中的"冷却滤镜(80)",并设置"浓度"为25%,增强画面中的冷色调。

STEP 12　添加纸鹤素材

在"图层"面板中新建图层,得到"图层3"图层,打开本书素材\10\03.psd素材文件,将其复制到"图层3"中,并调整大小,放置在合适的位置。

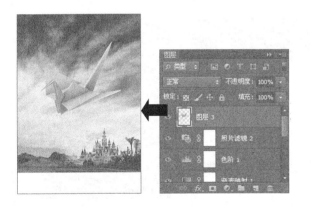

STEP 13　复制纸鹤素材

按3次Ctrl+J快捷键复制"图层3"图层,得到3个副本图层,并适当调整各个图层中图像的大小,将其放在图像窗口中的适当位置。

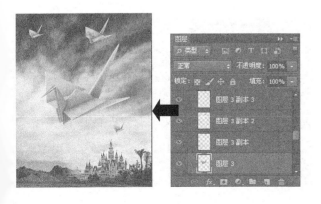

STEP 14　创建图层组

通过"图层"面板创建图层组,将其命名为"纸鹤",将包含纸鹤的图层拖曳到其中,在"图层"面板中可以看到编辑后的图层效果。

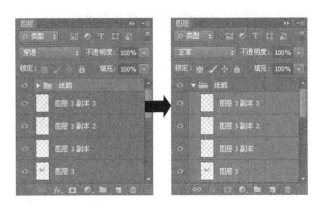

STEP 15　添加光线素材

在"图层"面板中新建图层,得到"图层4"图层,将其调整到"纸鹤"图层组的下方,打开本书素材\10\04.jpg素材文件,将其复制到"图层4"中,并调整大小,放置在合适的位置。

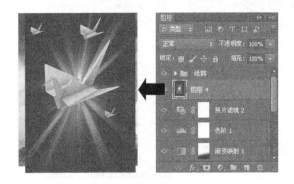

STEP 16　调整图层混合模式

在"图层"面板中设置"图层4"的图层混合模式为"滤色",可以看到纸鹤的周围散发着金色的光芒。

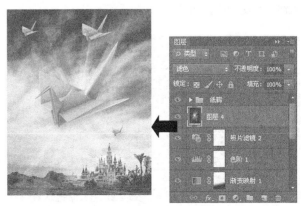

STEP 17　添加"投影"图层样式

双击"纸鹤"图层组，打开"图层样式"对话框，在其中勾选"投影"复选框，并在其对应的选项组中进行设置，为纸鹤添加上阴影效果。

STEP 18　预览编辑效果

完成"图层样式"对话框的设置后单击"确定"按钮，在图像窗口中可以看到纸鹤与周围的图像更加匹配，同时在"纸鹤"图层组下方将出现"投影"子图层。

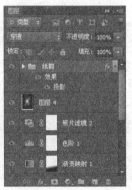

STEP 19　载入纸鹤到选区

按住Ctrl+Shift快捷键的同时，使用鼠标依次单击"纸鹤"图层组中各个图层的"图层缩览图"，将所有的纸鹤图像载入到选区中。

STEP 20　为纸鹤选区创建"照片滤镜"

为创建的纸鹤选区创建"照片滤镜"调整图层，在打开的"属性"面板中选择"滤镜"下拉列表中的"深褐"选项，并设置"浓度"为90%，调整纸鹤的颜色。

STEP 21　调整纸鹤的颜色

再次将纸鹤创建为选区，为其创建"色彩平衡"调整图层，在打开的"属性"面板中设置"中间调"选项下的色阶值分别为-1、-12、10，校正纸鹤的色彩。

STEP 22　调整曲线形态

将纸鹤作为选区，为其创建"曲线"调整图层，在打开的"属性"面板中为曲线添加上两个控制点，并分别对控制点的位置进行调整，由此改变曲线的形态。

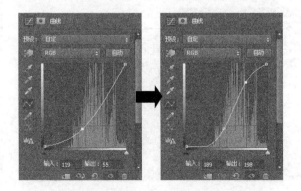

STEP 23 预览编辑效果

完成"曲线"调整图层的编辑后,在图像窗口中可以看到编辑的效果,纸鹤更具立体感,其层次也增强了。

STEP 24 调整画面整体对比度

通过"调整"面板创建"亮度/对比度"调整图层,在打开的"属性"面板中设置"亮度"选项的参数为-5、"对比度"选项的参数为30,调整全图的亮度和对比度。

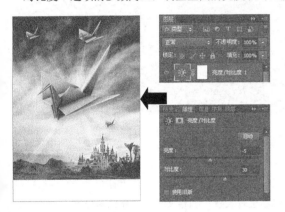

STEP 25 创建选区

使用"椭圆选框工具" 在图像窗口中创建"羽化"为400像素的选区,然后执行"选择>反向"菜单命令,将创建的椭圆选区进行反向选取。

STEP 26 为选区添加颜色填充图层

完成选区的创建后,为创建的选区新建颜色填充图层,设置填充色为黑色,为画面添加上黑色的晕影效果,在图像窗口中可以看到编辑后的图像。

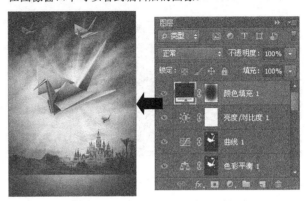

STEP 27 创建选区

使用"矩形选框工具" 在图像窗口中创建"羽化"为0像素的矩形选区,然后执行"选择>反向"菜单命令,将创建的选区进行反向选取。

STEP 28 为画面添加上黑色的边框

完成选区的创建后,为创建的选区新建颜色填充图层,设置填充色为黑色,为画面添加上黑色的边框效果,在图像窗口中可以看到编辑后的图像。

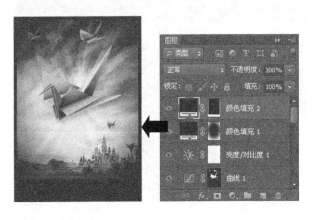

STEP 29　输入文字

选择工具箱中的"横排文字工具" T，在图像窗口中的适当位置单击并输入文字，并打开"字符"面板对各个选项进行设置，调整文字的填充色为231、192、145。

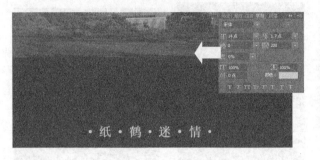

STEP 30　设置"字符"和"段落"面板

打开"字符"和"段落"面板，在面板中对文字和段落的属性进行设置，并调整文字的填充色为白色，为段落文字的编辑做好准备。

STEP 31　输入段落文字

选择工具箱中的"横排文字工具" T，在图像窗口的适当位置单击，并输入所需的段落文字，同时调整文字图层的混合模式为"叠加"，在图像窗口中可以看到编辑的效果。

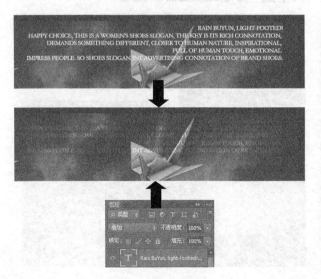

STEP 32　设置"字符"和"段落"面板

打开"字符"和"段落"面板，在面板中对文字和段落的属性进行设置，并调整文字的填充色为R204、G204、B153，为段落文字的编辑做好准备。

STEP 33　输入段落文字

选择工具箱中的"横排文字工具"，在图像窗口的适当位置单击，并输入所需的段落文字，可以看到输入段落文字后的画面内容更加丰富。

STEP 34　输入主题文字

选择工具箱中的"横排文字工具"，在图像窗口中的适当位置单击并输入主题文字，再打开"字符"面板对各个选项进行设置，调整文字的填充色为白色。

默认的文字填充色　　　　　　　　　　TIPS

当使用"文字工具"输入文字时，如果未对"字符"面板中的文字颜色进行设置，那么在输入文字后，文字的颜色将以前景色进行默认填充。

STEP 35 应用"斜面和浮雕"图层样式

双击主题文字图层，打开"图层样式"对话框，在其中勾选"斜面和浮雕"复选框，并在该选项对应的右侧选项组中进行设置。

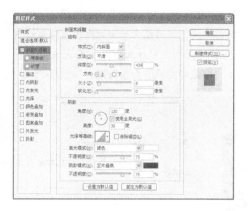

STEP 36 应用"渐变叠加"图层样式

继续对"图层样式"对话框进行设置，勾选左侧的"渐变叠加"复选框，在右侧的选项组中对渐变叠加的各个属性进行设置，为文字添加上渐变色填充效果。

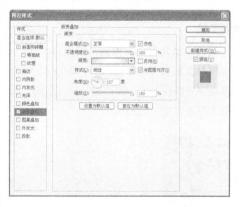

STEP 37 应用"外发光"图层样式

在"图层样式"对话框中勾选"外发光"复选框，并在右侧的选项中设置外发光的颜色为R204、G102、B51，同时调整各个选项的参数，让效果更为自然。

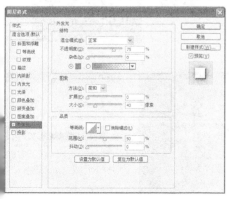

STEP 38 预览编辑效果

完成"图层样式"对话框的编辑后单击"确定"按钮，在图像窗口中可以看到编辑后的文字更具观赏性。

STEP 39 执行"减少杂色"命令

按Ctrl+Shift+Alt+E快捷键盖印可见图层，得到"图层5"图层，执行"滤镜＞杂色＞减少杂色"菜单命令，在打开的"减少杂色"对话框中进行设置，对画面进行降噪处理，在图像窗口中可以看到本例最终的编辑效果。

知识提炼 反向选区

利用"反向"命令可以翻转选区，将原选区以外的区域创建为选区。在图像中创建选区后，执行"选择＞反向"菜单命令，即可反向选区，如下图所示。

10.2 炫彩音乐海报设计

现代的流行音乐具有形式活泼、节奏多变及个性鲜明等特点，为了将音乐的特征在海报设计中淋漓尽致地体现出来，可以使用绚丽的蓝色和紫色来进行表现。本实例使用"纯色"填充为画面添加上绚丽多变的色彩，让画面呈现出饱满和时尚的感觉，并结合修饰元素丰富海报的内容，同时利用醒目的标题文字让海报的主题表现更为清晰，由此打造出一幅炫彩潮流的音乐海报。

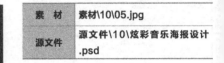

素　材	素材\10\05.jpg
源文件	源文件\10\炫彩音乐海报设计.psd

STEP 01　新建文档

运行Photoshop CS6应用程序，执行"文件＞新建"菜单命令，在打开的"新建"对话框中设置"名称"为"炫彩音乐海报设计"，并对其他选项进行设置。

STEP 03　复制图像

在"图层"面板中新建图层，得到"图层1"图层，将素材\10\05.jpg文件复制到其中，按Ctrl+T快捷键，编辑自由变换框，适当调整照片的大小和位置，在"图层"面板中调整图层的"不透明度"为20%。

STEP 02　打开图像

打开素材\10\05.jpg文件，可以看到素材文件的图像效果，将其全部选中，执行"编辑＞拷贝"命令。

自由变换框的确认　　　　　　　　　　TIPS

完成自由变换框的编辑后，按Enter键可以对图像自由变换的操作进行快速的确认。

STEP 04 复制图层并编辑蒙版

复制"图层1"图层，得到"图层1副本"图层，将该图层的"不透明度"修改为100%，并为该图层添加图层蒙版，使用柔角的画笔对蒙版进行编辑，让图像的边缘自然地与背景融合在一起。

STEP 05 添加紫色填充效果

创建颜色填充图层，设置填充色为R135、G128、B182，选择工具箱中的"渐变工具"，对该图层的蒙版进行编辑，只对图像下方应用纯色填充效果。

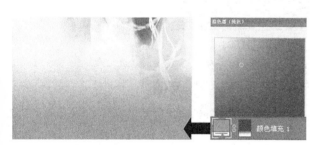

STEP 06 添加蓝色填充效果

再次创建填充图层，设置填充色为R91、G190、B231，选择工具箱中的"渐变工具"，对该图层的蒙版进行编辑，只对图像上方应用纯色填充效果。

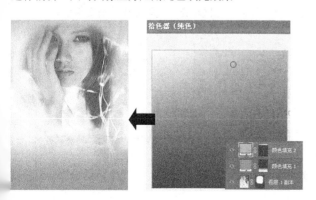

STEP 07 创建玫红纯色填充图层

创建颜色填充图层，设置填充色为R234、G112、B198，然后在"图层"面板中调整该图层的混合模式为"叠加"，在图像窗口中可以看到编辑的效果。

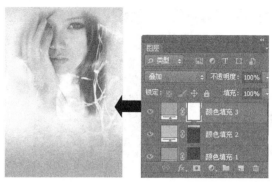

STEP 08 编辑图层蒙版

将玫红色填充图层的蒙版填充为黑色，调整前景色为白色，选择"画笔工具"，设置"不透明度"为20%，对该图层的蒙版进行编辑，为画面添加玫红色叠加效果。

STEP 09 添加蓝色的色块

使用相同的方式添加蓝色的填充图层，设置填充色为R89、G206、B239，使用画笔对图层蒙版进行编辑，让海报呈现出蓝色和玫红色间隔叠加的效果。

STEP 10　绘制圆形选区

选择工具箱中的"椭圆选框工具"，设置"羽化"为0像素，在图像窗口中绘制一个圆形选区，新建图层，得到"图层2"图层，将前景色调整为白色，按Alt+Delete快捷键将选区填充上白色。

STEP 11　编辑图层蒙版

为"图层2"添加上图层蒙版，创建一个"羽化"参数为50像素的选区，对图层蒙版进行编辑，让图像呈现出白色的气泡效果。

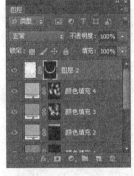

STEP 12　绘制气泡

使用步骤09与步骤10类似的绘制方法，绘制出其他的气泡，并对绘制的气泡进行复制，再调整每个气泡的大小和位置，使其分布在大气泡的周围，创建图层组，命名为"气泡"，将包含气泡的图层拖曳到其中。

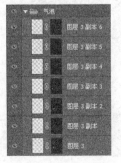

STEP 13　调整面部影调

创建"曲线"调整图层，在打开的"属性"面板中对曲线的形态进行调整，然后将图层蒙版的颜色填充为黑色，用白色的画笔在人物的脸部进行涂抹，提高面部的亮度。

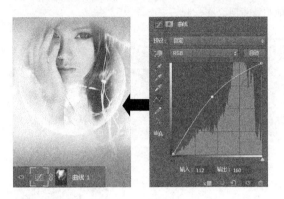

STEP 14　提高颜色浓度

创建"自然饱和度"调整图层，设置"自然饱和度"为40、"饱和度"为10，提高整体画面的颜色浓度。

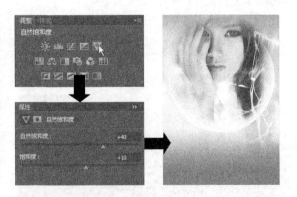

STEP 15　创建选区并填充渐变色

新建图层，得到"图层4"图层，使用"椭圆选框工具"创建圆形选区，选择工具箱中的"渐变工具"，在其选项栏中设置R5、G157、B208到R114、G40、B135的线性渐变，然后将选区填充上编辑完成的渐变颜色。

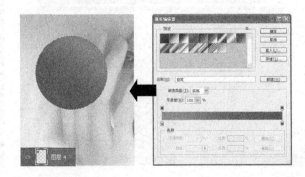

STEP 16　添加图层样式

双击"图层4"图层，在打开的"图层样式"对话框中勾选"内发光"和"投影"复选框，为图层添加内发光和投影样式，并对各个选项组进行设置，在图像窗口中可以看到应用样式后的效果。

STEP 17　输入文字

使用工具箱中的"横排文字工具"输入所需的文字，并打开"字符"面板进行设置，然后调整文字的填充色为R187、B211、B252，最后将文字放在圆形图像的上方，在图像窗口中可以看到添加文字后的效果。

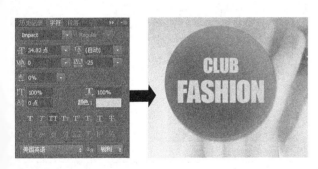

STEP 18　输入主题文字

使用"横排文字工具"在图像窗口中输入海报的主题文字，并打开"字符"面板进行设置，将文字进行居中排列，调整每行文字的大小及行间距，在图像窗口中可以看到编辑完成的文字效果。

STEP 19　为文字添加图层样式

双击主题文字图层，在打开的"图层样式"对话框中勾选"描边"和"投影"复选框，为图层添加描边和投影样式，并对各个选项组进行设置。

STEP 20　更改图层填充效果

在图像窗口可以看到添加图层样式后的主题文字效果，接着在"图层"面板中调整"填充"为30%。

"填充"选项的作用　　　　　　　　　　　TIPS

"图层"面板中的"填充"选项用于控制图层中图像的填充程度，参数越大，填充的效果就越明显，但该选项不会对应用的图层样式产生影响。

STEP 21　输入其余的辅助文字

使用"横排文字工具"在图像窗口中输入所需的辅助文字，并打开"字符"面板进行设置，适当调整文字的大小和文字，丰富海报的内容。

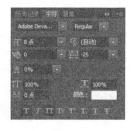

STEP 22　绘制修饰的图形

新建图层，得到"图层5"图层，使用"自定形状工具"绘制预设的路径，并在"路径"面板中将路径转换为选区，同时在"图层5"中将选区填充为白色。

STEP 23　创建图层组并添加图层样式

新建图层组，命名为"文字"，将辅助文字及"图层5"拖曳到其中，双击"文字"图层组，在打开的"图层样式"对话框中为图层组中的图层添加上投影样式，并在对应的选项组中进行设置。

STEP 24　预览效果

完成图层样式的编辑后，在图像窗口中可以看到添加投影后的效果，文字及图形显得更为立体，增强了画面的表现力，完成本实例的编辑。

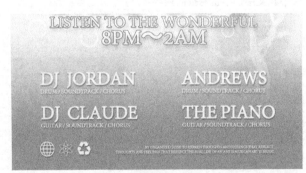

知识提炼　"纯色"填充图层

通过填充图层可以对画面的颜色进行调整，但是不会永久地改变图像中的色彩。颜色的更改位于填充图层中，并且对下方的单个或多个图层进行应用，纯色填充图层自带一个图层蒙版，可以通过对图层蒙版的编辑来得到所需的画面效果。

创建纯色填充图层的方法有很多种，可以通过单击"图层"面板中的"添加新的填充或调整图层"按钮 ◑，在弹出的快捷菜单中选择"纯色"命令，也可以通过执行"图层>新建填充图层>纯色"命令来实现，具体操作如下图所示。

创建填充图层后，将弹出如下图所示的"拾色器（纯色）"对话框，在其中可以设置填充图层的颜色。

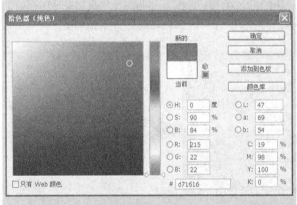

配合图层混合模式的使用会让纯色填充的叠加效果更为自然。下图所示为应用填充图层前后的画面效果。

10.3 歌剧海报设计

歌剧是一种集音乐、戏剧、文学、舞蹈、舞台美术等融为一体的综合性艺术，因此在歌剧海报的设计中，可以使用夸张的形态和丰富的色彩来进行表现。本例在制作的过程中利用"彩色半调"滤镜来创建选区，同时将素材照片在多孔的图案上进行叠加，并使用多色的渐变来展现歌剧的内容，由此打造出画面新颖、色彩艳丽的歌剧海报。

素　　材	素材\10\06、07.jpg
源文件	源文件\10\歌剧海报设计.psd

STEP 01　新建文档

运行Photoshop CS6应用程序，执行"文件>新建"菜单命令，在打开的"新建"对话框中设置"宽度"为200毫米、"高度"为300毫米、"分辨率"为200像素/英寸，并对其余的各个选项进行调整，创建一个空白的文档。

STEP 02　编辑"图案填充"对话框

通过"图层"面板创建"图案填充"调整图层，在打开的"图案填充"对话框中设置"图案"为"水彩画（150像素×150像素，RGB模式）"、"缩放"为1000%。

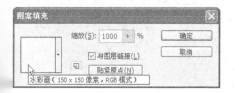

STEP 03　预览编辑效果

完成"图案填充"对话框的编辑后，在图像窗口中可以看到画布的背景被应用上了淡淡的纹理效果。

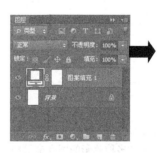

STEP 04　创建选区和设置前景色

选择工具箱中的"矩形选框工具" ，并在其选项栏中进行设置，创建一个矩形选区，同时在工具箱中设置前景色为R204、G0、B153。

STEP 05 为选区填充颜色

通过"图层"面板新建图层，得到"图层1"图层，按Alt+Delete快捷键将选区填充上前景色，在图像窗口中可以看到选区填色后的效果。

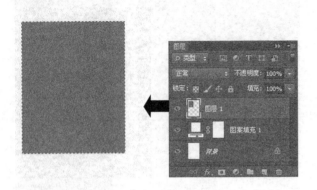

STEP 06 编辑"彩色半调"对话框

执行"滤镜＞像素化＞彩色半调"菜单命令，在打开的"彩色半调"对话框中设置"最大半径"选项的参数为45像素，在"网角"选项中设置"通道1"为120、"通道2"为120，完成设置后单击"确定"按钮即可。

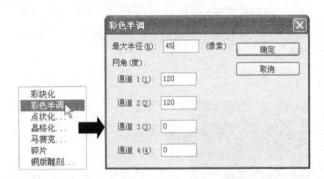

STEP 07 预览编辑效果

完成"彩色半调"滤镜的应用和编辑后，在图像窗口中可以看到选区中的图像变成了多种色彩的圆点交叉组合的效果，每种不同颜色的圆点都存在一定的规律性，接着在"图层"面板中将"图层1"图层隐藏。

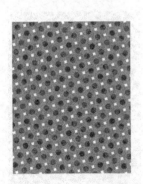
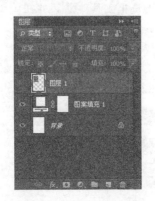

STEP 08 添加图层蒙版

复制"图层1"图层，得到"图层1副本"图层，将图层中的图像填充上R204、G0、B153的颜色，并为该图层添加上白色的图层蒙版。

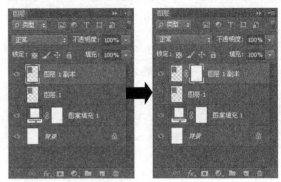

STEP 09 载入选区

选中"图层1"图层，打开"通道"面板，按住Ctrl键的同时单击"红"通道的通道缩览图，将该通道中的图像载入到选区，在图像窗口中可以看到创建的选区效果。

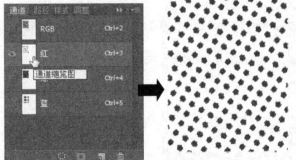

STEP 10 编辑图层蒙版

保持选区的选取状态，单击"通道"面板中的复合通道，返回到"图层"面板，设置背景色为黑色，选中"图层1副本"的图层蒙版，按Delete键对蒙版进行编辑。

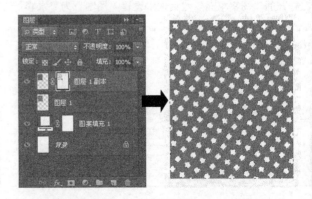

STEP 11 复制图层

复制"图层1副本"图层，得到该图层的副本图层，将前景色设置为R102、G204、B255，为复制的副本图层中的图像填充上前景色，并适当地调整图像的位置。

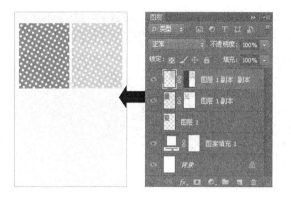

STEP 12 复制图层并调整位置

选中"图层1副本 副本"图层，按Ctrl+J快捷键对其进行两次复制，并适当调整图像的位置，在图像窗口中可以看到4个镂空的矩形排列效果。

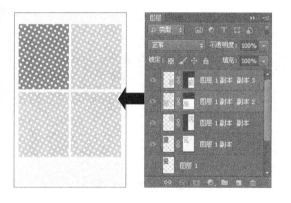

STEP 13 应用"渐变叠加"图层样式

双击"图层1副本 副本2"图层，打开"图层样式"对话框，在其中勾选"渐变叠加"复选框，并在对应的选项组中进行设置，为图像应用上渐变色效果。

STEP 14 预览编辑效果

完成"图层样式"对话框中的"渐变叠加"效果的添加和设置后，单击"确定"按钮，在图像窗口中可以看到编辑后的颜色显示更为丰富。

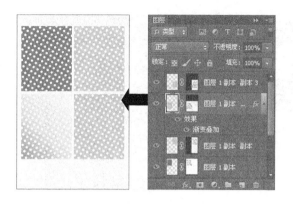

STEP 15 应用"渐变叠加"图层样式

双击"图层1副本 副本3"图层，打开"图层样式"对话框，在其中勾选"渐变叠加"复选框，并在对应的选项组中进行设置，为图像应用上渐变色效果。

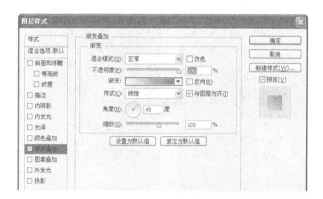

STEP 16 预览编辑效果

完成"图层样式"对话框中的"渐变叠加"效果的添加和设置后，单击"确定"按钮，在图像窗口中可以看到编辑后的颜色显示更为丰富。

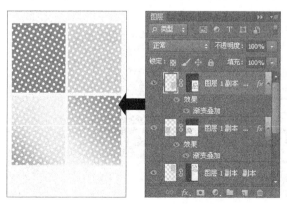

STEP 17 添加素材文件

在"图层"面板中新建图层，得到"图层2"图层，打开素材\10\06.jpg素材文件，将其复制到该图层中，并适当调整素材的大小，放置在画面的左上方位置。

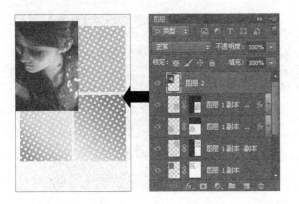

STEP 18 创建选区

按住Ctrl键的同时单击"图层1副本"的图层缩览图，在图像窗口中可以看到载入选区的效果，素材照片有一部分图像在选区外，因此需要将其进行隐藏。

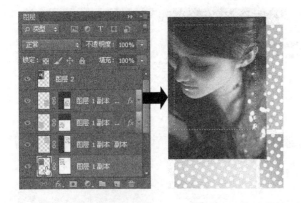

STEP 19 添加图层蒙版

保持选区的选取状态，选中"图层2"图层，在"图层"面板中单击"添加蒙版"按钮 ，为该图层添加上图层蒙版，在图像窗口中可以看到素材图像刚好覆盖了下方的镂空图像。

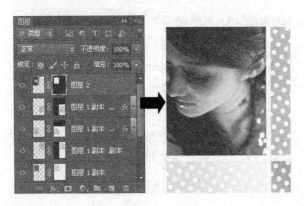

STEP 20 设置图层混合模式

完成图层蒙版的编辑后，在"图层"面板中设置"图层2"图层的混合模式为"亮光"，在图像窗口中可以看到素材人物与下方的镂空图像融合在了一起。

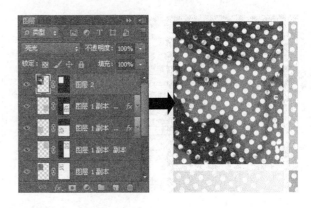

STEP 21 添加素材文件

在"图层"面板中新建图层，得到"图层3"图层，打开素材\10\07.jpg素材文件，将其复制到该图层中，并适当调整素材的大小，放置在画面的右上方位置。

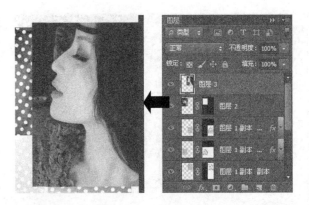

STEP 22 创建选区

按住Ctrl键的同时单击"图层1副本 副本"的图层缩览图，在图像窗口中可以看到载入选区的效果，素材照片有一部分图像在选区外，因此需要将其进行隐藏。

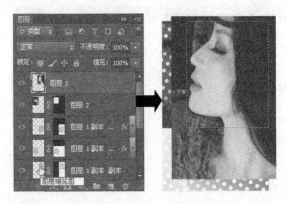

STEP 23　添加图层蒙版

保持选区的选取状态，选中"图层3"图层，在"图层"面板中单击"添加蒙版"按钮 ，为该图层添加上图层蒙版，可以看到素材图像刚好覆盖了下方的镂空图像。

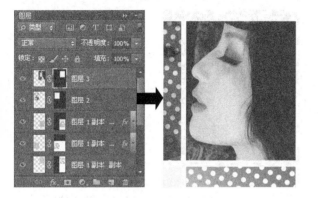

STEP 24　设置图层混合模式

完成图层蒙版的编辑后，在"图层"面板中设置"图层3"图层的混合模式为"颜色加深"，在图像窗口中可以看到素材人物与下方的镂空图像融合在了一起。

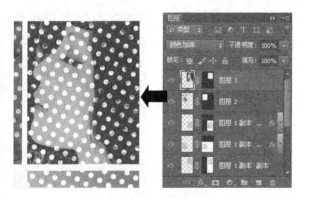

STEP 25　编辑其余的对象

使用前面编辑人像素材的方法，对剩余的两个镂空的矩形进行编辑，让人像和下方的图像进行混合，在图像窗口中可以看到编辑后的效果。

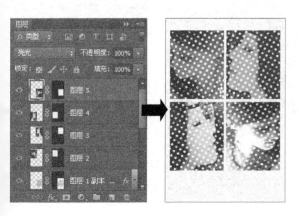

STEP 26　输入修饰文字

选择工具箱中的"横排文字工具" ，使用该工具在图像窗口中单击，输入所需的文字，并打开"字符"面板进行设置，在图像窗口中可以看到添加文字后的效果。

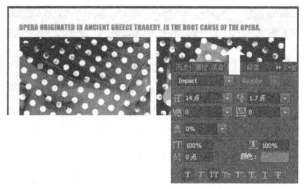

STEP 27　输入主题文字

选择工具箱中的"横排文字工具" ，使用该工具在图像窗口中的适当位置单击，输入所需的主题文字，并打开"字符"面板进行设置，调整文字的填充色为黑色，在图像窗口中可以看到添加文字后的效果。

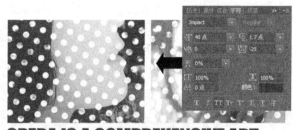

STEP 28　设置"字符"和"段落"面板

打开"字符"面板，在其中设置字体为Impact、字号为18点，字间距为0、字体颜色为黑色，并进行加粗显示，接着打开"段落"面板，设置对齐方式为左对齐，行间距为18点。

STEP 29　输入段落文字

完成"字符"和"段落"面板的设置后，在图像窗口中单击，再输入所需的段落文字，在图像窗口中可以看到添加段落文字后的效果。

STEP 30　选中部分文字并改变颜色

使用"横排文字工具" [T] 将段落文字中的一部分选取，在"字符"面板中设置文字的颜色为R153、G51、B153，在图像窗口中可以看到改变颜色后的效果。

STEP 31　选中部分文字并改变颜色

使用"横排文字工具"将段落文字中的一部分选取，在"字符"面板中设置文字的颜色为R204、G51、B51，在图像窗口中可以看到改变颜色后的效果。

STEP 32　预览编辑效果

使用相同的方法改变其余部分文字的颜色，在图像窗口中可以看到编辑后的效果，改变颜色后的文字让画面的色彩更为丰富，观赏性更强。

知识提炼　"彩色半调"滤镜

"彩色半调"滤镜逐渐变化空间相等的圆点，以此模拟出持续的色调，再把这些小圆点混合成平滑的色调。执行"滤镜>像素化>彩色半调"菜单命令，可以打开如下图所示的对话框。

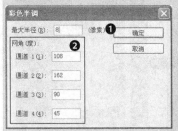

❶最大半径：为半调网点的最大半径定义一个以像素为单位的值，设置范围为4～127。下图所示为不同设置下的网格效果。

❷"网角"选项组：为一个或多个通道输入网角值，即网点与实际水平线的夹角。对于灰度图像，只使用通道1；对于RGB颜色模式的图像，使用通道1、2和3，分别对应于红色、绿色和蓝色通道；对于CMYK颜色模式的图像，使用所有四个通道，对应于青色、洋红、黄色和黑色通道。下图所示为不同设置下的网格效果。

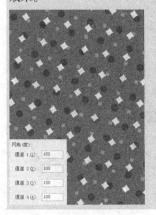

10.4　化妆品广告设计

美女是化妆品广告中必不可少的元素，为了展现出化妆品的特点，在后期处理时通过合成的方式将产品和人像照片进行拼合。明确广告的宣传内容，然后用统一的色调和影调将画面的整体表现进行协调处理，并结合文字的搭配，在丰富广告内容的同时增强画面的表现力，让化妆品广告的效果更加完美。

素　材	素材\10\08、09.jpg
源文件	源文件\10\化妆品广告设计.psd

STEP 01　新建图层

运行Photoshop CS6应用程序，打开素材\ 10\08.jpg文件，可以查看到照片的原始效果，在"图层"面板中新建图层，得到"图层1"图层。

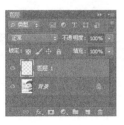

STEP 02　设置"画笔"面板

选中工具箱中的"画笔工具" ，并打开"画笔"面板，选择"柔边圆"画笔，调整"大小"为1000像素，并勾选"形状动态"复选框，对该选项卡中的选项进行设置。

STEP 03　设置"画笔"面板

继续对"画笔"面板进行设置，勾选"散布"和"传递"复选框，设置"散布"为500%、"数量"为1、"数量抖动"为98%、"不透明度抖动"为100%。

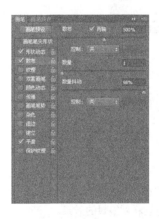

STEP 04　预览设置效果及调整前景色

完成"画笔"面板的设置后，在"画笔预览监视器"中可以看到设置后的笔画形态，然后在工具箱中设置前景色为R255、G0、B0。

STEP 05 绘制图像

使用设置好的画笔在图像窗口中进行绘制，为画面添加上红色的圆点，在图像窗口中可以看到编辑的效果。

STEP 06 创建选区

选择工具箱中的"矩形选框工具" ，在图像窗口中创建羽化为0的矩形选区，并在工具箱中设置前景色为R255、G0、B0，为选区的填充做好准备。

STEP 07 为选区填充颜色

新建图层，得到"图层2"图层，按Alt+Delete快捷键将选区填充上前景色，并在"图层"面板中设置"不透明度"为10%，在图像窗口中可以看到编辑的效果。

STEP 08 复制图层

按Ctrl+J快捷键复制"图层2"图层，得到"图层2副本"图层，按Ctrl+T快捷键对图像的大小和位置进行调整，使其位于"图层2"中矩形条的上方位置。

STEP 09 添加素材文件

在"图层"面板中新建图层，得到"图层3"图层，打开本书素材\10\09.jpg素材，将其复制到"图层3"中，并适当调整化妆品的大小和位置。

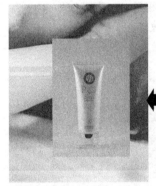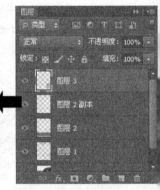

STEP 10 编辑图层蒙版

使用"钢笔工具" 沿化妆品的边缘创建路径，并通过"路径"面板将创建的路径转换为选区，然后单击"图层"面板中的"添加蒙版"按钮 ，为"图层3"添加图层蒙版，将化妆品抠选出来。

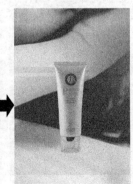

STEP 11 复制图层

按Ctrl+J快捷键复制"图层3"图层，得到"图层3副本"图层，并将该图层拖曳到"图层3"的下方，同时调整图层中图像的角度。

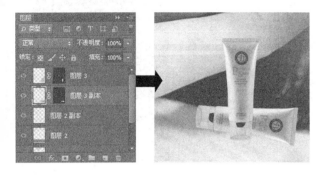

STEP 12 应用"外发光"图层样式

双击"图层3"图层，打开"图层样式"对话框，在其中勾选"外发光"复选框，并设置外发光的颜色为白色，同时调整各个选项的参数，完成后单击"确定"按钮。

STEP 13 预览编辑效果

为"图层3副本"也添加上"外发光"效果，在"图层"面板中可以看到"外发光"样式以子图层的方式进行显示，在图像窗口中可以看到编辑的效果。

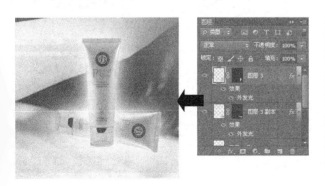

STEP 14 复制图层

选中"图层3"和"图层3副本"图层，按Ctrl+J快捷键得到两个副本图层，将复制的图层调整到"图层"面板的最顶端，并对图层中的图像进行变换处理，将其作为化妆品的投影。

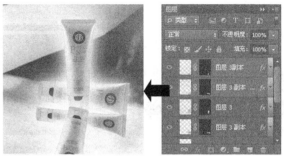

STEP 15 降低图层不透明度

为了使投影的效果更加真实，在"图层"面板中降低"不透明度"为10%，显示出淡淡的图像效果，在图像窗口中可以看到编辑后的投影更为逼真。

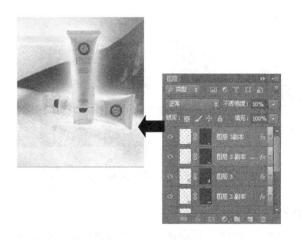

STEP 16 载入选区

按住Ctrl+Shift快捷键的同时，使用鼠标单击"图层3"和"图层3副本"的图层蒙版缩览图，将化妆品载入到选区，在图像窗口中可以看到创建的选区效果。

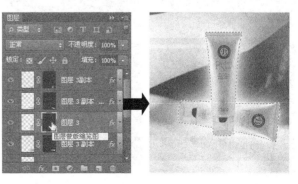

STEP 17   用色阶调整画面影调

创建选区后通过"调整"面板创建"色阶"调整图层，在打开的"属性"面板中依次拖曳RGB选项下的色阶值为0、2.40、222，提高选区的亮度。

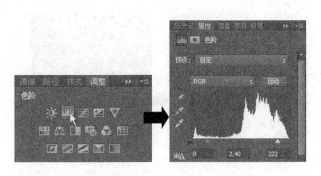

STEP 18   预览编辑效果

完成"色阶"调整图层的编辑后，在图像窗口中可以看到化妆品的亮度提高了，与背景中的图像影调也更加协调，同时在"图层"面板中可以看到创建的"色阶"调整图层效果。

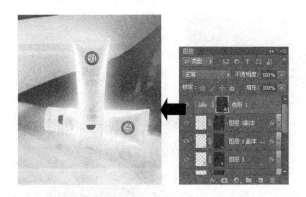

STEP 19   编辑曲线形态

通过"调整"面板创建"曲线"调整图层，在打开的"属性"面板中分别对"红"通道和RGB通道下的曲线进行设置，提高暗部的影调。

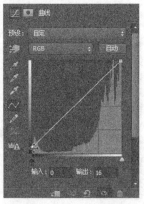

STEP 20   预览编辑效果

完成"曲线"调整图层的编辑后，在图像窗口中可以看到画面的整体影调和色彩更加协调，在"图层"面板中可以看到创建的"曲线"调整图层效果。

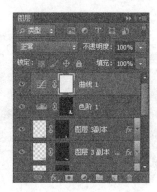

STEP 21   设置"字符"和"段落"面板

打开"字符"面板，在其中设置字号为72点，字间距为-25、字体颜色为R255、G0、B0，接着打开"段落"面板，设置对齐方式为左对齐、行间距为60点，为段落文字的添加做准备。

STEP 22   输入主题文字

设置好"字符"和"段落"面板后，使用"横排文字工具"在图像窗口中单击，并输入所需的段落文字，在图像窗口中可以看到添加的文字效果。

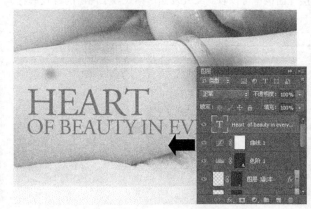

STEP 23 输入辅助文字

使用"横排文字工具" T 在图像窗口中单击，输入段落文字，并打开"字符"和"段落"面板进行设置，调整文字的颜色为黑色，可以看到添加文字后的效果。

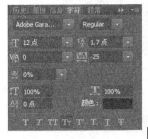
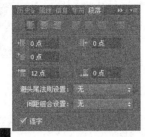

STEP 24 复制文字图层

对步骤23中添加的文字进行复制，并适当增大文字的显示，将文字放在画面的最上方，在"图层"面板中设置图层的混合模式为"柔光"。

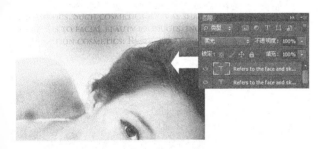

STEP 25 新建图层

在"图层"面板中单击下方的"创建新图层"按钮 ，新建一个图层，得到"图层4"图层，将该图层调整到"图层"面板的最上端。

STEP 26 绘制路径

选择工具箱中的"自定形状工具" ，在该工具的选项栏中选择蝴蝶形状的图案，在图像窗口中单击并拖曳，创建出蝴蝶形状的路径，在图像窗口中可以看到创建的路径效果。

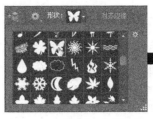

STEP 27 将路径转换为选区

执行"窗口>路径"菜单命令，打开"路径"面板，通过该面板将创建的蝴蝶路径转换为选区，在图像窗口中可以看到创建的选区效果。

STEP 28 为选区填充颜色

在工具箱中设置前景色为R255、G0、B0，按Alt+Delete快捷键，在"图层4"中将选区填充上前景色，在图像窗口中可以看到红色的蝴蝶效果。

STEP 29 调整方向和大小

按Ctrl+T快捷键，对蝴蝶的形状和角度进行调整，并按Enter键对变换的结果进行确定，在图像窗口中可以看到本例最终的编辑效果。

知识提炼　自定形状工具

"自定形状工具"可以绘制出丰富的图形形状，在Photoshop CS6中提供了较多的预设形状供用户使用，同时还可以创建具有个性的图形形状，具有很高的自由度。选择工具箱中的"自定形状工具"，可以看到如下图所示的工具选项栏。

❶ 选择工具模式：该选项包括形状、路径和像素3个选项。每个选项所对应的工具选项也不同。下图所示为选择"形状"选项后的设置，可以在其中对图形的填充、描边等进行设定。

❷ 混合模式：用于设置绘制的图形形状与下方图像的混合叠加模式，其下拉列表中的选项与"图层混合模式"下的选项相同，包含了"正常"、"溶解"、"滤色"、"叠加"、"线性加深"和"明度"等选项。下图所示分别为应用"叠加"和"饱和度"选项后进行绘制的效果，可以看到图形根据不同的混合模式与下方的图像进行了叠加。

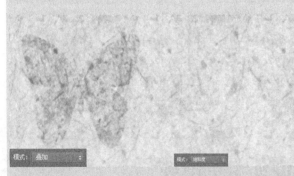

❸ 不透明度：用于设置绘制图形形状的不透明程度，设置范围为1%～100%。下图所示为不同不透明度选项设置的显示效果。

❹ "形状"选取器：用于选择需要绘制的图形形状，单击"形状"选项后面的下拉形按钮，可以打开"形状"选取器，单击右上角的设置按钮，在其中选择"载入形状"命令，可以打开如下图所示的"载入"对话框，在其中可以选择所需的形状载入到当前"形状"选取器中。

如果选择扩展菜单中的"全部"命令，可以将Photoshop中所有的预设形状载入"形状"选取器中。如下图所示为载入后的显示效果。

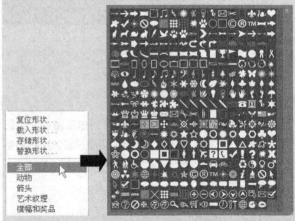

当在"形状"选取器中添加形状后，由于形状的数量较多，选择需要的形状会花费过多的时间，此时可以在扩展菜单中选择"复位形状"选项，将"形状"选取器中的形状显示为默认的预设形状，再根据需要载入合适的形状类型即可。

10.5　房地产广告设计

在信息时代，广告是最有力的传播工具，房产广告当然也必须要体现最基本的告知作用。在房地产广告的设计中要展现出楼盘的特点，可以采用多彩的楼盘形象和单一的背景色来凸显楼盘的品质，在后期处理时通过素材进行合成，并添加适当的修饰形状和文字，让广告的诉求更为准确。

素　材	素材\10\10、11、12.jpg
源文件	源文件\10\房地产广告设计.psd

STEP 01　新建文档

运行Photoshop CS6应用程序，执行"文件＞新建"菜单命令，在打开的"新建"对话框中设置"名称"为"房地产广告设计"，并对其他选项进行设置。

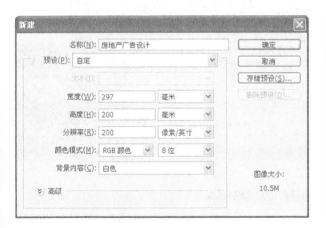

STEP 02　添加素材文件

在"图层"面板中新建图层，得到"图层1"图层，打开本书素材\10\10.jpg素材，将其复制到"图层1"中，并适当调整素材文件的大小和位置。

STEP 03　添加"黑白"调整图层

创建"黑白"调整图层，在打开的"属性"面板中勾选"色调"复选框，并对下方各个选项的参数进行设置。

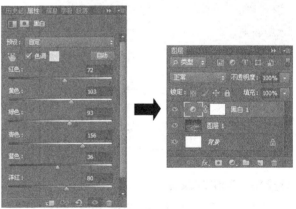

STEP 04　预览编辑效果

完成"黑白"调整图层的创建和编辑后，画面中的图像将转换为单色调的图像效果，使得整体的颜色更为统一。

STEP 05　创建选区并编辑填充色

　　使用"椭圆选框工具" 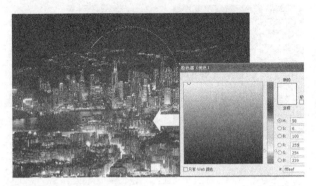创建圆形的选区，并对选区进行适当的羽化处理，通过"图层"面板为选区创建颜色填充图层，并设置填充色为R255、G254、B239。

STEP 06　预览编辑效果

　　完成颜色的设置后单击"确定"按钮，可以看到选区中的图像被填充上了颜色，接着在"图层"面板中将颜色填充图层的"不透明度"设置为80%，在图像窗口中可以看到编辑的效果。

STEP 07　添加光线文件

　　在"图层"面板中新建图层，得到"图层2"图层，打开本书素材\10\04.jpg素材文件，将其复制到"图层2"中，并调整大小放置在合适的位置，使其铺满整个图像窗口。

STEP 08　调整图层混合模式

　　在"图层"面板中将"图层2"的混合模式设置为"滤色"、"不透明度"为80%，使素材与整体图像自然地融合，在图像窗口中可以看到编辑的效果。

STEP 09　添加素材文件

　　在"图层"面板中新建图层，得到"图层3"图层，打开本书素材\10\11.jpg素材文件，将其复制到"图层3"中，并为其添加图层蒙版进行编辑，在图像窗口中可以看到添加建筑物后的效果。

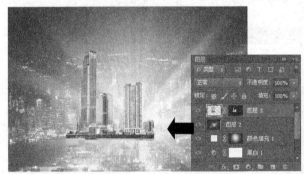

STEP 10　复制图层

　　按Ctrl+J快捷键复制"图层3"图层，得到"图层3副本"图层，适当调整该图层的位置和大小，在图像窗口中可以看到编辑后的效果。

STEP 11 调整局部曝光度

将建筑体创建为选区,为其创建"曝光度"调整图层,在打开的"属性"面板中设置"曝光度"选项为0.82、"位移"选项为-0.0192、"灰度系数校正"选项为0.79。

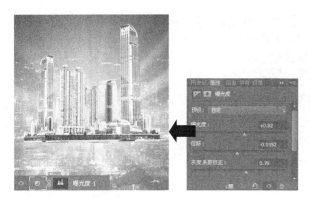

STEP 12 提高颜色浓度

再次将建筑体载入选区,并为其创建"自然饱和度"调整图层,在打开的"属性"面板中设置"自然饱和度"选项为70、"饱和度"选项为5。

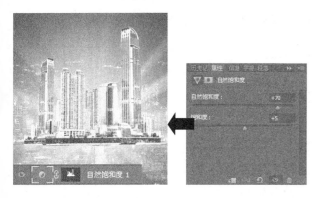

STEP 13 添加草地素材

在"图层"面板中新建图层,得到"图层4"图层,打开本书素材\10\12.jpg素材文件,将其复制到"图层4"中,并为该图层添加图层蒙版进行编辑。

STEP 14 设置"图案填充"对话框

使用"多边形套索工具"创建选区,为选区创集团填充图层,在打开的"图案填充"对话框中设置"图案"为"纤维纸2"、"缩放"为150%。

STEP 15 添加"图案填充"效果

完成"图案填充"对话框的设置后,单击"确定"按钮即可,在图像窗口中可以看到编辑后的图像内容更加丰富,质感更强烈。

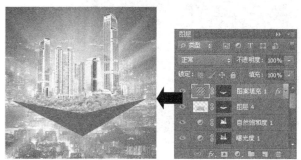

STEP 16 添加暗部影调

创建"曲线"调整图层,在打开的"属性"面板中对曲线的形态进行设置,并将该调整图层的蒙版填充为黑色,选择工具箱中的"画笔工具",设置前景色为白色,使用不透明度较低的画笔在建筑体和纹理上进行涂抹。

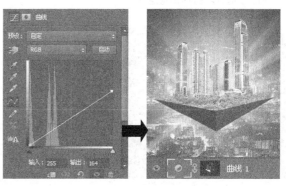

STEP 17　添加亮部影调

创建"曲线"调整图层，在打开的"属性"面板中对曲线的形态进行设置，并将其蒙版填充为黑色，使用白色的画笔对蒙版进行编辑，增强局部区域的亮部显示。

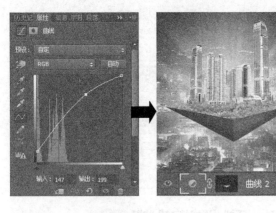

STEP 18　为整体画面添加晕影

创建颜色填充图层，设置填充色为黑色，然后使用"椭圆选框工具"对该填充图层的蒙版进行编辑，在画面四周添加上黑色的晕影效果。

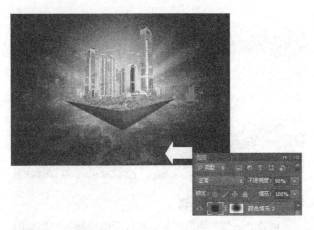

STEP 19　创建选区

选择工具箱中的"矩形选框工具" ，在该工具的选项栏中设置"羽化"为0像素，使用鼠标在图像窗口中单击并进行拖曳，创建矩形选区。

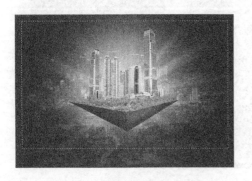

STEP 20　添加黑色边框

将创建的矩形选区进行反向选取，然后为编辑的选区创建颜色填充图层，设置填充色为黑色，在图像窗口中可以看到编辑后的画面效果。

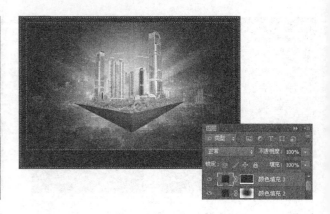

STEP 21　应用"描边"图层样式

双击颜色填充3图层，打开"图层样式"对话框，在其中勾选"描边"复选框，并设置描边色为R255、G204、B153，同时对其余的参数进行调整。

STEP 22　预览编辑效果

完成"图层样式"对话框的编辑后单击"确定"按钮即可，在图像窗口中可以看到画面周围的边框上出现了细细的描边效果，使得画面更具立体感。

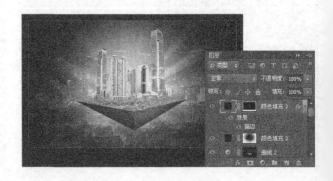

STEP 23 添加边线

新建图层，得到"图层5"图层，选择工具箱中的"矩形选框工具"，利用该工具创建矩形选区，并填充上适当的颜色，然后再次创建比之前矩形选区略小的选区，将选区中的图像删除，为画面的四周添加上边线，在图像窗口中可以看到编辑的效果。

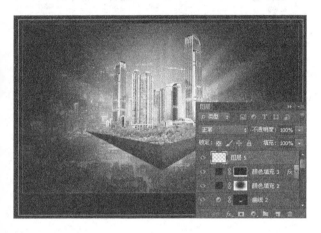

STEP 24 输入文字

选择工具箱中的"横排文字工具" T，在图像窗口中单击并输入所需的文字，并通过"字符"和"段落"面板对文字的属性进行设置。

STEP 25 添加主体文字

选择工具箱中的"横排文字工具" T，在图像窗口中单击并输入所需的主题文字，并通过"字符"和"段落"面板对文字的属性进行设置，在图像窗口中可以看到添加主题文字后的效果。

STEP 26 应用"描边"和"渐变叠加"样式

双击主题文字图层，打开"图层样式"对话框，在其中勾选"描边"和"渐变叠加"复选框，并对其相应的选项进行设置，为文字添加上描边和渐变色填充效果。

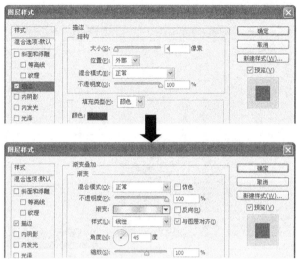

STEP 27 应用"投影"样式

继续在"图层样式"面板中进行设置，勾选其中的"投影"复选框，并对相应的选项进行设置，为文字添加上投影效果。

STEP 28 预览编辑效果

完成"图层样式"对话框的设置后，在图像窗口中可以看到文字的表现力增强，使其更具观赏性。

STEP 29　执行"减少杂色"命令

按Ctrl+Shift+Alt+E快捷键盖印可见图层，得到"图层5"图层，执行"滤镜>杂色>减少杂色"菜单命令，在打开的"减少杂色"对话框中进行设置，调整各个选项的参数依次为6、30、50、70。

STEP 30　预览编辑效果

对画面进行降噪处理后，画面细节将更完美，在图像窗口中可以看到本例最终的编辑效果。

知识提炼　"图案"填充图层

在Photoshop中还可以利用图案填充图层为图像填充上所需的图案，图案填充图层同样是通过图层混合模式将纹理叠加到图像上的，有区别的是，图案填充图层自带有图层蒙版，可以通过对图层蒙版的编辑来控制图案填充的范围。

单击"图层"面板下方的"创建新的填充或调整图层"按钮，在弹出的菜单中选择"图案"，然后弹出"图案填充"对话框，在其中可以对填充的内容和图案缩放比例进

行设置，能够在"图层"面板中创建图案填充图层，并自带有一个白色的图层蒙版，通过对图层混合模式的设置，即可将图案叠加到图像上，如下图所示。

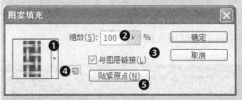

❶ "图案"拾色器：该选项用于选择所需的叠加图案，单击"图案"后面的三角形按钮，可以打开如下图所示的"图案"拾色器，在其中可以选择所需的图案、载入图案、存储图案和复位图案等。

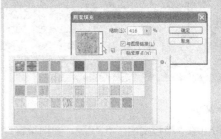

❷缩放：用于设置图案显示的大小，设置范围为1%~1000%，直接在数值框中输入参数或者在快捷滑块中进行拖曳即可。下图所示为不同缩放比例的图案显示效果。

❸与图层链接：如果需要将添加的图案在图层移动时随图层一起移动，可以勾选"与图层链接"复选框。勾选"与图层链接"复选框后，在打开"图案填充"对话框后，可以使用鼠标在图像窗口中单击并进行拖曳，由此来调整图案的位置。

❹从此图案创建新的预设：单击"从此图案创建新的预设"按钮，可以将当前设置的图案存储为预设图案，同时在"图案"拾色器中将显示出存储的预设图案。

❺贴紧原点：单击"贴紧原点"按钮，可以使图案的原点与文档的原点相同。

10.6 服装广告设计

服装广告主要围绕服装的特征和理念，通过图文并茂的方式展现服装的特点。本例使用图层蒙版将两张素材进行拼合，增强服装的表现力，使画面内容更加丰富，然后配合适当的装饰色彩及文字，将广告的主体更加有针对性地展现，呈现出和谐且个性的画面效果。

素 材	素材\10\13、14.jpg
源文件	源文件\10\服装广告设计.psd

STEP 01 新建文档

运行Photoshop CS6应用程序，执行"文件＞新建"菜单命令，在打开的"新建"对话框中设置"高度"为200毫米、"宽度"为300毫米、"分辨率"为200像素/英寸。

STEP 02 添加素材文件

新建图层，得到"图层1"图层，并将本书素材\ 10\13.jpg复制到其中，并适当调整图像的大小和位置。

STEP 03 再次添加素材文件

在"图层"面板中新建图层，得到"图层2"图层，并将本书素材\10\14.jpg复制到其中，并适当调整图像的大小，将其放在画面的左侧位置。

STEP 04 编辑图层蒙版

为"图层2"添加白色的图层蒙版，使用黑色的画笔对蒙版进行编辑，使两张图像之间进行自然的融合。

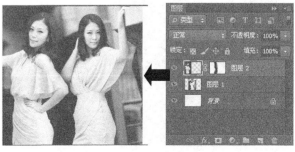

STEP 05 复制选区内容

选择工具箱中的"矩形选框工具"▦，在图像窗口中创建矩形选区，并按Ctrl+J快捷键复制选区中的图像，得到"图层3"图层。

STEP 06 调整选区大小并应用模糊滤镜

将"图层3"图层中的图像进行放大，使其铺满右侧的画布，执行"滤镜＞模糊＞高斯模糊"菜单命令，在打开的"高斯模糊"对话框中设置"半径"为30像素。

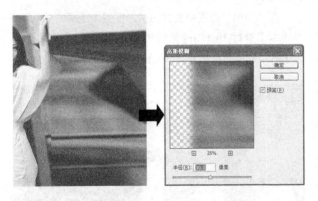

STEP 07 预览编辑效果

完成"高斯模糊"对话框的编辑后单击"确定"按钮即可，在图像窗口中可以看到画面整体的颜色和图像更加协调和统一，相互之间的融合也很自然。

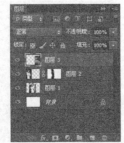

STEP 08 应用"渐变"填充图层

选择工具箱中的"矩形选框工具"▦，在图像窗口中创建矩形选区，然后创建渐变填充图层，并在打开的"渐变填充"对话框中对各个选项的参数进行设置。

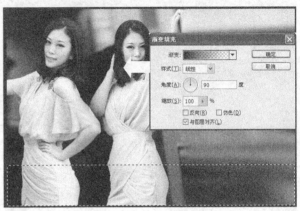

STEP 09 预览编辑效果

完成"渐变填充"对话框的设置后单击"确定"按钮即可，在图像窗口中可以看到画面的下方呈现出自然的黑色过渡效果，更能凸显出模特的衣服。

STEP 10 应用渐变填充图层

选择工具箱中的"矩形选框工具"▦，再次在图像窗口中创建矩形选区，然后创建渐变填充图层，并在打开的"渐变填充"对话框中对各个选项的参数进行设置，在图像窗口中可以看到编辑后的画面效果。

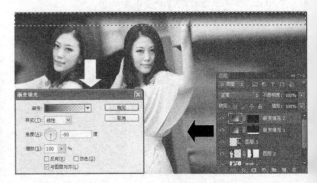

STEP 11　输入文字

选择工具箱中的"横排文字工具"，在图像窗口中的适当位置单击并输入所需的段落文字，打开"字符"和"段落"面板，选中其中的部分文字分别进行设置，在图像窗口中可以看到添加文字后的效果。

STEP 12　添加"外发光"样式

双击添加的段落文字，在打开的"图层样式"面板中进行设置，勾选"外发光"复选框，并设置外发光的颜色为R184、G158、B141，同时对外发光其余的设置参数进行调整，让添加的样式更加完美。

STEP 13　预览编辑效果

完成"图层样式"对话框的编辑后单击"确定"按钮关闭对话框，在图像窗口中可以看到文字的下方呈现出蓝色的发光效果，使得文字在整个画面中更加突出。

STEP 14　输入文字

选择工具箱中的"横排文字工具"，在图像窗口中的适当位置单击，分别输入两段文字，并适当调整文字的属性和位置，在图像窗口中可以看到编辑的效果。

STEP 15　设置图层混合模式

为了让文字的效果更加完美，还需要对文字的图层属性进行设置，在"图层"面板中设置其混合模式为"叠加"、"不透明度"为50%。

STEP 16　输入文字

选择工具箱中的"横排文字工具"，在图像窗口中的适当位置单击并输入所需的段落文字，并打开"字符"和"段落"面板，选中其中的部分文字分别进行设置，同时在"图层"面板中设置"不透明度"为50%。

STEP 17　绘制矩形图像

在工具箱中设置前景色为R174、G148、B130，并在"图层"面板中新建图层，得到"图层4"图层，选择工具箱中的"圆角矩形工具"，绘制圆角矩形，在图像窗口中可以看到添加圆角矩形图像的效果。

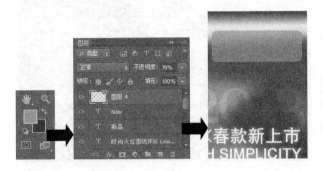

STEP 18　添加文字

选择工具箱中的"横排文字工具" ，在图像窗口中的适当位置单击并输入所需的段落文字，打开"字符"和"段落"面板进行设置，完成本例的编辑。

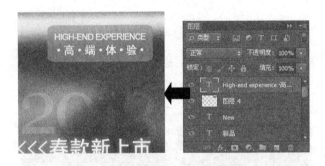

知识提炼　"渐变"填充图层

"渐变"填充图层可以为图像窗口中的图像添加上渐变色。

单击"图层"面板中下方的"创建新的填充或调整图层"按钮 ，在弹出的菜单中选择"渐变"命令，可以打开如下图所示的"渐变填充"对话框，在其中可以对渐变的颜色、样式等选项进行设置。

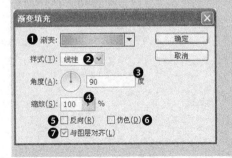

❶渐变：单击"渐变"选项后面的渐变色块，可以打开"渐变编辑器"对话框，在其中可以对渐变的颜色进行设置，如下图所示。

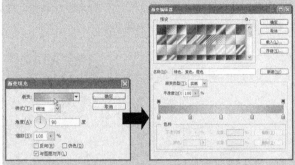

❷样式：该选项用于指定渐变的形状，包括"径向"、"线性"、"角度"和"对称"等。下图所示为不同样式的渐变效果。

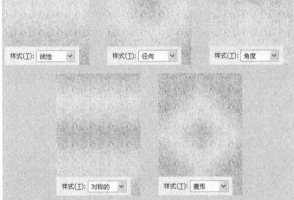

❸角度：该选项用于指定应用渐变时使用的角度。

❹缩放：该选项用于更改渐变的大小

❺反向：勾选"反向"复选框，可以将渐变的方向进行翻转。下图所示为勾选和未勾选时的渐变效果。

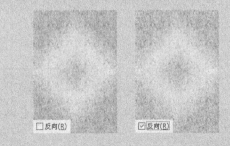

❻仿色：勾选该复选框可通过对渐变应用仿色。

❼与图层对齐：勾选"与图层对齐"复选框，可以使用图层的定界框来计算渐变填充，即可在图像窗口中拖动以移动渐变中心。

10.7 别样中国风商业广告

商业广告是各种图形、图像和文字的创意组合，它对于视觉唤起和引发思维具有先导与定向的作用。本例通过对几幅不同的图像进行拼接合成，再对其色调进行统一，由此打造出具有中国风的平面广告效果，适当地修饰图案让整体色彩对比强烈，使画面更具视觉冲击力。

素　材	素材\10\15、16、17.jpg
源文件	源文件\10\别样中国风商业广告.psd

STEP 01　新建文档

运行Photoshop CS6应用程序，执行"文件＞新建"菜单命令，在打开的"新建"对话框中进行设置。

STEP 02　设置渐变叠加效果

创建"渐变填充"调整图层，在打开的"渐变填充"对话框中设置颜色为R0、G18、B69到R19、G106、B156到R7、G57、B119到R0、G0、B44的径向渐变，设置"缩放"为145%、"角度"为90度、"样式"为"径向"。

STEP 03　预览背景填色效果

完成设置后单击"确定"按钮，创建"渐变填充"调整图层，在图像窗口中可以看到编辑后的效果。

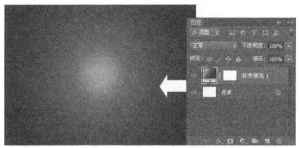

STEP 04　添加瓦罐素材

新建图层，得到"图层1"图层，将本书素材\10\15.jpg素材文件复制到其中，并适当调整其大小和位置。

STEP 05　编辑图层蒙版

使用"钢笔工具" ▨沿着瓦罐的边缘创建路径，然后将路径转换为选区，单击"图层"面板下方的"添加图层蒙版"按钮，将瓦罐图像抠选出来。

STEP 06　应用"外发光"图层样式

双击"图层1"图层，在打开的"图层样式"对话框中为图像添加"外发光"图层样式，设置发光的颜色为R78、G137、B246，"大小"为250像素。

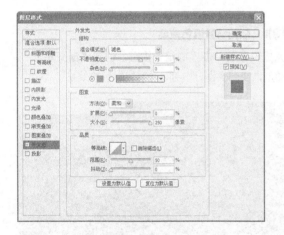

STEP 07　预览编辑效果

完成后单击"确定"按钮，在图像窗口中可以看到瓦罐图像的四周散发着蓝色的光芒。

STEP 08　载入选区创建黑白调整图层

按住Ctrl键的同时单击"图层1"图层的蒙版缩览图，将瓦罐图像作为选区，为创建的选区创建"黑白"调整图层，并在打开的"属性"面板中对各个选项的参数进行设置。

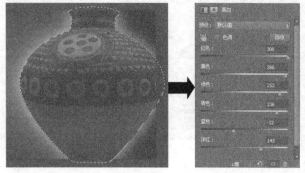

STEP 09　预览黑白效果

完成"黑白"调整图层的编辑后，在图像窗口中可以看到瓦罐变成了黑白色，在"图层"面板中可以看到创建的"黑白"调整图层效果。

STEP 10　调整区域颜色

再次将瓦罐载入选区，为其创建"色彩平衡"调整图层，在打开的"属性"面板中设置"中间调"选项的色阶值分别为-39、-1、79，让瓦罐和背景颜色更为统一。

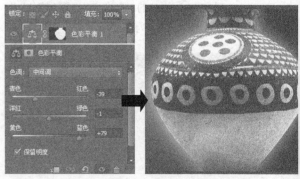

STEP 11　添加风景素材

在"图层"面板中新建图层，得到"图层2"图层，将本书素材\10\16.jpg素材文件复制到其中，并适当调整其大小和位置，在图像窗口中可以看到编辑的效果。

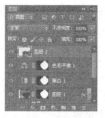

STEP 12　编辑图层蒙版

在"图层"面板中为"图层2"添加上白色的图层蒙版，并使用黑色的画笔对蒙版进行编辑，使得风景与瓦罐自然地过渡，同时设置"图层2"的不透明度为60%。

STEP 13　载入选区创建"色阶"调整图层

再次将瓦罐载入选区，为选区创建"色阶"调整图层，在打开的"属性"面板中依次拖曳RGB选项下的色阶滑块到0、1.87、232的位置，提高选区图像的影调。

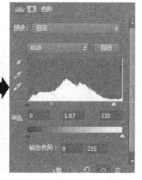

STEP 14　预览编辑效果

完成"色阶"调整图层的编辑后，在图像窗口中可以看到瓦罐显得更加明亮、通透，同时在"图层"面板中可以看到创建的"色阶"调整图层效果。

STEP 15　载入选区创建"黑白"调整图层

再次将瓦罐作为选区，创建"黑白"调整图层，在打开的"属性"面板中勾选"色调"复选框，单击其后面的色块，在打开的对话框中设置颜色为R8、G40、B90。

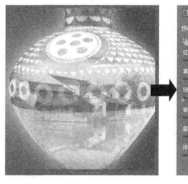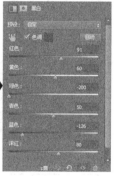

STEP 16　预览调色效果

将选区中的图像颜色进行统一，在图像窗口中可以查看到调整后瓦罐上的风景呈现出青花瓷的效果。

STEP 17   添加丝带素材

在"图层"面板中新建图层，得到"图层3"图层，将本书素材\10\17.jpg素材文件复制到其中，并适当调整其大小和位置，同时为该图层添加上白色的图层蒙版。

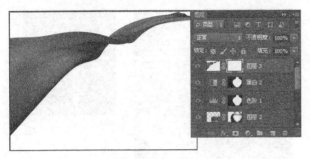

STEP 18   编辑图层蒙版

选中"图层3"的图层蒙版，执行"选择＞色彩范围"菜单命令，在打开的对话框中使用"吸管工具"进行编辑，将丝带部分保留，隐藏白色区域的图像。

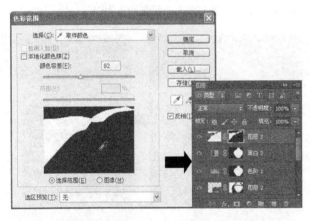

STEP 19   预览编辑效果

完成"色彩范围"对话框的编辑后单击"确定"按钮，在图像窗口中可以看到抠取的丝带效果，接着使用"画笔工具"对蒙版进行编辑，使瓦罐完全显示出来。

STEP 20   复制图层

按Ctrl+J快捷键复制"图层3"图层，得到"图层3副本"图层，并对图层中的丝带大小和位置进行调整，同时使用"画笔工具"对图层蒙版进行编辑，将丝带完全显示出来。

STEP 21   输入主题文字

使用"直排文字工具"在图像窗口中单击，输入所需的文字，并打开"字符"面板进行设置，调整文字的填充色为白色，在图像窗口中可以看到添加主题文字的效果。

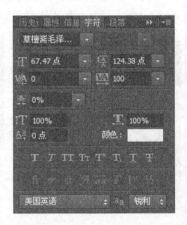

STEP 22   输入文字

使用"直排文字工具"在图像窗口中单击，输入所需的文字，并打开"字符"面板进行设置，调整文字的填充色为R255、G0、B0。

STEP 23 设置"字符"和"段落"面板

打开"字符"面板，在其中设置字体为楷体、字号为14点、字间距为0、字体颜色为白色，接着打开"段落"面板，设置对齐方式为顶对齐、行间距为0点，为段落文字的添加做好准备。

STEP 24 输入段落文字

使用"直排文字工具"在图像窗口中单击，输入所需的段落文字，将段落文字放在主题文字的右侧，在图像窗口中可以看到编辑的效果。

STEP 25 输入电话号码

使用"横排文字工具"在图像窗口中单击，输入电话号码，并打开"字符"面板进行设置，调整文字的颜色为白色，可以看到添加文字的效果。

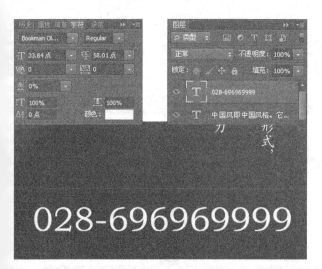

STEP 26 添加修饰图形和段落文字

使用"矩形工具"绘制白色的矩形，得到"图层4"图层，并使用"横排文字工具"添加段落文字，在图像窗口中可以看到本例最终的编辑效果。

知识提炼 选区的存储与载入

如果创建选区或进行变换操作后想要保留选区以便再次使用，可以利用"存储选区"命令对选区进行保存。执行"选择>存储选区"菜单命令，可以打开如下图所示的"存储选区"对话框。

❶文档：为选区选取一个目标图像。默认情况下，选区将存放在当前图像的通道内，利用该选项可以选择将选区存储到其他打开的且具有相同像素尺寸的图像通道中，或存储到新图像中。

❷通道：为选区选取一个目标通道。默认情况下，选区将存储在新通道中，可以选择将选区存储到选中图像的任意现有的通道中，或存储到图层蒙版中。

❸操作：如果要将选区存储到现有的通道中，可以在"操作"中选择合适的组合方式。

当需要打开存储的选区进行再次使用时，执行"选择>载入选区"菜单命令，即可打开如下图所示的"载入选区"对话框，选择所需选区的名称，即可载入选区进行使用。

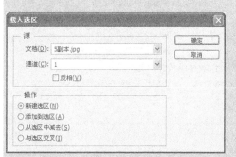

第11章

证卡及名片设计

证卡和名片都是一种小巧的、多为矩形的、用于承载信息或者娱乐用的物品，它利用较小的版面展现丰富的内容，具有画面精致、版式灵活、诉求明确的特点。本章通过对VIP卡片、名片、请帖、邀请函和商务卡的制作和设计，将实践应用与Photoshop的专业操作技法相结合，打造出一幅幅精致完美的设计效果。

本章内容

至尊VIP卡设计	知识提炼：链接图层
炫彩名片设计	知识提炼：载入形状
婚礼请帖设计	知识提炼："样式"面板
打折卡设计	知识提炼：多边形工具
邀请函设计	知识提炼："投影"图层样式
商务名片的设计	知识提炼："内发光"图层样式

11.1 至尊VIP卡设计

VIP卡也称为贵宾卡，在卡片的正面一般会印上VIP字样，代表一种贵宾身份。本例制作的一款酒店的VIP卡，使用群楼作为卡片的背景，并结合调整命令对画面的色调和影调进行调整，同时搭配上修饰的线条和文字，让画面呈现出大气、尊贵的感觉，彰显出酒店优质的服务品质。

素材	素材\11\01.jpg
源文件	源文件\11\至尊VIP卡设计.psd

STEP 01　新建文档

运行Photoshop CS6应用程序，执行"文件＞新建"菜单命令，在打开的"新建"对话框中设置"名称"为"至尊VIP卡设计"，同时调整其他选项的参数。

STEP 02　添加素材文件

在"图层"面板中新建图层，得到"图层1"图层，打开素材\11\01.jpg文件，将其复制粘贴到"图层1"中，并适当调整其大小和位置。

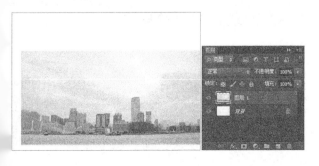

STEP 03　复制图层

按Ctrl+J快捷键，复制"图层1"图层，得到"图层1副本"图层，按Ctrl+T快捷键，使用自由变换框对图像的大小和位置进行调整。

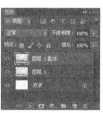

STEP 04　编辑图层蒙版

为"图层1副本"添加白色的图层蒙版，使用黑色的"画笔工具"对蒙版进行编辑，让两幅图像之间自然融合。

STEP 05   创建选区

选择工具箱中的"圆角矩形工具" ，在图像窗口中创建圆角矩形路径，然后将其转换为选区，接着执行"选择＞反向"菜单命令，将选区进行反向选取。

STEP 06   创建颜色填充图层

完成选区的编辑后，创建颜色填充图层，设置填充色为白色，只显示出圆角矩形内的图像，在图像窗口中可以看到编辑的效果。

STEP 07   添加"描边"图层样式

双击颜色填充图层，在打开的"图层样式"对话框中勾选"描边"复选框，并在相应的选项组中进行设置，为图层中的图像添加描边效果。

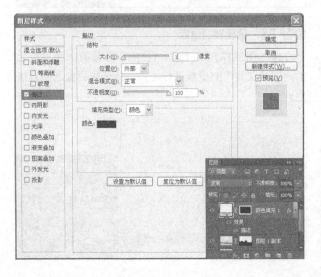

STEP 08   预览编辑效果

完成"图层样式"对话框的编辑后直接单击"确定"按钮即可，在图像窗口中可以看到卡片的周围出现了细细的描边效果，使其更加突出。

STEP 09   新建图层并设置前景色

在工具箱中设置前景色为R102、G51、B51，然后单击"图层"面板下方的"创建新图层"按钮，新建图层，得到"图层2"图层。

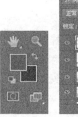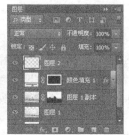

STEP 10   设置图层混合模式

按Alt+Delete快捷键将"图层2"填充上前景色，同时在"图层"面板中设置该图层的混合模式为"叠加"，在图像窗口中可以看到编辑后的效果。

使用"油漆桶工具"填充颜色　　　　　　TIPS

使用"油漆桶工具"在选区内或者普通图层中单击，可以填充上当前设置的前景色。

STEP 11 创建选区

新建图层，得到"图层3"图层，然后使用"圆角矩形工具"绘制圆角矩形路径，并将其转换为选区，接着使用"矩形选框工具"减去选区中多余的部分。

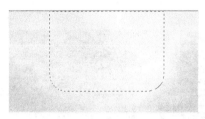

从选区减去选取的范围　　　　　　　　　　TIPS

通过选区工具选项栏中的"从选区减去"按钮，可以从当前创建的选区中减去多余选取的部分，由此达到缩小选区的目的。

STEP 12 为选区填充颜色

设置前景色为R36、G19、B8，按Alt+Delete快捷键将选区填充上前景色，在图像窗口中可以看到填色后的效果。

STEP 13 创建"曲线"调整图层

通过"调整"面板创建"曲线"调整图层，在打开的"属性"面板中通过拖曳和添加控制点的方式对曲线的形态进行设置，由此改变画面中的影调。

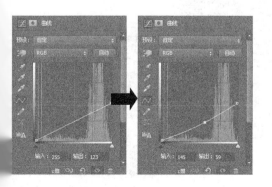

STEP 14 编辑图层蒙版

设置前景色为黑色，选择工具箱中的"画笔工具"，使用该工具在图像窗口中进行涂抹，对"曲线"调整图层的蒙版进行编辑，在图像窗口中可以看到编辑的效果。

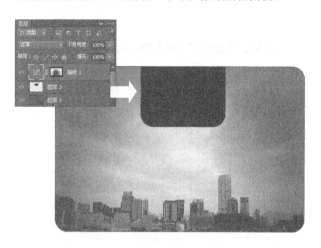

STEP 15 创建"曲线"调整图层

通过"调整"面板创建"曲线"调整图层，在打开的"属性"面板中通过拖曳和添加控制点的方式对曲线的形态进行设置，由此改变画面中的影调。

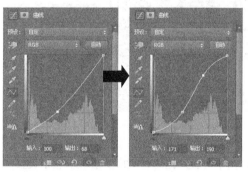

STEP 16 编辑图层蒙版

设置前景色为黑色，选择工具箱中的"画笔工具"，使用该工具在图像窗口中进行涂抹，对"曲线"调整图层的蒙版进行编辑，在图像窗口中可以看到编辑的效果。

STEP 17   创建"颜色"填充图层

通过"图层"面板创建"颜色"填充图层，在打开的"拾色器（纯色）"对话框中设置填充色为R36、G1、B1，完成设置后单击"确定"按钮。

STEP 18   编辑图层蒙版

完成"颜色"填充图层的编辑后，在"图层"面板中将该图层的混合模式设置为"颜色加深"，并使用"渐变工具"对该图层的蒙版进行编辑，只对上方的图像应用效果。

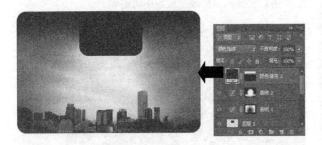

STEP 19   绘制线条

新建图层，得到"图层4"图层，在工具箱中设置前景色为R36、G19、B8，使用"矩形选框工具"创建矩形选区，并使用前景色进行填充，得到水平的线条效果。

STEP 20   输入主题文字

使用"横排文字工具"在图像窗口中单击并输入所需的主题文字，打开"字符"面板对参数进行设置，调整文字的颜色为R28、G28、B28，在图像窗口中可以看到添加文字后的效果。

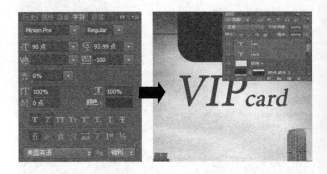

STEP 21   输入文字

继续使用"横排文字工具"输入"贵宾卡"的字样，并打开"字符"面板对文字的属性进行设置，调整文字的颜色为R28、G28、B28，将文字放在适当的位置，在图像窗口中可以看到添加文字后的效果。

STEP 22   输入卡号

使用"横排文字工具"输入卡号，并打开"字符"面板对文字的属性进行设置，调整文字的颜色为R28、G28、B28，将卡号放在主题文字的下方，在图像窗口中可以看到添加文字后的效果。

STEP 23 链接图层

在图像窗口中选中之前输入的4个文字图层，右键单击鼠标，在弹出的快捷菜单中选择"链接图层"命令，将文字图层进行链接，方便对其进行管理和编辑。

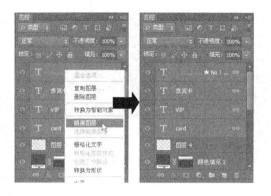

STEP 24 输入文字

使用"横排文字工具"输入所需的文字，并打开"字符"面板对文字的属性进行设置，调整文字的颜色为R165、G137、B126，将其放在适当的位置。

STEP 25 设置图层混合模式

选中步骤24中添加的文字图层，在"图层"面板中设置其混合模式为"线性光"，在图像窗口中可以看到编辑的效果。

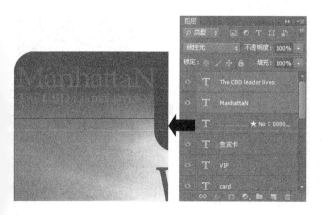

STEP 26 输入文字

使用"横排文字工具"输入所需的文字，并打开"字符"面板对文字的属性进行设置，调整文字的颜色为R178、G142、B133，将其放在适当的位置。

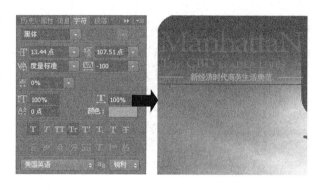

STEP 27 链接图层并设置混合模式

选中步骤26中添加的文字图层，在"图层"面板中设置其混合模式为"线性光"，并将其与步骤24中的文字进行链接，在"图层"面板中可以看到链接图层的效果。

STEP 28 编辑其余的文字

使用与步骤24、25、26、27中相同的方法和类似的设置，在图像窗口中添加其余的文字，并在"图层"面板中对其进行链接，在图像窗口中可以看到编辑的效果。

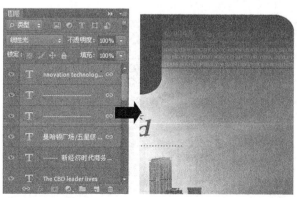

STEP 29　设置"字符"和"段落"面板

打开"字符"面板，在其中对文字的属性进行设置，并调整文字的填充色为白色，接着打开"段落"面板，设置文字对齐方式为居中对齐、"行间距"为-6点。

STEP 32　输入文字

使用"横排文字工具"输入所需的文字，并打开"字符"面板对文字的属性进行设置，调整文字的颜色为白色，将其放在适当的位置。

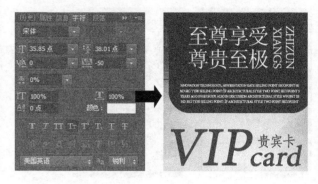

STEP 30　输入段落文字

完成"字符"和"段落"面板的设置后，在图像窗口中使用"横排文字工具"单击并输入所需的文字，将文字放在主题文字的上方。

STEP 33　输入卡号

使用"横排文字工具"输入卡号，并打开"字符"面板对文字的属性进行设置，调整文字的颜色为白色，将其放在适当的位置。

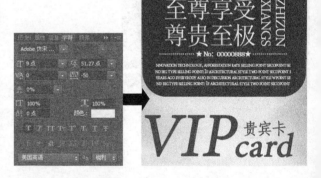

STEP 31　输入直排文字

使用"直排文字工具"在图像窗口中单击并输入直排文字，打开"字符"面板进行设置，调整文字的颜色为白色，在图像窗口中可以看到添加文字的效果。

STEP 34　链接图层

将步骤30、31、32、33中编辑的文字在"图层"面板中选中，右键单击图层，在打开的快捷菜单中选择"链接图层"命令，将图层进行链接。

STEP 35 预览编辑效果

完成文字的添加和排列，以及图层的链接后，在图像窗口中可以看到本例最终的编辑效果，呈现出大气、尊贵的感觉。

知识提炼 链接图层

在Photoshop的"图层"面板中选择多个图层组合在一起，可以对其进行整体的移动，但是这种组合是临时性的。如果选择两个图层一起移动后，又选择了其他图层，那么，之前选择的临时组合图层就不存在了，需要再次进行选择，这样使得操作变得繁琐。为此，Photoshop提供了图层链接功能，这个功能通俗来说就是将几个图层用链子锁在一起，这样即使只移动一个层，其他与之相链的图层也会一起移动。

链接图层的方法很简单，在"图层"面板中选择多个图层后，右键单击图层，在弹出的菜单中选择"链接图层"命令，或直接单击"图层"面板下方的"链接图层"按钮，就可以将所选择的图层互相链接，如下图所示。几个图层同时被链接以后，移动它们之中任何一层，其余的层都会随之移动。

如果要将其他图层加入现有的链接图层中，就必须将其与现有链接层同时选择，然后单击"图层"面板下方的"链接图层"按钮，不过并不需要选择原有链接中的

所有图层，只需选中一个即可，如下图所示。

如果需要解除链接图层之间的连接关系，可以选择其中一个图层，然后单击"图层"面板下方的"链接图层"按钮，即可将当前选中的图层与其链接的图层解除链接关系，如下图所示。

 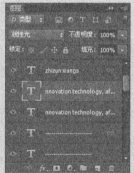

除了使用"图层"面板下方的"链接图层"按钮来完成图层的链接操作和解除链接操作以外，还可以使用"图层"面板扩展菜单中的"链接图层"命令，如下图所示。

Photoshop允许多组链接图层同时存在，但一个图层只能存在于一组链接中。在将图层进行链接后，除了可以将这些图层进行整体的移动以外，如果要进行其余的操作，如改变图层的不透明度和填充效果、用画笔绘图、调整色彩以及滤镜的应用等，都只能针对单个图层有效。

11.2 炫彩名片设计

名片是人与人之间进行相互介绍和了解的一种介质，不同的行业所呈现出来的名片风格也不同。本例为化妆品行业设计了一款色彩绚丽、画面简约的名片，在制作的过程中通过"画笔工具"和"色相/饱和度"的应用打造出多色且夸张的唇色效果，并搭配色彩相对应的色块完善画面的表现。

素　材	素材\11\02.jpg, 03.CSH
源文件	源文件\11\炫彩名片设计.psd

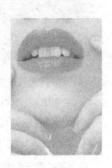

STEP 01　新建文档

运行Photoshop CS6应用程序，执行"文件>新建"菜单命令，在打开的"新建"对话框中设置"名称"为"炫彩名片设计"，并对其他选项进行设置。

STEP 02　复制图像

新建图层，得到"图层1"图层，打开素材\11\02.jpg文件，将其复制到"图层1"中，并适当调整其大小和位置。

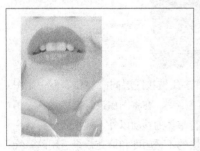

STEP 03　编辑图层蒙版

使用"矩形选框工具"[图标]创建矩形选区，接着单击"图层"面板中的"添加蒙版"按钮[图标]，对图像进行编辑。

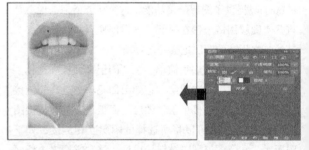

STEP 04　添加"投影"图层样式

双击"图层1"图层，在打开的"图层样式"对话框中勾选"投影"复选框，并对相应的选项进行设置。

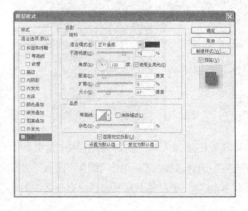

STEP 05 预览编辑效果

完成"图层样式"对话框的编辑后，直接单击"确定"按钮关闭对话框，在图像窗口中可以看到编辑的效果，卡片显得更加立体。

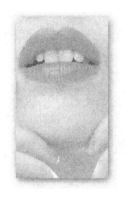
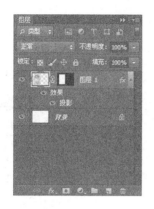

STEP 06 创建"色彩平衡"调整图层

创建"色彩平衡"调整图层，在打开的"属性"面板中调整"中间调"选项下的色阶值分别为-21、-10、28，对画面整体的色彩进行调整。

STEP 07 创建"色相/饱和度"调整图层

创建"色相/饱和度"调整图层，在打开的"属性"面板中进行设置，调整"全图"选项下的"色相"参数为-76，改变画面中的色调。

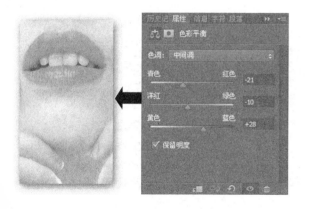

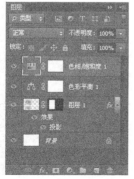

STEP 08 编辑图层蒙版

将"色相/饱和度"调整图层的图层蒙版填充为黑色，设置前景色为白色，使用"画笔工具"在左侧的嘴角位置进行涂抹，为其应用上效果。

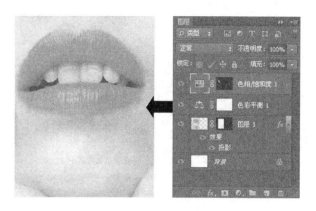

STEP 09 创建"色相/饱和度"调整图层

创建"色相/饱和度"调整图层，在打开的"属性"面板中进行设置，调整"全图"选项下的"色相"参数为41，改变画面中的色调。

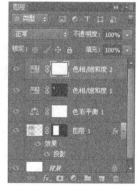

STEP 10 编辑图层蒙版

将"色相/饱和度"调整图层的图层蒙版填充为黑色，设置前景色为白色，使用"画笔工具"在嘴唇的中间位置进行涂抹，为其应用上效果。

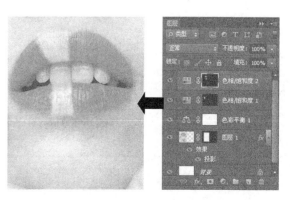

STEP 11　使用绿色画笔进行涂抹

新建图层，得到"图层2"图层，设置前景色为R0、B255、B0，使用"画笔工具"在嘴唇上进行涂抹，在图像窗口中可以看到涂抹后的效果。

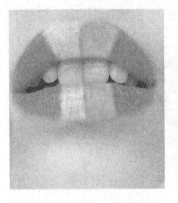

STEP 12　设置图层混合模式

为了让画笔涂抹的颜色与下方的嘴唇之间进行自然的融合，在"图层"面板中将"图层2"的图层混合模式设置为"颜色"，在嘴唇纹理清晰的情况下应用上颜色。

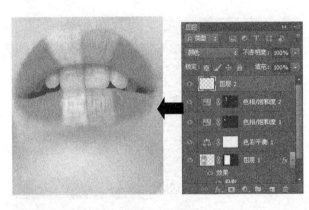

STEP 13　使用蓝色的画笔进行涂抹

新建图层，得到"图层3"图层，设置前景色为R0、B102、B255，使用"画笔工具"在右侧嘴唇上进行涂抹，在图像窗口中可以看到涂抹后的效果。

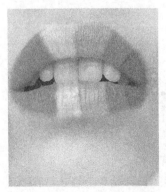
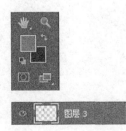

STEP 14　设置图层混合模式

为了让画笔涂抹的颜色与下方的嘴唇之间进行自然的融合，在"图层"面板中将"图层3"的图层混合模式设置为"颜色"，在嘴唇纹理清晰的情况下应用上颜色。

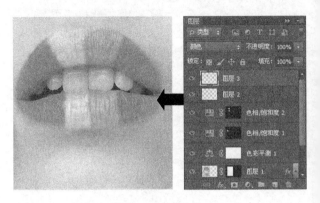

STEP 15　创建"色阶"调整图层

通过"调整"面板创建"色阶"调整图层，在打开的"属性"面板中依次拖曳RGB选项下的色阶滑块到0、1.21、234的位置，调整画面的影调。

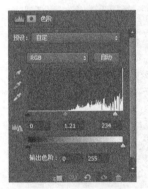
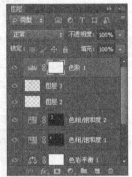

STEP 16　编辑图层蒙版

设置前景色为黑色，选择工具箱中的"画笔工具"，在嘴唇上进行涂抹，对"色阶"调整图层的蒙版中进行编辑，隐藏对嘴唇应用的效果。

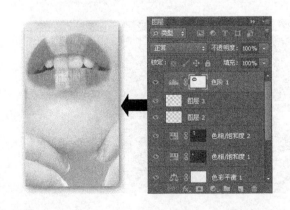

STEP 17 创建矩形选区并填充紫色

新建图层，得到"图层4"图层，选择工具箱中的"矩形选框工具" ，在图像窗口中单击并拖曳鼠标，创建一个矩形选区，然后设置前景色为R255、G103、B244，按Alt+Delete快捷键将选区填充上紫色。

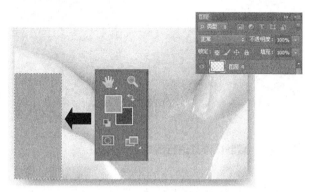

STEP 18 创建矩形选区并填充红色

新建图层，得到"图层5"图层，选择工具箱中的"矩形选框工具"，在图像窗口中单击并拖曳鼠标，创建一个矩形选区，然后设置前景色为R255、G90、B89，按Alt+Delete快捷键将选区填充上红色。

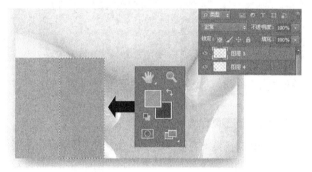

STEP 19 编辑其余的矩形选区

新建图层，得到"图层6"、"图层7"和"图层8"图层，使用"矩形选框工具"创建选区，并依次填充上R255、G204、B102，R51、G204、B51和R0、G102、B255的颜色。

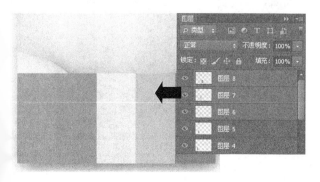

STEP 20 创建选区

新建图层，得到"图层9"图层，选择工具箱中的"矩形选区工具"，设置"羽化"为0像素，在图像窗口中的适当位置单击并拖曳，创建矩形选区。

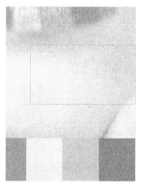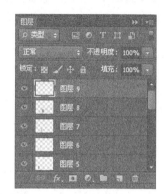

STEP 21 设置渐变色

选择工具箱中的"渐变工具" ，设置渐变色为R51、G204、B51到R0、G128、B0的线性渐变，使用鼠标在矩形选区单击并进行拖曳。

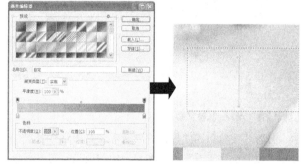

STEP 22 预览填色效果

为选区填充上颜色后可以在图像窗口中看到填色后的效果，接着按Ctrl+D快捷键取消选区的选取。

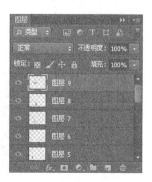

STEP 23 　应用"投影"图层样式

双击"图层9"图层，在打开的"图层样式"对话框中勾选"投影"复选框，为其添加上阴影效果，并对其相应的选项进行设置。

STEP 24 　预览效果

完成"图层样式"对话框的设置后直接单击"确定"按钮关闭对话框，在图像窗口中可以看到编辑后的效果，图形显得更加立体。

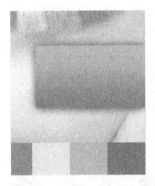
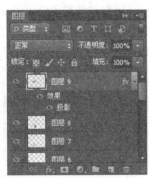

STEP 25 　输入段落文字

打开"字符"和"段落"面板，在其中进行设置，使用"横排文字工具"在图像窗口中的适当位置进行单击，输入所需的段落文字。

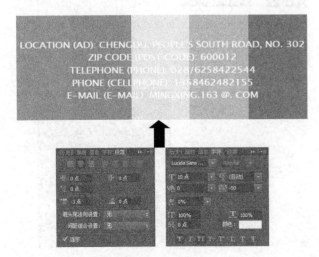

STEP 26 　输入名片中的人名和职务

使用"横排文字工具"在图像窗口中单击并输入名片中的人名和职务，并填充上黑色和白色，在图像窗口中可以看到添加文字后的效果。

STEP 27 　复制图层并进行合并

对"图层4"、"图层5"、"图层6"、"图层7"和"图层8"图层进行复制，得到相应的副本图层，并调整到"图层"面板的最顶端，然后将复制的图层合并，命名为"图层10"。

STEP 28 　调整图像大小和位置

按Ctrl+T快捷键，对"图层10"中的图像进行自由变换操作，并将其调整到画布的右侧，在图像窗口中可以看到编辑后的效果。

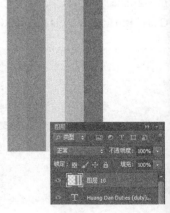

STEP 29 添加"投影"图层样式

双击"图层10"图层，在打开的"图层样式"对话框中勾选"投影"复选框，为其添加上阴影效果，并对其相应的选项进行设置。

STEP 30 预览效果

完成"图层样式"对话框的设置后直接单击"确定"按钮关闭对话框，在图像窗口中可以看到编辑后的效果，图形显得更加立体。

STEP 31 载入形状

选择工具箱中的"自定形状工具" ，在其选项栏中单击"形状"后面的三角形按钮，在"形状"选取器中单击扩展菜单，选择其中的"载入形状"，将本书素材\11\03.CSH载入其中，并选择适当的嘴唇形状。

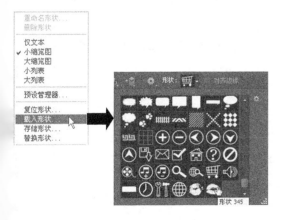

STEP 32 绘制唇形

新建图层，得到"图层11"图层，设置前景色为黑色，选择"自定形状工具"选项栏中的"像素"选项，接着绘制出黑色的嘴唇效果。

STEP 33 设置图层混合模式

完成嘴唇的绘制后，为了让嘴唇与下方的图像更加匹配，在"图层"面板中设置"图层11"的图层混合模式为"柔光"，在图像窗口中可以看到编辑后的效果。

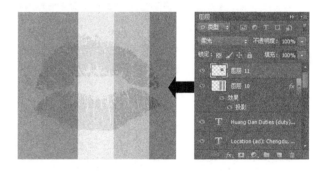

STEP 34 输入段落文字

打开"字符"和"段落"面板，在其中进行设置，使用"横排文字工具"在图像窗口中的适当位置进行单击，输入所需的段落文字。

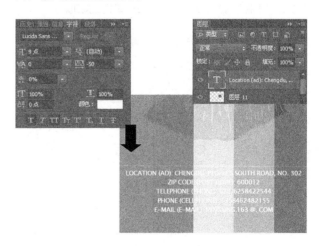

STEP 35 创建"曲线"调整图层

创建"曲线"调整图层，在打开的"属性"面板中单击曲线的中间位置，添加一个控制点，设置该点的"输入"为187、"输出"为79。

 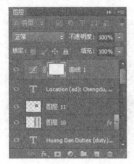

STEP 36 编辑图层蒙版

完成"曲线"调整图层的编辑后，选择工具箱中的"渐变工具"，使用该工具对"曲线"调整图层的蒙版进行编辑，只对下方的图像应用效果。

 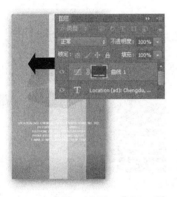

STEP 37 进行锐化处理

盖印可见图层，得到"图层12"图层，执行"滤镜＞锐化＞智能锐化"菜单命令，在打开的对话框中设置"数量"为260%，"半径"为2像素，完成后单击"确定"按钮。

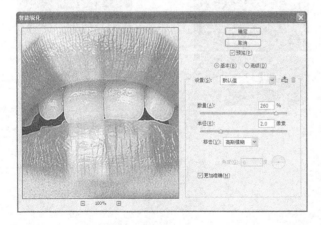

STEP 38 编辑图层蒙版

为"图层12"添加上黑色的图层蒙版，并使用白色的"画笔工具"在嘴唇上进行涂抹，只对嘴唇应用效果，在图像窗口中可以看到本例最终的编辑效果。

知识提炼 载入形状

通过"自定形状工具"选项栏中的"形状"选取器，可以载入外部的预设形状，让绘制编辑更为快捷，只需单击"形状"选取器右上角的扩展按钮，在打开的快捷菜单中选中"载入形状"命令，如下图所示，或者直接选择预设的形状，也可直接载入形状。

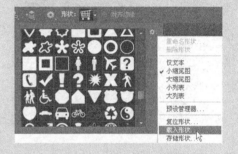

选择"载入形状"命令后，将打开"载入"对话框，在其中只会显示出文件格式为.CSH的文件，即自定的形状，单击选中后即可载入，同时在"形状"选取器中将显示出载入的形状效果。如果载入的形状过多，不方便选择，可以利用"复位形状"命令将形状恢复默认状态。

11.3 婚礼请帖设计

结婚请柬是为即将结婚的新人所印制的婚宴邀请函。在Photoshop中可以将婚纱照轻松打造成结婚请帖，只需使用图层蒙版对照片进行裁剪，再结合"样式"面板对剪影进行美化，并用"横排文字工具"添加邀请字样，即可呈现出具有个人特征的结婚请帖。

素　材	素材\11\04.jpg，05.psd
源文件	源文件\11\婚礼请帖设计.psd

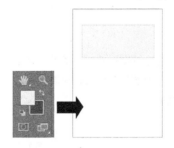

STEP 01　新建文档

运行Photoshop CS6应用程序，执行"文件>新建"菜单命令，在打开的"新建"对话框中设置"名称"为"婚礼请帖设计"，并对其他选项进行设置。

STEP 02　创建选区并新建图层

在"图层"面板中新建图层，得到"图层1"图层，使用工具箱中的"矩形选框工具" █ 在图像窗口中创建矩形选区。

STEP 03　为选区进行填色

设置前景色为R234、G234、B234，按Alt+Delete快捷键对选区进行填色，在图像窗口中可以看到填色的效果。

STEP 04　应用"投影"图层样式

双击"图层1"图层，在打开的"图层样式"对话框中勾选"投影"复选框，为图像添加阴影效果。

STEP 05 预览编辑效果

完成"图层样式"对话框中"投影"选项组中各个选项的设置后，直接单击"确定"按钮关闭对话框，在图像窗口中可以看到编辑的效果。

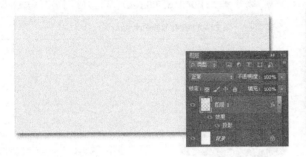

STEP 06 添加素材照片

新建图层，得到"图层2"图层，打开素材\11\04.jpg文件，将其复制到"图层2"中，并适当调整其大小和位置。

STEP 07 编辑图层蒙版

为"图层2"添加上白色的图层蒙版，选择工具箱中的"渐变工具"，使用该工具对图层蒙版进行编辑，使右侧的图像与背景进行自然的融合。

STEP 08 设置"字符"和"段落"面板

打开"字符"面板，在其中设置字体为Times New、字号为6点、字间距为-50、字体颜色为R66、G66、B66，接着打开"段落"面板，设置对齐方式为左对齐、行间距为0点。

STEP 09 输入段落文字

完成"字符"和"段落"面板的设置后，在图像窗口中单击，并输入所需的段落文字，在图像窗口中可以看到添加段落文字后的效果。

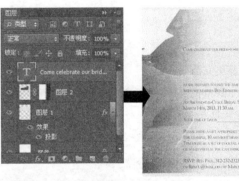

STEP 10 输入主题文字

使用"横排文字工具"在图像窗口中单击，输入主题文字，并打开"字符"面板进行设置，调整文字的颜色为R66、G66、B66，可以看到添加文字的效果。

使用"渐变工具"编辑图层蒙版的优点 TIPS

由于"渐变工具"可以创建出多种颜色自然过渡的填充效果，因此在使用该工具对图层蒙版进行编辑的过程中，可以让蒙版中的图像呈现出自然过渡的灰度图像，让画面产生渐隐效果。

STEP 11 输入文字

继续使用"横排文字工具"在图像窗口中单击，输入主题文字，并打开"字符"面板进行设置，调整文字的颜色为R66、G66、B66，可以看到添加文字的效果。

STEP 12 复制图层并调整位置

选中"图层1"图层，按Ctrl+J快捷键复制"图层1"图层，得到"图层1副本"图层，并适当调整图像的位置，在图像窗口中可以看到编辑后的效果。

STEP 13 复制图层

选中"图层2"图层，按Ctrl+J快捷键复制"图层2"图层，得到"图层2副本"图层，并将其图层蒙版删除，同时调整其大小，在"图层"面板中设置混合模式为"滤色"。

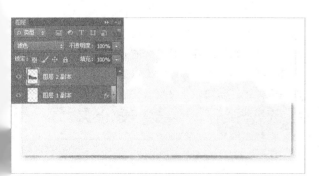

STEP 14 编辑图层蒙版

使用"矩形选框工具" 在图像窗口中创建矩形选区，然后单击"图层"面板下方的"添加图层蒙版"按钮，对图像的大小进行控制。

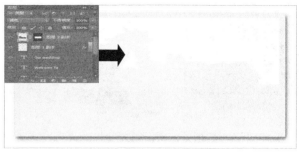

STEP 15 设置"字符"和"段落"面板

打开"字符"面板，对文字的字体、大小、字间距和颜色进行设置，然后打开"段落"面板，对段落的对齐方式和行间距等进行设置。

STEP 16 输入段落文字

完成"字符"和"段落"面板的设置后，在图像窗口中单击，并输入所需的段落文字，在图像窗口中可以看到添加段落文字后的效果。

STEP 17 新建图层

在"图层"面板中单击下方的"创建新图层"按钮 ，新建图层，得到"图层3"图层。

STEP 18　添加素材文件

打开素材\11\05.psd文件，按Ctrl+A快捷键进行全选，然后按Ctrl+C快捷键进行复制，将其复制到"图层2"中，并适当调整其大小和位置，在图像窗口中可以看到编辑的效果。

STEP 19　载入样式

执行"窗口＞样式"菜单命令，打开"样式"面板，单击该面板右上角的扩展按钮，在打开的面板菜单中选择"DP样式"命令，在弹出的提示对话框中单击"追加"按钮，将样式载入当前"样式"面板中。

STEP 20　应用样式

选中"图层3"图层，单击"样式"面板中的"红盅"样式，将该样式应用到图层的图像中，应用的同时将显示出预设样式所应用的图层样式，以子图层的方式显示在图层中。

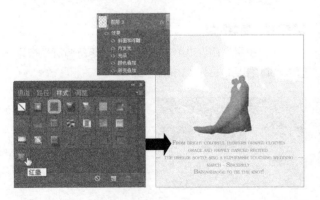

知识提炼　"样式"面板

利用"样式"可以为图像制作出特殊的效果，而通过"样式"面板还能直接添加预设的样式。执行"窗口＞样式"菜单命令，即可打开如下图所示的"样式"面板，在其中包含了多种预设的样式效果，选择需要添加的样式图像后，单击即可应用到图像中。当应用"样式"面板中的样式后，在"图层"面板中将显示出当前样式所应用的图层样式，并且以子图层的方式进行展示，在其中将包含所设置的参数，方便用于进行查看或修改。

通过"样式"面板的扩展菜单，还可以对该面板中样式的视图进行设置。下图所示分别为"大缩览图"和"大列表"视图下的显示效果，由此可以方便用户更为直观地查看和选择样式。

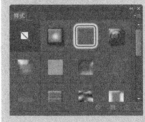

在"样式"面板的扩展菜单中，还包含了多种Photoshop的预设样式，单击选中其中一个命令，即可将其载入到"样式"面板中。下图所示为面板菜单中包含的预设样式，包含了"按钮"、"DP样式"和"纹理"等。

当选中一个预设的样式进行载入时，将弹出提示对话框，用于确认以"追加"或者"替换"的方式进行样式的添加。如果需要以追加的方式进行添加，直接单击"追加"按钮即可；如果替换当前"样式"面板中的样式，只需单击"确定"按钮即可。

抽象样式
按钮
虚线笔划
DP 样式
玻璃按钮
图像效果
KS 样式
摄影效果
文字效果 2
文字效果
纹理
Web 样式

11.4 打折卡设计

　　打折卡是在正常销售价格的基础上享受一定折扣的凭证，是商家为了促销或是留住客户的一种营销方式。本例通过清新的绿色作为卡片的主色调，并搭配橙色和白色进行修饰，同时使用"文字工具"输入所需的折扣信息，利用文字凸显卡片的主题内容，最后使用"色阶"和"自定形状工具"添加购物车的图像，让卡片内容更加完整。

源文件	源文件\11\打折卡设计.psd

STEP 01　新建图层

　　运行Photoshop CS6应用程序，执行"文件＞新建"菜单命令，在打开的"新建"对话框中设置"名称"为"打折卡设计"，并对其他选项进行设置。

STEP 02　创建颜色填充图层

　　通过"图层"面板创建颜色填充图层，在打开的"拾色器（纯色）"对话框中设置填充色为R199、G197、B197，完成设置后单击"确定"按钮即可。

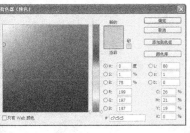

STEP 03　设置前景色并新建图层

　　在工具箱中设置前景色为R0、G107、B0，然后在"图层"面板中新建图层，得到"图层1"图层。

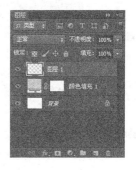

STEP 04　绘制圆角矩形

　　使用工具箱中的"圆角矩形工具"创建圆角矩形路径，然后通过"路径"面板将其转换为选区，按Alt+Delete快捷键将选区填充上前景色。

STEP 05 应用"投影"图层样式

双击"图层1"图层，在打开的"图层样式"对话框中勾选"投影"复选框，为该图层中的图像添加投影效果，并在对应的选项组中进行参数设置。

STEP 06 预览编辑效果

完成"图层样式"对话框的编辑后单击"确定"按钮，在圆角矩形的下方将显示出阴影，在图像窗口中可以看到编辑后的效果。

STEP 07 绘制并编辑白色的渐隐图像

选择工具箱中的"椭圆选框工具"创建椭圆形选区，然后新建图层，得到"图层2"图层，将选区填充为白色，接着为"图层2"添加黑色的图层蒙版，使用"椭圆选框工具"创建带有一定羽化效果的选区，对蒙版进行编辑，使其呈现出渐隐的效果。

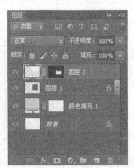

STEP 08 创建"曲线"调整图层

通过"调整"面板创建"曲线"调整图层，在打开的"属性"面板中对曲线的形态进行调整，通过单击和拖曳控制点的方式控制画面的影调。

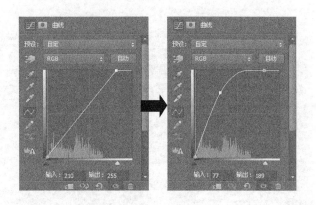

STEP 09 编辑图层蒙版

完成"曲线"调整图层的编辑后，将该图层蒙版填充为黑色，使用"椭圆选框工具"创建带有一定羽化效果的选区，设置背景色为白色，按Delete键对蒙版进行编辑。

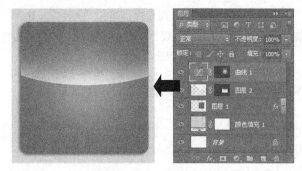

STEP 10 输入文字

选择工具箱中的"横排文字工具"，分别在图像窗口中单击并输入三段文字，打开"字符"和"段落"面板对文字的字体、大小、字间距和粗细等进行设置，同时调整文字的颜色为白色，在图像窗口中可以看到编辑的效果。

STEP 11 输入文字

使用"横排文字工具"在图像窗口中单击，并输入所需的文字，打开"字符"面板进行设置，调整文字的颜色为白色，在图像窗口中可以看到添加的文字效果。

STEP 12 应用"斜面和浮雕"图层样式

双击文字图层，在打开的"图层样式"对话框中勾选"斜面和浮雕"复选框，为其添加上浮雕效果，并对其相应的选项进行设置。

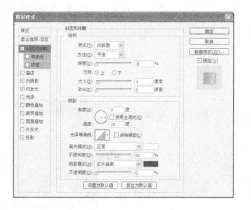

STEP 13 添加"内阴影"图层样式

继续对"图层样式"面板进行设置，勾选其中的"内阴影"复选框，为文字添加上内阴影效果，同时对相应的选项进行设置。

STEP 14 添加"内发光"和"投影"样式

再为文字添加上"内发光"、"投影"和"渐变叠加"图层样式，在各自对应的选项组中进行设置，让文字的表现更加完美，完成设置后单击"确定"按钮。

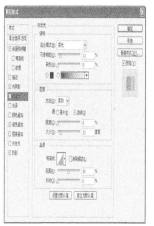

STEP 15 预览编辑效果

完成文字图层样式的编辑后，可以看到文字编辑的效果，在"图层"面板中可以看到添加的图层样式。

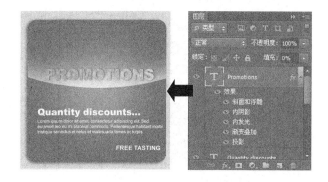

STEP 16 输入主题文字

使用"横排文字工具"在图像窗口中单击，并输入所需的主题文字，将其放在最顶端，打开"字符"面板进行设置，调整文字的颜色为白色，在图像窗口中可以看到添加的文字效果。

STEP 17　添加"渐变叠加"和"投影"样式

双击主题文字图层，在打开的"图层样式"对话框中勾选"渐变叠加"和"投影"复选框，为其添加上渐变叠加和投影样式，并对其相应的选项进行设置，完成后单击"确定"按钮即可。

STEP 18　预览编辑效果

完成图层样式的编辑后，在图像窗口中可以看到文字的表现更加完美，主题更为突出，在"图层"面板中图层样式将以子图层的方式显示出来。

STEP 19　绘制箭头的形状

新建图层，得到"图层3"图层，选择工具箱中的"自定形状工具" ，在其选项栏中选择"像素"选项，在"形状"选取器中选择"前进"形状，使用该工具单击并进行拖曳，绘制出箭头的形状，在图像窗口中可以看到添加形状后的效果。

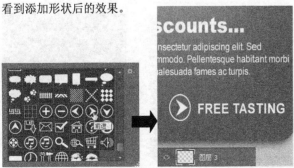

STEP 20　应用"投影"图层样式

双击"图层3"图层，在打开的"图层样式"对话框中勾选"投影"复选框，为其添加上阴影效果，并对相应的选项进行设置，在图像窗口中可以看到编辑的效果。

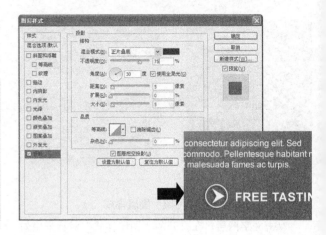

STEP 21　复制"图层1"图层

选中"图层1"图层，按Ctrl+J快捷键复制"图层1"图层，得到"图层1副本"图层，并将其调整到"图层"面板的最顶端，同时适当移动图层中图像的位置。

STEP 22　复制"曲线1"图层

选中"曲线1"调整图层，对其进行复制，得到相应的副本图层，将其移动到"图层1副本"图层的上方。

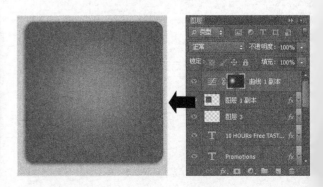

STEP 23　复制"图层2"图层

选中"图层2"图层，按Ctrl+J快捷键复制"图层2"图层，得到"图层2副本"图层，并将其调整到"图层"面板的最顶端，同时适当移动图层中图像的位置，再进行翻转处理。

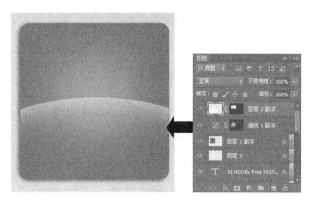

STEP 24　复制"图层3"图层

选中"图层3"图层，按Ctrl+J快捷键复制"图层3"图层，得到"图层3副本"图层，并将其调整到"图层"面板的最顶端，同时适当移动图层中图像的位置。

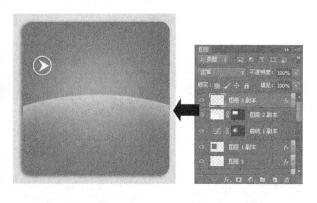

STEP 25　复制段落文字

对前面输入的段落文字进行复制，将其调整到"图层"面板的最顶端，并将文字移动到卡片的上面，在图像窗口中可以看到编辑后的效果。

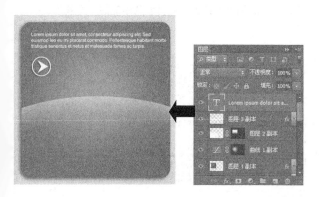

STEP 26　设置工具选项栏

选择工具箱中的"多边形工具"，在其选项栏中选择"路径"选项，并在隐藏的工具栏中对各个选项进行设置，调整"边"为20。

STEP 27　绘制路径并转换为选区

使用设置好的"多边形工具"在图像窗口中单击并拖曳，创建多边形路径，再打开"路径"面板，通过该面板将路径转换为选区。

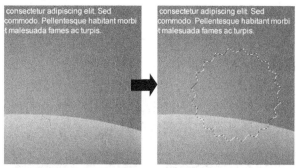

STEP 28　为选区填充颜色

新建图层，得到"图层4"图层，设置前景色为R255、G108、B0，按Alt+Delete快捷键将选区填充上前景色，在图像窗口中可以看到填色后的效果。

使用"吸管工具"提取颜色　　　　　　　　　　TIPS

使用"吸管工具"在图像窗口中的图像上单击，可以快速提取颜色，并将提取的颜色显示在工具箱的前景色中，在对颜色值要求不精确时可使用。

STEP 29 应用"内阴影"样式

双击"图层4"图层，在打开的"图层样式"对话框中勾选"内阴影"复选框，为其添加上内阴影效果，并对相应的选项进行设置。

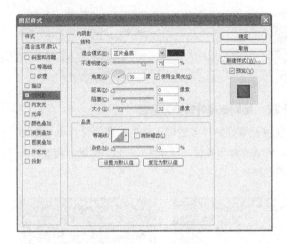

STEP 30 预览编辑效果

完成"图层样式"对话框的编辑后，直接单击"确定"按钮关闭对话框，在图像窗口中可以看到图形变得更为立体，从外向内产生了阴影效果。

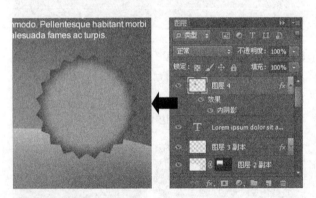

STEP 31 输入文字

使用"横排文字工具" 在图像窗口中单击，并输入所需的文字，打开"字符"和"段落"面板进行设置，调整文字的颜色为白色，可以看到添加的文字效果。

STEP 32 添加"投影"样式

双击上一步骤中编辑的文字图层，在打开的"图层样式"对话框中勾选"投影"复选框，为其添加上阴影效果，并对相应的选项进行设置。

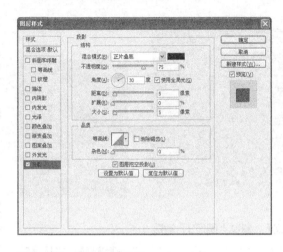

STEP 33 预览编辑效果

完成"图层样式"对话框的编辑后，直接单击"确定"按钮关闭对话框，在图像窗口中可以看到文字变得更为立体，下方呈现出自然的阴影效果。

STEP 34 输入文字

使用"横排文字工具" 在图像窗口中单击，并输入所需的文字，打开"字符"和"段落"面板进行设置，调整文字的颜色为白色，可以看到添加的文字效果。

STEP 35　应用"内阴影"和"内发光"样式

双击上一步骤中编辑的文字图层，在打开的"图层样式"对话框中勾选"内阴影"和"内发光"复选框，为其添加上内阴影和内发光效果，并对各自相应的选项进行设置。

STEP 36　应用"渐变叠加"和"投影"样式

继续对"图层样式"对话框进行设置，勾选其中的"渐变叠加"和"投影"复选框，为文字添加上渐变颜色和阴影效果，并对相应的选项进行设置，让样式的表现更加完美和丰富。

STEP 37　预览编辑效果

完成"图层样式"对话框的设置后单击"确定"按钮，将该对话框关闭，在图像窗口中可以看到文字应用样式后的效果，在"图层"面板中可以看到应用的图层样式以子图层的方式显示在文字图层的下方。

STEP 38　输入段落文字

使用"横排文字工具" 在图像窗口中单击，并输入所需的文字，打开"字符"面板进行设置，调整文字的颜色为白色，将其按照左对齐进行显示。

STEP 39　创建"色阶"调整图层

通过"调整"面板创建"色阶"调整图层，在打开的"属性"面板中设置RGB选项下的色阶值依次为21、1.00、215，对画面的影调进行调整。

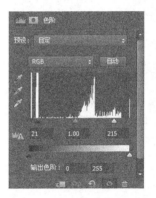 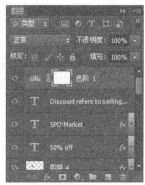

STEP 40　创建购物车选区

使用"自定形状工具" 在图像窗口中创建两个购物车的路径，并将其转换为选区，在图像窗口中可以看到创建的选区效果。

STEP 41　编辑图层蒙版

将"色阶"调整图层的蒙版填充为黑色，然后设置背景色为白色，选中"色阶"调整图层的蒙版后按Delete键，对蒙版进行编辑，在图像窗口中可以看到本例最终的效果。

知识提炼　多边形工具

"多边形工具"可以绘制出多边的图形，还可以对图形的边数和凹陷程度进行设置。在工具箱中选中"多边形工具" 后，可以在其选项栏中看到如下图所示的设置，其大部分与"自定形状工具"和"钢笔工具"类似。

利用"边"选项可以对多边形的边数进行控制，在其选项后面的数值框中输入相应的边数，即可在画面中创建不同的多边形效果。下图所示为创建的五边形和九边形的绘制效果。

选择"多边形工具"后，在其选项栏中单击 按钮，可以打开隐藏的"多边形选项"面板，在该面板中根据需要可以设置固定的多边形半径、平滑拐角等，让绘制的多边形效果更加丰富，如下图所示。

❶半径：限定绘制的多边形外接圆的半径，可以直接在文本框中输入数值。下图所示分别为输入"50"和"100"时所绘制的形状效果。

❷平滑拐角：选中此选项，可以将星形的内陷呈现出平滑的过渡效果。下图所示为勾选和未勾选该选项时的绘制效果。

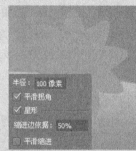

❸星形：勾选星形，可以绘制出星形的形状。

❹缩进边依据：在"缩进边依据"文本框中输入百分比，可以得到向内缩进的多边形，百分比值越大，边越缩进。下图所示为不同设置下的绘制效果。

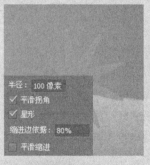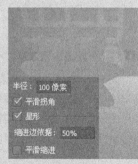

❺平滑缩进：选中该选项，可以在缩进边的同时将边缘圆滑。

设置星形的缩进依据　　　　　　　　　　TIPS

在"多边形选项"面板中对多边形进行缩进设置时，缩进量最高为99%；如果不勾选"平滑缩进"复选框，多边形的边缘将在中心位置收缩1%。

11.5 邀请函设计

邀请函是邀请亲朋好友或知名人士、专家等参加某项活动时所发的请约性书信。本例设计的是某个车展的邀请函，以对折的方式对卡片的内容进行设计，在封面和内页中使用汽车素材作为主要内容，由此凸显此次邀请的主题，并结合简约的封底，以及必要的邀请文字，打造出色调统一、内容精简的邀请函。

素 材	素材\11\06、07.jpg，08、09.psd
源文件	源文件\11\邀请函设计.psd

STEP 01　新建文档

运行Photoshop CS6应用程序，执行"文件>新建"菜单命令，在打开的"新建"对话框中设置"名称"为"邀请函设计"，并对其他选项进行设置。

STEP 02　创建颜色填充图层

通过"图层"面板创建颜色填充图层，在打开的"拾色器（纯色）"对话框中设置填充色为R65、G64、B64，完成设置后单击"确定"按钮即可。

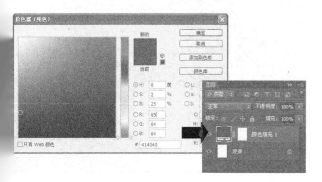

STEP 03　创建选区并进行填色

使用"矩形选框工具" 创建矩形选区，并新建图层得到"图层1"图层，调整前景色为R74、G42、B36，对选区填充上前景色，在图像窗口中可以看到填色的效果。

STEP 04　应用"投影"图层样式

双击"图层1"图层，在打开的"图层样式"对话框中勾选"投影"对话框，为图层添加上阴影效果，并对选项进行设置。

STEP 05　预览编辑效果

完成"图层样式"对话框的编辑后单击"确定"按钮关闭对话框，在图像窗口中可以看到矩形的下方呈现出自然的黑色投影效果。

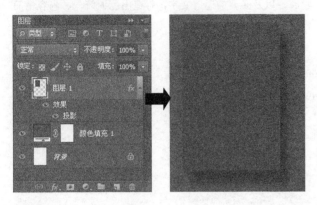

STEP 06　复制图层并调整位置

选中"图层1"图层，对其进行复制，将复制得到的图层命名为"图层2"，并适当调整图层的位置，在图像窗口中可以看到编辑后的效果。

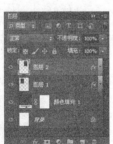

STEP 07　添加素材文件

新建图层，得到"图层3"图层，打开素材\11\06.jpg文件，将该素材复制到"图层3"图层中，并适当调整素材照片的大小和位置。

STEP 08　编辑图层蒙版

将"图层2"图层中的图像载入选区，然后选中"图层3"图层，单击"图层"面板下方的"添加图层蒙版"按钮，利用选区对蒙版进行编辑，由此控制图像的显示。

STEP 09　添加素材文件

新建图层，得到"图层4"图层，打开素材\11\08.psd文件，将该素材复制到"图层4"图层中，并适当调整素材的大小和位置。

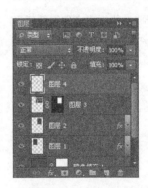

STEP 10　输入封面文字

选择工具箱中的"横排文字工具"，在图像窗口中单击并输入封面的文字，打开"字符"面板对文字进行设置，在图像窗口中可以看到添加文字的效果。

STEP 11 复制花纹图案

选中"图层4"图层,按Ctrl+J快捷键复制"图层4"图层,得到"图层4 副本"图层,并将其调整到"图层"面板的最顶端,同时适当移动图层中图像的位置。

STEP 14 复制图层

选中"图层2"图层,按Ctrl+J快捷键复制"图层2"图层,得到"图层2副本"图层,并将其调整到"图层"面板的最顶端,同时适当移动图像的位置,改变其填充色为白色。

STEP 12 输入封底的文字

选择工具箱中的"横排文字工具",在图像窗口中单击并输入封底的文字,打开"字符"面板对文字进行设置,调整文字的填充色为R74、G42、B36。

STEP 15 添加素材文件

新建图层,得到"图层5"图层,打开素材\11\07.jpg文件,将该素材复制到"图层5"图层中,并适当调整素材照片的大小和位置。

STEP 13 输入文字

选择工具箱中的"直排文字工具",在图像窗口中单击并输入封底的文字,打开"字符"面板对文字进行设置,在图像窗口中可以看到添加文字的效果。

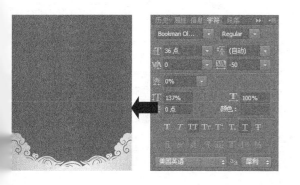

STEP 16 编辑图层蒙版

为"图层6"图层添加上白色的图层蒙版,选择工具箱中的"渐变工具"，设置渐变色为白色到黑色的线性渐变,使用该工具为图层蒙版进行编辑。

STEP 17　输入段落文字

选择工具箱中的"横排文字工具"，在图像窗口中的适当位置单击并拖曳，创建文字编辑框，在其中输入所需的文字，并对其进行适当的设置。

STEP 18　绘制电话形状

选择工具箱中的"自定形状工具"，在其选项栏中选择"像素"选项，使用该工具在图像窗口中单击并拖曳鼠标创建电话的现状，填充上R165、G0、B33的颜色。

STEP 19　添加素材文件

新建图层，得到"图层7"图层，打开素材\ 11\09.psd文件，将该素材复制到"图层7"中，并适当调整素材的大小和位置，改变填充色为R165、G0、B33。

STEP 20　复制图层

选中"图层7"图层，按Ctrl+J快捷键复制"图层7"图层，得到"图层7副本"图层，并将其调整到"图层"面板的最顶端，同时适当移动图像的位置，改变其填充色为白色。

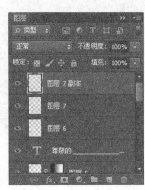

STEP 21　输入文字

选择工具箱中的"横排文字工具"，在图像窗口中单击并输入文字，打开"字符"面板对文字进行设置，调整文字的填充色为白色。

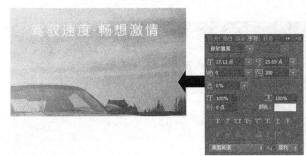

STEP 22　添加图层样式

双击上一步骤中编辑的文字图层，在打开的"图层样式"对话框中勾选"投影"和"描边"复选框，并对其选项进行设置，在图像窗口中可以看到编辑后的效果。

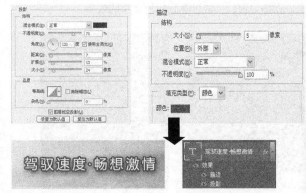

STEP 23 输入文字

选择工具箱中的"横排文字工具"，在图像窗口中单击并输入文字，调整文字的填充色为R74、G42、B36，在图像窗口中可以看到输入的文字效果。

STEP 24 预览编辑效果

完成文字的编辑后，在图像窗口中可以看到本例最终的编辑效果，呈现出色调统一、画面精致的邀请函。

知识提炼 "投影"图层样式

添加"投影"图层样式后，可以进行如下图所示的设置。图像的下方会出现一个轮廓和图层中图像的内容相同的"影子"，这个影子有一定的偏移量，在默认情况下会向右下角偏移，同时阴影的默认混合模式为"正片叠底"、不透明度为75%。

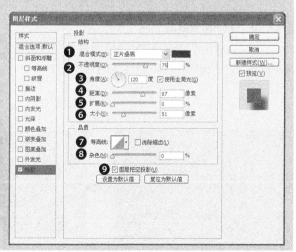

❶混合模式：该选项用于设置阴影与下方图像的混合模式，其下拉列表中的选项与图层混合模式相同，同时在该选项的后面单击色块，可以对阴影的颜色进行设置。

❷不透明度：用于设置阴影的不透明程度，默认值是75%，通常这个值不需要调整。如果要阴影的颜色显得深一些，应当增大这个值；反之减少这个值。下图所示为不同设置下的应用效果

❸角度：设置阴影的方向，如果要进行微调，可以使用右边的编辑框直接输入角度。在圆圈中，指针指向光源的方向，显然，相反的方向就是阴影出现的地方。

❹距离：该选项用于设置阴影和层的内容之间的偏移量，这个值设置的越大，会让人感觉光源的角度越低；反之越高。

❺扩展：该选项用来设置阴影的大小，其值越大，阴影的边缘显得越模糊，可以将其理解为光的散射程度比较高（如白炽灯）；反之，其值越小，阴影的边缘越清晰，如同探照灯照射一样。该选项的单位是百分比，具体的效果会和"大小"选项相关，"扩展"参数值的影响范围仅仅在"大小"所限定的像素范围内，如果"大小"的参数值设置得比较小，扩展的效果不会很明显。

❻大小：该选项可以反映光源距离层的内容的距离，其值越大，阴影越大，表明光源距离层的表面越近；反之阴影越小，表明光源距离层的表面越远。

❼等高线：该选项用来对阴影部分进行进一步的设置，等高线的高处对应阴影上的暗圆环，低处对应阴影上的亮圆环。

❽杂色：对阴影部分添加随机的杂色点。

❾图层挖空阴影：如果勾选了该选项的复选框，当图层的不透明度小于100%时，阴影部分仍然是不可见的，也就是说使透明效果对阴影失效。

11.6 商务名片的设计

商务名片是在进行商务活动中用于相互了解和介绍时所使用的卡片。本例通过彰显大气的深蓝色作为卡片的主色调，并配合"图样样式"对绘制的修饰线条进行美化，由此丰富卡片的内容，同时使用"文字工具"添加卡片中必要的信息，采用简约的图文组合让画面呈现出时尚大气的高品质效果。

源文件 源文件\11\商务名片的设计.psd

STEP 01 新建文档

运行Photoshop CS6应用程序，执行"文件>新建"菜单命令，在打开的"新建"对话框中设置"宽度"为210毫米、"高度"为297毫米、"分辨率"为200像素/英寸、"颜色模式"为"RGB颜色"。

STEP 02 创建选区并填色

使用"矩形选框工具" ▊创建矩形选区，并新建图层得到"图层1"图层，调整前景色为黑色，对选区填充上前景色，在图像窗口中可以看到填色的效果。

STEP 03 添加"渐变叠加"和"投影"样式

双击"图层1"图层，打开"图层样式"对话框，在其中为图层添加上"渐变叠加"和"投影"图层样式，并对各个选项组中的选项进行设置。

STEP 04 预览编辑效果

完成"图层样式"对话框的编辑后单击"确定"按钮关闭对话框，在图像窗口中可以看到应用样式后的效果。

STEP 05　输入文字

使用"横排文字工具"输入文字，并打开"字符"面板进行设置，调整文字的填充色为R33、G60、B117，设置图层混合模式为"滤色"、不透明度为30%。

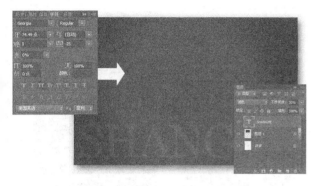

STEP 06　创建选区并填色

使用"矩形选框工具" 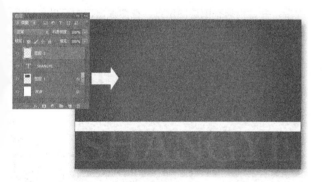 创建矩形选区，并新建图层得到"图层2"图层，调整前景色为白色，对选区填充上前景色，在图像窗口中可以看到填色的效果。

STEP 07　应用图层样式

双击"图层1"图层，打开"图层样式"对话框，在其中为图层添加上"渐变叠加"、"描边"和"内发光"图层样式，并对各个选项组中的选项进行设置。

STEP 08　预览编辑效果

完成"图层样式"对话框的编辑后单击"确定"按钮关闭对话框，在图像窗口中可以看到应用样式后的效果，白色的矩形条显得更具质感。

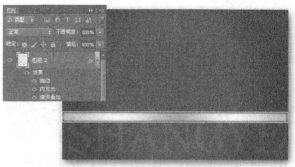

STEP 09　输入卡号并添加投影样式

选择工具箱中的"横排文字工具"，在图像窗口中单击并输入文字，调整文字的填充色为白色，并为其应用上"投影"样式，在图像窗口中可以看到编辑的效果。

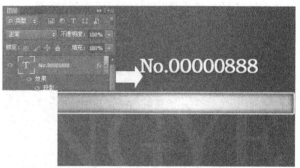

STEP 10　绘制线条

使用"矩形选框工具"创建矩形选区，并新建图层得到"图层3"图层，调整前景色为白色，对选区填充上前景色，在图像窗口中可以看到填色的效果。

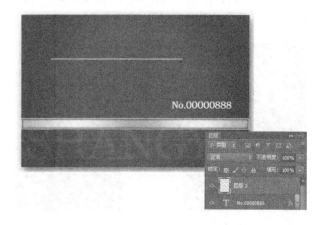

STEP 11　输入文字

使用"横排文字工具"在图像窗口中输入所需的文字，并结合使用"矩形选框工具"为卡片添加矩形图像，为文字和矩形条填充上适当的颜色，在图像窗口中可以看到编辑的效果。

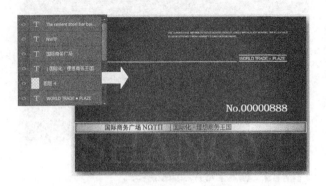

STEP 12　输入"商务卡"字样

选择工具箱中的"横排文字工具" T，在图像窗口中单击并输入文字，调整文字的填充色为白色，并为其应用上黑色的"描边"样式，在图像窗口中可以看到编辑的效果。

STEP 13　编辑主题文字

使用"横排文字工具" T输入主题文字，调整文字的填充色为白色，并为其应用上"内阴影"、"渐变叠加"和"投影"样式，在图像窗口中可以看到编辑的效果。

STEP 14　复制图层

选中"图层1"图层，对其进行复制，得到"图层1副本"图层，将其拖曳到"图层"面板的最顶端，并适当调整图层的位置，在图像窗口中可以看到编辑的效果。

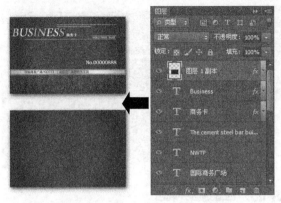

STEP 15　复制文字图层

选中SHANGYE文字图层，对其进行复制，得到"SHENGYE副本"图层，将其拖曳到"图层"面板的最顶端，并适当调整图层的位置，在图像窗口中可以看到编辑的效果。

STEP 16　复制"图层2"图层

选中"图层2"图层，对其进行复制，得到"图层2副本"图层，将其拖曳到"图层"面板的最顶端，并适当调整图层的位置，在图像窗口中可以看到编辑的效果。

STEP 17 创建圆形选区并填色

使用"椭圆选框工具" 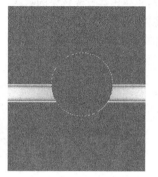 创建矩形选区，并新建图层得到"图层5"图层，调整前景色为R33、G60、B117，对选区填充上前景色，在图像窗口中可以看到填色的效果。

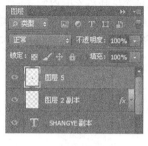

STEP 18 应用"斜面和浮雕"样式

双击"图层5"图层，在打开的"图层样式"对话框中勾选"斜面和浮雕"复选框，为其应用上浮雕效果，并对其相应的选项进行设置。

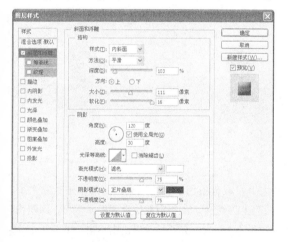

STEP 19 预览编辑效果

完成"图层样式"对话框的编辑后单击"确定"按钮，在图像窗口中可以看到编辑的效果。

STEP 20 复制图层并应用"描边"样式

复制"图层5"图层，得到"图层5副本"图层，适当调整图层中图像的大小，并为其添加上"描边"图层样式，在图像窗口中可以看到编辑的效果。

STEP 21 输入字母

选择工具箱中的"横排文字工具"，在图像窗口中单击并输入文字，并打开"字符"面板进行设置，在图像窗口中可以看到编辑的效果。

STEP 22 添加文字

使用"横排文字工具"在图像窗口中添加上文字，并填充上白色，在图像窗口中可以看到本例最终的效果。

知识提炼 "内发光"图层样式

添加了"内发光"图层样式的图像上方会多出一个虚拟的光照，由半透明的颜色填充，沿着下面图像的边缘进行分布，可以将其想象为一个内侧边缘安装有照明设备的隧道的截面，也可以理解为一个玻璃棒的横断面，这个玻璃棒外围有一圈光源。为图像应用"内发光"图层样式后，可以对其进行如下图所示的设置。

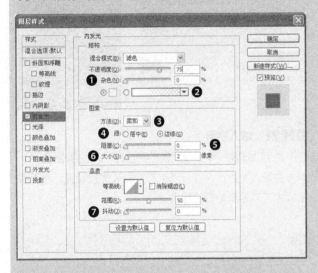

❶杂色：该选项用来为光线部分添加随机的透明点，设置值越大，透明点越多，可以用来制作雾气缭绕或者毛玻璃的效果。下图所示为不同杂色值下的应用效果。

❷颜色设置：默认值是从一种颜色渐变到透明，单击左侧的颜色框可以选择其他颜色。下图所示为不同颜色下的应用效果。

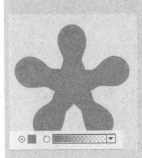 

❸方法：该选项有两个选项，即"精确"和"较柔软"。"精确"可以使光线的穿透力更强一些；"较柔软"表现出的光线的穿透力则要弱一些。

❹源：该选项包括"居中"和"边缘"。"边缘"是光源在对象的内侧表面，这也是内侧发光效果的默认值；如果选择"居中"，光源则似乎到了对象的中心。下图所示分别为应用"居中"和"边缘"下的效果。

❺阻塞："阻塞"的设置值和"大小"的设置值相互作用，用来影响"大小"的范围内光线的渐变速度。比如在"大小"设置值相同的情况下，调整"阻塞"的值可以形成如下不同的效果。下图所示为固定"大小"选项的参数下，不同的"阻塞"参数值的应用效果。

 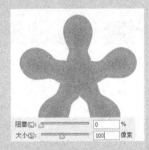

❻大小：该选项用于设置光线的照射范围，它需要与"阻塞"相互配合。如果阻塞值设置得非常小，即便将"大小"设置得很大，光线的效果也出不来。下图所示为不同大小下的应用效果。

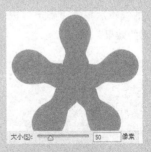 

❼抖动：该选项可以在光线部分产生随机的色点，制作出抖动效果的前提是在颜色设置中必须选择一个具有多种颜色的渐变色。如果使用默认的由某种颜色到透明的渐变，不论怎样设置该选项都不能产生预期的效果。

　　界面是人与电子产品之间相互传递和交换信息的媒介，在体现软件功能的同时还要让操作变得舒适、简单，充分表现出软件的定位和特点。而产品包装是品牌的理念、产品的特性和消费心理的综合反映，具有商品与艺术相结合的艺术性。本章将通过播放器界面、报时器界面、牛奶包装和易拉罐设计等实例的讲解，让读者体验到界面及产品包装设计的独特魅力。

本章内容

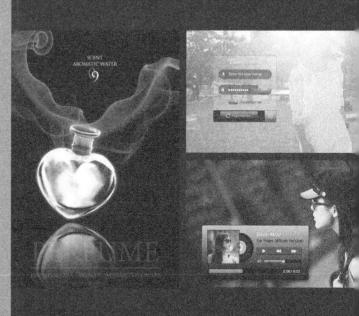

12.1 播放器界面设计

播放器是指可以播放音频或者视频文件的功能的电子器件产品。本例通过对播放器的界面进行设计和制作，打造出风格时尚、操作简捷的界面效果。在制作的过程中通过"自定形状工具"和"圆角矩形工具"创建形状，然后利用"图样样式"为界面添加丰富的视觉效果，并结合文字工具添加所需的文字，完善界面的元素。

素　材	素材\12\01、02.jpg
源文件	源文件\12\播放器界面设计.psd

STEP 01　新建图层

运行Photoshop CS6应用程序，打开素材\ 12\01.jpg文件，单击"图层"面板中的"创建新图层"按钮 ，得到"图层1"图层。

STEP 02　绘制圆角矩形

选择工具箱中的"圆角矩形工具" ，对其选项栏进行设置，然后调整前景色为R17、G17、B17，使用鼠标单击并进行拖曳，绘制圆角矩形。

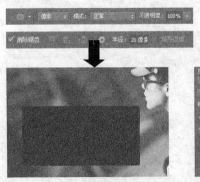

STEP 03　应用"图层样式"

双击"图层1"图层，在打开的"图层样式"对话框中进行设置，为该图层中的图形添加上"描边"、"渐变叠加"和"投影"样式，并对相应的选项进行设置。

STEP 04　预览编辑效果

完成图层样式的编辑后单击"确定"按钮，在图像窗口中可以看到添加图层样式后的效果。

STEP 05 绘制黑色圆角矩形条

在"图层"面板中新建图层，得到"图层2"图层，使用"圆角矩形工具" 绘制出黑色的圆角矩形条，将其放置在"图层1"中圆角矩形的下方。

STEP 06 应用"图层样式"

双击"图层2"图层，在打开的"图层样式"对话框中勾选"投影"对话框，并对其相应的选项进行设置，为黑色圆角矩形条添加上阴影效果。

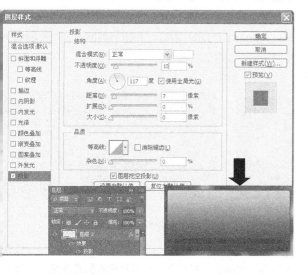

STEP 07 绘制进度条

新建图层，得到"图层3"图层，在工具箱中设置前景色为R151、G126、B104，使用"圆角矩形工具"绘制出一条较短的圆角矩形，将其放在"图层2"图像的左侧。

STEP 08 应用"图层样式"

双击"图层3"图层，在打开的"图层样式"对话框中勾选"渐变叠加"和"图案叠加"复选框，并对相应的选项进行设置，在图像窗口中可以看到编辑的效果。

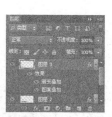

STEP 09 输入时间

选择工具箱中的"横排文字工具"，在图像窗口中单击并输入时间，打开"字符"面板进行设置，调整文字的颜色为白色，将文字放在矩形条的右侧。

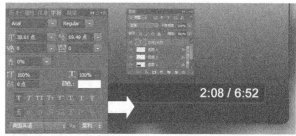

STEP 10 编辑图层组

在"图层"面板中新建图层组，将其命名为"进度条"，将"图层2"、"图层3"和文字图层拖曳到其中，以便于对图层进行有效的管理。

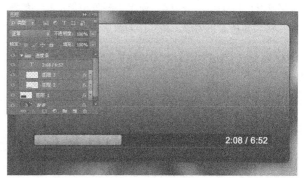

STEP 11　绘制圆角矩形条

在"图层"面板中新建图层，得到"图层4"图层，在工具箱中设置前景色为R17、G17、B17，使用"圆角矩形工具"绘制出一条较短的圆角矩形。

STEP 12　应用"图层样式"

双击"图层4"图层，在打开的"图层样式"对话框中勾选"投影"对话框，并对其相应的选项进行设置，为黑色圆角矩形条添加上阴影效果。

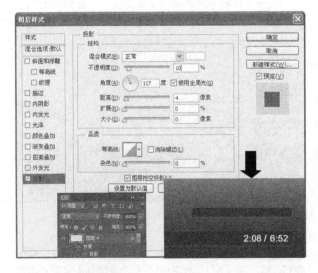

STEP 13　绘制音量条

新建图层，得到"图层5"图层，在工具箱中设置前景色为R151、G126、B104，使用"圆角矩形工具"绘制出一条较短的圆角矩形，将其作为音量的进度条。

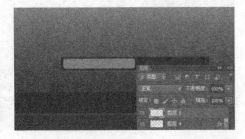

STEP 14　应用"图层样式"

双击"图层5"图层，在打开的"图层样式"对话框中勾选"渐变叠加"和"图案叠加"复选框，并对相应的选项进行设置，在图像窗口中可以看到编辑的效果。

STEP 15　绘制音量控制点

新建图层，得到"图层6"图层，在工具箱中设置前景色为R220、G220、B220，使用"椭圆工具"绘制出一个圆形，作为音量的控制点。

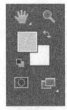
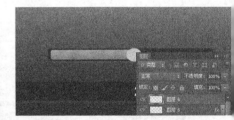

STEP 16　应用"图层样式"

双击"图层6"图层，在打开的"图层样式"对话框中勾选"内阴影"对话框，并对其相应的选项进行设置，为圆形控制点添加上内阴影效果。

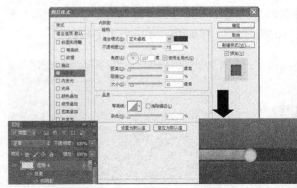

STEP 17　绘制喇叭

新建图层，得到"图层7"图层，使用"钢笔工具" ✐ 绘制出喇叭的路径，并通过"路径"面板将其转换为选区，为其填充上白色，放在音量条的左侧。

STEP 18　应用"图层样式"

双击"图层7"图层，在打开的"图层样式"对话框中勾选"渐变叠加"和"内阴影"复选框，并对相应的选项进行设置，在图像窗口中可以看到编辑的效果。

STEP 19　创建并编辑图层组

在"图层"面板中新建图层组，将其命名为"音量调节"，将"图层4"、"图层5"、"图层6"和"图层7"拖曳到其中，以便于对图层进行有效的管理。

STEP 20　绘制圆角矩形

在"图层"面板中新建图层，得到"图层8"图层，在工具箱中设置前景色为R85、G85、B85，使用"圆角矩形工具"绘制圆角矩形，将其作放在音量调节滑调的上方位置，在图像窗口中可以看到编辑的效果。

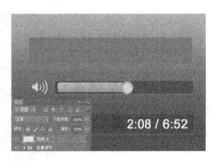

STEP 21　应用"图层样式"

双击"图层8"图层，在打开的"图层样式"对话框中勾选"描边"和"斜面和浮雕"复选框，并对相应的选项进行设置，为矩形条添加上描边和浮雕效果，在图像窗口中可以看到编辑后的矩形条更具立体感。

STEP 22　绘制间隔条

在"图层"面板中新建图层，得到"图层9"图层，在工具箱中设置前景色为R34、G34、B34，使用"矩形工具"绘制矩形，将其作为圆角矩形上的间隔条，在图像窗口中可以看到编辑的效果。

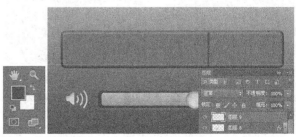

STEP 23　应用"图层样式"

双击"图层9"图层，在打开的"图层样式"对话框中勾选"投影"复选框，并对相应的选项进行设置，设置投影的颜色为白色、"角度"为180度、"距离"为4像素、"扩展"和"大小"均为0。

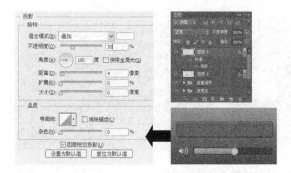

STEP 24　复制图层

选中"图层9"图层，按Ctrl+J快捷键复制图层，得到"图层9副本"图层，适当调整矩形的位置，使两个矩形将圆角矩形3个等分，在图像窗口中可以看到编辑后的图像效果。

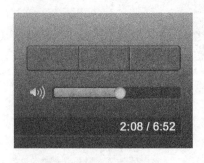

STEP 25　绘制快进标示

新建图层，得到"图层10"图层，使用"钢笔工具" 绘制出快进标示的路径，并通过"路径"面板将其转换为选区，为选区填充上白色，适当调整其位置，将其放在圆角矩形条的右侧，在图像窗口中可以看到编辑的效果。

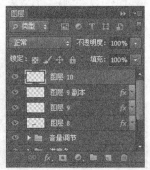

STEP 26　应用"图层样式"

双击"图层10"图层，在打开的"图层样式"对话框中勾选"内阴影"复选框，并对相应的选项进行设置，为快进标示应用内阴影效果。

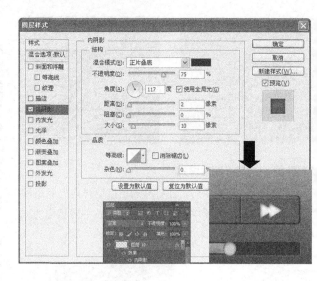

STEP 27　复制图层

选中"图层10"图层，按Ctrl+J快捷键复制图层，得到"图层10副本"图层，适当调整其位置，并进行翻转处理，放在圆角矩形的中间位置。

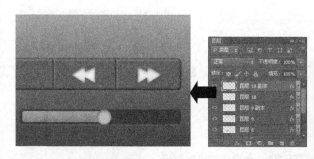

STEP 28　绘制播放标示

新建图层，得到"图层11"图层，绘制出播放的标示，并调整其填充色为白色，再为其应用上与快进标示相同的内阴影样式，在图像窗口中可以看到编辑的效果。

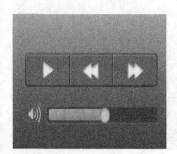

STEP 29 创建并编辑图层组

在"图层"面板中新建图层组，将其命名为"控制按钮"，将"图层8"到"图层11"图层都拖曳到其中，以便于对图层进行有效的管理和编辑，在"图层"面板中可以看到图层组编辑的效果。

STEP 30 绘制碟片

新建图层，得到"图层12"图层，选择工具箱中的"椭圆工具" ，在该工具的选项栏中进行设置，绘制圆形形，加工其放在控制按钮的左侧。

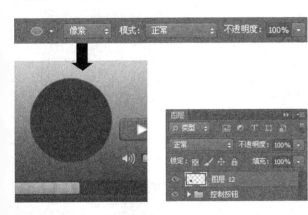

STEP 31 编辑图层蒙版

在"图层"面板中为"图层12"添加上白色的图层蒙版，使用"椭圆选框工具"在黑色的圆形中间创建选区，将背景色设置为黑色，按Delete键进行删除，对该图层的蒙版进行编辑，制作出碟片的效果。

STEP 32 应用"图层样式"

双击"图层12"图层，在打开的"图层样式"对话框中勾选"描边"、"渐变叠加"和"投影"复选框，并对选项进行相应的设置。

STEP 33 预览编辑效果

完成"图层样式"对话框的编辑后，在图像窗口中可以看到应用样式后的圆形更接近碟片的效果。

STEP 34 绘制碟片

新建图层，得到"图层13"图层，使用"椭圆工具"绘制出颜色为R195、G195、B195的圆形形，并为其添加上图层蒙版，使用步骤31的方法对蒙版进行编辑，在图像窗口中可以看到编辑的效果。

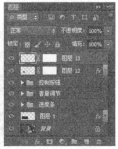

STEP 35　应用"图层样式"

双击"图层13"图层，在打开的"图层样式"对话框中勾选"描边"和"内阴影"复选框，并对相应的选项进行设置，为该图层中的图像添加上描边和内阴影效果。

STEP 36　复制图层并修改填充色

复制"图层13"图层，得到"图层13副本"图层，适当调整圆形的大小，然后修改其填充色为R231、G231、B231，在图像窗口中可以看到编辑后的效果。

STEP 37　预览编辑效果并编辑图层组

在"图层"面板中新建图层组，将其命名为"碟片"，将"图层12"、"图层13"和"图层13副本"图层都拖曳到其中，以便于对图层进行有效的管理和编辑。

STEP 38　添加素材

新建图层，得到"图层14"图层，打开素材\12\02.jpg文件，将其复制到"图层14"中，并适当调整其大小，放在碟片的左侧。

STEP 39　应用"图层样式"

双击"图层14"图层，在打开的"图层样式"对话框中勾选"描边"和"内阴影"复选框，并对相应的选项进行设置，为该图层中的图像添加上描边和内阴影效果

STEP 40　输入歌名

选择工具箱中的"横排文字工具"，在控制按钮的上方单击并输入歌曲的名称，打开"字符"面板进行设置，调整文字的颜色为黑色，在图像窗口中可以看到添加歌曲名后的图像效果。

STEP 41　输入歌手名

使用"横排文字工具"在歌曲名称的上方单击并输入歌手的名称，打开"字符"面板进行设置，调整文字的颜色为白色。

STEP 42　应用"图层样式"

为步骤40和步骤41中的文字添加上投影图层样式，并进行统一的设置，使文字的表现更加立体，在图像窗口中可以看到编辑后的效果。

STEP 43　预览编辑效果

完成文字的编辑后，可以使用"移动工具"对绘制的各部分进行调整，完善播放器界面的设计，在图像窗口中可以看到最终的编辑效果。

"椭圆工具"可以用来创建椭圆形或者圆形。在工具箱中选择"椭圆工具"，通过该工具选项栏中的设置可以控制绘制的效果为路径、像素或者形状。

在"椭圆工具"的选项栏中单击　按钮，可以打开如下图所示的选项，在其中可以对绘制的椭圆形进行控制。

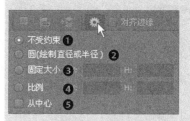

❶不受约束：单击选中"不受约束"单选按钮，可以绘制出任意长宽大小的椭圆形。

❷圆（绘制直径或半径）：单击选中"圆"单选按钮，可以绘制出圆形形。下图所示为选中该按钮后绘制的圆形效果。

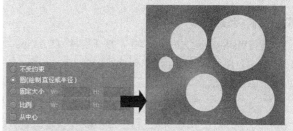

❸固定大小：单击选中"固定大小"单选按钮可以激活后面的W和H选项，在其中输入所需的参数，可以绘制出大小一致的椭圆形。下图所示为绘制相同大小椭圆形路径的效果。

❹固定比例：单击选中"固定比例"单选按钮可以激活后面的W和H选项，在其中输入所需的参数，可以绘制出长宽比例一致的椭圆形。

❺从中心：单击选中"从中心"复选框，可以在绘制椭圆形的时候，以鼠标单击的位置作为圆形的中心点向外进行椭圆形的扩散，该复选框可分别与前面的四个单选按钮同时进行勾选。

12.2　登录界面设计

登录界面是进入某个系统时所需要输入用户名和密码的界面。本例制作的是个人论坛的登录界面，利用阳光的人物照片作为背景，并使用"圆角矩形工具"、"文字工具"和"图层样式"制作出界面的整体架构，采用半透明的表现形式体现界面通透的质感，使得整体画面和谐而统一，凸显出青春、活泼的主题。

素　材	素材\12\03.jpg
源文件	源文件\12\登录界面设计.psd

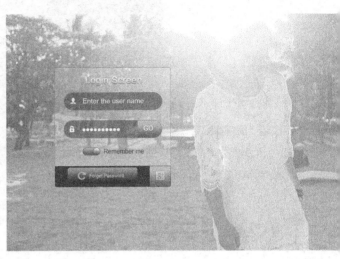

STEP 01　新建图层

运行Photoshop CS6应用程序，打开素材\ 12\03.jpg文件，单击"图层"面板中的"创建新图层"按钮 ，得到"图层1"图层。

STEP 02　绘制圆角矩形

选择工具箱中的"圆角矩形工具" ，在工具选项栏中选择"像素"选项，设置前景色为白色，绘制出白色的圆角矩形，并放在画面的左侧位置。

STEP 03　应用"图层样式"

双击"图层1"图层，在打开的"图层样式"对话框中勾选"描边"复选框，并设置"大小"为1像素、"位置"为"外部"、"不透明度"为100%，完成设置后在"图层"面板中调整"填充"为20%，在图像窗口中可以看到编辑的效果。

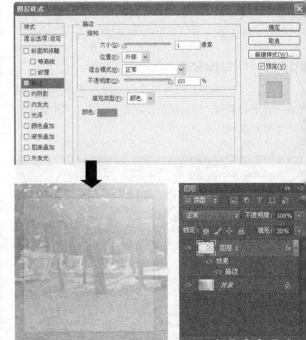

STEP 04　创建黑色的修饰图形

　　新建图层，得到"图层2"图层，将"图层1"中的圆角矩形载入选区，并使用"矩形选框工具"将上半部分的选区进行相减，只保留下半部分，接着为选区填充上黑色，在图像窗口中可以看到编辑的效果。

STEP 05　应用"图层样式"

　　双击"图层2"图层，在打开的"图层样式"对话框中为该图层中的图像添加上描边效果，对相应选项进行设置，并在"图层"面板中设置"图层2"的"不透明度"为80%。

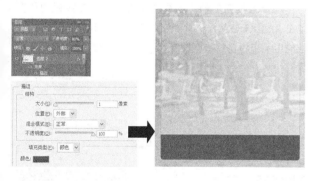

STEP 06　输入登录界面的名称

　　选择工具箱中的"横排文字工具"，在登录界面的最上方单击并输入文字，打开"字符"面板进行设置，调整文字的填充色为白色，在图像窗口中可以看到效果。

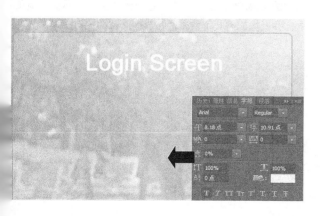

STEP 07　应用"图层样式"

　　双击文字图层，在打开的"图层样式"面板中勾选"渐变叠加"和"投影"复选框，并对相应的选项进行设置，在图像窗口中可以看到应用样式后的文字效果。

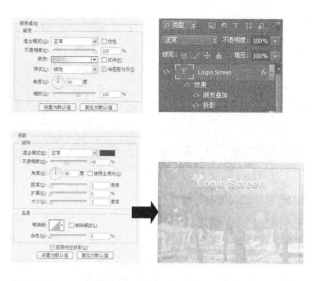

STEP 08　编辑图层组

　　创建图层组，命名为"背景"，将除"背景"图层以外的图层都拖曳到其中，便于编辑和管理。

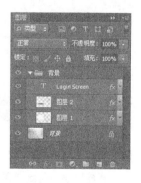

STEP 09　绘制输入框

　　新建图层，得到"图层3"图层，设置前景色为R32、G21、B23，使用"圆角矩形工具"绘制出圆角矩形，将其作为输入框，并设置"图层3"图层的"填充"为40%。

STEP 10　添加密码圆点

　　使用"椭圆选框工具" 在输入框上创建多个大小相同的圆形选区，新建图层，得到"图层4"图层，设置前景色为白色，将选区填充上前景色，作为密码的圆点。

STEP 11　绘制锁的形状

　　新建图层，得到"图层5"图层，使用工具箱中的"钢笔工具"绘制出锁的路径，然后通过"路径"面板将其转换为选区，并为选区填充上白色，放在密码圆点的前面，在图像窗口中可以看到编辑的效果。

STEP 12　绘制修饰形状

　　新建图层，得到"图层6"图层，将"图层3"中的输入框载入选区，并进行适当的编辑，填充上R247、G187、B1的颜色，将其作为输入框的按钮。

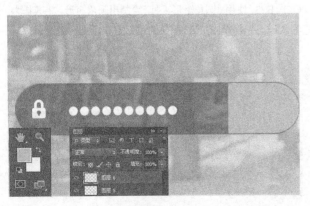

STEP 13　应用"图层样式"

　　双击"图层6"图层，在打开的"图层样式"对话框中勾选"渐变叠加"复选框，并对相应的选项进行设置，为按钮应用渐变效果，在图像窗口中可以看到应用样式后的按钮更具美感。

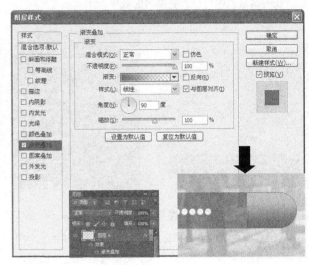

STEP 14　添加文字

　　选择工具箱中的"横排文字工具"，在按钮的位置单击并输入GO，并打开"字符"面板进行设置，再为文字应用上"投影"效果，让文字更具立体感。

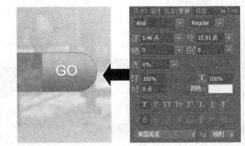

STEP 15　复制图层

　　选中"图层3"图层，按Ctrl+J快捷键进行复制，得到"图层3副本"图层，将其拖曳到"图层"面板的最顶层，并适当调整其位置，放在界面名称的下面。

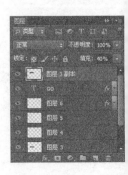

STEP 16　绘制人物剪影

新建图层，得到"图层7"图层，使用工具箱中的"钢笔工具"绘制出人物剪影的路径，然后通过"路径"面板将其转换为选区，并为选区填充上白色，放在复制的输入框的前面，并设置其"填充"为90%。

STEP 17　添加文字

选择工具箱中的"横排文字工具"，在复制的输入框中单击并输入用户名，打开"字符"面板进行设置，调整文字的填充色为白色。

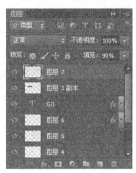

STEP 18　编辑图层组

在"图层"面板中创建图层组，将其命名为"输入栏"，将包含输入栏的图层都拖曳到其中，方便对其进行管理和编辑，在"图层"面板中可以看到编辑的效果。

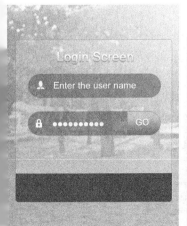

STEP 19　绘制圆角矩形

新建图层，得到"图层8"图层，设置前景色为黑色，使用"圆角矩形工具"绘制出圆角矩形，将其放在输入栏的下方，在图像窗口中可以看到编辑的效果。

STEP 20　应用"图层样式"

双击"图层8"图层，在打开的"图层样式"对话框中勾选"描边"和"渐变叠加"复选框，并对相应的选项进行设置，在图像窗口中可以看到应用样式后的圆角矩形效果。

STEP 21　绘制控制点

新建图层，得到"图层9"图层，设置前景色为黑色，使用"椭圆工具"绘制出圆形，将其放在圆角矩形的右侧，在图像窗口中可以看到编辑的效果。

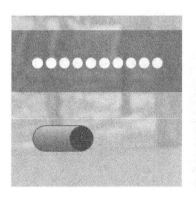
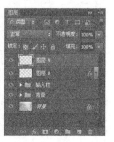

STEP 22　应用"图层样式"

　　双击"图层9"图层，在打开的"图层样式"对话框中勾选"描边"和"渐变叠加"复选框，并对相应的选项进行设置，为圆形应用上描边和渐变叠加样式，在图像窗口中可以看到应用样式后的圆形效果。

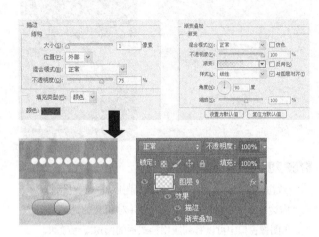

STEP 23　添加文字

　　选择工具箱中的"横排文字工具"，在复制的输入框中单击并输入Remember me，并打开"字符"面板进行设置，调整文字的填充色为R65、G64、B65。

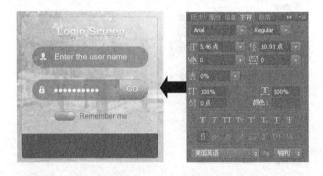

STEP 24　编辑图层组

　　在"图层"面板中创建图层组，将其命名为"记住状态"，将"图层8"、"图层9"和文字图层都拖曳到其中，以便于对其进行管理和编辑。

STEP 25　绘制圆角矩形

　　新建图层，得到"图层10"图层，设置前景色为白色，使用"圆角矩形工具"绘制出圆角矩形，将其放在"记住状态"的下方，在图像窗口中可以看到编辑的效果。

STEP 26　应用"图层样式"

　　双击"图层10"图层，在打开的"图层样式"对话框中勾选"描边"和"渐变叠加"复选框，为圆角矩形应用描边和渐变填充效果，并对相应的选项进行设置，在图像窗口中可以看到应用样式后的圆角矩形效果。

STEP 27　添加文字并应用"图层样式"

　　选择工具箱中的"横排文字工具"，在复制的输入框中单击并输入Forget Password，打开"字符"面板进行设置，调整文字的填充色为R209、G209、B209，并为文字应用适当的"投影"效果。

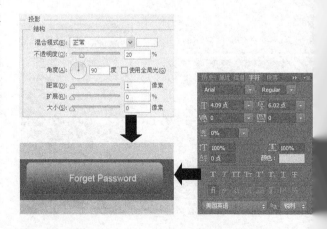

STEP 28 绘制返回标示

新建图层，得到"图层11"图层，使用"钢笔工具"绘制出返回标记的路径，然后通过"路径"面板将其转换为选区，并为选区填充上R247、G187、B1，将其放在适当的位置，并添加上"投影"图层样式。

STEP 29 编辑图层组

在"图层"面板中创建图层组，将其命名为"忘记状态"，将"图层10"、"图层11"和文字图层都拖曳到其中，以便于对其进行管理和编辑。

STEP 30 绘制修饰形状

新建图层，得到"图层12"图层，将"图层2"中的图像载入到选区，并对其进行适当的编辑，设置前景色为R247、G187、B1，将选区填充上前景色，在图像窗口中可以看到编辑后的效果。

STEP 31 应用"图层样式"

双击"图层12"图层，在打开的"图层样式"对话框中勾选"渐变叠加"复选框，设置"混合模式"为正常、"不透明度"为100%、"样式"为线性、"角度"为90度、"缩放"为100%、渐变色为红色到透明红色的渐变。

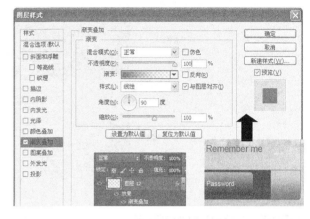

STEP 32 绘制标示

新建图层，得到"图层13"图层，使用"文字工具"和"矩形选框工具"创建出搜索标志的选区，并将选区填充上白色，在图像窗口中可以看到编辑的效果。

STEP 33 应用"图层样式"

双击"图层13"图层，在打开的"图层样式"对话框中勾选"内发光"复选框，并对相应的选项进行设置，为其应用内发光效果。

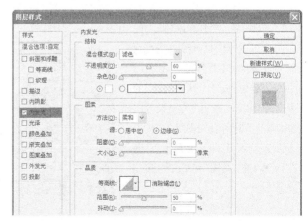

STEP 34　应用"图层样式"

接着勾选"投影"复选框，为"图层13"中的图像添加阴影效果，并对相应的选项进行设置，完成设置后将"图层13"图层的"填充"设置为40%，在图像窗口中可以看到编辑后的效果。

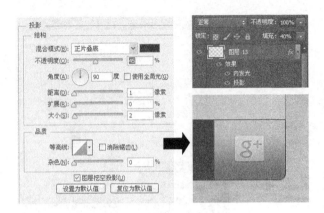

STEP 35　编辑图层组并预览效果

在"图层"面板中创建图层组，将其命名为"按钮"，将"图层12"和"图层13"都拖曳到其中，在图像窗口中可以看到登录界面的最终编辑效果。

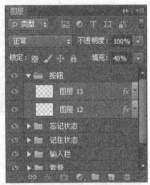

知识提炼　"填充"和"不透明度"

在"图层"面板中可以对图层的不透明度和填充的不透明度进行设置，其中图层的不透明度用于设置图层的遮蔽程度或显示其下方图层的程度；而填充不透明度则是设置图像像素的不透明度，对图层样式的不透明程度不受影响。右图所示为"图层"面板中的"填充"和"不透明度"设置选项。

● 不透明度

在"不透明度"下拉列表中直接输入数值或拖曳"不透明度"弹出式滑块，可以对不透明度的参数进行设置。下图所示为不透明度为100%和不透明度为50%时的图像效果，可以看到在改变图层不透明度的同时，为图层所应用的"外发光"图层样式也随之发生了改变，即"不透明度"选项是对图层中所有图像都会产生作用。

● 填充

如果图层中包含使用图层样式的图像或文本，则可以调整填充不透明度以便在不更改图层样式不透明度的情况下，更改图像或文本自身的不透明度。下图所示为填充不透明度分别为90%和30%时的图像效果，可以看到为图层添加的"外发光"图层样式，并不会随着"填充"不透明度的变化而变化，当"填充"选项的参数降低时，"外发光"图层样式的效果仍然保持原效果。

不可调整填充和不透明度图层的编辑	TIPS

在进行图像的不透明度设置时，有时会出现不透明度选项为灰色的不可调整状态，不能对其进行编辑，这些图层包括"背景"图层、锁定图层以及被隐藏的图层。如果需要在"背景"图层或锁定图层上更改图层的不透明度，可以将背景图层转换为非锁定状态的普通图层，或者对锁定图层进行解锁，即可对其不透明度进行调整。

12.3 报时器界面设计

报时器是带有时间显示的软件，既能显示时间，又能按照设定的时间发出提示音。本例在制作的过程中先使用"圆角矩形工具"创建出报时器大致的外形，并利用"图层样式"对其进行修饰和美化，再通过"文字工具"添加时间和文字，完善界面的内容，在图层的属性设置中使用低不透明度的方式透视出下方照片的内容，由此增强报时器界面的质感，使其更具观赏性。

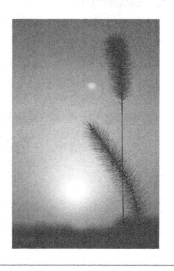

素材	素材\12\04.jpg
源文件	源文件\12\报时器界面设计.psd

STEP 01　新建图层

运行Photoshop CS6应用程序，打开素材\ 12\04.jpg文件，单击"图层"面板中的"创建新图层"按钮 ，得到"图层1"图层。

STEP 02　绘制圆角矩形

选择工具箱中的"圆角矩形工具"，在工具选项栏中选择"像素"选项，设置前景色为白色，绘制出白色的圆角矩形，并放在画面的左侧位置。

STEP 03　应用"图层样式"

双击"图层1"图层，在打开的"图层样式"对话框中勾选"描边"和"外发光"复选框，并对相应的选项进行设置，调整"描边"选项中的颜色为R151、G151、B151，外发光的颜色为黑色。

STEP 04　设置图层属性

完成"图层样式"的编辑后在图像窗口中可以看到效果，并设置"图层1"的"填充"为20%。

STEP 05　预览编辑效果

新建图层，得到"图层2"图层，将"图层1"中的圆角矩形载入选区，并使用"矩形选框工具"将上半部分的选区进行相减，只保留下半部分，接着为选区填充上R234、G234、B219，调整"图层2"的"填充"为50%。

STEP 06　绘制修饰线条

新建图层，得到"图层3"图层，使用"矩形选框工具"绘制矩形条选区，并填充上白色，放在"图层2"中图像的上方，并应用"投影"样式。

STEP 07　复制图层

选中"图层3"图层，按Ctrl+J快捷键进行复制，得到"图层3副本"图层，并将其放在圆角矩形的上方，在图像窗口中可以看到编辑的效果。

STEP 08　编辑图层组

创建图层组，命名为"背景"，将"图层1"、"图层2"、"图层3"和"图层3副本"图层都拖曳到其中，以便于管理和编辑，然后选择工具箱中的"横排文字工具"。

STEP 09　输入文字

使用"横排文字工具"单击并输入所需的文字，打开"字符"面板进行设置，调整文字的填充色为R102、G102、B102，并应用默认的"投影"样式。

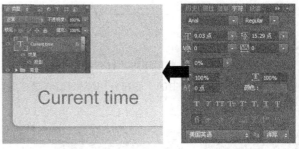

STEP 10　输入时间

使用"横排文字工具"单击并输入时间，打开"字符"面板进行设置，调整文字的填充色为R102、G102、B102，并应用上默认的"投影"样式。

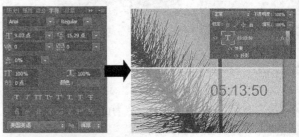

添加默认的图层样式　　　　　　　　　　TIPS

添加默认的图层样式，可以对需要添加样式的图层执行"图层>图层样式"菜单命令，在其子菜单中选中需要添加的样式名称，然后打开"图层样式"对话框，在其中不需要进行设置，直接单击"确定"按钮即可为当前图层应用上默认的样式效果。

STEP 11　输入文字

继续使用"横排文字工具"在图像窗口中单击，输入主题文字，并打开"字符"面板进行设置，调整文字的颜色为R234、G143、B84，可以看到添加文字的效果。

STEP 12　绘制圆角矩形

新建图层，得到"图层4"图层，选择"圆角矩形工具"，在工具选项栏中选择"像素"选项，设置前景色为R68、G68、B68，绘制圆角矩形，并放在画面的右侧位置。

STEP 13　应用"图层样式"

双击"图层4"图层，在打开的"图层样式"对话框中勾选"内阴影"、"渐变叠加"、"外发光"和"投影"复选框，并对相应的选项进行设置。

STEP 14　预览编辑效果

完成"图层样式"的编辑后在图像窗口中可以看到效果，接着设置"图层4"的"填充"为50%。

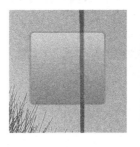

STEP 15　复制图层

选中"图层4"图层，按两次Ctrl+J快捷键得到"图层4副本"和"图层4副本2"图层，并适当调整图层中图像的位置，将其作为时间的背景。

STEP 16　输入文字

使用"横排文字工具"在图像窗口中单击，分别输入时间，并打开"字符"面板进行设置，调整文字的颜色为R234、G143、B84，可以看到添加文字的效果。

STEP 17　输入时间

使用"横排文字工具"在图像窗口中单击，分别输入时间，打开"字符"面板进行设置，调整文字颜色为白色。

STEP 18 应用"图层样式"

分别双击时间数字图层，在打开的"图层样式"对话框中勾选"投影"复选框，为文字添加阴影效果，并对相应的选项进行设置，为数字时间应用相同的效果，在图像窗口中可以看到编辑的文字更具立体感。

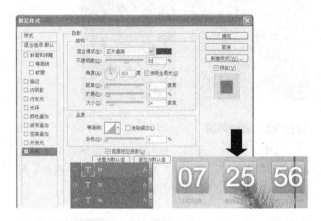

STEP 19 绘制修饰的圆点

新建图层，得到"图层5"图层，使用"椭圆选框工具"创建两个大小相同的圆形选区，并为其填充上R182、G182、B182的颜色，在图像窗口中可以看到编辑的效果。

STEP 20 应用样式

双击"图层5"图层，在打开的"图层样式"对话框中勾选"内阴影"复选框，对相应的选项进行设置，为图层中的圆形添加上内投影效果。

STEP 21 复制图层

选中"图层5"图层，按Ctrl+J快捷键复制图层得到"图层5副本"图层，适当调整图层中圆形的位置，在图像窗口中可以看到编辑的效果。

STEP 22 创建并编辑图层组

在"图层"面板中创建图层组，将其命名为"时间"，将包含时间的图层都拖曳到其中，以便于管理和编辑，在图像窗口中可以看到编辑的效果。

STEP 23 绘制修饰线条

新建图层，得到"图层5"图层，使用"矩形选框工具"创建矩形选区，并为其填充上黑色，将其放在时间数字的中间位置，在图像窗口可以看到编辑后的效果。

STEP 24 绘制修饰图形

新建图层，得到"图层7"图层，使用"矩形选框工具"创建矩形选区，并为其填充适当的颜色，为其应用"描边"、"渐变叠加"和"外发光"样式。

STEP 25 复制图层并编辑图层组

复制"图层7"图层，得到"图层7副本"图层，适当调整图层中图像的位置，然后创建图层组，命名为"翻页效果"，将"图层6"、"图层7"和"图层7副本"图层都拖曳到其中。

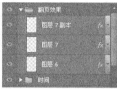

STEP 26 复制图层组

对"翻页效果"图层组进行复制，得到两个副本图层组，适当调整每个图层组中图像的位置，将每个时间数字上都显示出翻页的画面效果。

STEP 27 绘制修饰的按钮

使用"椭圆工具"创建并编辑按钮，并为每个按钮填充上适当的颜色，应用上适当的样式，创建图层组，命名为"按钮"，将包含按钮的图层拖曳到其中，在图像窗口中可以看到按钮编辑后的效果。

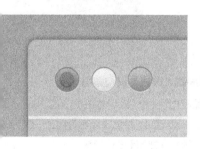

STEP 28 输入文字

使用"横排文字工具"在图像窗口中输入文字，放在画面的下方，在图像窗口可以看到最终的编辑效果。

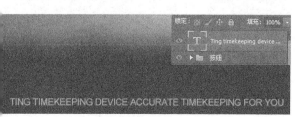

TING TIMEKEEPING DEVICE ACCURATE TIMEKEEPING FOR YOU

知识提炼 "内阴影"图层样式

"内阴影"图层样式的很多选项和"投影"图层样式是一样的，"投影"效果可以理解为一个光源照射平面的阴影效果，而"内阴影"则可以理解为光源照射球体的效果，是从外向内体现阴影效果的。

双击图层，在打开的"图层样式"对话框中勾选"内阴影"复选框，可以在该对话框中看到如下图所示的设置选项，通过设置可以对内阴影的成像效果进行控制。

❶混合模式：用于设置内阴影与图层中图像的混合叠加效果，默认的混合模式为"正片叠底"，通常情况下不需要进行修改。

❷颜色设置：单击色块即可在打开的"拾色器"对话框中设置阴影的颜色。

❸不透明度：用于设置内侧阴影的透明程度，默认状态下的参数为75%。

❹角度：调整内侧阴影的方向，也就是和光源相反的方向，圆圈中的指针指向阴影的方向，原理和"投影"图层样式中的角度是一样的。

❺距离：用来设置阴影在对象内部的偏移距离，这个值越大，光源的偏离程度越大，偏移方向由角度决定，如果偏移程度太大，效果就会失真。

❻阻塞：设置阴影边缘的渐变程度，单位是百分比，与"大小"选项相关，如果"大小"设置的较大，阻塞的效果就会比较明显。

❼大小：设置阴影的延伸范围，这个值越大，光源的散射程度越大，相应阴影范围也会越大。

❽等高线：用来设置阴影内部的光环效果，可以实际需要设置等高线。

12.4　DVD封面设计

DVD封面是展现DVD内容的一个窗口，从封面的色彩、图案和文字上可以让消费者了解到DVD大致的内容。本例先使用图层蒙版对载入素材的显示进行控制，然后通过颜色填充图层和调整命令对封面的颜色进行修饰，并利用"横排文字工具"添加上文字，让封面的效果更加完美，最后复制图层组对碟片的外观进行统一表现，打造出欧美风味十足的DVD封面效果。

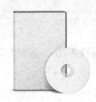

素　材	素材\12\05、06.jpg
源文件	源文件\12\DVD封面设计.psd

STEP 01　新建图层

运行Photoshop CS6应用程序，打开素材\ 12\05.jpg文件，单击"图层"面板中的"创建新图层"按钮，得到"图层1"图层。

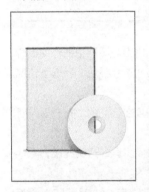

STEP 02　添加素材文件

打开素材\12\06.jpg文件，将其复制到"图层1"中，并适当调整其大小，放在DVD封面上，在图像窗口中可以看到编辑的效果。

STEP 03　编辑图层蒙版

为"图层1"添加上图层蒙版，并对蒙版进行编辑，让DVD封面上显示出照片素材的图像。

STEP 04　创建并编辑"黑白"调整图层

通过"调整"面板创建"黑白"调整图层，在打开的"属性"面板中勾选"色调"复选框，并设置颜色为R215、G183、B110，并对其余各个颜色的明暗度进行调整。

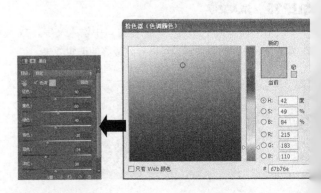

STEP 05　编辑图层蒙版

将"黑白"调整图层的蒙版填充为黑色，然后设置背景色为白色，将"图层1"的图层蒙版载入到选区，选中黑白调整图层的蒙版，按Delete键对蒙版进行编辑。

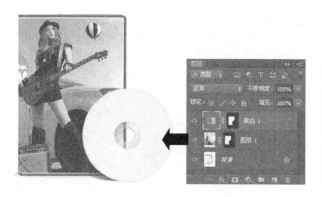

STEP 06　创建"色阶"调整图层

再次将"图层1"的图层蒙版载入到选区，然后单击"调整"面板中的"色阶"按钮，创建"色阶"调整图层，在打开的"属性"面板中依次拖曳RGB选项下的色阶滑块到0、0.82、254的位置。

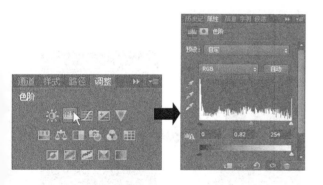

STEP 07　预览编辑效果

完成"色阶"调整图层的编辑后，在图像窗口中可以看到DVD封面上的图像层次更加明显。

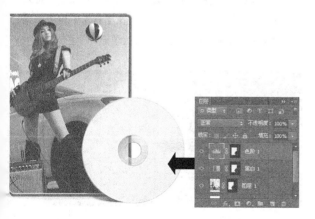

STEP 08　创建蓝色的填充图层

通过"图层"面板创建颜色填充图层，在打开的"拾色器"对话框中设置颜色为R15、G152、B248，完成设置后调整前景色为黑色，按Alt+Delete快捷键将填充图层的蒙版填充为黑色，并设置颜色填充图层的混合模式为"颜色"。

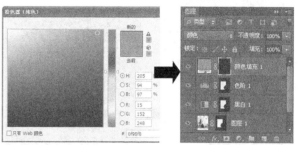

STEP 09　编辑图层蒙版

设置前景色为白色，选择工具箱中的"画笔工具"，调整其"不透明度"为20%，用柔边圆画笔对在DVD封面上进行涂抹，对颜色填充图层的蒙版进行编辑。

STEP 10　创建枚红色的填充图层

创建颜色填充图层，设置颜色为R248、G15、B168，完成设置后将填充图层的蒙版填充为黑色，并设置颜色填充图层的混合模式为"颜色"。

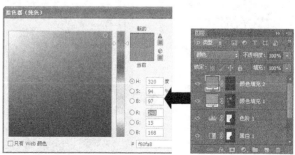

STEP 11　编辑图层蒙版

设置前景色为白色，选择工具箱中的"画笔工具"，调整其"不透明度"为20%，用柔边圆画笔对在DVD封面上进行涂抹，对颜色填充图层的蒙版进行编辑。

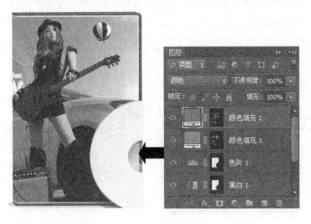

STEP 12　编辑"图案填充"对话框

创建图案填充图层，在打开的"图案填充"对话框中进行设置，选择"纤维纸1（128像素×128像素，RGB模式）"的图案，并设置"缩放"为800%，勾选"与图层链接"复选框，完成设置后单击"确定"按钮。

STEP 13　编辑图层蒙版和图层属性

在"图层"面板中设置图案填充图层的混合模式为"柔光"、"不透明度"为50%，将该图层的蒙版填充为黑色，并将"图层1"的图层蒙版载入选区，在工具箱中设置背景色为白色，选中图案填充图层的蒙版，按Delete键对蒙版进行编辑，只对DVD封面区域应用效果。

STEP 14　创建"曲线"调整图层

创建"曲线"调整图层，在打开的"属性"面板中添加控制点并设置该点的"输入"为161、"输出"为73，然后将该调整图层的蒙版填充为黑色。

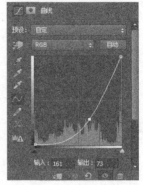

STEP 15　编辑图层蒙版

设置前景色为白色，选择工具箱中的"画笔工具"，调整其"不透明度"为20%，用柔边圆画笔对在DVD左侧位置进行涂抹，对曲线调整图层的蒙版进行编辑。

STEP 16　调整画面色彩

通过"调整"面板创建"色彩平衡"调整图层，在打开的"属性"面板中进行设置，调整"中间调"选项下的色阶值分别为6、-21、43，然后在工具箱中设置前景色为黑色，按Alt+Delete快捷键将蒙版填充为黑色。

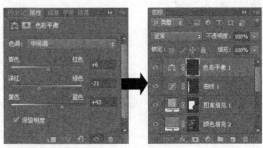

STEP 17　编辑图层蒙版

将"图层1"的图层蒙版载入选区，在工具箱中设置背景色为白色，选中"色彩平衡"调整图层的蒙版，按Delete键对蒙版进行编辑，只对DVD封面区域应用效果。

STEP 18　输入主题文字

选择工具箱中的"横排文字工具"，在图像窗口中DVD封面位置单击并输入文字，并打开"字符"面板进行设置，调整文字的颜色为R255、G216、B188。

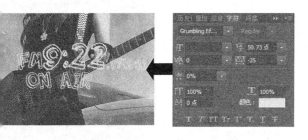

STEP 19　应用"图层样式"

双击文字图层，在打开的"图层样式"对话框中勾选"外发光"复选框，为文字添加上外发光效果，并在相应的选项组中进行设置，在图像窗口中可以看到文字的周围产生了黑色的底色。

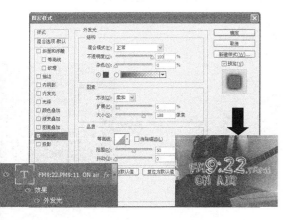

STEP 20　输入段落文字

选择工具箱中的"横排文字工具"，在图像窗口中DVD封面位置单击并输入段落文字，打开"字符"面板进行设置，调整文字的颜色为R255、G216、B188。

STEP 21　输入修饰文字

选择工具箱中的"横排文字工具"，在图像窗口中DVD封面的右上角位置单击并输入文字，打开"字符"面板进行设置，在图像窗口中可以看到编辑的效果。

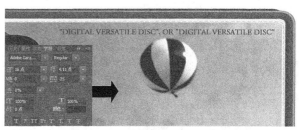

STEP 22　输入修饰文字并应用"图层样式"

使用"横排文字工具"在DVD封面的左下角位置输入DVD-VIDEO，并打开"字符"面板进行设置，调整文字的颜色为R255、G236、B220，双击文字图层，在打开的"图层样式"对话框中为文字应用"投影"样式，并对相应的选项进行设置，在图像窗口中可看到编辑的效果。

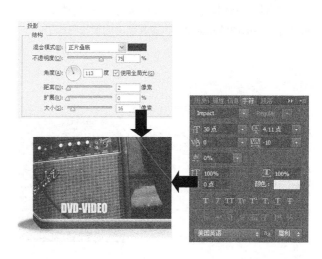

STEP 23　盖印图层

将"背景"图层隐藏，盖印可见图层，得到"图层2"图层，再将"背景"图层显示出来，并适当调整"图层2"的位置，将其覆盖在DVD碟片上。

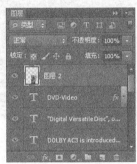

STEP 24　编辑选区

选择工具箱中的"椭圆选框工具"，创建圆形形的选区，然后执行"选择＞变换选区"菜单命令，此时选区的周围将出现自由变换框，调整自由变换框的大小，让选区框选住DVD碟片。

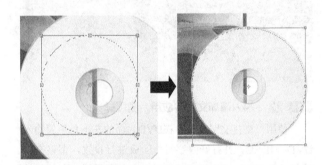

STEP 25　创建图层蒙版

完成选区的编辑后，单击"图层"面板下方的"添加图层蒙版"按钮，为"图层2"添加上图层蒙版，可以看到选区中的图像显示出来，而其余的图像被隐藏了。

STEP 26　编辑图层蒙版

将"图层2"图层隐藏，使用"椭圆选框工具"将碟片内部的圆形创建为选区，然后显示出"图层2"图层，选中"图层2"的图层蒙版，设置背景色为黑色，按Delete键对蒙版进行编辑，在图像窗口中可以看到编辑的效果。

STEP 27　盖印可见图层

盖印可见图层，得到"图层3"图层，适当调整图层中图像的位置，并进行翻转处理，将其作为倒影。

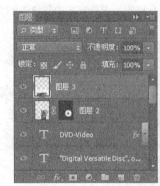

STEP 28　编辑图层蒙版

为"图层3"添加上白色的图层蒙版，并使用"画笔工具"对蒙版进行编辑，呈现出淡淡的倒影效果，并设置"图层3"的"不透明度"为20%。

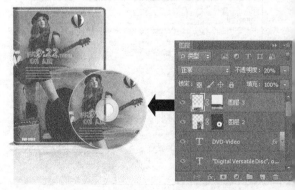

STEP 29　添加文字

使用"横排文字工具"输入所需的文字，并进行适当的属性和位置的调整，放在画面的上方作为修饰，在图像窗口中可以看到本例最终的编辑效果。

知识提炼　变换选区

建立选区后，有时需要对选区进行调整，同时要保证不会对图像有任何改变，只要在选区上单击鼠标右键，在弹出的快捷键菜单选择"变换选区"命令，如下图所示。在选区上将出现自由变换框，通过对自由变换框进行编辑，即可完成选区的变换调整。

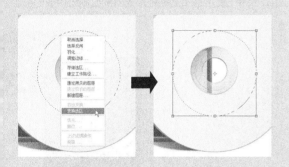

在Photoshop中可通过"缩放"、"旋转"、"扭曲"和"透视"等命令来对选区进行不同效果的变形处理，在选区的自由变换框上单击右键，可看到如下图所示的菜单。

❶缩放、旋转、斜切、透视、变形：当使用"缩放"命令时，拖曳任意一个角的控制手柄，可以对选区进行任意伸缩；通过使用"旋转"命令，将鼠标指针放在选区自由变换框四个角外，当鼠标指针变成双箭头弯曲形状时，拖曳鼠标即可任意旋转选区；当使用"斜切"命令时，拖曳任意一个角的控制手柄，就能对选区进行斜切；当使用"扭曲"或"透视"命令时，拖曳任意一个角的控制手柄，即能对选区进行斜切或以相应的角度进行透视；当使用"变形"命令时，拖曳选区自由变换框，即能对选区进行任意变形。下图所示分别为对选区进行透视和变形操作时的效果。

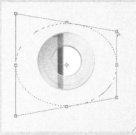
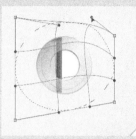

❷选区的旋转：使用"旋转180度"、"旋转90度（顺时针）"和"旋转90度（逆时针）"命令，可以对选区进行180°或90°的定向旋转操作。

❸选区的翻转：使用"水平翻转"和"垂直翻转"命令，可以对选区进行水平方向和垂直方向的镜像翻转操作。下图所示为翻转选区的效果。

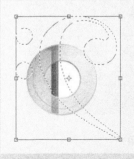
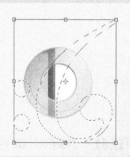

❹自由变换选区：在自由变换框的快捷菜单中选择"自由变换"命令，可以对选区进行自由变形处理，只需使用鼠标拖曳任意一个角的控制手柄即可。除此之外，选择"自由变换"命令后，还可以通过直接单击并拖曳鼠标的形式，来对选区的位置进行移动。

其他扩大和缩小选区的方法　　　　　TIPS

执行"选择＞修改＞扩展/收缩"菜单命令，在打开的"扩展/收缩选区"对话框中进行设置，也可以达到改变选区大小的目的。

12.5 牛奶包装设计

牛奶作为一种日常的营养食品，消费者对其恒久的心理期望就是绿色、天然，因此本例在制作牛奶包装的过程中采用绿色和橙色为主色调，使用"自定形状工具"绘制简约的奶汁喷溅效果，并搭配色彩统一的文字说明，使整体包装呈现出单纯、直观的视觉效果，并富有亲切感。

素　材	素材\12\07.jpg
源文件	源文件\12\牛奶包装设计.psd

STEP 01　新建图层

运行Photoshop CS6应用程序，打开素材\ 12\07.jpg文件，单击"图层"面板中的"创建新图层"按钮，得到"图层1"图层。

STEP 02　创建矩形选区并填色

选择工具箱中的"矩形选框工具"沿着牛奶盒的正面创建矩形选区，并填充上R19、G203、B201的颜色，在"图层"面板中设置"填充"为5%。

STEP 03　绘制污渍形状

新建图层，得到"图层2"图层，选择"自定形状工具"，在该工具选项栏中选择"像素"选项，设置前景色为R19、G203、B201，使用该工具在矩形的右侧绘制出污渍的图像。

STEP 04　编辑图层蒙版

将"图层1"中的矩形载入到选区，然后选中"图层2"图层后单击"添加图层蒙版"按钮，即可控制污渍的显示。

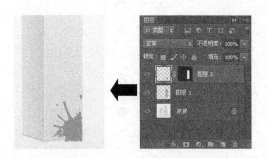

STEP 05 输入文字

选中工具箱中的"横排文字工具",在"图层1"中的矩形中间位置单击并输入段落文字,打开"字符"面板对文字的属性进行设置,同时调整文字的对齐方式为居中对齐,在图像窗口中可以看到编辑的效果。

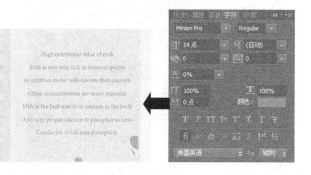

STEP 06 输入主题文字

使用"横排文字工具"在段落文字的上方单击,输入MILK,并打开"字符"面板进行设置,调整文字的填充色为R16、G170、B170,将其作为主题文字,在图像窗口中可以看到编辑后的效果。

STEP 07 绘制矩形选区并填色

设置前景色为R16、G170、B170,新建图层,得到"图层3"图层,使用"矩形选框工具"在主题文字的上方创建矩形的选区,并按Alt+Delete快捷键将选区填充上前景色,在图像窗口中可以看到编辑的效果。

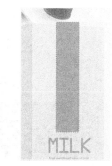
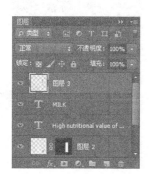

STEP 08 编辑图层蒙版

为"图层3"添加上图层蒙版,选择"渐变工具"并对该工具的选项栏进行设置,使用该工具对蒙版进行编辑,使其呈现出渐隐效果。

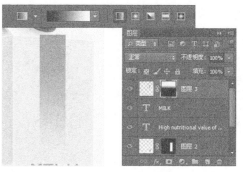

STEP 09 创建图层组并进行复制

创建图层组,将其命名为"蓝色",并将"背景"图层以外的图层拖曳到其中,然后对图层组进行复制,得到"蓝色副本"图层组。

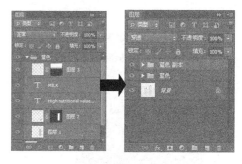

STEP 10 合并图层组

右键单击"蓝色 副本"图层组,在弹出的快捷菜单中选择"合并组"命令,得到"蓝色 副本"图层,同时在"图层"面板中将"蓝色"图层组进行隐藏。

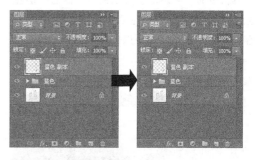

其他合并组的方法   TIPS

除了使用右键的快捷菜单进行合并组的操作以外,还可以选中图层组,执行"图层>合并组"菜单命令,将图层组中的图层合并到一个图层中。

STEP 11 调整图像透视角度

按Ctrl+T快捷键，右键单击自由变换框，在快捷菜单中选择"斜切"命令，对自由变换框进行编辑，使图像与"背景"图层中牛奶盒的正面相匹配。

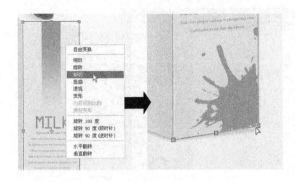

STEP 12 预览编辑效果

完成自由变换框的编辑后，按Enter键进行确认，在图像窗口中可以看到"蓝色 副本"图层中的图像完全与牛奶盒的正面相重合。

STEP 13 创建选区并编辑填充图层

选择工具箱中的"多边形套索工具"，沿着牛奶盒的左侧创建选区，然后为选区创建颜色填充图层，在打开的"拾色器"对话框中设置颜色为R19、G203、B201。

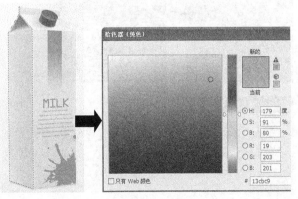

STEP 14 设置图层属性

完成颜色的设置后，在"图层"面板中设置颜色填充图层的混合模式为"正片叠底"，在图像窗口中可以看到牛奶盒的左侧应用上了与正面色彩相匹配的颜色。

STEP 15 创建并编辑填充图层

将牛奶盒盖子创建为选区，为其创建颜色为R19、G203、B201的颜色填充图层，并在"图层"面板中设置混合模式为"颜色"，在图像窗口中可以看到编辑的效果。

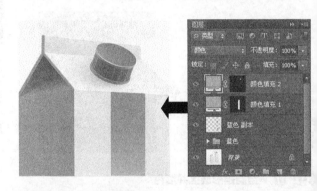

STEP 16 调整局部色阶

再次将牛奶盒盖子载入选区，并为其创建"色阶"调整图层，在打开的"属性"面板中设置RGB选项下的色阶滑块位置分别为15、1.31、255，增强盖子的层次。

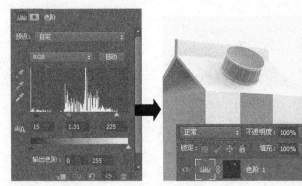

STEP 17 编辑图层组

创建图层组，命名为"蓝色侧"，将颜色填充图层和色阶调整图层都拖曳到其中，便于管理和编辑，在图像窗口中可以看到蓝色牛奶盒编辑的效果。

STEP 18 创建矩形选区并填色

新建图层，得到"图层4"图层，选择"矩形选框工具"沿着小牛奶盒的正面创建矩形的选区，并填充上R229、G106、B6的颜色，在"图层"面板中设置"填充"为5%。

STEP 19 绘制污渍并编辑图像蒙版

在"图层"面板中新建图层，得到"图层5"图层，选择"自定形状工具"，在该工具选项栏中选择"像素"选项，设置前景色为R229、G106、B6，使用该工具在矩形的右侧绘制出污渍的图像，并进行适当的角度调整。

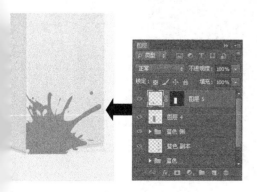

STEP 20 输入文字

选中"横排文字工具"，在"图层4"中的矩形中间位置单击并输入段落文字，并打开"字符"面板对文字的属性进行设置，同时调整文字的对齐方式为居中对齐。

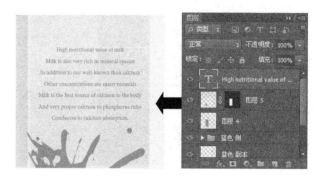

STEP 21 复制文字并修改颜色

对之前编辑的MILK文字图层进行复制，在"字符"面板中改变文字的填充色为R229、G106、B6，将其放在小牛奶盒上，在图像窗口中可以看到编辑的效果。

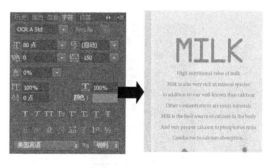

STEP 22 编辑渐变色条

新建图层，得到"图层6"图层，使用"矩形选框工具"在小牛奶盒上创建矩形选区，并填充上R229、G106、B6的颜色，为"图层6"添加上图层蒙版，使用"渐变工具"对蒙版进行编辑，制作出渐隐的效果，在图像窗口中可以看到编辑的效果。

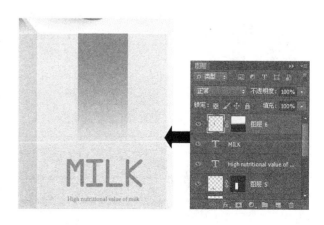

STEP 23　编辑图层组并进行复制

创建图层组，将其命名为"橙色"，并将包含小牛奶盒包装的图层拖曳到其中，然后对图层组进行复制，得到"橙色副本"图层组。

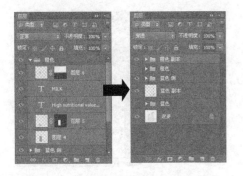

STEP 24　合并图层组并进行角度调整

将"橙色"图层组进行隐藏，并合并"橙色 副本"图层组，使用"斜切"命令对"橙色 副本"图层中的图像进行编辑，在图像窗口中可以看到编辑的效果。

STEP 25　改变局部颜色

沿着小牛奶盒的左侧创建选区，然后为选区创建颜色填充图层，设置颜色为R253、G116、B5，在"图层"面板中设置该图层的混合模式为"正片叠底"。

STEP 26　创建填充图层并设置图层属性

将小牛奶盒盖子创建为选区，为其创建颜色为R253、G116、B5的颜色填充图层，并在"图层"面板中设置混合模式为"颜色"，在图像窗口中可以看到编辑的效果。

STEP 27　调整局部色阶

再次将小牛奶盒盖子载入选区，并为其创建"色阶"调整图层，在打开的"属性"面板中设置RGB选项下的色阶滑块位置分别为0、1.03、211，增强盖子的层次。

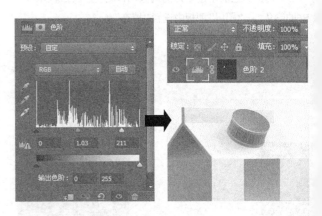

STEP 28　编辑图层组

创建图层组，命名为"橙色侧"，将颜色填充图层和色阶调整图层都拖曳到其中，以便于管理和编辑，在图像窗口中可以看到橙色小牛奶盒编辑的效果。

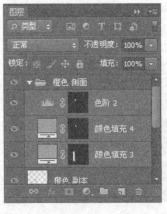

STEP 29　盖印可见图层

盖印可见图层，得到"图层7"图层，按Ctrl+T快捷键，对该图层中的图像进行翻转处理，将其放在画面的下方，在图像窗口中可以看到编辑的效果。

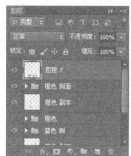

STEP 30　编辑图层蒙版

为"图层7"添加上白色的图层蒙版，选择"画笔工具"，设置"不透明度"为30%，前景色为黑色，对图层蒙版进行编辑，制作出牛奶盒的倒影效果。

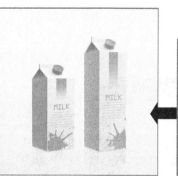
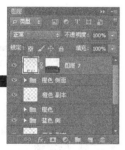

STEP 31　添加文字

使用"横排文字工具"输入所需的文字，并进行适当的属性和位置的调整，放在画面的上方作为修饰，在图像窗口中可以看到本例最终的编辑效果。

知识提炼　渐变工具

使用"渐变工具"可以绘制出具有颜色变化的色带形态，该工具可以根据需要对图像进行各式各样的填充，选择该工具后，在其选项栏中可以看到如下图所示的设置选项。

❶渐变条：单击渐变条后面的下拉按钮，可以在弹出的"渐变"拾色器中显示出Photoshop中提供的预设渐变，如果单击渐变条，可以打开"渐变编辑器"对话框，在其中可以设置出任意的颜色渐变效果，通过该对话框还可以创建出杂色渐变，如下图所示。

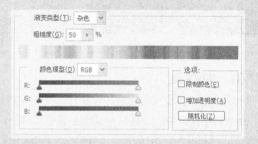

当选择"渐变编辑器"对话框中"渐变类型"下拉列表中的"杂色"选项后，即可创建杂色渐变，其中的"粗糙度"用于控制渐变中的两个色带之间逐渐过渡的方式；"颜色模型"用于更改可以调整的颜色分量。对于每个分量，拖动滑块可以定义可接受值的范围。例如，如果选取 HSB 模型，可以将渐变限制为蓝绿色调、高饱和度和中等亮度；"限制颜色"用于防止过饱和颜色；"增加透明度"用于增加随机颜色的透明度；"随机化"用于随机创建符合上述设置的渐变，单击该按钮，直至找到所需的设置为止。

❷渐变类型：该选项可以设置渐变的类型，包括"线性"、"径向"、"角度"、"对称"、"菱形"5种，单击相应的按钮，即可使用对应的渐变类型进行填充。

❸模式：设置背景颜色与渐变色之间的混合模式。

❹不透明度：该选项用于设置渐变颜色的不透明度，设置的参数越低渐变颜色就越透明，即在图像窗口中将显示得越淡。

❺反向：勾选该复选框可将设置的渐变色进行翻转。

❻仿色：勾选"仿色"复选框可以柔和地表现出渐变的颜色阶段。

❼透明区域：勾选该复选框可打开渐变的透明设置。

12.6　香水瓶设计

出色的香水诱惑人们的不仅是嗅觉，还有视觉。设计出完美的香水瓶所带来的视觉冲击力比嗅觉的诱惑更能抓住消费者的心，一个造型玲珑的香水瓶还是值得收藏的艺术品。本例将香水瓶设计成心形的现状，使用色块与图层蒙版相结合的方式制作出香水瓶的瓶体，再利用调整命令对瓶体的颜色和影调进行修饰，打造出质感通透、造型甜美的香水瓶效果。

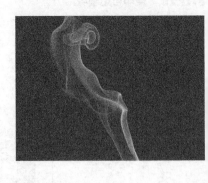

素　材	素材\12\08.jpg
源文件	源文件\12\香水瓶设计.psd

STEP 01　新建文档

运行Photoshop CS6应用程序，执行"文件>新建"菜单命令，在打开的"新建"对话框中设置"宽度"为210毫米、"高度"为297毫米、"分辨率"为200像素/英寸、"颜色模式"为"RGB颜色"。

STEP 02　创建颜色填充图层

通过"图层"面板创建颜色填充图层，在打开的"拾色器"对话框中设置填充色为黑色，将背景色修改为黑色，在图像窗口中可以编辑的效果。

STEP 03　绘制瓶体

新建图层，得到"图层1"图层，设置前景色为R214、G199、B168，使用"钢笔工具"绘制出香水瓶的瓶体外形路径，并将其转换为选区后填充上前景色。

STEP 04　应用"图层样式"

双击"图层1"图层，在打开的"图层样式"对话框中勾选"描边"和"外发光"复选框，并进行相应的设置。

STEP 05 预览编辑效果

完成"图层样式"的编辑后单击"确定"按钮将对话框关闭，在图像窗口中可以看到编辑的效果，在"图层"面板中可以看到图层样式以子图层进行显示。

STEP 08 载入瓶体选区并填色

在"图层"面板中新建图层，得到"图层3"图层，设置前景色为R250、G245、B238，将"图层1"中的瓶体载入选区，在"图层3"中为选区填充上前景色，在图像窗口中可以看到编辑的效果。

STEP 06 载入瓶体选区并填色

在"图层"面板中新建图层，得到"图层2"图层，设置前景色为R87、G80、B61，将"图层1"中的瓶体载入选区，在"图层2"中为选区填充上前景色。

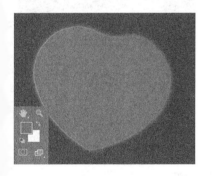

STEP 09 编辑图层蒙版

为"图层3"添加上黑色的图层蒙版，选择工具箱中的"画笔工具"，使用白色画笔对"图层3"的蒙版进行编辑，在编辑的过程中可以适当对画笔的笔触和不透明度进行设置，在图像窗口中可以看到编辑的效果。

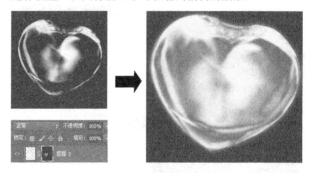

STEP 07 编辑图层蒙版

为"图层2"添加上黑色的图层蒙版，选择工具箱中的"画笔工具"，使用白色画笔对"图层2"的图层蒙版进行编辑，在编辑的过程中可以适当地对画笔的笔触和不透明度进行设置，在图像窗口中可以看到编辑的效果。

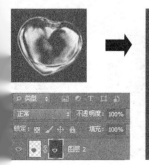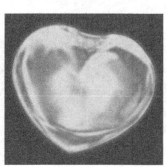

STEP 10 载入瓶体选区并填色

在"图层"面板中新建图层，得到"图层4"图层，设置前景色为R174、G145、B101，将"图层1"中的瓶体载入选区，在"图层4"中为选区填充上前景色，在图像窗口中可以看到编辑的效果。

STEP 11　设置图层属性

完成"图层4"的图像和颜色填充后，在"图层"面板中设置该图层的混合模式为"滤色"、"不透明度"为65%，在图像窗口中可以看到编辑的效果。

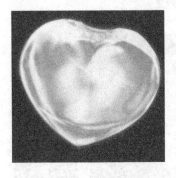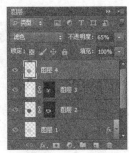

STEP 12　编辑图层蒙版并进行蒙版调整

为"图层4"添加上黑色的图层蒙版，选择工具箱中的"画笔工具"，使用白色画笔对"图层4"的蒙版进行编辑，在编辑的过程中可以适当对画笔的笔触和不透明度进行设置，并打开"调整蒙版"对话框对蒙版的边缘进行处理，使编辑的蒙版更加准确。

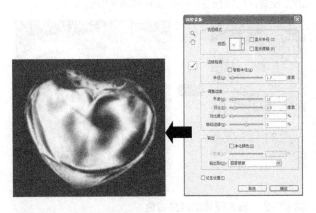

STEP 13　预览编辑效果

完成"图层4"的蒙版编辑后，在图像窗口中可以暗调编辑的效果，此时的香水瓶呈现出一定的层次感，高光和阴影区域的效果很明显。

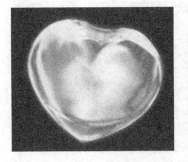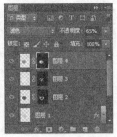

STEP 14　载入瓶体选区并填色

在"图层"面板中新建图层，得到"图层5"图层，设置前景色为R40、G35、B33，将"图层1"中的瓶体载入选区，在"图层5"中为选区填充上前景色，在图像窗口中可以看到编辑的效果。

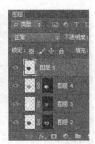

STEP 15　编辑图层蒙版

为"图层5"添加上黑色的图层蒙版，选择工具箱中的"画笔工具"，使用白色画笔对"图层5"的蒙版进行编辑，在编辑的过程中可以适当对画笔的笔触和不透明度进行设置，增强香水瓶暗部的表现。

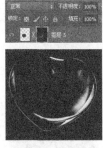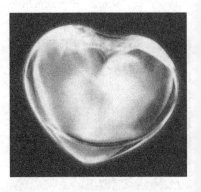

STEP 16　调整瓶体的影调

将香水瓶载入到选区，为选区创建色阶调整图层，在打开的"属性"面板中依次拖曳RGB选项下的色阶滑块到26、0.77、236的位置，增强香水瓶的立体感。

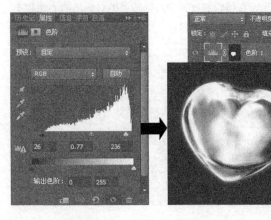

STEP 17 调整瓶体的亮度和对比度

再次将香水瓶载入到选区，为其创建亮度/对比度调整图层，在打开的"属性"面板中设置"亮度"为30、"对比度"为20，增强香水瓶的亮度和对比度。

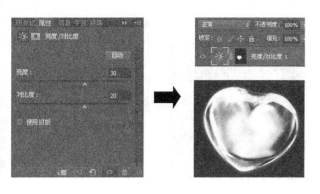

STEP 18 绘制瓶口

新建图层，得到"图层6"图层，设置前景色为R71、G62、B62，使用"钢笔工具"绘制出香水瓶的瓶盖外形路径，并将其转换为选区后填充上前景色。

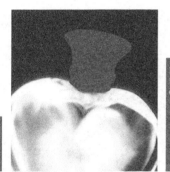
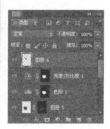

STEP 19 应用"图层样式"

双击"图层6"图层，在打开的"图层样式"对话框中勾选"描边"和"外发光"复选框，并进行相应的设置，在图像窗口中可以看到编辑后的效果。

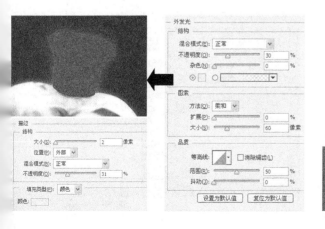

STEP 20 载入瓶口选区并填色

新建图层，得到"图层7"图层，设置前景色为R176、G138、B86，将"图层6"中的香水瓶盖载入选区，在"图层7"中为选区填充上前景色。

STEP 21 编辑图层蒙版

为"图层7"添加上黑色的图层蒙版，并使用白色的"画笔工具"在蒙版进行编辑，增强瓶盖的中间调，在图像窗口中可以看到编辑的效果。

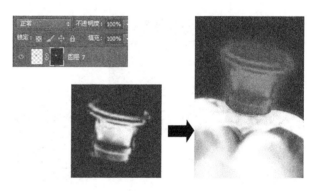

STEP 22 载入瓶口选区并填色

在"图层"面板中新建图层，得到"图层8"图层，设置前景色为R255、G253、B226，将"图层6"中的香水瓶盖载入选区，在"图层8"中为选区填充上前景色。

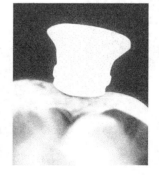

STEP 23   编辑图层蒙版

为"图层8"添加上黑色的图层蒙版，并使用白色的"画笔工具"在蒙版上进行编辑，增强瓶盖的高光效果，在图像窗口中可以看到编辑的效果。

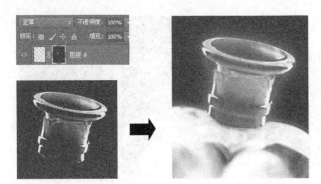

STEP 24   载入瓶口选区并填色

在"图层"面板中新建图层，得到"图层9"图层，设置前景色为R202、G166、B99，将"图层6"中的香水瓶盖载入选区，在"图层9"中为选区填充上前景色。

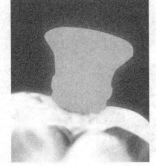

STEP 25   设置图层属性

完成"图层9"的图像和颜色填充后，在"图层"面板中设置该图层的混合模式为"叠加"、"不透明度"为65%，在图像窗口中可以看到编辑的效果。

STEP 26   编辑图层蒙版

为"图层9"添加上黑色的图层蒙版，并使用白色的"画笔工具"在蒙版上进行编辑，增强瓶盖的中间颜色过渡效果，在图像窗口中可以看到编辑的效果。

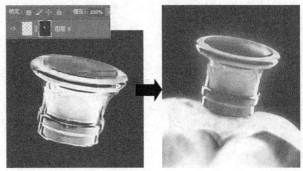

STEP 27   调整香水瓶的颜色

将香水瓶载入选区，为其创建"色彩平衡"调整图层，在打开的"属性"面板中设置"中间调"选项下的色阶值分别为6、-25、54，调整香水瓶的颜色。

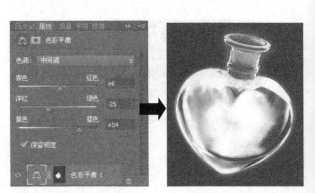

STEP 28   锐化细节

盖印可见图层，得到"图层10"图层，执行"滤镜>锐化>智能锐化"菜单命令，在打开的对话框中设置"属性"为200%、"半径"为1.5像素，使细节更加清晰。

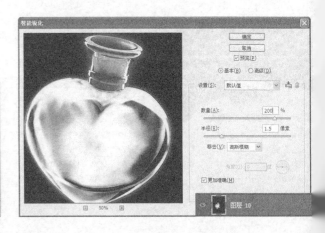

STEP 29 复制选区图像

使用"矩形选框工具"将香水瓶框选到选区中，按Ctrl+J快捷键，复制选区中的图像，得到"图层11"图层，并适当调整图像的位置，将其作为倒影。

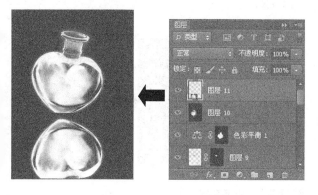

STEP 32 添加素材

新建图层，得到"图层12"图层，打开素材\12\08.jpg文件，将其复制到"图层12"中，适当调整其大小和位置，在图像窗口中可以看到编辑的效果。

STEP 30 编辑图层蒙版

为"图层11"添加上白色的图层蒙版，选择"画笔工具"，设置前景色为黑色，用柔边圆画笔对蒙版进行编辑，使倒影呈现出自然的效果。

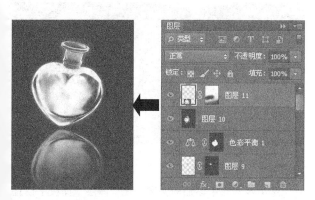

STEP 33 设置图层属性并编辑图层蒙版

将"图层12"的图层混合模式设置为"滤色"、"不透明度"为70%，并为该图层添加上图层蒙版，使用"画笔工具"对蒙版进行编辑，在图像窗口中可以看到编辑的效果。

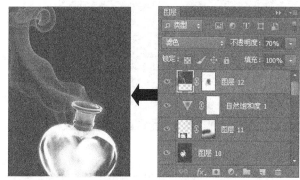

STEP 31 提高颜色浓度

通过"调整"面板创建"自然饱和度"调整图层，在打开的"属性"面板中设置"自然饱和度"选项的参数为80、"饱和度"选项为20，增强画面的颜色浓度。

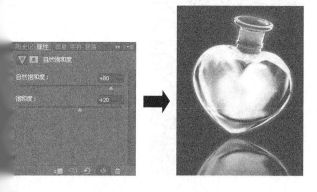

STEP 34 复制图层并编辑蒙版

复制"图层12"图层，得到"图层12副本"图层，适当调整图的位置和角度，并对"图层12副本"图层的蒙版进行重新编辑，在图像窗口中可以看到编辑的效果。

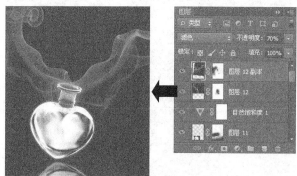

STEP 35 应用"照片滤镜"调整图层

创建"照片滤镜"调整图层，在打开的"属性"面板中选择"滤镜"下拉列表中的"紫"选项，并调整"浓度"选项滑块到50%的位置。

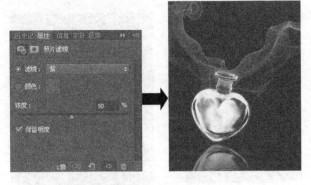

STEP 36 调整全图色阶

通过"调整"面板创建"色阶"调整图层，在打开的"属性"面板中依次拖曳RGB选项下的色阶滑块到14、1.23、234的位置，对全图的层次进行调整。

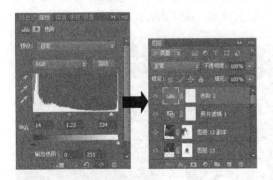

STEP 37 编辑图层蒙版

设置前景色为黑色，使用"画笔工具"在香水瓶上进行涂抹，对"色阶"调整图层的蒙版进行编辑，在图像窗口中可以看到编辑的效果。

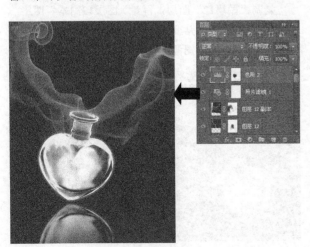

STEP 38 添加文字

使用"横排文字工具"在图像窗口中单击并输入所需的文字，并为文字分别填充上白色和灰色，接着对文字的位置进行适当的排列，在图像窗口中可以看到文字编辑后的效果。

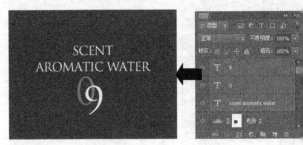

STEP 39 添加文字

使用"横排文字工具"在图像窗口中添加上文字，并填充上白色，将文字放置在画面的下面，在图像窗口中可以看到编辑的效果。

STEP 40 降低不透明度

选中步骤39中添加的文字，在"图层"面板中设置其"不透明度"为20%，在图像窗口中可以看到本例最终的编辑效果。

知识提炼 "调整蒙版"命令

在对图像使用图层蒙版进行编辑时,常常会遇到图像边缘效果不理想的情况出现,Photoshop针对这一情况提供了"蒙版边缘"命令来对蒙版的边缘进行设置,可以大大提高蒙版编辑的工作效率。

在蒙版的"属性"面板中单击"蒙版边缘"按钮 蒙版边缘... ,或者执行"选择>调整蒙版"菜单命令,都可以打开如下图所示的"调整蒙版"对话框,在其中可以对蒙版边缘的半径、羽化、对比度及收缩扩展等进行调整,将蒙版边缘调整到最理想的效果。

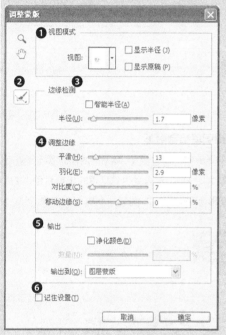

①视图模式:在"视图"下拉列表中包含了多种用于实时查看调整边缘效果的视图显示,如左图所示,单击可以选择所需的视图,并在图像窗口中进行实时的查看。其中"显示原稿"用于显示原始选区以进行比较;"显示半径"用于在发生边缘调整的位置显示选区边框。

②调整半径工具 ✎ :使用该工具可以在图像上精确调整发生边缘改变的边界区域,需要更改画笔大小时,可以按下【或】键。

③边缘检测:其中"智能半径"用于自动调整边界区域中硬边缘和柔化边缘的半径,如果选区轮廓是硬边缘

或柔化边缘,或者要控制半径设置并且更精确地调整画笔,则取消选择该复选框;"半径"用于控制选区边界的大小。下图所示为不同半径值的蒙版调整效果。

④调整边缘:其中"平滑"用于减少选区边界中的不规则区域,以创建较平滑的边缘轮廓;"羽化"用于模糊选区与周围像素之间的过渡效果;"对比度"选项增大时,选区轮廓的柔和边缘的过渡会变得不连贯,通常情况下,使用"智能半径"选项和调整工具效果会更好;使用"移动边缘"选项时,负值向内移动柔化选区的边缘,使用正值向外移动选区轮廓,向内移动选区轮廓有助于从选区边缘中移去不想要的背景颜色。下图所示为调整选项前后的图像选取效果,可以看到图像的边缘发生了明显改变。

⑤输出:其中"净化颜色"选项将彩色边替换为附近完全选中的像素的颜色,颜色替换的强度与选区边缘的软化度是成比例的;"数量"用于控制更改净化和彩色边替换的程度;"输出到"用于决定调整后的选区是成为当前图层上的选区或蒙版,还是生成一个新图层或文档,展开该选项的下拉列表可以看到如下图所示的选项。

⑥记住设置:勾选该复选框,在下次打开该对话框时,将显示当前所调整的设置。

12.7 易拉罐设计

易拉罐是我们日常生活中最常见的饮品包装。本例先使用"钢笔工具"、"渐变工具"和"图层样式"绘制出易拉罐的罐体,然后为罐体叠加上色彩绚丽的矢量素材,为易拉罐披上美丽的嫁衣,将产品形象展示出来,并结合调整命令对局部色彩进行修饰,最后添加上背景和文字,让最终的包装呈现出炫彩、时尚的效果。

素 材	素材\12\09.jpg
源文件	源文件\12\易拉罐设计.psd

STEP 01 新建文档

运行Photoshop CS6应用程序,执行"文件>新建"菜单命令,在打开的"新建"对话框中设置"名称"为"易拉罐设计",并对其他选项进行设置。

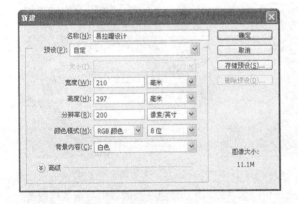

STEP 02 创建颜色填充图层

通过"图层"面板创建颜色填充图层,在打开的"拾色器(纯色)"对话框中设置填充色为R215、G215、B215,完成设置后单击"确定"按钮即可。

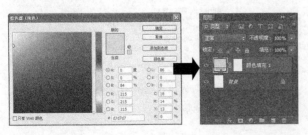

STEP 03 使用画笔绘制阴影

设置前景色为黑色,新建图层,得到"图层1"图层,使用"椭圆选框工具"创建椭圆选区,并为选区填充上前景色,将其作为易拉罐的投影,在图像窗口中可以看到编辑的效果。

STEP 04 绘制瓶底轮廓

在"图层"面板中新建图层,得到"图层2"图层,用"钢笔工具"绘制出易拉罐底部的轮廓,并填充上白色。

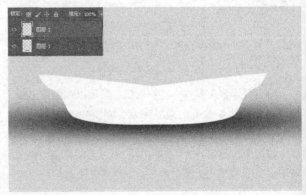

STEP 05　应用"图层样式"

双击"图层2"图层，在打开的"图层样式"对话框中勾选"渐变叠加"复选框，为其添加上渐变效果，并对选项进行设置，在图像窗口中可以看到编辑的效果。

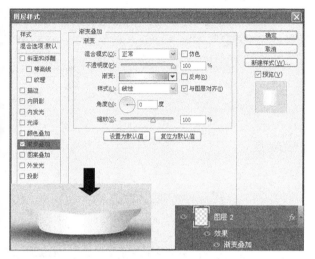

STEP 06　复制图层并改变填充色

复制"图层2"图层，得到"图层2副本"图层，适当调整其大小和位置，然后用"渐变工具"为其填充上适当的线性渐变色，在图像窗口中可以看到编辑的效果。

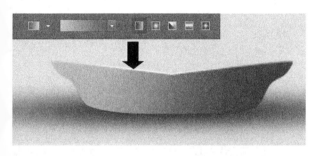

STEP 07　设置图层属性

在"图层"面板中设置"图层2副本"的图层混合模式为"正片叠底"、"不透明度"为60%，在图像窗口中可以看到编辑后的效果，瓶底显得更具立体感。

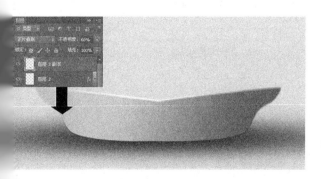

STEP 08　绘制底部阴影

新建图层，得到"图层3"图层，使用"多边形套索工具"创建带有一定羽化效果的选区，为选区填充上黑色，将其作为瓶底的阴影，在图像窗口中可以看到编辑的效果。

STEP 09　设置图层属性

在"图层"面板中设置"图层3"的图层混合模式为"正片叠底"、"不透明度"为29%，在图像窗口中可以看到编辑后的效果。

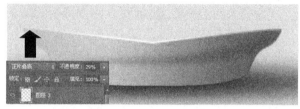

STEP 10　绘制瓶底阴影

新建图层，得到"图层4"图层，使用"多边形套索工具"创建带有一定羽化效果的选区，为选区填充上R163、G163、B163，将其作为瓶底的阴影。

STEP 11　设置图层属性

完成"图层4"中图像和颜色的编辑后，在"图层"面板中设置"图层4"的图层混合模式为"正片叠底"，在图像窗口中可以看到编辑后的效果。

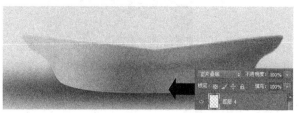

STEP 12 绘制瓶口并填色

在"图层"面板中新建图层，得到"图层5"图层，用"钢笔工具"绘制出易拉罐瓶口的轮廓路径，并将其转换为选区，填充上白色。

STEP 13 应用"图层样式"

双击"图层5"图层，在打开的"图层样式"对话框中勾选"渐变叠加"复选框，为其添加上渐变效果，并对选项进行设置，在图像窗口中可以看到编辑的效果。

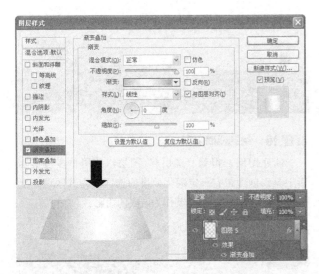

STEP 14 绘制瓶身

在"图层"面板中新建图层，得到"图层6"图层，用"钢笔工具"绘制出易拉罐瓶身的轮廓路径，并将其转换为选区，填充上白色，在图像窗口中可以看到效果。

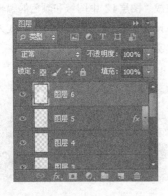

STEP 15 应用"图层样式"

双击"图层6"图层，在打开的"图层样式"对话框中勾选"渐变叠加"复选框，为其添加上渐变效果，并对选项进行设置，在"图层"面板中设置该图层的"填充"为0%。

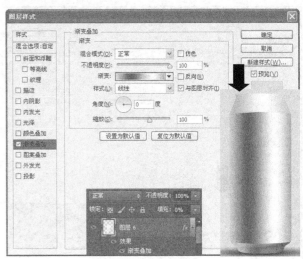

STEP 16 绘制瓶口阴影

新建图层，得到"图层7"图层，设置前景色为黑色，使用柔边圆的"画笔工具"在瓶口位置进行涂抹，绘制出瓶口的阴影，在图像窗口中可以看到涂抹的效果。

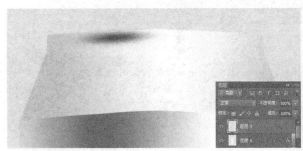

STEP 17 复制图层

选中"图层7"图层，按Ctrl+J快捷键复制图层，得到"图层7副本"图层，适当调整图像的位置，在图像窗口中可以看到编辑的效果。

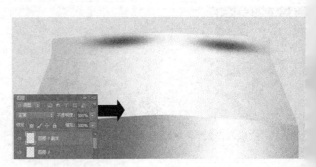

STEP 18 应用"图层样式"

双击"图层7副本"图层，在打开的"图层样式"对话框中勾选"颜色叠加"复选框，设置颜色为白色，并对选项进行设置，在图像窗口中可以看到编辑的效果。

STEP 19 绘制瓶口顶部

在"图层"面板中新建图层，得到"图层8"图层，用"钢笔工具"绘制出易拉罐瓶口顶部的路径，并将其转换为选区，填充上白色，在图像窗口中可以看到效果。

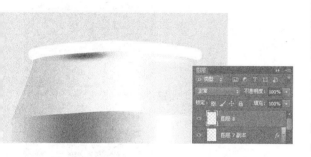

STEP 20 应用"图层样式"

双击"图层8"图层，在打开的"图层样式"对话框中勾选"内阴影"和"渐变叠加"复选框，并对相应的选项进行设置，在图像窗口中可以看到编辑的效果。

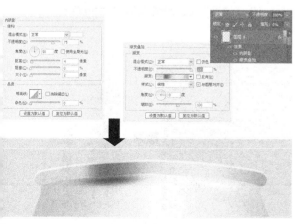

STEP 21 用画笔绘制下方接口

新建图层，得到"图层9"图层，设置前景色为白色，使用柔边圆的"画笔工具"在底部和瓶身位置进行涂抹，绘制出自然的接口，在图像窗口中可以看到涂抹的效果。

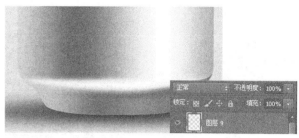

STEP 22 用画笔绘制上方接口

新建图层，得到"图层10"图层，设置前景色为白色，使用柔边圆的"画笔工具"在顶部和瓶身位置进行涂抹，绘制出自然的接口，在图像窗口中可以看到涂抹的效果。

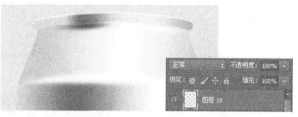

STEP 23 创建图层组

创建图层组，命名为"罐体"，将"背景"图层和颜色填充图层之外的图层拖曳到其中，以便于管理和编辑，在图像窗口中可以看到易拉罐绘制的效果。

STEP 24 新建图层

在"图层"图层面板中单击下方的"创建新图层"按钮，新建一个图层，得到"图层11"图层。

STEP 25 添加素材

打开素材\12\09.jpg文件，将其复制到"图层11"中，适当调整其大小和位置，在图像窗口中可以看到编辑的效果。

STEP 26 设置图层属性

完成素材图像的编辑后，在"图层"面板中设置"图层11"的图层混合模式为"正片叠底"、"不透明度"为95%，在图像窗口中可以看到图案与瓶体自然的重叠。

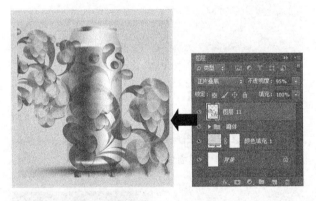

STEP 27 编辑图层蒙版

将易拉罐载入到选区，单击"图层"面板下方的"添加图层蒙版"按钮，为"图层11"添加上图层蒙版，在图像窗口中可以看到罐体以外的素材图像被隐藏了。

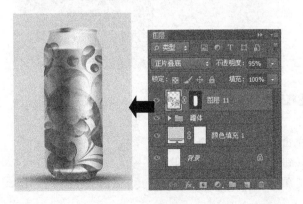

STEP 28 再次添加素材

新建图层，得到"图层12"图层，将其拖曳到"罐体"图层组的下方，并将素材\12\09.jpg文件复制到其中，适当调整其大小，将其布满整个画布。

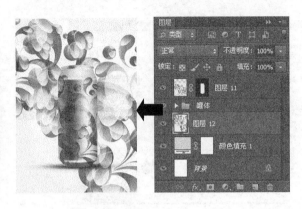

STEP 29 编辑图层蒙版

为"图层12"添加上白色的图层蒙版，设置前景色为黑色，使用"画笔工具"对蒙版进行编辑，在图像窗口中可以看到编辑的效果。

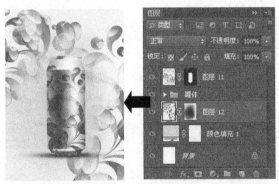

STEP 30 调整局部颜色浓度

将易拉罐载入到选区，为其创建"自然饱和度"调整图层，在打开的"属性"面板中设置"自然饱和度"为80、"饱和度"为20，增强选区图像的颜色浓度。

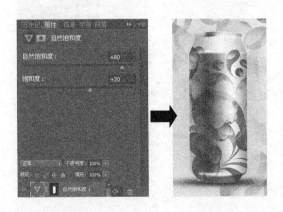

STEP 31 添加文字

使用"横排文字工具"在图像窗口中单击并输入文字,适当调整其属性,放在易拉罐的下方,在图像窗口中可以看到本例最终的编辑效果。

知识提炼 油漆桶工具

"油漆桶工具"用于在特定颜色和与其相近的颜色区域填充前景色或者指定的图案,常用于颜色比较简单的图像。"油漆桶工具"只需通过单击即可完成,同时结合选项栏中的选项还能设置填充的方式、不透明度和填充内容等,选择该工具后在其选项栏中可以看到如下图所示的设置选项。

❶填充选项:单击三角形按钮,可以在弹出的下拉列表框中看到"前景"和"图案"两个填充选项,如下图所示。选择"前景"选项即可以当前的前景色进行填充;选择"图案"选项可以进行各种图案的填充,还可以载入图案进行填充。

❷图案:当选择"图案"填充选项后此选项才可以用,单击三角形按钮,可以弹出如下图所示的"图案"选取器,在其中可以将选中的图案填充到指定区域中。

❸模式:用于设置填充的前景色或者图案与图层中

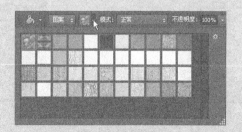

图像的混合效果,在其下拉列表中包含了多种模式,与"图层"面板中的混合模式相同。

❹不透明度:用于设置填充效果的不透明度。下图所示为不同不透明度下填充的效果。

❺容差:该选项用来设置填充的颜色应用的范围,

设置的数值越大,选择的相似颜色区域就越大。下图所示为不同容差值下的前景色填充效果。

❻消除锯齿:勾选"消除锯齿"复选框,可以使填

充后的图像边缘更加平滑,而不存在因为像素而呈现出锯齿形状。

❼连续的:勾选该复选框,可以在使用该工具的时候控制填充的范围,是以连续的区域进行填充,还是在图像中所有相似区域都进行填充。下图所示为勾选和未勾选时的填充效果。

❽所有图层:对于有多个图层构成的图像,勾选

"所有图层"复选框后,使用"油漆桶工具"进行颜色填充时,就可以应用于所有的图层中。取消勾选后,不受其他图层的影响,只对当前选择的图层进行部分填充。

第13章

网页设计

网站是企业向用户和网民提供信息的一种方式，是企业开展电子商务的基础设施和信息平台。网页设计作为一种视觉语言，特别讲究编排和布局，在明确主题的基础上，完成网站的构思创意，并且对网站的整体风格和特色作出定位，本章利用Photoshop对网站的图标、应用元素以及不同领域网站进行设计和制作，通过文字和图形的空间组合，打造出和谐完美的网页效果。

本章内容

网站图标设计	知识提炼：锐化工具
网站应用元素设计	知识提炼：圆角矩形工具
艺术网站设计	知识提炼："色板"面板
摄影网站设计	知识提炼：图层的对齐
房产网站首页设计	知识提炼：指定图层颜色
女性网站设计	知识提炼：颜色替换工具
科技网站设计	知识提炼：拷贝和粘贴图层样式

13.1　网站图标设计

网站图标是具有明确指代意义的图形。本例通过使用"自定形状工具"、"椭圆选框工具"和"图层样式"等制作出科技网站的图标，利用"火焰"的形状来寓意科技的发展如燃烧的火焰一样势不可挡，并通过高光、阴影的修饰图像来增强图标的质感，最后使用调整命令对图标和影调和色彩进行修饰，再将图标进行不同大小的展示，制作出质感强烈、色彩鲜明的科技网站图标效果。

源文件	源文件\13\网站图标设计.psd

STEP 01　新建文档

运行Photoshop CS6应用程序，执行"文件>新建"菜单命令，在打开的"新建"对话框中设置"名称"为"网站图标设计"、"宽度"为24厘米、"高度"为20厘米、"分辨率"为200像素/英寸、"颜色模式"为RGB颜色、"背景内容"为白色，设置后单击"确定"按钮即可。

STEP 02　创建颜色填充图层

创建颜色填充图层，在打开的"拾色器（纯色）"对话框中设置填充色为R203、G201、B201，完成设置后单击"确定"按钮，将画布的背景色改变成灰色，在图像窗口中可以看到编辑的效果。

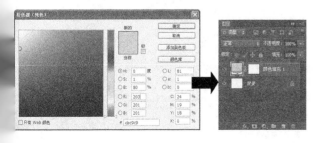

STEP 03　创建矩形选区并填色

新建图层，得到"图层1"图层，使用"矩形选框工具"在图像窗口中的下方创建矩形的选区，然后将其填充上黑色，并调整该图层的"填充"为70%。

STEP 04　用"自定义工具"绘制圆形

设置前景色为R235、G235、B235，然后选择"自定形状工具"，在"形状"选取器中选中圆形，使用在工具绘制出圆形的形状，在图像窗口中可以看到绘制的效果。

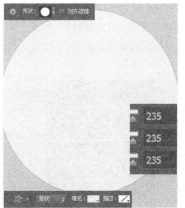
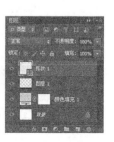

STEP 05　应用"图层样式"

　　双击"形状1"图层，在打开的"图层样式"对话框中勾选"光泽"、"描边"和"斜面和浮雕"复选框，并对相应的选项进行设置，调整"光泽"选项组中的颜色为R92、G92、B92，让圆形形状表现得更加丰富。

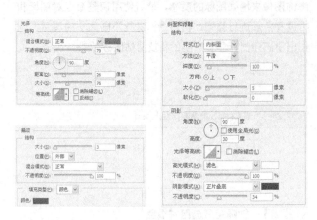

STEP 06　应用"图层样式"

　　继续对"图层样式"对话框进行设置，勾选"投影"和"渐变叠加"复选框，为圆形形状添加上投影和渐变颜色填充效果，并对相应的选项进行设置，将渐变色设置为白色和灰色之间的多色重叠效果。

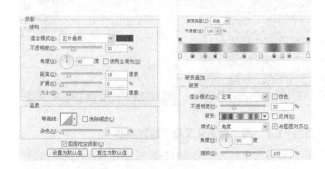

STEP 07　预览编辑效果

　　完成"图层样式"对话框的编辑后，单击"确定"按钮关闭对话框，在图像窗口中可以看到应用图层样式后的圆形图形更具质感，呈现出自然的金属光泽，同时在"图层"面板中可以看到样式以子图层的方式显示出来。

STEP 08　使用画笔绘制阴影区域

　　新建图层，得到"图层2"，将"形状1"中的圆形载入选区，使用"画笔工具"绘制出3个柔边圆的修饰图像，然后在"图层"面板中设置"填充"为51%。

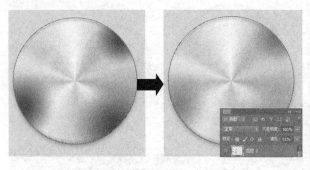

STEP 09　使用画笔绘制高光区域

　　新建图层，得到"图层3"图层，再次将"形状1"图层中的圆形载入到选区，使用"画笔工具"绘制出白色的高光，在图像窗口中可以看到绘制的效果。

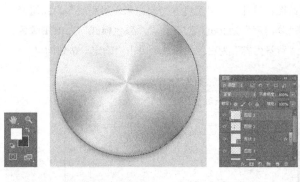

STEP 10　绘制圆形图像

　　设置前景色为R63、G88、B168，选择工具箱中的"自定形状工具"，在该工具箱的选项栏中进行设置，绘制出蓝色的圆形，得到"形状2"图层。

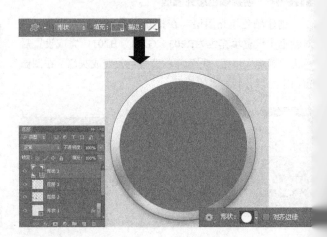

STEP 11 应用"图层样式"

双击"形状2"图层,在打开的"图层样式"对话框中勾选"内发光"和"渐变叠加"复选框,并对相应的选项组进行设置,为圆形添加上内发光和渐变色效果,在图像窗口中可以看到编辑后的圆形更具质感。

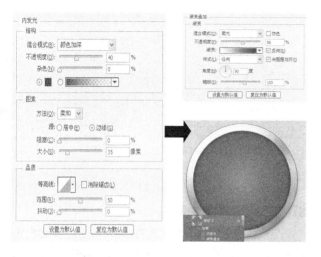

STEP 12 绘制白色的边线

新建图层,得到"图层4"图层,使用"椭圆选框工具"创建出月牙形状的选区,并为选区填充上白色,然后在"图层"面板中设置该图层的"填充"为51%。

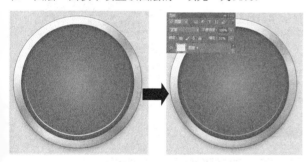

STEP 13 载入选区填充渐变色

新建图层,得到"图层5"图层,载入"形状1"图层中的圆形选区,为载入的选区填充上白色到黑色的线性渐变,并在"图层"面板中设置"图层5"的图层混合模式为"柔光"。

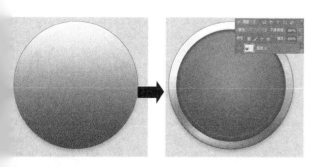

STEP 14 绘制白色的边线

新建图层,得到"图层6"图层,使用"椭圆选框工具"创建月双牙形状的选区,并为选区填充上白色,然后在"图层"面板中设置该图层的"填充"为40%。

STEP 15 载入选区填充黑色

新建图层,得到"图层7"图层,载入"形状1"图层中的圆形选区,为载入的选区填充黑色,并在"图层"面板中设置"图层7"的混合模式为"颜色减淡"。

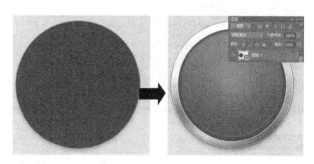

STEP 16 应用"镜头光晕"滤镜

选中"图层7"图层,执行"滤镜>渲染>镜头光晕"菜单命令,在打开的"镜头光晕"对话框中设置"亮度"为153%,并单击选中"50-300毫米变焦"单选按钮,在图像窗口中可以看到编辑后的效果。

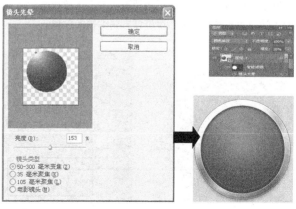

STEP 17 用画笔绘制高光

新建图层，得到"图层8"图层，设置前景色为白色，使用"画笔工具"绘制出白色的高光区域，然后在"图层"面板中设置"图层8"的"填充"为12%。

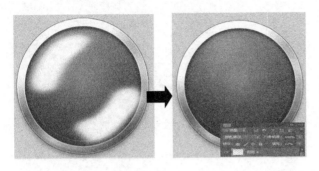

STEP 18 使用"自定形状工具"

设置前景色为白色，选择工具箱中的"自定形状工具"，在其选项栏中打开"形状"选取器，在其中选中"火焰"形状，并选择工具选项栏中的"形状"选项。

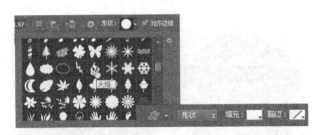

载入形状 TIPS

在"自定形状工具"的选项栏中打开"形状"选取器，在其中单击右上角的扩展按钮，在弹出的菜单中可以选择所需的预设形状，将其载入并使用。

STEP 19 绘制火焰形状

使用"自定形状工具"在图标上单击并进行拖曳，绘制出白色的火焰形状，适当调整其大小，放在圆形图标的中间位置，在图像窗口中可以看到编辑的效果。

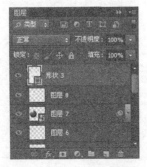

STEP 20 应用"图层样式"

双击"形状3"图层，在打开的"图层样式"对话框中勾选"外发光"和"渐变叠加"复选框，并对相应的选项进行设置，调整外发光的颜色为黑色，渐变叠加的颜色为黑色到白色的线性渐变。

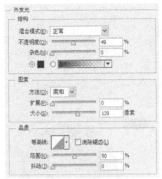

STEP 21 预览编辑效果

完成"图层样式"对话框的编辑后单击"确定"按钮进行确认，在图像窗口中可以看到火焰的周围产生了浓重的光影效果，同时渐变的色彩使其更具质感。

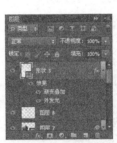

STEP 22 创建圆形选区并填充渐变色

新建图层，得到"图层9"图层，使用"椭圆选框工具"创建圆形的选区，并为选区填充上带有一定透明变化的渐变色，并将该图层的"填充"设置为58%，在图像窗口窗口中可以看到编辑的效果。

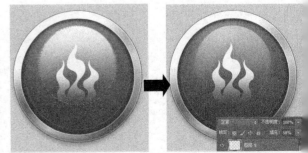

STEP 23　创建图层组

在"图层"面板中创建图层组，将其命名为"图标"，将除"图层1"、"背景"和颜色填充图层以外的图层拖曳到其中，以便于管理和编辑。

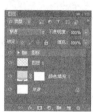

STEP 24　复制图层组并调整大小

对创建和编辑后的"图标"图层组进行复制，并适当调整复制后图层组的大小和位置，使其排列在同一水平线上，在图像窗口中可以看到编辑的效果。

STEP 25　载入选区创建"色彩平衡"调整图层

将"图标"图层组中的图标都载入到选区，为创建的选区创建"色彩平衡"调整图层，在打开的"属性"面板中设置"中间调"选项下的色阶值为-40、-2、15，在"图层"面板中可以看到创建的调整图层效果。

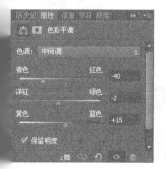

STEP 26　预览编辑效果

完成"色彩平衡"调整图层的编辑后，在"图层"面板中设置该图层的"填充"为40%，在图像窗口中可以看到编辑后的颜色显得更加蔚蓝。

STEP 27　载入选区创建"自然饱和度"调整图层

按住Ctrl键的同时单击"色彩平衡"调整图层的"图层蒙版缩览图"，将图标载入到选区，为其创建"自然饱和度"调整图层，在打开的"属性"面板中设置"自然饱和度"选项的参数为40、"饱和度"选项的参数为20。

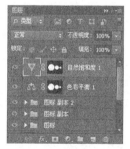

STEP 28　预览编辑效果

完成自然饱和度调整图层的编辑后，在"图层"面板中设置该图层的"填充"为50%，在图像窗口中可以看到编辑后的按钮颜色更加鲜艳。

STEP 29 创建"曲线"调整图层

再次将图标载入到选区，为其创建"曲线"调整图层，在打开的"属性"面板中单击曲线添加一个控制点，设置该点的"输入"为104、"输出"为81，然后再添加一个控制点，设置其"输入"为173、"输出"为173。

STEP 30 预览编辑效果

完成曲线形态的编辑后，在图像窗口中可以看到图标的影调发生了改变，显得更具立体感。

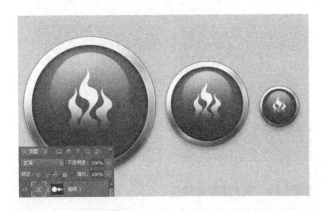

STEP 31 输入修饰文字

使用"直排文字工具"在图像窗口中单击并输入直排文字，并打开"字符"面板进行设置，调整文字的颜色为白色，在图像窗口中可以看到添加文字的效果。

STEP 32 输入主题文字

使用"横排文字工具"输入所需的文字，并打开"字符"面板对文字的属性进行设置，分别设置文字的颜色为R49、G57、B63和R67、G105、B200，将其放在适当的位置。

STEP 33 应用"图层样式"

双击主题文字图层，在打开的"图层样式"对话框中勾选"斜面和浮雕"、"渐变叠加"和"描边"复选框，并对相应的选项组进行设置。

STEP 34 应用"图层样式"并预览效果

继续在"图层样式"对话框中进行设置，勾选"投影"和"图案叠加"复选框，在相应的选项组中进行设置，在图像窗口中可以看到编辑后的文字效果，在"图层"面板中可以看到添加的样式名称。

STEP 35 输入辅助文字

使用"直排文字工具"在图像窗口中单击并输入直排文字，打开"字符"面板进行设置，调整文字的颜色为R61、G60、B60，在图像窗口中可以看到添加文字的效果。

STEP 36 预览编辑效果并盖印图层

完成文字的编辑和排列后，在图像窗口中可以看到编辑后的效果，按Ctrl+Alt+Shift+E快捷键盖印可见图层，得到"图层10"图层。

STEP 37 进行锐化处理

选择工具箱中的"锐化工具"，在该工具箱的选项栏中进行设置，在图标的边缘位置进行涂抹，将细节进行突出显示，在图像窗口中可以看到最终的编辑效果。

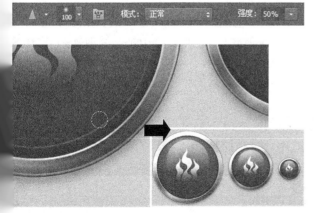

知识提炼 | 锐化工具

"锐化工具"用于增强图像边缘的对比度，以提高外观上的锐化程度，使图像的线条更加清晰，图像的效果更加鲜明，常用于将模糊的图像变清晰。使用该工具在图像上单击并进行拖曳控制，即可完成锐化操作，但是过度地绘制会造成图像的失真。

选择工具箱中的"锐化工具"，在其选项栏中可以看到如下图所示的设置，能够对锐化的程度进行控制。

❶打开"画笔"选取器：单击该选项后面的三角形按钮，可以打开"画笔"选取器，在其中可以对涂抹的画笔样式和硬度进行设置。

❷模式：展开该选项的下拉列表，如下图所示，可以看到其中包含了"变暗"、"变亮"、"色相"、"饱和度"、"颜色"、"明度"和"正常"7个选项，该选项主要用于控制涂抹的模式。

❸强度：该选项用于控制锐化的程度，设置的参数越大，锐化的程度就明显，图像就越鲜明。下图所示分别是"强度"为50%和100%时涂抹一次的效果，可以看到100%时的锐化程度更强，但存在略微失真的情况。

❹对所有图层取样：勾选该选项的复选框，可以对图像窗口中所有图层中的图像产生锐化效果，而未勾选该选项的复选框，则在涂抹的过程中只对当前图层中的图像产生影响。

❺保护细节：单击该选项的复选框，可以在涂抹的过程中保留图像的细节，而尽可能地减少画面的失真。

13.2 网站应用元素设计

网站应用元素是集合整个网站的基本要素之一，通过统一的应用元素可以使得网页的表现更为和谐、画面更加协调。本例使用"自定形状工具"、"圆角矩形工具"和选区工具等制作出一套以绿色调为主的网页应用元素，用同样的文字、形态、颜色来表现各种元素的外形，使其风格一致，呈现出清新自然的感受。

| 源文件 | 源文件\13\网站应用元素设计.psd |

STEP 01　新建文档

运行Photoshop CS6应用程序，执行"文件＞新建"菜单命令，在打开的"新建"对话框中设置"名称"为"网站应用元素设计"，并设置"宽度"为30厘米、"高度"为20厘米、"分辨率"为200像素/英寸。

STEP 02　创建图案填充图层

创建图案填充图层，在打开的"图案填充"对话框中选择"纤维纸1（128像素×128像素，RGB模式）"，"缩放"为500%，完成设置后调整该图层的"不透明度"为25%。

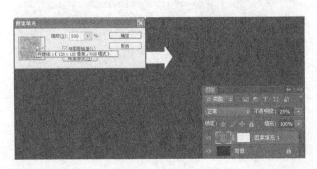

STEP 03　绘制圆角矩形

设置前景色为R71、G71、B71，选择工具箱中的"自定形状工具"，在该工具的选项栏中进行设置，使用鼠标单击并进行拖曳，绘制一个形状，得到"形状1"图层。

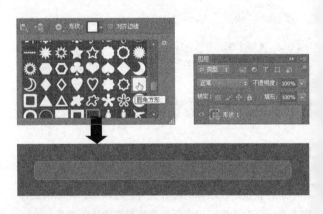

STEP 04　应用"颜色叠加"样式

双击"形状1"图层，在打开的"图层样式"对话框中勾选"颜色叠加"复选框，设置颜色为R218、G218、B218，并调整"不透明度"为100%，在图像窗口可看到编辑效果。

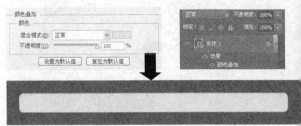

STEP 05 绘制圆角矩形

使用与步骤3相同的方法进行绘制，得到另外一个圆角矩形，在"图层"面板中可以看到新增的"形状2"图层，在图像窗口中可以看到两个矩形排列的效果。

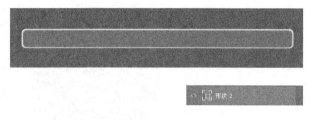

STEP 06 应用"图层样式"

双击"形状2"图层，在打开的"图层样式"对话框中勾选"内发光"、"描边"和"颜色叠加"复选框，为该图层中的形状应用上发光、描边和颜色效果，并对各个选项组中的选项进行设置。

STEP 07 预览编辑效果

完成"图层样式"对话框的编辑后，单击"确定"按钮关闭对话框，在图像窗口中可以看到编辑后的效果，圆角矩形显示更具质感。

"填充"选项对图层图像的影响   TIPS

"填充"选项用于控制图层中图像的不透明度，当图层中应用了图层样式后，降低"填充"选项的参数可以将图层中的内容进行半透明显示，但是不会影响图层样式的显示效果。

STEP 08 绘制修饰线条

使用"钢笔工具"绘制出导航条上的修饰线条，将绘制的路径转换为选区，然后新建图层，得到"图层1"，为选区填充上白色，并调整其不透明度为41%。

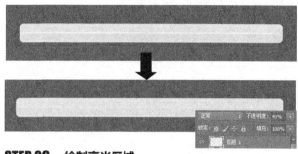

STEP 09 绘制高光区域

使用"钢笔工具"绘制出导航条上的高光部分，将绘制的路径转换为选区，然后新建图层，得到"图层2"图层，为选区填充上白色，并调整其不透明度为40%。

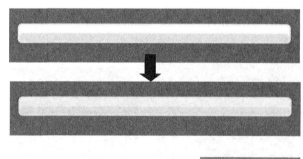

STEP 10 使用"自定形状工具"

设置前景色为R136、G136、B136，选择工具箱中的"自定形状工具"，在其选项栏中选择"选项卡按钮"图形，绘制出选项卡按钮的形状，得到"形状3"图层。

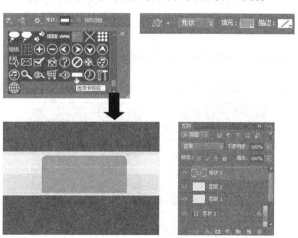

STEP 11 应用"图层样式"

双击"形状3"图层，在打开的"图层样式"对话框中勾选"内阴影"、"图案叠加"和"渐变叠加"复选框，为该图层中的形状应用上阴影、图案和渐变效果，并对各个选项组中的选项进行设置。

STEP 12 预览编辑效果

完成"图层样式"对话框的编辑后，单击"确定"按钮关闭对话框，在图像窗口中可以看到编辑后的效果，选项卡图形的表现更为丰富。

STEP 13 添加文字

选择工具箱中的"横排文字工具"，分别在图像窗口中输入所需的文字，并打开"字符"面板进行设置，调整文字的颜色分别为R2、G122、B10和黑色。

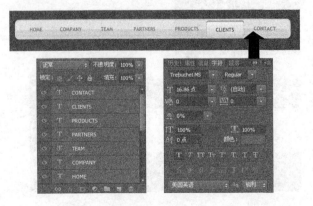

STEP 14 绘制间隔条

新建图层，得到"图层3"图层，使用"矩形选框工具"绘制矩形选区，并为其填充上白色到黑色的线性渐变，然后将"图层3"的"不透明度"设置为80%。

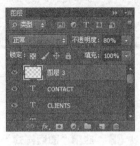

STEP 15 复制图层并创建图层组

对编辑完成的"图层3"图层进行复制，得到多个副本图层，适当调整图像的位置，然后创建图层组，命名为"导航条"，将包含导航条的图层都拖曳到其中。

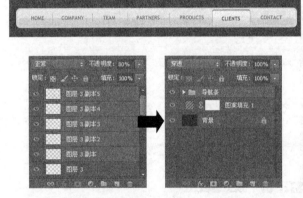

STEP 16 绘制圆角矩形并应用样式

使用工具箱中的"自定形状工具"绘制圆角矩形，得到"形状4"图层，双击该图层打开"图层样式"对话框，在其中勾选"颜色叠加"复选框，并设置颜色为R218、G218、B218，在图像窗口中可以看到编辑的效果。

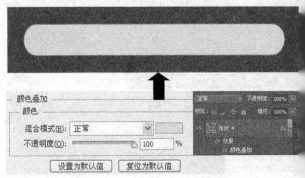

STEP 17 绘制白色的圆角矩形

设置前景色为白色，使用与步骤16相同的方法绘制白色的圆角矩形，得到"形状5"图层，在图像窗口中可以看到编辑后的效果。

STEP 18 应用"图层样式"

双击"形状5"图层，在打开的"图层样式"对话框中勾选"内发光"、"颜色叠加"和"描边"复选框，为该图层中的形状应用上发光、颜色和描边效果。

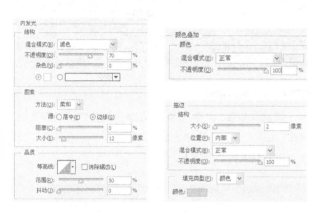

STEP 19 预览编辑效果

完成"图层样式"对话框的编辑后，单击"确定"按钮关闭对话框，在图像窗口中可以看到编辑后的效果。

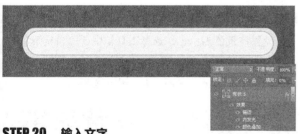

STEP 20 输入文字

选择工具箱中的"横排文字工具"，分别在图像窗口中输入所需的文字，并打开"字符"面板进行设置。

STEP 21 绘制按钮图像

新建图层，得到"图层4"图层，将"形状5"中的形状载入到选区，并进行适当的编辑，为编辑后的选区填充上白色，将其作为按钮，在图像窗口中可以看到填色的效果。

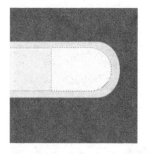

STEP 22 应用"图层样式"

双击"图层4"图层，在打开的"图层样式"对话框中勾选"渐变叠加"和"描边"复选框，为该图层中的形状应用上渐变色和描边效果，并对选项进行设置。

STEP 23 预览编辑效果

完成"图层样式"对话框的编辑后，单击"确定"按钮关闭对话框，在图像窗口中可以看到编辑后的效果。

STEP 24 绘制放大镜形状

设置前景色为白色，选择工具箱中的"自定形状工具"，在其选项栏中选择"搜索"图形，绘制出放大镜的形状，得到"形状6"图层。

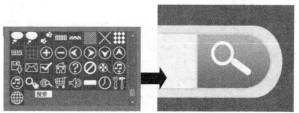

STEP 25　应用"图层样式"

双击"形状6"图层，在打开的"图层样式"对话框中勾选"内阴影"复选框，为该图层中的形状应用上内阴影效果，并对相应的选项进行设置，在图像窗口中可以看到编辑后的效果。

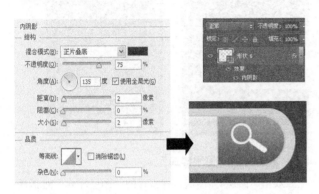

STEP 26　绘制按钮上的高光

使用"钢笔工具"绘制出按钮上的高光部分，将绘制的路径转换为选区，然后新建图层，得到"图层5"图层，为选区填充上白色，并调整其不透明度为15%，在图像窗口中可以看到编辑后的效果。

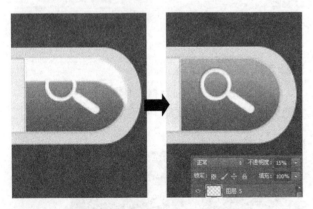

STEP 27　编辑图层组

在"图层"面板中新建图层组，将其命名为"搜索栏"，将包含搜索栏的图层拖曳到其中，以便于管理，在图像窗口中可以看到搜索栏编辑后的效果。

STEP 28　绘制圆角矩形并应用样式

按照与步骤5、6相同的方法绘制圆角矩形，得到"形状7"图层，并为其应用上适当的图层样式，在图像窗口中可以看到编辑后的效果。

STEP 29　输入文字

选择工具箱中的"横排文字工具"，分别在图像窗口中输入所需的文字，并打开"字符"面板进行设置，调整文字的颜色为黑色。

STEP 30　绘制按钮

按照与步骤21、22相同的方法绘制按钮，得到"图层6"图层，并为其应用上适当的图层样式，在图像窗口中可以看到编辑后的效果。

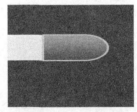

STEP 31　绘制并编辑下箭头

设置前景色为白色，选择工具箱中的"自定形状工具"，在其选项栏中选择"标志3"图形，绘制后得到"图层7"图层，并为其添加上内阴影效果。

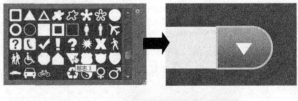

STEP 32 绘制按钮上的高光

使用"钢笔工具"绘制出按钮上的高光部分，将绘制的路径转换为选区，然后新建图层，得到"图层8"图层，为选区填充上白色，并调整其不透明度为15%。

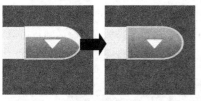

STEP 33 创建图层组

在"图层"面板中新建图层组，将其命名为"下拉列表"，将包含下拉列表的图层拖曳到其中，以便于管理，在图像窗口中可以看到下拉列表编辑后的效果。

STEP 34 绘制圆角矩形

选择工具箱中的"圆角矩形工具"，在该工具的选项栏中进行设置，使用鼠标单击并进行拖曳，绘制圆角矩形，得到"圆角矩形1"图层。

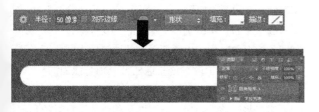

STEP 35 应用"图层样式"

双击"圆角矩形1"图层，在打开的"图层样式"对话框中勾选"颜色叠加"复选框，并对相应的选项进行设置，调整颜色为R69、G69、B69。

STEP 36 应用"图层样式"

继续对"图层样式"对话框进行设置，勾选"内发光"和"内阴影"复选框，并对相应的选项进行设置，在图像窗口中可以看到应用样式后的效果。

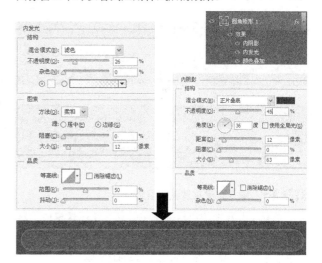

STEP 37 绘制进度条

新建图层，得到"图层9"图层，将"圆角矩形1"中的形状载入到选区，并进行适当的编辑，为编辑后的选区填充上白色，并为其应用上图层样式。

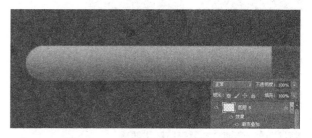

STEP 38 创建选区并设置图层属性

新建图层，得到"图层10"图层，创建进度条上修饰图像选区，为其填充上R136、G136、B136的颜色，然后在"图层"面板中设置"不透明度"为25%。

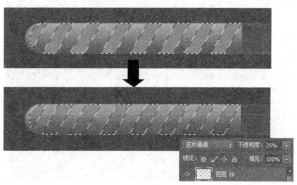

STEP 39　绘制进度条上的高光

使用"钢笔工具"绘制出进度条上的高光部分，将绘制的路径转换为选区，然后新建图层，得到"图层11"图层，为选区填充上白色，并调整其不透明度为15%。

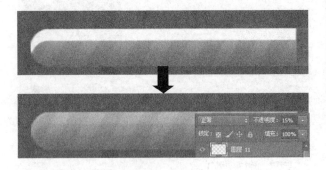

STEP 40　输入文字并创建图层组

选择工具箱中的"横排文字工具"在图像窗口中输入所需的文字，并打开"字符"面板进行设置，并创建"进度条"图层组，对编辑的图层进行管理。

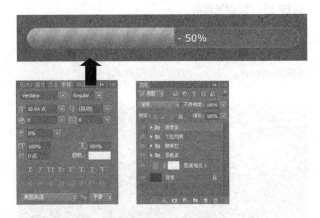

STEP 41　添加文字并预览最终效果

选择工具箱中的"横排文字工具"在图像窗口中输入所需的文字，并为文字添加上适当的图层样式效果，在图像窗口中可以看到本例最终的编辑效果。

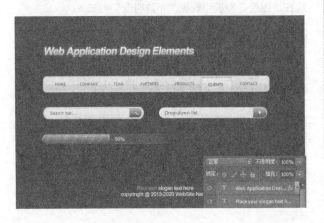

知识提炼　圆角矩形工具

"圆角矩形工具"可以用来创建圆角矩形或方形。在工具箱中选择"圆角矩形工具"，通过该工具选项栏中的设置可以控制绘制的效果为路径、像素或者形状。

在"圆角矩形工具"的选项栏中单击■按钮，可以打开如下图所示的选项，在其中可以对绘制的圆角矩形进行控制，并利用"半径"选项调整圆角矩形的形态。

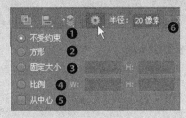

❶不受约束：单击选中"不受约束"单选按钮，可以绘制出任意长宽大小的圆角矩形。

❷方形：单击选中"方形"单选按钮，可以绘制出长度和宽度相等的圆角矩形。下图所示为选中该按钮后绘制的圆角矩形效果。

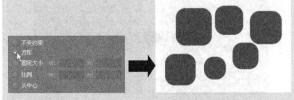

❸固定大小：单击选中"固定大小"单选按钮可以激活后面的W和H选项，在其中输入所需的参数，可以绘制出大小一致的圆角矩形。

❹比例：单击选中"比例"单选按钮可以激活后面的W和H选项，在其中输入所需的参数，可以绘制出长宽比例一致的圆角矩形。

❺从中心：单击选中"从中心"复选框，可以在绘制圆角矩形的时候，以鼠标单击的位置作为圆角矩形的中心点向外进行扩散，该复选框可分别与前面的4个单选按钮同时进行勾选。

❻半径：该选项用于设置圆角的半径，设置的参数越大，圆角的弧度就越大。下图所示为不同半径下绘制圆角矩形的效果。

13.3 艺术网站设计

人们把艺术看成是具有创造力的一种表现。本例通过多彩的画面和绚丽的图像制作出艺术网站的首页效果，在利用Photoshop进行设计的过程中先使用"圆角矩形工具"绘制出网站的基本元素，并为其分别应用上"图层样式"效果，让图像的表现更加丰富，接着添加素材文件让网页的主题更加鲜明，最后添加上文字，由此展现出绚丽多彩、元素丰富的艺术网页效果。

素　材	素材\13\01.jpg
源文件	源文件\13\艺术网站设计.psd

STEP 01　新建文档

运行Photoshop CS6应用程序，执行"文件＞新建"菜单命令，在打开的"新建"对话框中设置"名称"为"艺术网站设计"，并对其他选项进行设置。

STEP 02　创建颜色填充图层

通过"图层"面板创建颜色填充图层，在打开的"拾色器（纯色）"对话框中设置填充色为R55、G55、B55，完成设置后单击"确定"按钮即可。

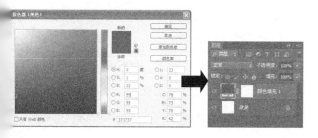

STEP 03　创建图案填充图层

创建图案填充图层，在打开的"图案填充"对话框中选择"纤维纸1（128像素×128像素，RGB模式）"、"缩放"为600%，完成设置后单击"确定"按钮。

STEP 04　设置图层属性并创建图层组

在"图层"面板中设置"图案填充"图层的混合模式为"正片叠底"，然后创建图层组，命名为"背景"，将颜色和图案填充图层拖曳到其中。

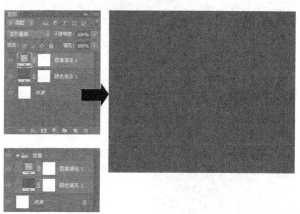

STEP 05 绘制圆角矩形

新建图层，得到"图层1"图层，选择工具箱中的"圆角矩形工具"，在该工具的选项栏中进行设置，使用鼠标单击并进行拖曳，绘制圆角矩形。

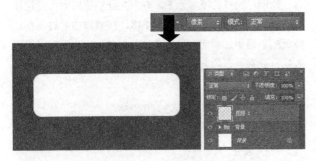

STEP 06 应用"图层样式"

双击"图层1"图层，在打开的"图层样式"对话框中勾选"描边"和"渐变叠加"复选框，为该图层中的圆角矩形应用效果，并对相应的选项进行设置。

STEP 07 预览编辑效果

完成"图层样式"对话框的编辑后，单击"确定"按钮关闭对话框，在图像窗口中可以看到编辑后的效果。

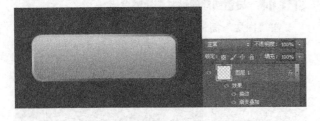

STEP 08 打开"色板"面板

执行"窗口＞色板"菜单命令，打开"色板"面板，使用吸管对其中的颜色进行提取

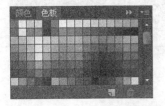

STEP 09 复制图层并创建图层组

复制"图层1"图层，得到多个副本图层，利用"色板"面板对每个图层中的样式进行编辑，改变按钮的颜色，然后创建图层组，命名为"导航"，将包含导航按钮的图层拖曳到其中，以便于编辑和管理。

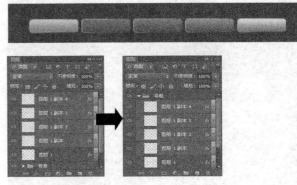

STEP 10 绘制圆角矩形

新建图层，得到"图层2"图层，选择工具箱中的"圆角矩形工具"，在该工具的选项栏中进行设置，使用鼠标单击并进行拖曳，绘制圆角矩形将其作为主页面，在图像窗口中可以看到编辑的效果。

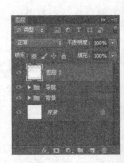

STEP 11 应用"图层样式"

双击"图层2"图层，在打开的"图层样式"对话框中勾选"内阴影"和"投影"复选框，为该图层中的圆角矩形应用阴影效果，并对相应的选项进行设置，调整内阴影的颜色为黑色，投影的颜色为白色。

STEP 12 应用"图层样式"

继续对"图层样式"对话框进行设置，勾选"描边"和"渐变叠加"复选框，为该图层中的图像应用上描边和渐变色，并对相应的选项进行设置。

STEP 13 预览编辑效果

完成"图层样式"对话框的编辑后，单击"确定"按钮关闭对话框，在图像窗口中可以看到编辑后的效果，圆角矩形更具质感和观赏性。

 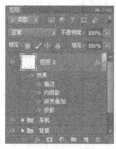

STEP 14 绘制圆形图像

新建图层，得到"图层3"图层，选择工具箱中的"椭圆工具"，在该工具的选项栏中选择"像素"，绘制出白色的圆形，在图像窗口中可以看到编辑的效果。

 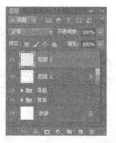

绘制圆形图像的多种方法   TIPS

使用"椭圆选框工具"创建圆形选区，并为其进行填色，可以得到圆形图像，还可以使用"自定形状工具"在其选项栏中的"形状"选取器选择"圆形"，也可以绘制圆形的图像。除此之外，还能利用"椭圆工具"，按住Shift键的同时在图像窗口中单击并拖曳，创建出圆形图像。

STEP 15 应用"图层样式"

双击"图层3"图层，在打开的"图层样式"对话框中勾选"描边"和"斜面和浮雕"复选框，为该图层中的圆形应用描边和内斜面效果，并对相应的选项进行设置。

STEP 16 预览编辑效果

完成"图层样式"对话框的编辑后，单击"确定"按钮关闭对话框，在图像窗口中可以看到编辑后的效果，圆形图像变成了类似图钉的效果。

STEP 17 复制图层并创建图层组

对编辑的"图层3"进行复制，得到副本图层，适当调整各个副本图层的位置，将其放在圆角矩形的四个角上，并创建图层组，命名为"主页面"，将包含主页面的图层拖曳到其中。

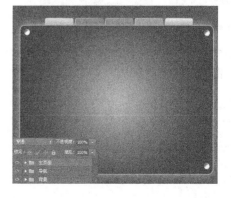

STEP 18   复制素材文件

新建图层，得到"图层4"图层，将素材\13\01.jpg文件复制到其中，并适当调整素材文件的大小，在图像窗口中可以看到编辑后的效果。

STEP 19   编辑图层蒙版

为"图层4"添加上图层蒙版，并进行适当的编辑，然后设置"图层4"图层的图层混合模式为"叠加"，在图像窗口中可以看到编辑后的效果。

STEP 20   绘制圆角矩形

新建图层，得到"图层5"图层，选择工具箱中的"圆角矩形工具"，在该工具的选项栏中选择"像素"选项，使用鼠标单击并进行拖曳，绘制圆角矩形。

STEP 21   应用"图层样式"

双击"图层5"图层，在打开的"图层样式"对话框中勾选"描边"和"渐变叠加"复选框。

STEP 22   应用"图层样式"

继续对"图层样式"对话框进行设置，勾选"外发光"复选框，设置外发光的颜色为R0、G156、B254，并对相应的选项进行设置，在图像窗口中可以看到编辑后的效果。

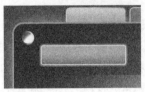

STEP 23   绘制按钮上的高光

新建图层，得到"图层6"图层，将"图层5"图层中的图像载入选区，并填充上白色，为其添加上图层蒙版并进行编辑，将其作为按钮上的高光。

STEP 24   复制绘制的按钮

选中"图层5"和"图层6"图层进行复制，得到相应的副本图层，适当调整按钮的大小和位置，使其分布在主页面上，在图像窗口中可以看到编辑后的效果。

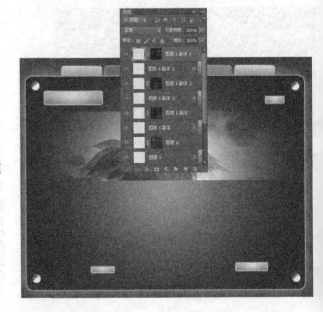

STEP 25 绘制输入框

新建图层，得到"图层7"图层，绘制圆角矩形的输入框，为其应用上颜色为R200、G214、B209的描边，并对编辑后的"图层7"进行复制，得到副本图层后调整图像位置。

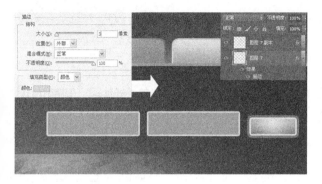

STEP 26 绘制修饰图像

使用工具箱中的"矩形选框工具"和"自定形状工具"绘制出主页面上的修饰图像，并适当调整其位置，在图像窗口中可以看到编辑后的效果。

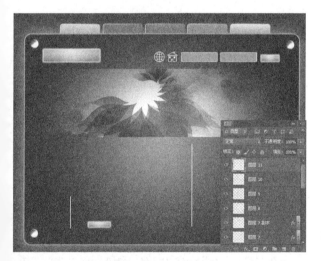

STEP 27 载入素材进行编辑

新建图层，得到"图层12"图层，将素材\ 13\01.jpg文件复制到其中，并适当调整其大小，为其应用上图层样式，再对图层进行复制，调整蒙版的显示。

STEP 28 创建图层组

在"图层"面板中新建图层组，将其命名为"按钮和图标"，将包含按钮和图标的图层拖曳到其中，以便于管理，在图像窗口中可以看到编辑后的效果。

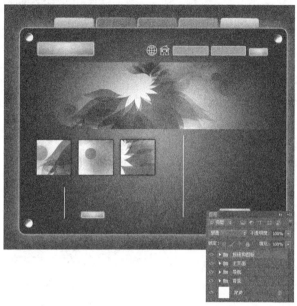

STEP 29 输入文字

选择工具箱中的"横排文字工具"，在图像窗口中单击并输入所需的文字，适当调整文字的大小和属性，在图像窗口中可以看到本例最终的编辑效果。

知识提炼 "色板"面板

"色板"面板可显示出125种颜色样式，执行"窗口>色板"菜单命令，可以打开如右图所示的"色板"面板。

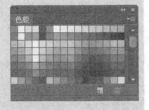

●利用"色板"面板改变前景色/背景色

将鼠标放在在"色板"面板中，即可变成吸管状态；单击鼠标选择一种颜色，即可将这种颜色设置为前景色，如右图所示。

如果按住Ctrl键的同时在"色板"面板中单击选择一种颜色，可以将选中的颜色设置为背景色，如右图所示。

●删除颜色

按住Alt键的同时将鼠标放在"色板"面板上需要删除的颜色色块上，当鼠标呈现出剪刀状时进行单击，即可将颜色删除，或者直接将颜色拖曳到面板下的"删除颜色"按钮 上即可。

●载入预设颜色

由于默认的"色板"面板中的颜色有限，如果需要添加更多的颜色，可以将预设的颜色载入到"色板"面板中国，只需单击面板右上角的扩展按钮，在弹出的快捷菜单中选择所需的颜色，即可将其载入，如下图所示。

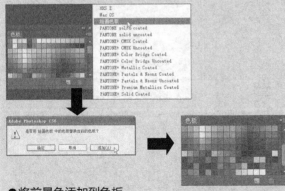

●将前景色添加到色板

如果需要将当前使用的前景色添加到"色板"面板里面，单击面板下面的"新建"按钮 ，即可将前景色保存在"色板"面板中，如下图所示。

●管理预设的颜色

单击"色板"面板右上角的扩展按钮，在弹出的快捷菜单中选择"预设管理器"命令，可以打开如下图所示的"预算管理器"对话框，在其中可以对"色板"面板中预设的颜色进行设置和管理。

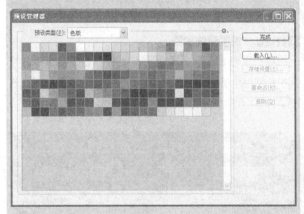

●存储色板

对于一些常用的颜色，可以将其存储为色板，方便对其进行再次使用，只需单击右上角的扩展按钮，在弹出快捷菜单中选择"存储色板"命令，在弹出的"存储"对话框中对色板进行命名，完成设置后即可在面板的快捷菜单中查看到存储的色板。

●查看方式

在"色板"面板中可以通过4种不同的方式对色板中的颜色进行查看。下图所示分别为"小缩略图"、"大缩略图"、"大列表"和"小列表"的查看效果。

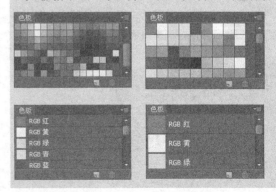

13.4　摄影网站设计

　　摄影是一门光影的技术，因此本例在设计摄影网站的过程中使用光斑作为网页的背景，使其呈现出一定的艺术感，并通过照片墙的方式同时展现出多张照片的形象，同时为照片添加上了自然真实的边框效果，最后使用"文字工具"为网页添加上文字，制作出构图简约、功能区分明的摄影网站。

素　材	素材\13\02、03、04、05.jpg
源文件	源文件\13\摄影网站设计.psd

STEP 01　新建文档

　　运行Photoshop CS6应用程序，执行"文件＞新建"菜单命令，在打开的"新建"对话框中设置"名称"为"摄影网站设计"，并对其他选项进行设置。

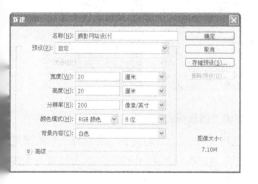

STEP 02　创建颜色填充图层

　　通过"图层"面板创建颜色填充图层，在打开的"拾色器（纯色）"对话框中设置填充色为R67、G41、B28，完成设置后单击"确定"按钮即可。

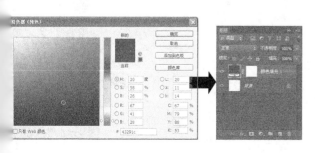

STEP 03　添加素材文件

　　新建图层，得到"图层1"图层，将素材\ 13\02.jpg文件复制到其中，并适当调整其大小。

STEP 04　编辑图层蒙版并设图层属性

　　在"图层"面板中为"图层1"添加上图层蒙版，并使用"渐变工具"对其进行编辑，然后设置该图层的混合模式为"颜色减淡"，在图像窗口中可以看到编辑的效果。

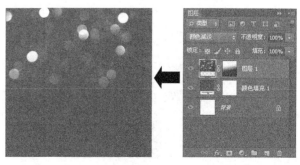

STEP 05 复制图层

对"图层1"图层进行复制，得到"图层1 副本"图层，并适当调整图层的大小，然后将图层的蒙版填充为白色，使用黑色的"画笔工具"重新对蒙版进行编辑。

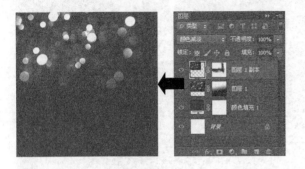

STEP 06 创建渐变填充图层

使用"矩形选框工具"创建矩形选区，为创建的选区创建渐变填充图层，在打开的"渐变填充"对话框中进行设置，在图像窗口中可以看到编辑后的效果。

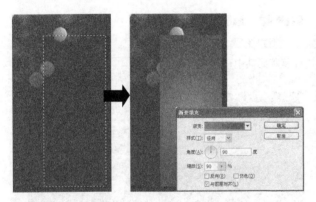

STEP 07 应用"图层样式"

双击"颜色填充1"图层，在打开的"图层样式"对话框中勾选"投影"复选框，并对相应的选项进行设置，为该图层中的图像添加上阴影效果。

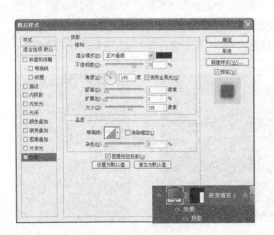

STEP 08 预览编辑效果

新建图层组，将其命名为"背景"，将"背景"图层之外的图层拖曳到其中，以便于对其进行管理和编辑，在图像窗口中可以看到编辑的效果。

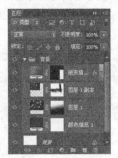

STEP 09 绘制照片框

新建图层，得到"图层2"图层，使用"矩形选框工具"创建照片边框选区，为选区填充上白色，在图像窗口中可以看到编辑后的效果。

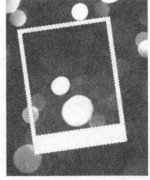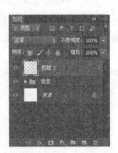

STEP 10 应用"图层样式"

双击"图层2"图层，在打开的"图层样式"对话框中勾选"投影"复选框，并对相应的选项进行设置，为该图层中的照片框添加上阴影效果。

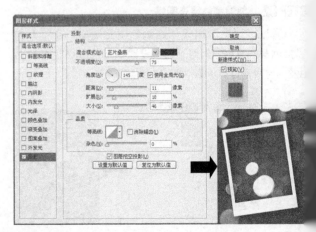

STEP 11 输入文字

使用"横排文字工具"在图像窗口中单击，并输入所需的文字，打开"字符"面板进行设置，调整文字的颜色为R69、G42、B29，再适当调整文字的角度。

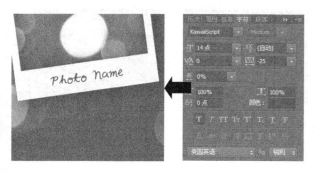

STEP 12 复制图层

对编辑后的"图层2"和文字图层进行复制，得到相应的副本图层，并适当调整复制后图层的角度，在图像窗口中可以看到照片边框随意摆放的效果。

STEP 13 添加素材文件

新建图层，得到"图层4"、"图层5"和"图层6"图层，将素材\13\03、04、05.jpg文件分别复制到其中，并适当调整其大小，使其与照片框进行自然的拼接，在图像窗口中可以看到编辑后的效果。

STEP 14 编辑照片预览区

参照前面编辑照片边框的方法，制作出照片的预览区，将其放在网页的右侧，并创建图层组，命名为"照片展示区"，将包含预览区的图层都拖曳到其中。

STEP 15 绘制图标

选择工具箱中的"自定形状工具"，分别在其选项栏中选择所需的形状，绘制出网站上的图标，并将图标放在适当的位置，在图像窗口中可以看到添加图标后的效果。

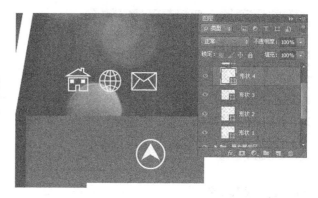

STEP 16 绘制图标

设置前景色为白色，选择工具箱中的"自定形状工具"，在其选项栏中选择"前进"图形，绘制出前进的形状，得到"形状6"图层，在图像窗口中可以看到编辑后的效果。

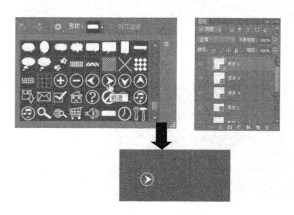

STEP 17　进行水平居中对齐

对绘制的"形状6"图层进行复制，得到相应的副本图层，选中所有的前进形状，执行"图层>对齐>水平居中"菜单命令，将形状进行居中显示。

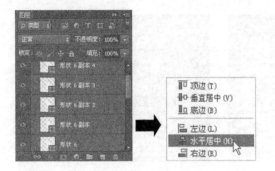

STEP 18　预览编辑效果并创建图层组

完成形状的对齐操作后，在图像窗口中可以看到编辑后的效果，然后创建图层组，命名为"图标"，将创建的所有图标拖曳到其中。

STEP 19　添加文字

选择工具箱中的"横排文字工具"，分别在图像窗口中单击并输入所需的文字，适当调整文字的属性和位置，然后创建图层组，命名为"文字"，将创建的所有文字图层都拖曳到其中，在图像窗口中可以看到编辑后的效果。

STEP 20　创建"照片滤镜"整图层

通过"调整"面板创建"照片滤镜"调整图层，在打开的"属性"面板中选择"滤镜"下拉列表中的"深褐"选项，并拖曳"浓度"选项的滑块到95%的位置。

 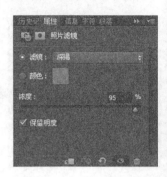

STEP 21　编辑图层蒙版

设置前景色为黑色，选择工具箱中的"画笔工具"，在图像窗口中的照片上进行涂抹，隐藏对其应用的照片滤镜效果，使其显示出原本的黑白色。

STEP 22　预览编辑效果

完成图层蒙版的编辑后，在图像窗口中可以看到编辑后的效果，在"图层"面板中可以看到本例包含的图层。

知识提炼 **图层的对齐**

● "对齐"命令

通过"图层"菜单中的"对齐"命令可以调整图层之间图像的对齐方式。当在"图层"面板中选择需要对齐的两个或两个以上的图层后，执行"图层>对齐"菜单命令，在弹出的菜单中可以选择多种图层对齐方式，使图像按所需的方式进行排列，如下图所示。

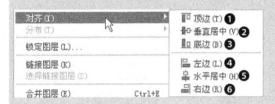

❶**顶边**：可将图像在选定图层的最顶端像素与所有选定图层中的图像进行对齐。

❷**垂直居中**：可将图像在选定图层的垂直中心像素与所有选定图层中的图像进行垂直居中对齐。

❸**底边**：可将图像在选定图层的最底端像素与所有选定图层中的图像进行底端对齐。

❹**左边**：可将图像在选定图层的最右端像素与所有选定图层中的图像进行对齐。

❺**水平居中**：可将图像在选定图层的水平中心像素与所有选定图层中的图像进行水平居中对齐。

❻**右边**：可将图像在选定图层的最右端像素与所有选定图层中的图像进行对齐。

下面几幅图所示是由多个图层组成的图像，对其背景图层以外的图层执行"图层>对齐"菜单命令，在弹出的级联菜单中选择不同的对齐方式，可以得到不同的画面效果。

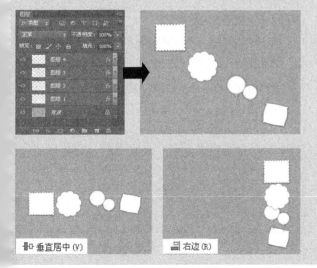

使用"移动工具"对齐图层 TIPS

在"图层"面板中选中两个以上图层时，单击选中工具箱中的"移动工具"，在该工具选项栏中可以看到如下图所示的设置，单击选中其中的控制按钮，可以对图层进行对齐。

● "自动对齐图层"命令

除了使用"对齐"菜单命令中的子命令对图层进行对齐以外，还可以使用"自动对齐图层"命令根据不同图像中的相似内容自动对齐图层，能替换或删除具有相同背景的图像部分，或将重叠内容的图像缝合在一起。

选择要对齐的图层，执行"编辑>自动对齐图层"命令，将打开如下图所示的"自动对齐图层"对话框，在其中可以对对齐后图像的相关参数进行设置，使对齐后的图像符合所需的要求。

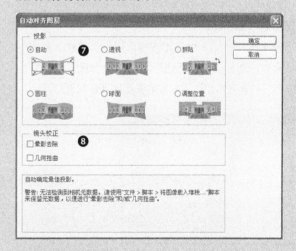

❼**"投影"选项组**：包含6个单选按钮，其中单击"自动"单选按钮将自动选择最适合的方式进行图像的复合；单击"透视"单选按钮，可以将通过源图像中的一个图像对复合图像进行一定的透视变形；单击"拼贴"单选按钮，可以用于对图层匹配重叠内容，不更改图像中对象的形状；单击"圆柱"单选按钮，可以通过在展开的圆柱上显示各个图像来减少图像中出现的扭曲现象；单击"球面"单选按钮，可将图像与宽视角垂直会水平方向对齐；单击"调整位置"单选按钮，只对图层匹配重叠内容而不会变换任何源图层。

❽**"镜头校正"选项组**：可以选择是否对图像进行几何扭曲或消除画面中的晕影，只需勾选相关的复选框，即可应用相关的设置。

13.5 房产网站首页设计

房产网站主要是以楼盘信息和公司信息为主的网站。本例在设计房产广告的过程中使用比较坚硬的矩形条作为背景修饰，并使用蓝色的楼盘照片作为点缀，让整个网页更具气势且色彩协调，并利用简洁的文字为主页进行说明，通过典型的楼盘形象展示出网页的主题，打造出时尚、前卫、酷派的时尚感觉。

素材	素材\13\06、07、08、09、10.jpg，11、12.psd
源文件	源文件\13\房产网站首页设计.psd

STEP 01　新建文档

运行Photoshop CS6应用程序，执行"文件＞新建"菜单命令，在打开的"新建"对话框中设置"名称"为"房产网站首页设计"，并对其他选项进行设置。

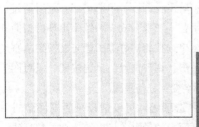

STEP 02　创建矩形选区并填色

新建图层，得到"图层1"图层，使用"矩形选框工具"在图像窗口中创建多个大小相同的矩形选区，然后为选区填充上黑色，调整"图层1"的"填充"为10%。

STEP 03　绘制矩形并填色

新建图层，得到"图层2"图层，使用"矩形选框工具"在图像窗口中创建一个矩形选区，然后为选区填充上R73、G73、B73的颜色，在图像窗口中可以看到编辑的效果。

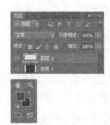

STEP 04　应用"图层样式"

双击"图层1"图层，在打开的"图层样式"对话框中勾选"描边"对话框，为图层添加上描边效果，并对选项进行设置。

STEP 05　应用"图层样式"

继续对"图层样式"对话框进行设置，勾选"外发光"复选框，并对相应的选项进行设置，在图像窗口中可以看到应用样式后的效果。

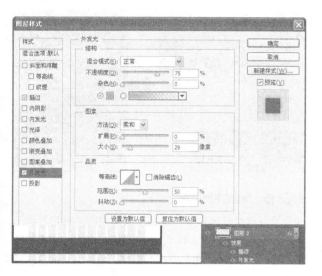

STEP 06　复制图层

选中"图层2"图层，按Ctrl+J快捷键得到"图层2副本"图层，适当调整该图层的位置，将其放在网页的上方，然后设置该图层的"填充"为30%。

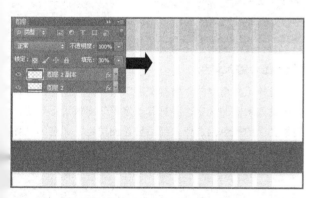

STEP 07　创建图层组

在"图层"面板中创建图层组，将其命名为"背景"，将除"背景"图层以外的图层拖曳到其中，以便于对其进行管理和编辑。

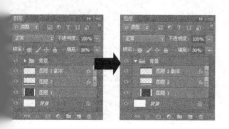

STEP 08　绘制圆角矩形

选择工具箱中的"圆角矩形工具"，在该工具选项栏中选择"形状"选项，绘制一个圆角矩形，得到"圆角矩形1"图层，将其作为网页的导航条。

智能对象　　　　　　　　　　　TIPS

使用"圆角矩形工具"、"自定形状工具"和"矩形工具"等创建的形状图层都为智能对象图层，单击选中这样的图层，可以在图像窗口中显示出绘制的路径效果，对其进行放大或缩小都不会改变其质量。

STEP 09　应用"图层样式"

双击"圆角矩形1"图层，在打开的"图层样式"对话框中勾选"描边"和"渐变叠加"复选框，并对相应的选项进行设置，为其添加上描边和渐变色效果。

STEP 10　应用"图层样式"

继续对"图层样式"对话框进行设置，勾选"内发光"和"外发光"复选框，并对相应的选项进行设置，调整内发光的颜色为白色、外发光的颜色为黑色。

STEP 11　应用"图层样式"

继续对"图层样式"对话框进行设置，勾选"投影"复选框，并对相应的选项进行设置，在图像窗口中可以看到应用样式后的效果。

STEP 12　绘制间隔条并应用"图层样式"

使用"圆角矩形工具"绘制导航条中按钮之间的间隔条，得到"圆角矩形2"图层，并为其应用上内发光效果，再对相应的选项进行设置。

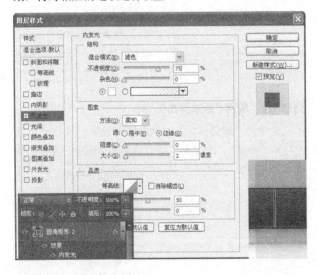

STEP 13　复制图层

对绘制的"圆角矩形2"图层进行复制，得到多个副本图层，并对各个图层的位置进行调整。

STEP 14　创建选区并调整曲线

使用"矩形选框工具"创建矩形选区，然后为选区创建"曲线"调整图层，在打开的"属性"面板中对曲线的形态进行设置，在图像窗口中可以看到编辑后的效果。

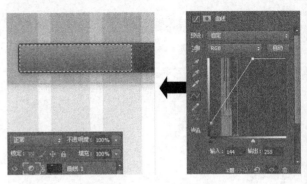

STEP 15　绘制主页图标

设置前景色为白色，选择工具箱中的"自定形状工具"，在其选项栏中选择"主页"图形，绘制出主页的形状，得到"形状1"图层，在图像窗口中可以看到编辑后的效果。

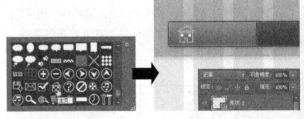

STEP 16　输入文字

选择工具箱中的"横排文字工具"，分别在图像窗口中输入所需的文字，并打开"字符"面板进行设置，调整文字的颜色为白色，然后创建图层组，命名为"导航"，将包含导航的图层都拖曳到其中。

STEP 17 添加素材照片

新建图层，得到"图层3"、"图层4"、"图层5"、"图层6"、"图层7"和"图层8"图层，将素材\13\06、07、08、09、10.jpg文件分别复制到其中，并适当调整其大小，将其编辑到"缩览图"图层组中。

STEP 18 应用"图层样式"

双击"缩览图"图层组，在打开的"图层样式"对话框中勾选"内阴影"和"外发光"复选框，并对相应的选项进行设置。

STEP 19 应用"图层样式"

继续对"图层样式"对话框进行设置，勾选"描边"复选框，在其中设置描边色为白色，在图像窗口中可以看到编辑后的效果。

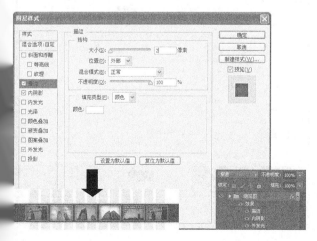

STEP 20 添加素材文件

新建图层，得到"图层9"图层，将素材\ 13\11.psd文件复制到其中，并适当调整其大小，在图像窗口中可以看到编辑后的效果。

STEP 21 编辑图层蒙版

为"图层9"添加上白色的图层蒙版，设置前景色为黑色，使用"画笔工具"对蒙版进行编辑，在图像窗口中可以看到编辑后的效果。

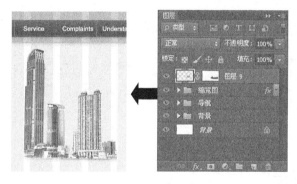

STEP 22 应用"图层样式"

双击"图层9"图层，在打开的"图层样式"对话框中勾选"投影"复选框，并对相应的选项进行设置，在图像窗口中可以看到编辑后的效果。

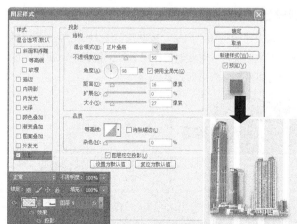

STEP 23　添加素材文件

新建图层，得到"图层10"图层，将素材\ 13\12.psd 文件复制到其中，并适当调整其大小，在图像窗口中可以看到编辑后的效果。

STEP 24　应用"图层样式"

双击"图层10"图层，在打开的"图层样式"对话框中勾选"投影"复选框，并对相应的选项进行设置，在图像窗口中可以看到编辑后的效果。

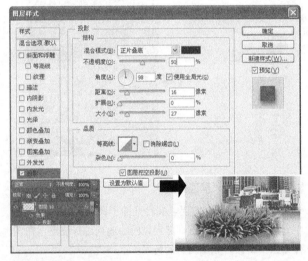

STEP 25　复制图层

选中"图层10"图层，按两次Ctrl+J快捷键，得到相应的副本图层，并对复制的图层进行位置调整，在图像窗口中可以看到编辑后的效果。

STEP 26　输入文字

选择工具箱中的"横排文字工具"，在图像窗口中单击并输入文字，并分别为其填充上R38、G112、B182和R43、G43、B43的颜色，将其放在网页的左侧。

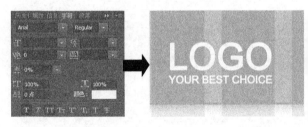

STEP 27　输入文字

选择工具箱中的"横排文字工具"，在图像窗口中单击并输入文字，分别为其填充上白色，打开"字符"面板进行设置，在图像窗口中可以看到编辑的效果。

STEP 28　应用"图层样式"

双击文字图层，在打开的"图层样式"对话框中勾选"投影"复选框，并对相应的选项进行设置，在图像窗口中可以看到编辑后的文字效果。

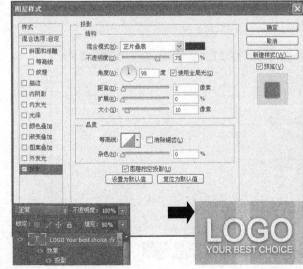

STEP 29 设置"字符"和"段落"面板

打开"字符"和"段落"面板，分别为文字的字体，字号等进行设置，并调整文字的颜色为R43、G43、B43，对文字进行居中对齐排列。

STEP 30 添加文字

完成"字符"和"段落"面板的设置，使用"横排文字工具"在图像窗口中单击并输入文字，将文字放在网页的下方，在图像窗口中可以看到编辑后的效果。

修改部分文字的属性 TIPS

使用"文字工具"在图像窗口中的文字上单击并拖曳，即可选中文字图层中的部分文字，再对选中的文字进行属性设置，即可改变选中文字的效果。

STEP 31 改变图层颜色

选中"图层10"及其副本图层，在眼睛图标上单击右键，在弹出的快捷菜单中选择"蓝色"，将图层的颜色修改为蓝色，再将编辑好的文字图层修改为黄色。

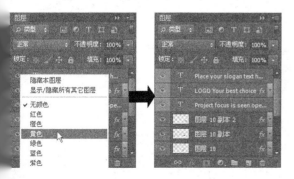

STEP 32 预览编辑效果

对图层的颜色进行修改后，在进行编辑和调整的过程中可以更加直观地查看图层的内容，最后对网页进行适当的微调，在图像窗口中可以看到本例最终的效果。

知识提炼 指定图层颜色

为了方便对同一类型或者相似内容的图层进行管理，除了对图层创建图层组进行编辑以外，还可以通过改变图层的颜色，使得编辑的过程中更加容易进行识别。

选中所需要改变颜色的图层，在眼睛图标的位置右键单击鼠标，在弹出的菜单中选择所需的颜色，即可将选中的图层显示为所需要的颜色，如下图所示。

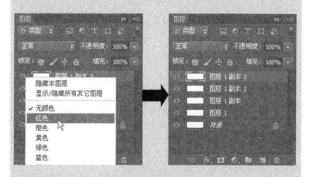

如果对设置的颜色不满意，还可以再次进行颜色改变，或者选择"无颜色"选项，去除图层的颜色显示，如下图所示。

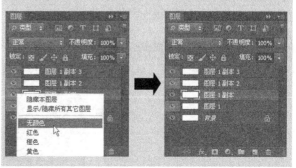

13.6　女性网站设计

女性网站是以女性为受众群的网站，会通过比较女性化的颜色和元素对网页的界面进行设置。本例用玫红色、紫色和白色为主色调，利用简洁的形状进行拼接，并添加上柔美的女性形象来表现网站的主题，通过"颜色替换工具"将素材的颜色与画面的颜色进行统一，最后添加上文字，打造出色彩统一，画面柔和的女性网站效果。

素　材	素材\13\13.psd
源文件	源文件\13\女性网站设计.psd

STEP 01　新建文档

运行Photoshop CS6应用程序，执行"文件>新建"菜单命令，在打开的"新建"对话框中设置"宽度"为20厘米、"高度"为20厘米、"分辨率"为200像素/英寸、"颜色模式"为"RGB颜色"。

STEP 02　创建渐变填充图层

创建渐变填充图层，在打开的"渐变填充"对话框中设置渐变色的"样式"为"径向"、"缩放"为130%，完成设置后单击"确定"按钮即可。

STEP 03　绘制主页面框架

新建图层，得到"图层1"图层，使用"多边形套索工具"创建多边形选区，并为创建的选区填充上白色，在图像窗口中可以看到编辑的效果。

STEP 04　应用"图层样式"

双击"图层1"图层，在打开的"图层样式"对话框中勾选"内发光"复选框，并对其相应的选项进行设置。

STEP 05 预览编辑效果

完成"图层样式"对话框的编辑后单击"确定"按钮关闭对话框，在图像窗口中可以看到应用样式后的效果，主页面的内侧显示出淡淡的阴影效果。

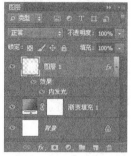

STEP 06 绘制修饰图像

新建图层，得到"图层2"图层，使用"多边形套索工具"创建多边形选区，并为创建的选区填充上白色，在图像窗口中可以看到编辑的效果。

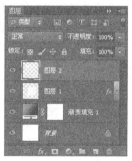

STEP 07 应用"图层样式"

双击"图层2"图层，在打开的"图层样式"对话框中勾选"渐变叠加"复选框，为其应用上渐变叠加效果，并对其相应的选项进行设置，在图像窗口中可看到编辑的效果。

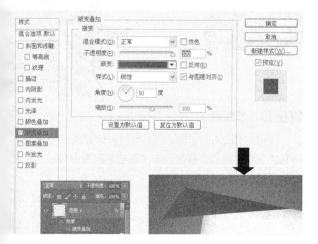

STEP 08 绘制修饰图像并应用"图层样式"

新建图层，得到"图层3"图层，使用"多边形套索工具"创建多边形选区，并为创建的选区填充上白色，双击"图层3"图层，在打开的"图层样式"对话框中勾选"渐变叠加"复选框，为其应用上渐变叠加效果。

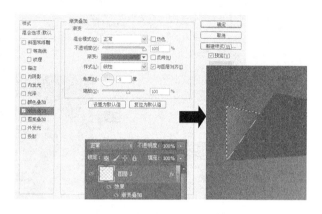

STEP 09 绘制修饰图像并应用"图层样式"

新建图层，得到"图层4"图层，使用"多边形套索工具"创建多边形选区，并为创建的选区填充上白色，双击"图层4"图层，在打开的"图层样式"对话框中勾选"渐变叠加"复选框，为其应用上渐变叠加效果。

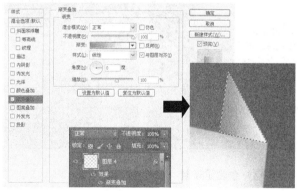

STEP 10 复制图层

选中"图层4"图层，按Ctrl+J快捷键复制图层得到"图层4副本"图层，并适当调整其位置和角度。

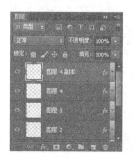

STEP 11 绘制修饰图像并应用"图层样式"

新建图层，得到"图层5"图层，使用"多边形套索工具"创建多边形选区，并为创建的选区填充上白色，双击"图层5"图层，在"图层样式"对话框中为其应用渐变叠加效果。

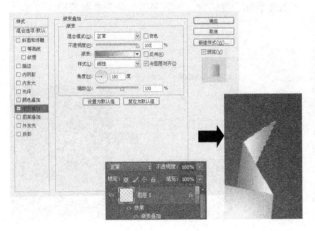

STEP 12 复制图层

选中"图层5"图层，按Ctrl+J快捷键复制图层得到"图层5副本"图层，并适当调整其位置和角度，在图像窗口中可以看到编辑的效果。

STEP 13 创建图层组

创建图层组，将其命名为"背景"，将"背景"图层以外的图层拖曳到其中，以便于对其进行管理和编辑，在图像窗口中可以看到编辑的效果。

STEP 14 添加素材文件

新建图层，得到"图层6"图层，将素材\13\16.psd文件复制到其中，并适当调整其大小和位置，在图像窗口中可以看到编辑后的效果。

STEP 15 应用"图层样式"

双击"图层6"图层，在打开的"图层样式"对话框中勾选"外发光"复选框，为其应用上外发光效果，并对其相应的选项进行设置，调整外发光的颜色为R145、G59、B152，在图像窗口中可以看到编辑的效果。

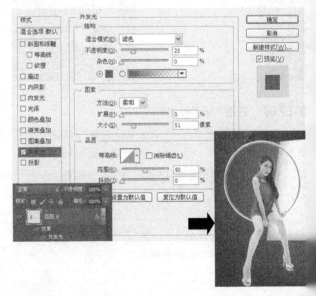

STEP 16 复制图层

选中"图层6"图层，按Ctrl+J快捷键复制该图层后得到"图层6 副本"图层，在"图层"面板中可以看到复制的图层。

STEP 17 使用"颜色替换工具"

选择工具箱中的"颜色替换工具" ，在其选项栏中进行设置，选择"模式"下拉列表中的"颜色"，并设置前景色为R184、G85、B188，在图像窗口中使用该工具在人物的衣服上进行涂抹。

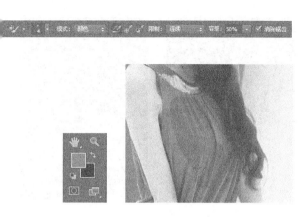

STEP 18 预览编辑效果

对人物衣服上的所有区域都进行涂抹，将其修改为前景色，完成涂抹后单击"移动工具"退出编辑状态，在图像窗口中可以看到改变衣服颜色后的效果。

STEP 19 绘制网站图标

选择工具箱中的"自定形状工具"，分别在其选项栏中选择所需的形状，绘制出网站上的图标，并将图标放在适当的位置，在图像窗口中可以看到添加图标后的效果。

STEP 20 设置"画笔"面板

选中工具箱中的"画笔工具"，并打开"画笔"面板，选择"柔边圆"画笔，调整"大小"为250像素，并勾选"形状动态"复选框，对该选项卡中的选项进行设置。

STEP 21 设置"画笔"面板

继续对"画笔"面板进行设置，勾选"散布"和"传递"复选框，设置"散布"为500%、"数量"为1、"数量抖动"为98%、"不透明度抖动"为100%。

STEP 22 新建图层

在工具箱中设置前景色为白色，然后单击"图层"面板下方的"创建新图层"按钮，再新建图层，得到"图层7"图层。

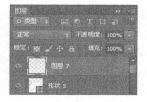

STEP 23　绘制白色的光点

使用设置好的画笔在图像窗口中进行绘制，为画面添加上白色的圆点，在图像窗口中可以看到编辑的效果，然后创建图层组，将其命名为"图标及修饰元素"，将符合其条件的图层都拖曳到其中。

STEP 24　添加文字

选择工具箱中的"横排文字工具"，分别在图像窗口中单击并输入所需的文字，适当调整文字的属性和位置，然后创建图层组，命名为"文字"，将创建的所有文字图层都拖曳到其中，在图像窗口中可以看到编辑后的效果。

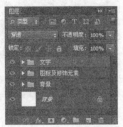

STEP 25　创建"曲线"调整图层

打开"调整"面板，单击其中的"曲线"按钮，创建一个新的"曲线"调整图层。

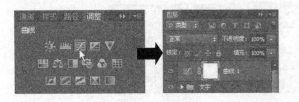

STEP 26　编辑曲线形态

在打开的"属性"面板中单击曲线添加一个控制点，设置该点的"输入"为77、"输出"为80，然后再次单击曲线添加一个控制点，设置该点的"输入"为177、"输出"为198，对曲线的形态进行编辑。

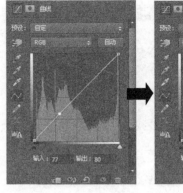
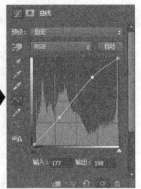

STEP 27　预览编辑效果

完成"曲线"调整图层的编辑后，在图像窗口中可以看到编辑后的效果，画面更具立体感，其层次也增强了，在"图层"面板中可以看到创建的"曲线"调整图层。

STEP 28　创建"亮度/对比度"调整图层

单击"调整"面板中的"亮度/对比度"按钮，创建"亮度/对比度"调整图层，在打开的"属性"面板中设置"亮度"选项的参数为4、"对比度"选项的参数为20，提高全图的亮度和对比度。

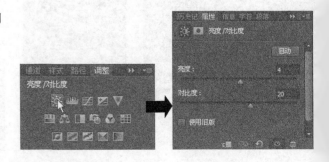

STEP 29 预览编辑效果

完成"亮度/对比度"调整图层的编辑后，在图像窗口中可以看到编辑的效果，画面中明暗区域的对比更加强烈，在"图层"面板中可以看到创建的调整图层。

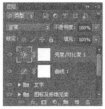

STEP 30 创建"色彩平衡"调整图层

单击"调整"面板中的"色彩平衡"按钮，创建"色彩平衡"调整图层，在打开的"属性"面板中设置"中间调"选项下的色阶值分别为7、-14、18。

STEP 31 预览编辑效果

完成"色彩平衡"调整图层的编辑后，在图像窗口中可以看到本例最终的编辑效果，画面呈现出协调的紫色，以不同浓度和明暗的色彩将画面衬托得层次分明。

知识提炼 颜色替换工具

"颜色替换工具"可以替换图像中的颜色，使用该工具可以简化图像中特定颜色的替换操作，设置前景色，在木板颜色上进行绘画，即可完成颜色的替换。该工具不适用于位图、索引和多通道颜色模式的图像。选择工具箱中的"颜色替换工具"，在其选项栏中可以看到如下图所示的设置。

❶画笔：单击"画笔"选项后面的三角形按钮，在弹出的"画笔预设"选取器中可以设置画笔的直接、硬度和间距等。

❷模式："颜色替换工具"选项栏中包含了"色相"、"饱和度"、"颜色"和"明度"4种模式，默认情况下选择的是"颜色"模式。下图所示为设置前景色为黄色时，不同模式下进行替换颜色的效果。

❸取样：单击"取样：连续"按钮，可以拖动鼠标对颜色进行连续取样；单击"取样：一次"按钮，只替换第一次单击颜色区域中的目标颜色；单击"取样：背景色板"按钮，只替换包含当前背景色的区域。

❹限制：通过"限制"选项可以确定颜色替换的范围，包括了"不连续"、"连续"和"查找边缘"3个选项。选择"查找边缘"选项后，在进行颜色替换的涂抹过程中画笔会自动区分两种不同的颜色。

13.7 科技网站设计

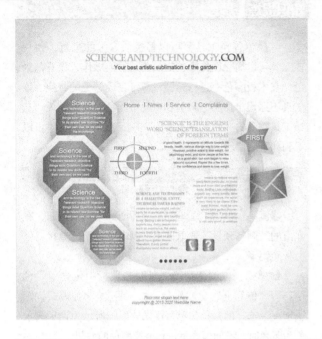

本例设计的是一个科技网站的主页，该页面中利用蓝色营造出信任和安全的氛围，并通过造型、大小和色彩等方式，让一个静态的画面富有节奏感，在Photoshop中为绘制的图形应用上多种"图层样式"效果，创造出极具观赏性的视觉效果，提升浏览者对网页的关注度和体验度，打造出色彩统一、形状及元素独特的网页效果。

源文件	源文件\13\科技网站设计.psd

STEP 01 新建文档

运行Photoshop CS6应用程序，执行"文件＞新建"菜单命令，在打开的"新建"对话框中设置"名称"为"科技网站设计"，并对其他选项进行设置。

STEP 02 创建渐变填充图层

创建渐变填充图层，在打开的"渐变填充"对话框中设置渐变色的"样式"为"径向"、"缩放"为130%，完成设置后单击"确定"按钮即可。

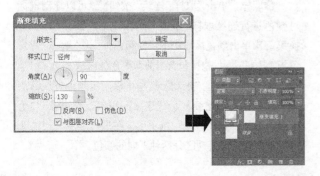

STEP 03 绘制选区并填色

设置前景色为R249、G251、B250，选择工具箱中的"椭圆工具"，并在该工具的选项栏中选择"形状"选项，绘制一个圆形，得到"椭圆1"图层。

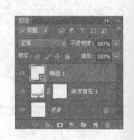

STEP 04 应用"图层样式"

双击"图层1"图层，在打开的"图层样式"对话框中勾选"内发光"对话框，并对选项进行设置。

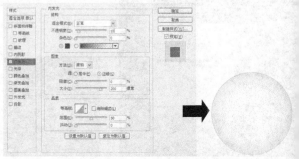

STEP 05 绘制多边形

选择工具箱中的"自定形状工具",并在该工具选项栏的"形状"选取器中选择所需的多边形,绘制一个多边形形状,得到"形状1"图层。

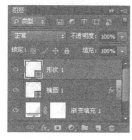

STEP 06 应用"图层样式"

双击"形状1"图层,在打开的"图层样式"对话框中勾选"描边"和"外发光"复选框,并对相应的选项进行设置,为其添加上描边和发光效果。

STEP 07 应用"图层样式"

继续对"图层样式"对话框进行设置,勾选"渐变叠加"复选框,并对相应的选项进行设置,在图像窗口中可以看到编辑后的效果。

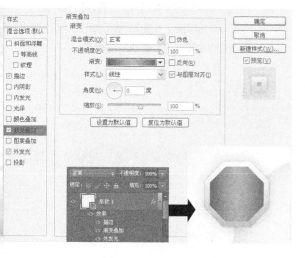

STEP 08 复制图层

选中"形状1"图层,对其进行复制,得到相应的副本图层,然后适当调整各个图层的大小和位置,在图像窗口中可以看到编辑后的效果。

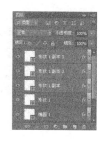

STEP 09 绘制星形

选择工具箱中的"自定形状工具",并在该工具选项栏的"形状"选取器中选择所需的星形,绘制一个星形,得到"形状2"图层。

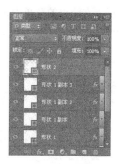

STEP 10 复制图层样式

选中"形状1"图层,右键单击鼠标,在弹出的快捷菜单中选择"拷贝图层样式"命令,然后右键单击"形状2"图层,在弹出的菜单中选择"粘贴图层样式"命令,在图像窗口中可以看到星形也应用上了相同的样式。

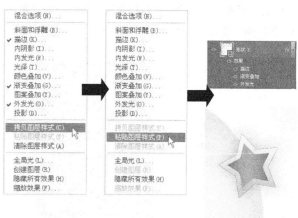

STEP 11 绘制信封

选择工具箱中的"自定形状工具"，并在该工具选项栏的"形状"选取器中选择所需的信封，绘制一个信封形状，得到"形状3"图层。

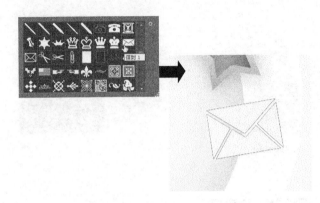

STEP 12 复制图层样式

选中"形状1"图层，右键单击鼠标，在弹出的快捷菜单中选择"拷贝图层样式"命令，然后右键单击"形状3"图层，在弹出的菜单中选择"粘贴图层样式"命令，并将"描边"样式进行删除。

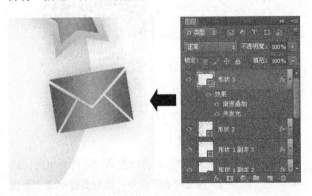

STEP 13 创建并编辑图层蒙版

使用"矩形选框工具"创建矩形选区，然后单击"图层"面板下方的"添加图层蒙版"按钮，为"形状3"添加图层蒙版，使其只显示部分图像。

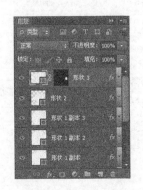

STEP 14 绘制黑色矩形条

新建图层，得到"图层1"图层，使用"矩形选框工具"创建矩形选区，并为选区填充上黑色，在图像窗口中可以看到编辑后的效果。

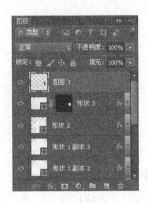

STEP 15 编辑图层蒙版

单击"图层"面板下方的"添加图层蒙版"按钮，为"图层1"添加图层蒙版，设置前景色为黑色，使用"画笔工具"对图层蒙版进行编辑，在图像窗口中可以看到编辑后的效果。

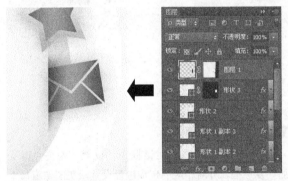

STEP 16 绘制阴影

新建图层，得到"图层2"图层，设置前景色为黑色，使用"画笔工具"绘制出阴影，并设置"图层2"的"不透明度"为50%，在图像窗口中可以看到编辑后的效果。

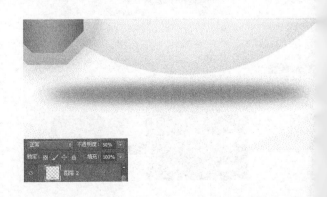

STEP 17 创建图层组

创建图层组，将其命名为"基本构架"，将"背景"图层以外的图层都拖曳到其中，以便于对其进行管理和编辑，在图像窗口中可以看到编辑后的效果。

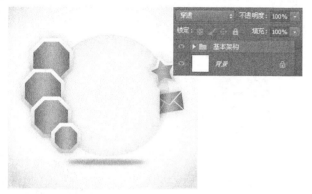

STEP 18 绘制靶标

选择工具箱中的"自定形状工具"，并在该工具选项栏的"形状"选取器中选择所需的靶标形状，绘制一个靶标形状，得到"形状4"图层。

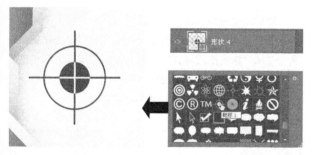

STEP 19 复制图层样式

选中"形状1"图层，右键单击鼠标，在弹出的快捷菜单中选择"拷贝图层样式"命令，然后右键单击"形状4"图层，在弹出的菜单中选择"粘贴图层样式"命令，并将"描边"和"外发光"样式进行删除。

STEP 20 绘制修饰的图标

使用"自定形状工具"绘制出所需的形状，得到"形状6"和"形状5"图层，并将"形状1"图层中的样式复制到图层中，再将"描边"和"外发光"样式进行删除，在图像窗口中可以看到编辑的效果。

STEP 21 创建图层组

创建图层组，将其命名为"修饰元素"，将"形状4"、"形状5"和"形状6"图层都拖曳到其中，以便于对其进行管理和编辑，在图像窗口中可以看到编辑后的效果。

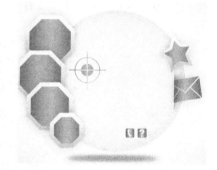

STEP 22 输入文字

选择工具箱中的"横排文字工具"，在图像窗口中单击并输入所需的文字，打开"字符"面板进行设置，调整文字的颜色为白色、对齐方式为居中对齐。

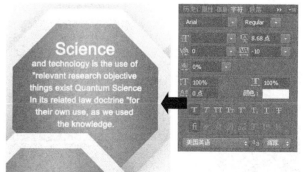

STEP 23　应用"图层样式"

双击文字图层，在打开的"图层样式"对话框中勾选"投影"对话框，并对选项进行设置，在图像窗口中可以看到编辑后的文字效果。

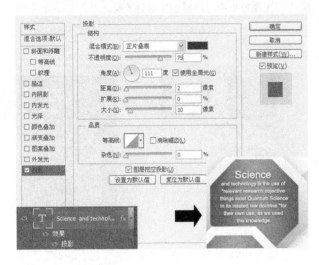

STEP 24　复制图层

对编辑完成后的图像进行复制，得到相应的副本图层，并对文字的大小和位置进行调整。

STEP 25　输入文字

选择工具箱中的"横排文字工具"，在图像窗口中单击并输入所需的文字，打开"字符"面板进行设置，调整文字的颜色为白色，并为其添加上投影效果。

STEP 26　创建图层组并添加其余的文字

使用"横排文字工具"输入所需的文字，并将所有的文字拖曳到创建的"文字"图层组中，在图像窗口中可以看到本例最终的编辑效果。

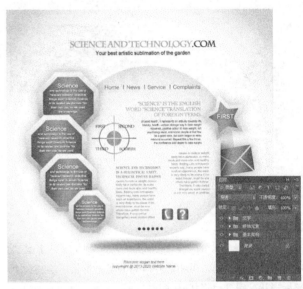

知识提炼　拷贝和粘贴图层样式

如果需要对添加的图层样式进行拷贝，将其应用到其他图层上，可以通过右键单击图层，在弹出的快捷菜单中选择"拷贝图层样式"命令，然后右键单击其他图层，在弹出的快捷菜单中选择"粘贴图层样式"命令，可以对图层样式进行复制，如下图所示。

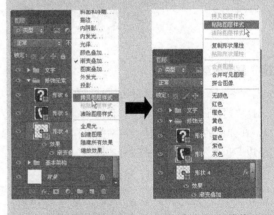

如果被粘贴图层样式的图层中应用有其他的图层样式，在复制图层样式的过程中将被粘贴的图层样式所代替。对复制的图层样式效果不满意，可以双击图层样式名称，在打开的"图层样式"对话框中进行设置，或者直接在右键菜单中选择"清除图层样式"命令，将图层中所包含的图层样式删除即可。

FRESH SUNSHINE ECOLOGICAL

清·新·的·阳·光·生·态

第5部分 影像创意

第14章

写实合成特效

　　写实合成特效就是在不违背自然规律的前提下，将不同场景中多个素材融合在一起，制作出一幅全新感觉的画面效果。本章通过对素材进行前期修饰和美化，再结合调整命令和抠图工具的使用，将多个素材进行拼合，让原本普通的画面内容更加丰富，由此打造出更具视觉冲击力的画面效果。

本章内容

新的阳光生态	知识提炼：合并图层
谐的田园生活	知识提炼：路径选择工具
泡泡的小男孩	知识提炼：污点修复画笔工具
童乐园	知识提炼："路径"面板
望江边的魅力夜景	知识提炼：复制图层
速奔跑的汽车	知识提炼：磁性套索工具
阳下的美丽剪影	知识提炼：橡皮擦工具

14.1 清新的阳光生态

清新的生态是指一种绿色健康的自然环境，本例中将多种植物进行组合，并使用"色彩平衡"等调整命令将画面调整成绿色，利用"图层样式"制作出晶莹剔透的水滴效果，以微距特写的方式展示出一幅清新的阳光生态场景，最后添加上光照效果，让整体画面更具美感，展示出舒畅、自然的视觉效果。

素材	素材\14\01.jpg、02、03.psd
源文件	源文件\14\清新的阳光生态.psd

STEP 01 新建文档

运行Photoshop CS6应用程序，执行"文件＞新建"菜单命令，打开"新建"对话框，在其中对各个选项进行设置，创建一个空白的文档。

STEP 02 添加素材文件

在"图层"面板中新建图层，得到"图层1"图层，打开本书素材\14\01.jpg素材文件，将其复制到"图层1"中，调整大小后放置在合适的位置。

STEP 03 执行"高斯模糊"命令

执行"滤镜＞模糊＞高斯模糊"菜单命令，在打开的"高斯模糊"对话框中设置"半径"为60像素，在图像窗口中可以看到编辑后的效果。

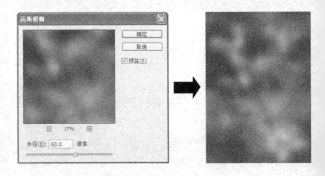

STEP 04 利用色阶提亮画面

创建"色阶"调整图层，在打开的面板中设置RGB选项下的色阶值分别为0、1.56、193，提高画面的亮度。

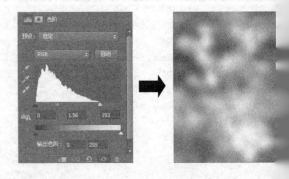

STEP 05　编辑"曲线"的形态

创建"曲线"调整图层，在打开的"属性"面板中单击曲线添加控制点，设置其"输入"为94、"输出"为72，然后再次单击曲线添加控制点，设置其"输入"为179、"输出"为204。

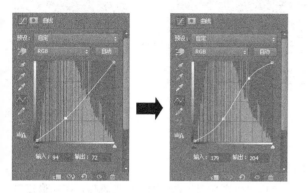

STEP 06　预览编辑效果

完成曲线形态的编辑后，在图像窗口中可以看到编辑后的效果，背景中明暗区域的对比更加强烈。

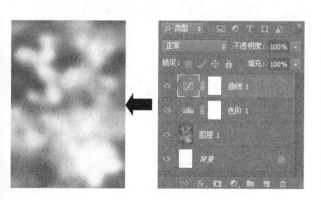

STEP 07　调整色彩平衡

通过"调整"面板创建"色彩平衡"调整图层，在打开的"属性"面板中设置"中间调"选项下的色阶值分别为-61、40、-100，在图像窗口中可以看到画面中的植物显得更加翠绿。

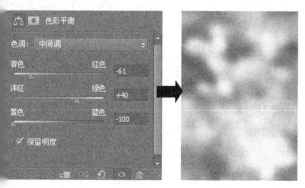

STEP 08　降低画面颜色浓度

单击"调整"面板中的"自然饱和度"按钮，创建"自然饱和度"调整图层，在打开的"属性"面板中设置"自然饱和度"选项的参数为-35。

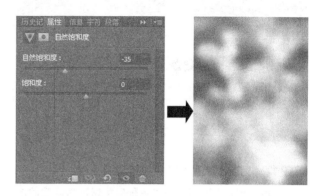

STEP 09　添加素材文件

在"图层"面板中新建图层，得到"图层2"图层，打开本书素材\14\02.psd素材文件，将其复制到"图层2"中，调整大小后放置在合适的位置。

STEP 10　复制图层

选中"图层2"图层，按Ctrl+J快捷键得到相应的副本图层，并适当调整图层中植物的大小和位置，在图像窗口中可以看到编辑后的画面效果。

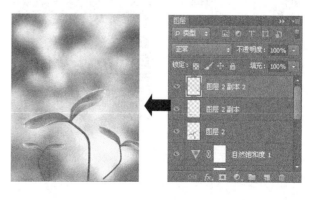

STEP 11 载入选区

按住Ctrl+Shift快捷键的同时分别单击"图层2"、"图层2副本"和"图层2副本2"的图层缩览图，将植物载入到选区中。

STEP 12 为选区创建"色阶"调整图层

单击"调整"面板中的"色阶"按钮，为创建的选区创建"色阶"调整图层，在打开的"属性"面板中拖曳RGB选项下的色阶滑块到0、1.19、247的位置。

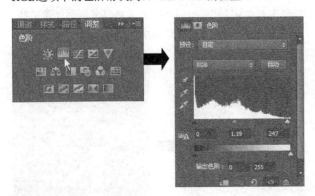

STEP 13 预览编辑效果

完成"色阶"调整图层的编辑后，在图像窗口中可以看到植物与背景之间的影调显得更为协调，在"图层"面板中可以看到调整图层的蒙版效果。

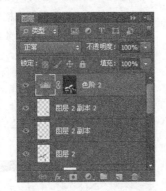

STEP 14 创建"色彩平衡"调整图层

再次将植物载入到选区中，为其创建"色彩平衡"调整图层，并在打开的"属性"面板中设置"中间调"选项下的色阶值分别为-36、58、0。

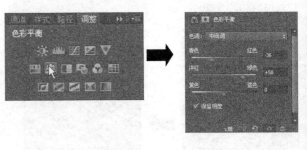

STEP 15 预览编辑效果

完成"色彩平衡"调整图层的编辑后，在图像窗口中可以看到植物与背景之间的颜色显得更为统一。

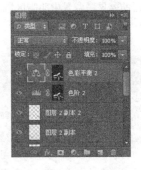

STEP 16 添加素材文件

在"图层"面板中新建图层，得到"图层3"图层，打开本书素材\14\03.psd素材文件，将其复制到"图层3"中，调整大小后放置在合适的位置。

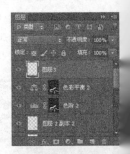

STEP 17 复制图层

选中"图层3"图层，按Ctrl+J快捷键进行复制，得到"图层3副本"图层。

STEP 18　执行"高斯模糊"命令

选中"图层3副本"图层，执行"滤镜＞模糊＞高斯模糊"菜单命令，打开"高斯模糊"对话框，在其中设置"半径"选项的参数为10像素，在图像窗口中可以看到应用滤镜后的效果。

STEP 19　设置图层属性

完成"高斯模糊"滤镜的编辑后，在"图层"面板中将"图层3副本"图层的混合模式设置为"柔光"，在图像窗口中可以看到编辑后的效果。

STEP 20　绘制水滴形状

选择工具箱中的"钢笔工具"，在其选项栏中选择"形状"选项，然后在图像窗口中的植物上绘制出水滴的形状，得到"形状1"图层，在图像窗口中可以看到绘制的水滴效果。

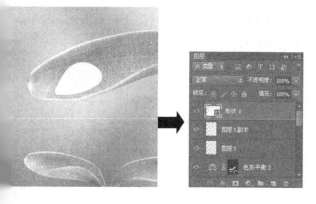

STEP 21　设置"图层样式"

双击"形状1"图层，在打开的"图层样式"对话框中勾选"斜面和浮雕"、"等高线"和"内阴影"复选框，并对相应的选项组进行设置。

STEP 22　设置并预览"图层样式"效果

继续对"图层样式"对话框进行设置，勾选"投影"复选框，并对选项进行设置，在"图层"面板中设置"填充"为0%，在图像窗口中可以看到真实的水滴效果。

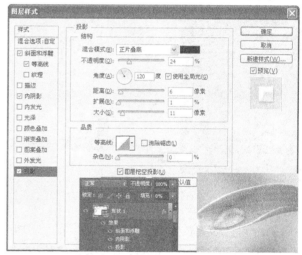

STEP 23　复制水滴效果

对"形状1"图层进行复制，得到两个副本图层，并对副本图层中水滴的大小和位置进行调整。

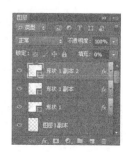

STEP 24 创建选区并填色

新建图层，得到"图层4"图层，使用"椭圆选框工具"创建圆形形的选区，并为选区填充上白色，在图像窗口中可以看到填色后的效果。

STEP 25 羽化选区并编辑蒙版

保持选区的选取状态，单击"添加图层蒙版"按钮为"图层4"添加上图层蒙版，然后再次将圆形选区载入，执行"选择>修改>羽化"菜单命令，在"羽化选区"对话框中设置"羽化半径"为50像素。

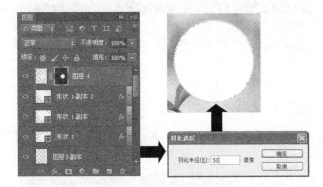

STEP 26 编辑蒙版

将图像进行放大显示，对选区进行羽化后，在工具箱中设置背景色为黑色，然后选中图层蒙版，按Delete键对蒙版进行编辑，再设置"图层4"的图层混合模式为"叠加"。

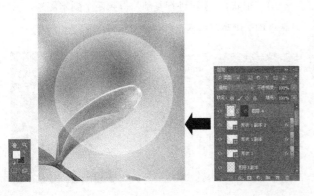

STEP 27 复制水泡

对"图层4"图层进行复制，得到两个副本图层，并对副本图层中水泡的大小和位置进行调整，在图像窗口中可以看到编辑后的效果。

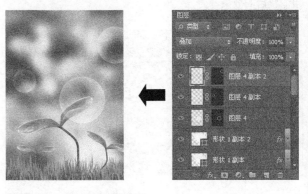

STEP 28 新建图层并填色

在"图层"面板中新建图层，得到"图层5"图层，将前景色设置为黑色，按Alt+Delete快捷键为图层填充上黑色。

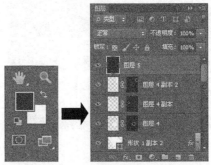

STEP 29 执行"镜头光晕"命令

选中"图层5"图层，执行"滤镜>渲染>镜头光晕"菜单命令，在打开的对话框中设置"亮度"为140%，并单击"105毫米聚焦"单选按钮，在图像窗口中可以看到编辑的效果。

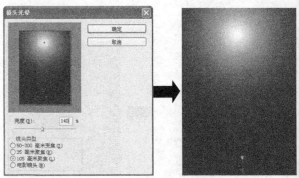

STEP 30 设置图层属性

完成"镜头光晕"滤镜的编辑后,在"图层"面板中设置"图层5"的图层混合模式为"滤色",在图像窗口中可以看到设置后的效果。

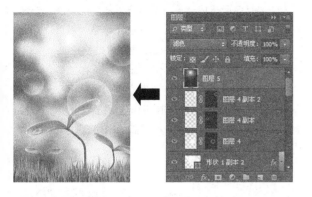

STEP 31 复制图层

选中"图层5"图层,按Ctrl+J快捷键进行复制,得到"图层5副本"图层,将该图层的"不透明度"设置为50%,在图像窗口中可以看到画面的效果。

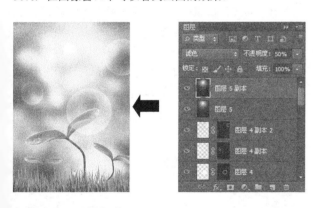

STEP 32 执行"镜头光晕"命令

新建图层,得到"图层6"图层,将其填充为黑色,执行"滤镜>渲染>镜头光晕"菜单命令,在打开的对话框中进行设置,在图像窗口中可以看到编辑的效果。

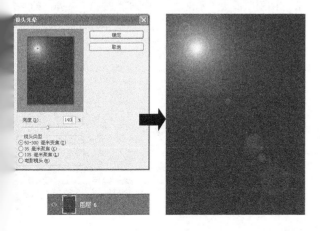

STEP 33 设置图层属性

完成"镜头光晕"滤镜的编辑后,在"图层"面板中设置"图层6"的图层混合模式为"滤色",在图像窗口中可以看到设置后的效果。

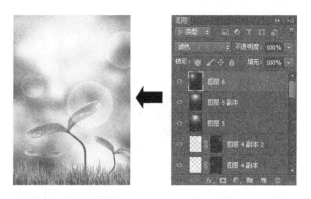

STEP 34 调整可选颜色

创建"可选颜色"调整图层,在打开的"属性"面板中选择"颜色"下拉列表中的"绿色"选项,设置该选项下的色阶值分别为-15、-10、30、0。

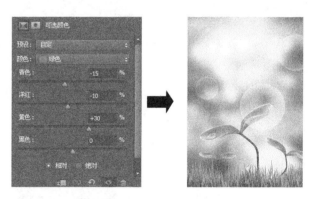

STEP 35 进行锐化处理

盖印可见图层,得到"图层7"图层,执行"滤镜>锐化>智能锐化"菜单命令,在打开的对话框中设置"数量"为50%、"半径"为2像素。

STEP 36 添加文字

将图像进行放大显示，用"横排文字工具"在图像窗口中单击并输入所需的文字，设置文字的颜色为R0、G102、B0，在图像窗口中可以看到添加文字的效果。

STEP 37 应用"投影"图层样式

双击文字图层，在"图层样式"对话框中勾选"投影"复选框，并在右侧的选项中设置投影的颜色为R40、G95、B20，同时调整各个选项的参数，为文字添加上阴影效果。

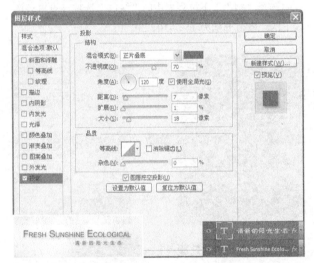

STEP 38 预览编辑效果

完成"图层样式"对话框的编辑后单击"确定"按钮，在图像窗口中可以看到本例最终的编辑效果。

知识提炼 合并图层

通过图层的合并功能可以将多个图层合并为一个图层，即将多个图层中的图像合并为一个图像，可以避免因为图层过多而造成计算机运行缓慢的情况出现。选择需要进行合并的图层后，在"图层"菜单中可以选择不同形式的合并方式，使后期编辑更加准确快捷。

向下合并图层就是将当前选中的图层与其下方的一个图层进行合并。选中一个图层，执行"图层>向下合并"菜单命令，即可看到该图层合并到了下一个图层中，并以下面图层名称作为合并后的图层名称。

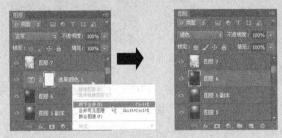

合并可见图层就是将"图层"面板中所有显示的图层进行合并，只需单击选中一个图层，然后执行"图层>合并可见图层"菜单命令，即可看到除了隐藏的图层以外，其他的图层都被合并为一个图层，并以选中的图层名称作为合并后的图层名称。

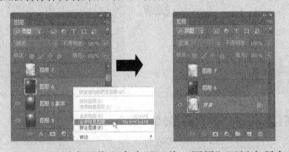

通过"拼合图像"命令可以将"图层"面板中所有的图层合并为一个图层，并创建为"背景"图层，只需在"图层"面板中单击右上角的扩展按钮，在弹出的菜单命令中选择"拼合图像"命令，或是执行"图层>拼合图像"菜单命令，即可将所有的图层合并在一起。

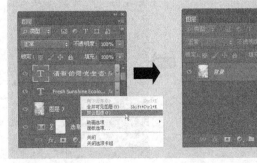

14.2　和谐的田园生活

　　田园生活又称为乡村生活，属于一种自然环保的生活方式，它推崇自然、结合自然，表现出悠闲、舒畅、自然的田园生活情趣。本例中为了再现和谐的田园生活场景，将风车素材、大树、蝴蝶、鸽子和草地等具有大自然气息的元素揉合在一起，创造出自然、简朴、高雅的氛围。

素　材	素材\14\04、05、06、07、08.jpg、09、10.psd
源文件	源文件\14\和谐的田园生活.psd

STEP 01　新建文档

　　运行Photoshop CS6应用程序，执行"文件>新建"菜单命令，在打开的"新建"对话框中设置"名称"为"和谐的田园生活"，并对其他选项进行设置。

STEP 02　添加素材图像

　　在"图层"面板中新建图层，得到"图层1"图层，打开本书素材\14\04.jpg素材，将其复制到"图层1"中，并适当调整素材文件的大小和位置。

STEP 03　添加草地素材

　　新建图层，得到"图层2"图层，打开本书素材\14\05.jpg素材，将其复制到"图层2"中。

 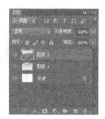

STEP 04　编辑图层蒙版

　　为"图层2"添加上白色的图层蒙版，选择工具箱中的"渐变工具"，使用该工具对图层蒙版进行编辑，只显示出下方的草地，在图像窗口中可以看到编辑后的效果。

STEP 05 调整亮度和对比度

创建"亮度/对比度"调整图层，在打开的"属性"面板中设置"亮度"选项的参数为20、"对比度"选项的参数为8，提高画面的亮度和对比度。

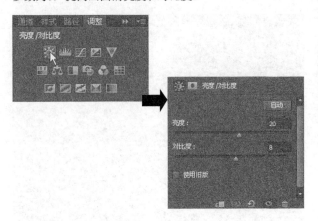

STEP 06 编辑图层蒙版

选择工具箱中的"渐变工具"，使用该工具对"亮度/对比度"调整图层的蒙版进行编辑，只对下方的图像应用效果，在图像窗口中可以看到编辑后的效果。

STEP 07 添加素材文件

在"图层"面板中新建图层，得到"图层3"图层，打开本书素材\14\06.jpg素材，将其复制到"图层3"中，并适当调整素材文件的大小和位置。

STEP 08 编辑图层蒙版

使用"钢笔工具"创建风车的路径，使用"路径移动工具" 可以调整路径的形状，然后将路径转换为选区，为"图层3"图层添加上图层蒙版，将风车抠选出来。

STEP 09 载入选区创建"色阶"调整图层

载入风车选区，为其创建"色阶"调整图层，在打开的"属性"面板中依次拖曳RGB选项下的色阶滑块到0、1.13、237的位置。

STEP 10 预览编辑效果

完成"色阶"调整图层的编辑后，在图像窗口中可以看到风车更具层次，显得更亮，在"图层"面板中可以看到创建的"色阶"调整图层效果。

STEP 11 调整可选颜色

创建"可选颜色"调整图层，在打开的"属性"面板中设置"黄色"选项下的色阶值分别为15、-37、72、0，"绿色"选项下的色阶值分别为84、-50、66、0。

STEP 12 调整颜色预览编辑效果

继续对"可选颜色"调整图层进行设置，选择"颜色"下拉列表中的"青色"选项，设置该选项下的色阶值分别为36、29、-54、0，在图像窗口中可以看到编辑的效果。

STEP 13 添加鸽子素材

在"图层"面板中新建图层，得到"图层4"图层，打开本书素材\14\07.jpg素材，将其复制到"图层4"中，并适当调整素材文件的大小和位置。

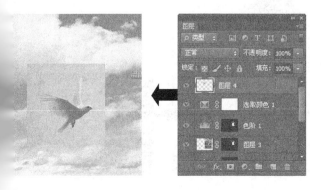

STEP 14 编辑图层蒙版

使用"磁性套索工具"沿着鸽子的边缘单击并进行拖曳，将鸽子载入到选区中，然后单击"添加图层蒙版"按钮，为"图层4"添加上图层蒙版，将鸽子抠选出来。

STEP 15 应用"外发光"样式

双击"图层4"图层，在打开的"图层样式"对话框中勾选"外发光"复选框，并对相应的选项进行设置，在图像窗口中可以看到编辑后的效果。

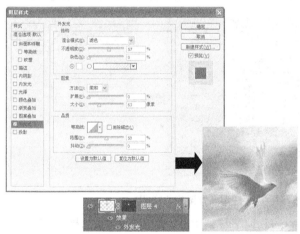

STEP 16 复制图层

选中"图层4"图层，按Ctrl+J快捷键对图层进行复制，得到相应的副本图层，对图层中的图像进行大小和位置的调整，在图像窗口中可以看到编辑的效果。

STEP 17 添加鸽子素材

在"图层"面板中新建图层，得到"图层5"图层，打开本书素材\14\08.jpg素材，将其复制到"图层5"中，并适当调整素材文件的大小和位置。

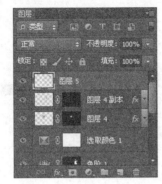

STEP 18 编辑图层蒙版

使用"磁性套索工具"沿着鸽子的边缘单击并进行拖曳，将鸽子载入到选区中，然后单击"添加图层蒙版"按钮，为"图层5"添加上图层蒙版，将鸽子抠选出来。

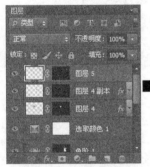

STEP 19 应用"外发光"样式

双击"图层5"图层，在打开的"图层样式"对话框中勾选"外发光"复选框，并对相应的选项进行设置，在图像窗口中可以看到编辑后的效果。

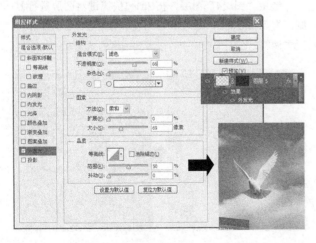

STEP 20 载入选区创建"色阶"调整图层

将画面中的鸽子载入到选区，为其创建"色阶"调整图层，在打开的"属性"面板中依次拖曳RGB选项下的色阶滑块到0、1.57、255的位置。

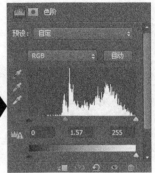

STEP 21 预览编辑效果

完成"色阶"调整图层的编辑后，在图像窗口中可以看到画面中的鸽子变亮了，在"图层"面板中可以看到编辑的"色阶"调整图层。

STEP 22 应用"镜头光晕"滤镜

新建图层，得到"图层6"图层，将其填充为黑色，执行"滤镜＞渲染＞镜头光晕"菜单命令，在打开的对话框中对各个选项进行设置，在图像窗口中可以看到编辑后的效果。

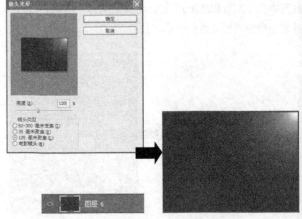

STEP 23 设置图层属性

完成"镜头光晕"滤镜的编辑后,在"图层"面板中设置"图层6"的图层混合模式为"滤色",在图像窗口中可以看到设置后的效果。

STEP 24 应用"镜头光晕"滤镜

新建图层,得到"图层7"图层,将其填充为黑色,执行"滤镜>渲染>镜头光晕"菜单命令,在打开的对话框中对各个选项进行设置。

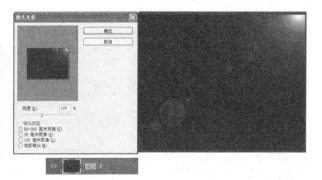

STEP 25 设置图层属性

完成"镜头光晕"滤镜的编辑后,在"图层"面板中设置"图层7"的图层混合模式为"滤色",在图像窗口中可以看到设置后的效果。

STEP 26 编辑曲线形态

创建"曲线"调整图层,在打开的"属性"面板中为曲线添加两个控制点,并对其进行设置,改变曲线的形态,由此控制画面的影调。

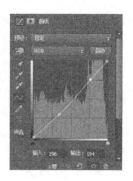

STEP 27 预览效果

完成"曲线"调整图层的编辑后,在图像窗口中可以看到画面中明暗区域的对比更加强烈,可以更好地表现出一定的层次感。

STEP 28 提高饱和度

创建"自然饱和度"调整图层,在打开的"属性"面板中设置"自然饱和度"选项的参数为55,提高画面整体的颜色浓度,在图像窗口中可以看到画面色彩更加鲜艳了。

STEP 29　添加蝴蝶素材

在"图层"面板中新建图层，得到"图层8"图层，打开本书素材\14\09.psd素材，将其复制到"图层8"中，并适当调整素材文件的大小和位置。

STEP 30　复制图层

选中"图层8"图层，按Ctrl+J快捷键对图层进行复制，得到相应的副本图层，对图层中的图像进行大小和位置的调整，在图像窗口中可以看到编辑的效果。

STEP 31　编辑气泡

通过图层蒙版和"椭圆选框工具"制作出白色的气泡效果，得到"图层9"图层，在图像窗口中可以看到编辑后的气泡。

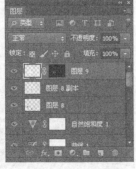

STEP 32　复制气泡图层

选中"图层9"图层，按Ctrl+J快捷键对图层进行复制，得到相应的副本图层，对图层中的气泡进行大小和位置的调整，在图像窗口中可以看到编辑的效果。

STEP 33　添加大树素材

在"图层"面板中新建图层，得到"图层10"图层，打开本书素材\14\10.psd素材，将其复制到"图层10"中，并为其添加上图层蒙版，使用画笔对其进行编辑。

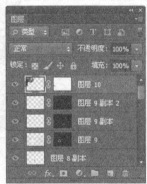

STEP 34　编辑曲线

创建"曲线"调整图层，在打开的"属性"面板中单击曲线的中间调位置添加一个控制点，设置该点的"输入"为150、"输出"为105、再将该调整图层的蒙版填充为黑色。

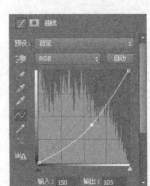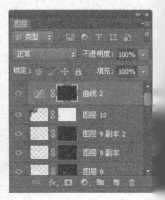

STEP 35　编辑图层蒙版

设置前景色为白色，选择"画笔工具"，设置"不透明度"为20%，对曲线调整图层的蒙版进行编辑，增强画面中的暗调，在图像窗口中可以看到编辑的效果。

STEP 36　添加文字

使用"横排文字工具"在图像窗口中单击并输入主题文字，再打开"字符"面板进行设置，调整字体颜色为白色，在图像窗口中可以看到编辑的文字效果。

STEP 37　应用"投影"样式

双击文字图层，在打开的"图层样式"对话框中勾选"投影"复选框，并对相应的选项进行设置，在图像窗口中可以看到本例最终的编辑效果。

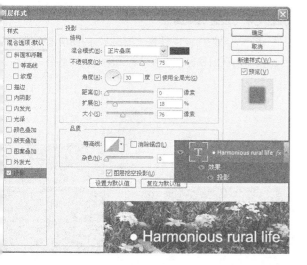

知识提炼　路径选择工具

"路径选择工具"是用来选择一个或几个路径并对其进行移动、组合、排列、分发和变换的工具，选择"路径移动工具" 后，在选项栏中可以看到如下图所示的设置。

❶ "填充"和"描边"：用于设置当前选中路径的填充色和描边色。

❷ W和H：路径的高度和宽度，可输入数值更改路径的宽度和高度。

❸ 对齐边缘：绘制路径时可自动对齐网格，执行"窗口大于显示＞网格"菜单命令，打开网格，方便绘制路径过程中，对齐网格边缘时使用。

❹ 约束路径拖动：勾选该选项的复选框后只会针对所选择的一段路径进行更改，而不会影响其他段路径。

选择"路径选择工具"后，单击所需移动的路径，然后用鼠标拖曳至适当的位置，在移动路径的过程中，路径的形状不会改变，如下图所示。

除了可以对编辑完成的路径进行位置的调整以外，还可以按Ctrl+T快捷键，在路径的自由变换框中单击右键，在弹出的菜单中可以选择多个命令，如下图所示，便于对路径进行缩放、斜切和旋转等操作。

14.3 吹泡泡的小男孩

吹泡泡是一种儿童比较喜欢的游戏，光线穿过肥皂泡的薄膜时，薄膜的顶部和底部都会产生折射，反射太阳光的七种颜色。本例中为了呈现出梦幻的吹泡泡场景，将正在吹泡泡的小男孩与气泡素材进行合成，利用图层蒙版和图层混合模式让气泡自然地融合到画面中，并使用调整命令改变画面色彩，打造出温暖阳光下泡泡自由飞翔的场景。

素 材	素材\14\11、12.jpg
源文件	源文件\14\吹泡泡的小男孩.psd

STEP 01　复制图层

运行Photoshop CS6应用程序，执行"文件＞打开"菜单命令，打开素材\14\11.jpg素材文件，并对"背景"图层进行复制，得到"图层1"图层。

STEP 02　使用"污点修复画笔工具"

选择工具箱中的"污点修复画笔工具" ，并在其选项栏中进行设置，使用该工具在污点位置进行涂抹，在图像窗口中可以看到编辑的效果。

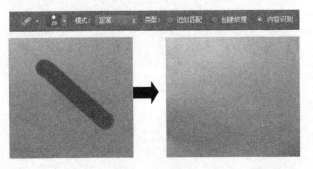

STEP 03　应用"镜头光晕"滤镜

新建图层，得到"图层2"图层，为其填充上黑色，并执行"滤镜＞渲染＞镜头光晕"菜单命令，为其应用光晕效果。

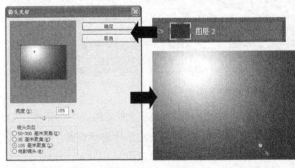

STEP 04　设置图层属性

在"图层"面板中设置"图层2"的图层混合模式为"滤色"，在图像窗口中可以看到编辑后的效果。

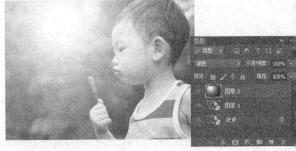

STEP 05 降低颜色浓度

创建"自然饱和度"调整图层，在打开的"属性"面板中设置"自然饱和度"选项为-20，降低画面的颜色浓度，在图像窗口中可以看到编辑的效果。

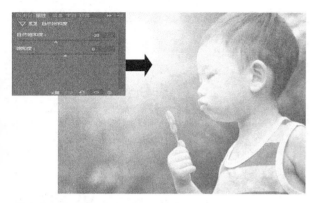

STEP 06 创建"照片滤镜"调整图层

创建"照片滤镜"调整图层，在打开的"属性"面板中选择"滤镜"下拉列表中的"加温滤镜（B1）"选项，并拖曳"浓度"选项的滑块到50%的位置。

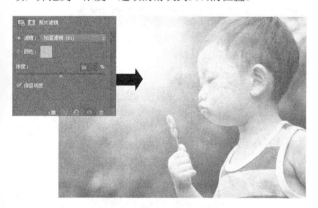

STEP 07 添加气泡素材

新建图层，得到"图层3"图层，打开素材\14\12.jpg素材文件，将其复制到"图层3"中，并适当调整其大小和位置，在图像窗口中可以看到编辑的效果。

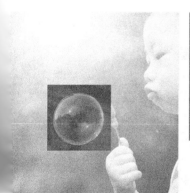
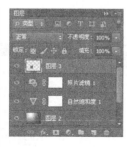

STEP 08 编辑图层蒙版

使用"椭圆选框工具"创建圆形的选区，将气泡图像框选到其中，然后按"图层"面板中的"添加图层蒙版"按钮，为"图层3"添加上图层蒙版。

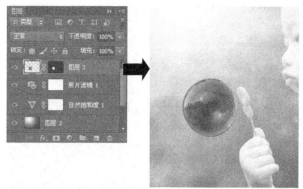

STEP 09 设置图层属性

完成"图层3"蒙版的编辑后，在"图层"面板中设置该图层的混合模式为"滤色"，在图像窗口中可以看到气泡与背景融合在了一起。

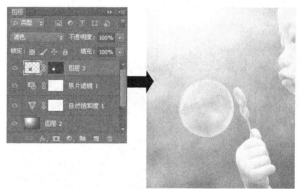

STEP 10 复制图层

对"图层3"图层进行复制，得到相应的副本图层，对各个图层的大小和位置进行编辑，在图像窗口中可以看到气泡随机飘散的效果。

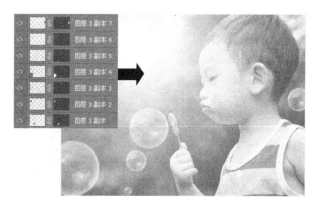

STEP 11　创建图层组

在"图层"面板中创建图层组，将其命名为"泡泡"，将包含气泡的图层都拖曳到其中，便于对其进行管理和编辑，在"图层"面板中可以看到编辑的效果。

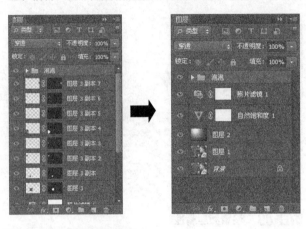

STEP 12　调整画面颜色

单击"调整"面板中的"色彩平衡"按钮，创建"色彩平衡"调整图层，在打开的"属性"面板中设置"中间调"选项下的色阶值分别为17、0、-17，

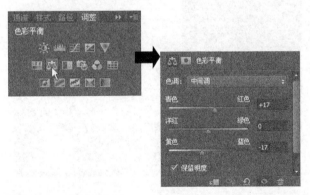

STEP 13　预览编辑效果

完成"色彩平衡"调整图层的编辑后，在图像窗口中可以看到画面的颜色发生了改变，呈现出金灿灿的阳光照射效果，在"图层"面板中可以看到创建的调整图层。

STEP 14　锐化处理

盖印可见图层，得到"图层4"图层，执行"滤镜＞锐化＞智能锐化"菜单命令，在打开的对话框中设置"数量"为100%、"半径"为2像素。

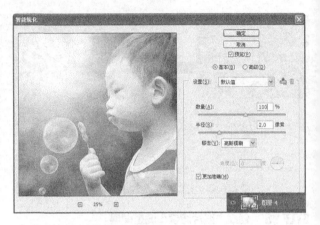

STEP 15　调整亮度和对比度

创建"亮度/对比度"调整图层，在打开的"属性"面板中设置"对比度"选项的参数为35，提高画面明暗区域的对比，在图像窗口中可以看到编辑的效果。

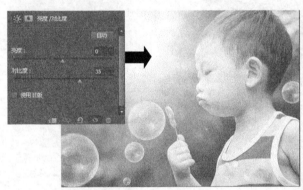

STEP 16　提高颜色浓度

创建"自然饱和度"调整图层，在打开的"属性"面板中设置"自然饱和度"选项的参数为40、"饱和度"选项的参数为5，提高画面的颜色浓度。

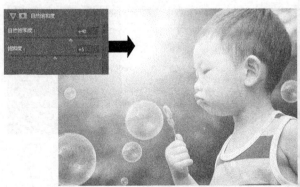

STEP 17 添加文字

选择工具箱中的"横排文字工具"，在图像窗口中单击并输入文字，并打开"字符"面板对文字的属性进行设置，调整文字的颜色为R186、G175、B113。

STEP 18 添加文字

使用"横排文字工具"在图像窗口中单击并输入段落文字，并打开"字符"面板对文字的属性进行设置，调整文字的颜色为R186、G175、B113，再进行右对齐。

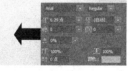

STEP 19 预览编辑效果

完成文字的编辑后，在"图层"面板中可以看到创建的文字图层，在图像窗口中调整文字的位置，可以看到本例最终的编辑效果。

污点修复画笔工具

"污点修复画笔工具"可以快速移去照片中的污点和其他不理想的部分，通过简单的单击即可完成。"污点修复画笔工具"会自动从所修饰区域的周围取样，来修复污点的像素，并将样本像素的纹理、光照、透明度和阴影与修复的像素相匹配。

选中工具箱中的"污点修复画笔工具"，在该工具的选项栏中可以看到如下图所示的设置。

❶**画笔形态**：单击"画笔大小"后面的倒三角形按钮，可以打开相应的面板，在其中可以对画笔的大小、硬度、间距和角度等进行设置，由此来控制进行污点修复过程中的修复范围。

❷**模式**：从选项栏的"模式"菜单中可以选取混合模式，包含了"正常"、"替换"、"正片叠底"、"滤色"、"变暗"、"变亮"、"颜色"和"明度"一共8个选项，其中"替换"模式可以在使用柔边圆画笔笔触时，保留画笔描边边缘处的杂色、胶片颗粒和纹理。

❸**近似匹配**：选择"近似匹配"单选按钮，可以使用选区边缘周围的像素来查找想要用作选定区域修补的图像区域，如果此选项的修复效果不能令人满意，还可以还原修复并尝试"创建纹理"选项。

❹**创建纹理**：选择"创建纹理"单选按钮，使用选区中的所有像素创建一个用于修复该区域的纹理。

❺**内容识别**：单击选择"内容识别"单选按钮，在进行修复的过程中可以比较附近的图像内容，不留痕迹地填充选区，同时保留让图像栩栩如生的关键细节，如阴影和对象边缘。

❻**对所有图层取样**：勾选"对所有图层取样"复选框，可以从所有可见图层中对数据进行取样；如果取消勾选"对所有图层取样"复选框，则只会从当前图层中进行取样并进行修复。

14.4　儿童乐园

在每个儿童心中都会憧憬属于自己的快乐天地，本例中将清新的风景素材与三个不同场景的儿童进行合成，使用"钢笔工具"将人物抠选出来，然后搭配上蝴蝶、鲜花和大树等修饰元素，再对整体的影调和颜色进行调整，由此制作出一幅充满欢笑、气氛愉悦的儿童乐园场景。

素　材	素材\14\13、14、15、16.jpg、03、09、17、18、19.psd
源文件	源文件\14\儿童乐园.psd

STEP 01　新建图层

运行Photoshop CS6应用程序，打开素材\14\13.jpg文件，可以查看到照片的原始效果，在"图层"面板中新建图层，得到"图层1"图层。

STEP 02　添加素材

打开本书素材\14\14.jpg素材，将其复制到"图层1"中，并适当调整人物照片的大小和位置，在图像窗口中可以看到编辑的效果。

STEP 03　编辑图层蒙版

使用"钢笔工具"沿着小孩的图像边缘创建路径，然后通过"路径"面板将路径转换为选区，单击"图层"面板中的"添加蒙版"按钮，为"图层1"添加上图层蒙版。

STEP 04　添加素材

新建图层，得到"图层2"图层，打开本书素材\14\15.jpg素材，将其复制到"图层2"中，并适当调整人物照片的大小和位置。

STEP 05 编辑图层蒙版

使用"钢笔工具"沿着小孩的图像边缘创建路径，然后通过"路径"面板将路径转换为选区，单击"图层"面板中的"添加蒙版"按钮，为"图层2"添加上图层蒙版。

STEP 06 添加素材

新建图层，得到"图层3"图层，打开本书素材\14\16.jpg素材，将其复制到"图层3"中，并适当调整人物照片的大小和位置。

STEP 07 编辑图层蒙版

使用"钢笔工具"沿着小孩的图像边缘创建路径，然后通过"路径"面板将路径转换为选区，单击"图层"面板中的"添加蒙版"按钮，为"图层3"添加上图层蒙版。

STEP 08 创建"色阶"调整图层

创建"色阶"调整图层，在打开的"属性"面板中依次拖曳RGB选项下的色阶滑块到107、0.63、255的位置，再将"色阶"调整图层的蒙版填充为黑色。

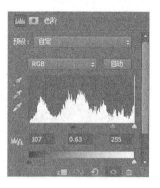

STEP 09 编辑图层蒙版

设置前景色为白色，选择工具箱中的"画笔工具"，在人物周围进行涂抹，对"色阶"调整图层的蒙版进行编辑，在图像窗口中可以看到编辑后的效果。

STEP 10 编辑颜色填充图层

创建颜色填充图层，在打开的"拾色器"对话框中设置填充色为黑色，然后将该填充图层的蒙版填充为黑色，设置前景色为白色，选择工具箱中的"画笔工具"，在人物周围进行涂抹，增强人物的暗部表现。

STEP 11　调整可选颜色

创建"可选颜色"调整图层，在打开的"属性"面板中设置"红色"选项下的色阶值分别为21、-12、-30、51，"黄色"选项下的色阶值分别为38、-28、-32、0。

STEP 12　调整颜色并预览效果

继续对调整图层进行编辑，设置"绿色"选项下的色阶值分别为53、-43、43、0，然后使用黑色的画笔工具对图层蒙版进行编辑，在图像窗口中可以看到编辑的效果。

STEP 13　应用"镜头光晕"滤镜

新建图层，得到"图层4"图层，将该图层填充上黑色，执行"滤镜>渲染>镜头光晕"菜单命令，在打开的对话框中设置"亮度"为120%，并单击选中"105毫米聚焦"。

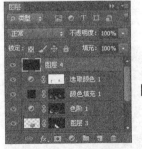
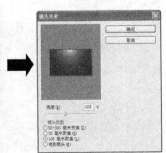

STEP 14　设置图层属性

在"图层"面板中设置"图层4"的图层混合模式为"滤色"、"不透明度"为50%。

STEP 15　添加树木素材

新建图层，得到"图层5"图层，打开本书素材\14\17.psd素材，将其复制到"图层5"中，并适当调整大树的大小和位置。

STEP 16　复制图层

按Ctrl+J快捷键对"图层5"图层进行复制，得到"图层5副本"图层，适当调整图层中大树的位置，在图像窗口中可以看到编辑后的效果。

STEP 17 添加草地

新建图层，得到"图层6"图层，打开本书素材\14\03.psd素材，将其复制到"图层6"中，并适当调整草地素材的大小和位置。

STEP 18 复制图层

按Ctrl+J快捷键对"图层6"图层进行复制，得到相应的副本图层，适当调整图层中草地的位置，在图像窗口中可以看到编辑后的效果。

STEP 19 添加蝴蝶素材

新建图层，得到"图层7"图层，打开本书素材\14\09.psd素材，将其复制到"图层7"中，并适当调整蝴蝶素材的大小和位置。

STEP 20 复制图层

按Ctrl+J快捷键对"图层7"图层进行复制，得到相应的副本图层，适当调整图层中蝴蝶的位置，在图像窗口中可以看到编辑后的效果。

STEP 21 添加吊牌素材

新建图层，得到"图层8"图层，打开本书素材\14\18.psd素材，将其复制到"图层8"中，并适当调整吊牌素材的大小和位置。

STEP 22 输入主题文字

选择工具箱中的"横排文字工具"，在图像窗口中单击并输入所需的文字，再打开"字符"面板进行设置，调整文字的颜色为R74、G125、B6，最后对文字的角度进行调整，在图像窗口中可以看到编辑的效果。

STEP 23　应用"图层样式"

双击文字图层，在打开的"图层样式"对话框中勾选"斜面和浮雕"和"投影"复选框，并在相应的选项组中进行设置，为文字添加上样式效果。

STEP 26　调整亮度和对比度

创建"亮度/对比度"调整图层，在打开的"属性"面板中设置"亮度"为10、"对比度"为25，并使用黑色的画笔工具对该调整图层的蒙版进行编辑。

STEP 24　预览编辑效果

完成"图层样式"对话框的设置后单击"确定"按钮，在图像窗口中可以看到应用样式后的文字效果，其形态与周围的环境更加匹配。

STEP 27　编辑曲线形态

创建"曲线"调整图层，单击曲线中间位置添加一个控制点，设置该点的"输入"为153、"输出"为110，并将该调整图层的蒙版填充为黑色。

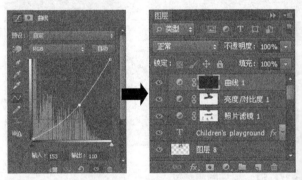

STEP 25　编辑"照片滤镜"调整图层

创建"照片滤镜"调整图层，在打开的"属性"面板中设置"加温滤镜（B1）"选项下的"浓度"为50%，并使用黑色的画笔工具对该调整图层的蒙版进行编辑。

STEP 28　编辑图层蒙版

选择工具箱中的"画笔工具"，设置前景色为白色，在画面中的暗部区域进行涂抹，增强暗部的表现，在图像窗口中可以看到编辑的效果。

STEP 29　编辑曲线形态

创建"曲线"调整图层，在打开的"属性"面板中调整曲线上端控制点的"输入"为238、"输出"为255，然后添加一个控制点，并设置其"输入"为100、"输出"为144。

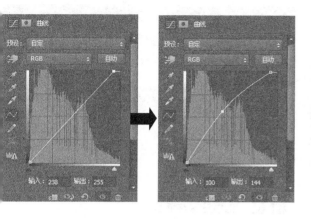

STEP 30　编辑图层蒙版

选择工具箱中的"画笔工具"，设置前景色为白色，在画面中的暗部区域进行涂抹，增强亮部的表现，在图像窗口中可以看到编辑的效果。

STEP 31　调整可选颜色

创建"可选颜色"调整图层，在打开的"属性"面板中设置"红色"选项下的色阶值分别为0、-25、-12、12，"黄色"选项下的色阶值分别为-6、-9、-8、0。

STEP 32　预览编辑效果

完成"可选颜色"调整图层的编辑后，在图像窗口中可以看到编辑后的效果，画面中的红色和黄色都发生了一定的变化。

STEP 33　添加花朵素材

新建图层，得到"图层9"图层，打开本书素材\14\19.psd素材，将其复制到"图层9"中，并适当调整花朵素材的大小和位置。

STEP 34　复制图层

按Ctrl+J快捷键对"图层9"图层进行复制，得到相应的副本图层，适当调整图层中花朵的位置，在图像窗口中可以看到编辑后的效果。

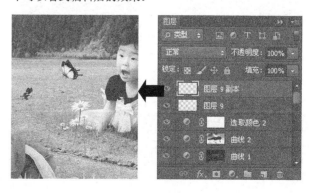

STEP 35 调整色彩平衡

创建"色彩平衡"调整图层，在打开的"属性"面板中选择"色调"下拉列表中的"阴影"选项，设置该选项下的色阶值分别为4、-4、21，再设置"中间调"选项下的色阶值分别为1、8、-14。

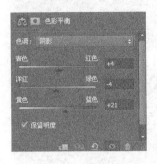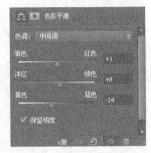

STEP 36 调整颜色并进行预览

继续对"色彩平衡"调整图层进行设置，调整"高光"选项下的色阶值分别为18、17、14，在图像窗口中可以看到编辑后画面的色彩效果。

STEP 37 调整饱和度

创建"色相/饱和度"调整图层，在打开的"属性"面板中选择"红色"选项，设置该选项下的"饱和度"为10，提高画面中红色的鲜艳度。

STEP 38 调整饱和度

创建"自然饱和度"调整图层，在打开的"属性"面板中设置"自然饱和度"选项的参数为20、"饱和度"选项的参数为5，提高画面的颜色浓度。

STEP 39 创建选区并填色

在"图层"面板新建图层，得到"图层10"图层，使用"椭圆选框工具"创建圆形选区，设置前景色为白色，按Alt+Delete快捷键将选区填充上白色。

STEP 40 羽化选区并编辑蒙版

保持选区的选取状态，单击"添加蒙版"按钮为"图层10"添加图层蒙版，再对选区进行30像素的羽化处理，在图像窗口中可以看到选区编辑的效果。

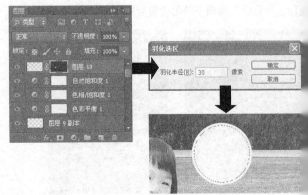

STEP 41　制作气泡效果

对选区进行羽化后，在工具箱中设置背景色为黑色，选中"图层10"的图层蒙版，按Delete键对蒙版进行编辑，制作出气泡效果。

STEP 42　复制图层

按Ctrl+J快捷键对"图层10"图层进行复制，得到相应的副本图层，适当调整图层中泡泡的位置，在图像窗口中可以看到本例最终的编辑效果。

知识提炼　"路径"面板

路径作为平面图像处理中的一个重要因素，和通道、图层一样，在Photoshop中也提供了一个专门的控制面板。下图所示为执行"窗口>路径"菜单命令打开的"路径"面板。

❶路径层：与形状图层类似，路径也可以分别存储在不同的路径层中。单击"路径"调板底部的"创建新路径"按钮，可以创建一个路径层，并自动命名为"路径1"、"路径2"、"路径3"等，要在某个路径层中绘制路径，可先单击将其设为当前路径，此时所做的操作都是针对当前路径的。

❷工作路径：绘制路径时，若未选中任何路径层，则所绘的路径将被存储在"工作路径"层中；若当前"工作路径"层中已经存放了路径，则其内容将被新绘制路径所取代；若在绘制路径前先在"路径"调板中单击选中了"工作路径"层，则新绘路径将被增加到"工作路径"层中。

❸"用前景色填充路径"按钮 ◯：单击该按钮可以用前景色填充当前路径。

❹"用画笔描边路径"按钮 ◯：单击该按钮，将使用"画笔工具"和前景色对当前路径进行描边，用户也可选择其他绘图工具对路径进行描边。

❺"将路径作为选区载入"按钮 ▦：单击该按钮可以将当前路径转换为选区。

❻"将选区生成工作路径"按钮 ◇：单击该按钮可以将当前选区转换为路径。

❼"添加图层蒙版"按钮 ▢：单击该按钮可以将当前路径层中的路径创建为矢量蒙版。

❽"删除当前路径"按钮 ▥：选中任意路径层，单击该按钮可将选中的路径层删除。

开放路径　　　　　　　　　　　　　　TIPS

对于开放型路径，系统将自动以直线段连接起点与终点。同时，一条由两端点构成的一次贝塞尔曲线，即直线段，不能进行单独转换。基于同样的原因，一条由多个节点组成的一次贝塞尔曲线组，也不能进行转换。

在"路径"面板的菜单中，还可以对路径进行操作，包括新建路径、复制路径和删除路径等，此外单击选中"面板选项"命令，还可以在打开的"路径面板选项"对话框中对路径层缩览图的显示大小进行设定，如下图所示。

14.5 眺望江边魅力夜景

　　静谧的夜色总是给人无限的遐想，本例中将夜景照片与窗台素材进行合成，将画面的视角进行重新定义，打造出窗台眺望夜景的视觉效果。在后期制作中通过调整命令和图层混合模式对景色的影调和颜色进行修饰，打造出以假乱真的画面效果，最后添加上文字，让画面的主题含义更为突出。

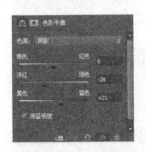
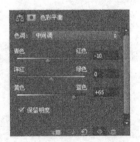

素　材	素材\14\20.jpg，21、22.psd
源文件	源文件\14\眺望江边魅力夜景.psd

STEP 01　新建文档

　　运行Photoshop CS6应用程序，执行"文件＞新建"菜单命令，在打开的"新建"对话框中设置"名称"为"眺望江边魅力夜景"，并对其他选项进行设置。

STEP 02　添加素材文件

　　在"图层"面板中新建图层，得到"图层1"图层，打开本书素材\14\20.jpg素材，将其复制到"图层1"中，并适当调整素材文件的大小和位置。

STEP 03　调整色彩平衡

　　创建"色彩平衡"调整图层，在打开的"属性"面板中设置"阴影"选项下的色阶值分别为0、-28、21，然后设置"中间调"选项下的色阶值分别为-10、0、65。

STEP 04　预览编辑效果

　　完成"色彩平衡"调整图层的编辑后，在图像窗口中可以看到画面中的夜色更加偏冷色调。

STEP 05 调整可选颜色

创建"可选颜色"调整图层，在打开的"属性"面板中选择"颜色"下拉列表中的"蓝色"选项，并设置该选项下的色阶值分别为36、31、-27、-5。

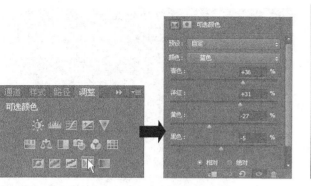

STEP 06 预览编辑效果

完成"可选颜色"调整图层的调整后，在图像窗口中可以看到画面中的蓝色调发生了改变。

STEP 07 调整画面色阶

创建"色阶"调整图层，在打开的"属性"面板中依次拖曳RGB选项下的色阶滑块到0、1.35、243的位置，对全图的影调进行调整，提高暗部细节的亮度，在图像窗口中可以看到编辑后的画面效果。

STEP 08 添加窗户素材

在"图层"面板中新建图层，得到"图层2"图层，打开本书素材\14\21.psd素材，将其复制到"图层2"中，并适当调整素材文件的大小和位置。

STEP 09 复制图层

选中"图层2"图层，按Ctrl+J快捷键进行复制，得到"图层2副本"图层，并设置该图层的混合模式为"正片叠底"，在图像窗口中可以看到编辑的效果。

STEP 10 载入选区创建"自然饱和度"调整图层

按住Ctrl键的同时单击"图层2副本"的图层缩览图，将图像载入到选区中，为其创建"自然饱和度"调整图层，在打开的"属性"面板中设置"自然饱和度"为60、"饱和度"为10。

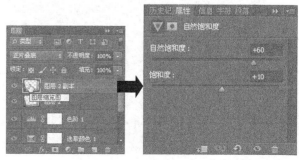

STEP 11　预览编辑效果

完成"自然饱和度"调整图层的编辑后，在图像窗口中可以看到窗帘的颜色变浓，显得更为鲜艳。

STEP 12　编辑曲线形态

创建"曲线"调整图层，在打开的"属性"面板中单击曲线的中间调位置添加一个控制点，设置该点的"输入"为161、"输出"为106，再将该调整图层的蒙版填充为黑色。

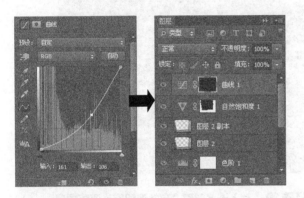

STEP 13　编辑图层蒙版

设置前景色为白色，选择工具箱中的"画笔工具"，设置"不透明度"为20%，然后在夜景周围进行涂抹，对"曲线"调整图层的蒙版进行编辑，增强画面中的暗调。

STEP 14　添加书本素材

在"图层"面板中新建图层，得到"图层3"图层，打开本书素材\14\22.psd素材，将其复制到"图层3"中，并适当调整素材文件的大小和位置。

STEP 15　设置图层属性

完成书本素材的编辑后，在"图层"面板中将"图层3"的图层混合模式修改为"正片叠底"，在图像窗口中可以看到素材变暗了。

STEP 16　复制图层

选中"图层3"图层，按Ctrl+J快捷键对其进行复制，得到"图层3副本"图层，然后在"图层"面板中将该图层的混合模式修改为"正常"。

STEP 17　编辑图层蒙版

为"图层3副本"添加白色的图层蒙版，设置前景色为白色，选择工具箱中的"画笔工具"，设置"不透明度"为20%，利用该工具对蒙版进行编辑，使其呈现出自然的阴影效果。

STEP 18　复制图层

选中"图层3副本"图层，按Ctrl+J快捷键对其进行复制，得到"图层3副本2"图层，然后在"图层"面板中将该图层的混合模式修改为"正常"，并删除其图层蒙版。

STEP 19　创建"照片滤镜"调整图层

创建"照片滤镜"调整图层，在打开的"属性"面板中选择"滤镜"下拉列表中的"深祖母绿"选项，并设置"浓度"为20%，在图像窗口中可以看到编辑的效果。

STEP 20　调整画面色阶

创建"色阶"调整图层，在打开的"属性"面板中依次拖曳RGB选项下的色阶滑块到5、1.26、234的位置，对全图的影调进行调整。

STEP 21　应用"减少杂色"滤镜

盖印可见图层，得到"图层4"图层，执行"滤镜＞杂色＞减少杂色"菜单命令，在打开的"减少杂色"对话框中对各个选项进行设置，去除画面中的噪点。

STEP 22　添加文字

使用"横排文字工具"在图像窗口中单击并输入文字，并打开"字符"面板进行设置，调整字体颜色为白色，在图像窗口中可以看到编辑的文字效果。

STEP 23　输入文字

使用"横排文字工具"在图像窗口中单击并输入主题文字，并打开"字符"面板进行设置，调整字体颜色为白色，在图像窗口中可以看到编辑的文字效果。

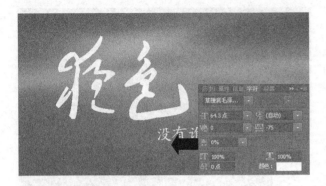

STEP 24　复制文字图层

选中"夜色"文字图层，对其进行复制，得到"夜色副本"图层，右键单击"夜色"文字图层，在弹出的快捷菜单中选择"栅格化文字"命令，将文字图层转换为普通图层。

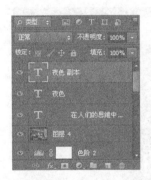 

STEP 25　应用"动态模糊"滤镜

选中"夜色"图层，执行"滤镜＞模糊＞动感模糊"菜单命令，在打开的"动感模糊"对话框中设置"角度"为0度、"距离"为100像素，对文字进行动感模糊处理，在图像窗口中可以看到本例最终的编辑效果。

知识提炼　复制图层

"复制图层"是"图层"面板中常用的操作之一，以满足图像编辑的需。要对所选的图层进行复制，只需选中需要复制的图层，然后按住鼠标将其拖曳到"创建新图层"按钮 上，释放鼠标即可复制一个新的图层，Photoshop将对图层进行自动命名，如下图所示。

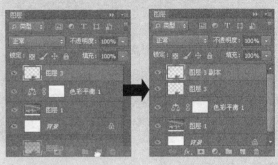

除了使用单击拖曳的方式复制图层以外，还可以选中需要复制的图层，展开"图层"面板菜单，在其中选择"复制图层"命令，即可打开"复制图层"对话框，在其中可以对图层名称和图层位置进行设置，如下图所示。

使用"移动工具"可以在移动的过程中直接进行复制。方法是选择"移动工具"后，在图像中按住Alt键，此时鼠标会变为双箭头状，表示具有复制功能，拖动鼠标即可复制出新图层，如下图所示，还可以同时按住Shift键保持水平。

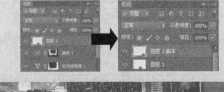

14.6 高速奔跑的汽车

　　汽车往往是速度的象征，为了让静止的汽车也能展现出高速奔驰的效果，本例将车展上的汽车与高速公路背景进行合成，通过"磁性套索工具"将汽车抠选出来，并利用调整命令将画面的影调和色调进行统一，最后添加上热气球素材和太阳光照效果，让画面更具美感。

素　材	素材\14\23、24、25.jpg
源文件	源文件\14\高速奔跑的汽车.psd

STEP 01　复制图层

　　运行Photoshop CS6应用程序，执行"文件＞打开"菜单命令，打开素材\14\23.jpg素材文件，并对"背景"图层进行复制，得到"背景 副本"图层。

STEP 02　添加素材文件

　　在"图层"面板中将"背景副本"图层的混合模式设置为"正片叠底"、"不透明度"为20%。

STEP 03　调整画面色阶

　　创建"色阶"调整图层，在打开的"属性"面板中依次拖曳RGB选项下的色阶滑块到15、1.19、218的位置，对全图的影调进行调整，提高暗部细节的亮度。

STEP 04　提高颜色浓度

　　创建"自然饱和度"调整图层，在打开的"属性"面板中设置"自然饱和度"为45、"饱和度"为5。

STEP 05　添加汽车素材

　　新建图层，得到"图层1"图层，打开素材\
14\24.jpg素材文件，将其复制到该图层中，并适当调整其
大小，放在画面中道路的位置。

STEP 06　编辑图层蒙版

　　使用"磁性套索工具"沿着汽车的边缘单击并进行
拖曳，将汽车载入到选区中，然后单击"添加图层蒙版"
按钮，为"图层1"添加上图层蒙版，将汽车抠选出来。

STEP 07　创建选区并填色

　　设置前景色为R50、G56、B66，新建图层，得到
"图层2"图层，将其拖曳到"图层1"图层的下方，再使
用"多边形套索工具"创建选区，为其填充上前景色。

STEP 08　编辑图层蒙版

　　为"图层2"添加上图层蒙版，使用工具箱中的"渐
变工具"对蒙版进行编辑，制作出汽车下方的阴影效果，
在图像窗口中可以看到编辑后的效果。

STEP 09　应用"色彩范围"命令

　　对"图层1"图层进行复制，得到"图层1副本"图
层，选中其图层蒙版执行"选择>色彩范围"菜单命令，
在打开的"色彩范围"对话框中选择"选择"下拉列表中
的"高光"选项，对图层蒙版进行编辑。

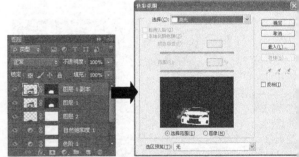

STEP 10　载入选区

　　按住Ctrl键的同时单击"图层1副本"的图层蒙版缩
览图，将蒙版中的图像载入到选区中。

STEP 11 创建"曝光度"调整图层

为载入的选区创建"曝光度"调整图层，在打开的"属性"面板中设置"曝光度"选项为-0.07、"位移"为-0.0700、"灰度校正系数"为1.00。

STEP 12 编辑曲线形态

创建"曲线"调整图层，在打开的"属性"面板中单击曲线的中间调位置，添加一个控制点，设置该点的"输入"为165、"输出"为109，再将该调整图层的蒙版填充为黑色。

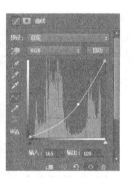

STEP 13 编辑图层蒙版

设置前景色为白色，选择工具箱中的"画笔工具"，设置"不透明度"为20%，然后在汽车周围进行涂抹，对"曲线"调整图层的蒙版进行编辑，增强画面中的暗调。

STEP 14 添加热气球素材

新建图层，得到"图层3"图层，打开素材\14\25.jpg素材文件，将其复制到该图层中，并适当调整其大小，在图像窗口中可以看到添加的素材效果。

STEP 15 编辑图层蒙版

使用"磁性套索工具"沿着热气球的边缘单击并进行拖曳，将其载入到选区中，然后单击"添加图层蒙版"按钮，为"图层3"添加上图层蒙版，再将热气球抠选出来。

STEP 16 复制图层

对"图层3"图层进行复制，得到多个副本图层，并适当调整每个图层中热气球的大小和位置，使其呈现出随机分布的效果，在图像窗口中可以看到编辑后的图像。

STEP 17　应用"照片滤镜"调整图层

创建"照片滤镜"调整图层，在打开的"属性"面板中选择"滤镜"下拉列表中的"深褐"选项，并设置"浓度"为60%，在图像窗口中可以看到编辑的效果。

STEP 18　再次应用"照片滤镜"调整图层

再次创建"照片滤镜"调整图层，在打开的"属性"面板中选择"滤镜"下拉列表中的"深褐"选项，并设置"浓度"为80%，并使用"渐变工具"对蒙版进行编辑。

STEP 19　调整可选颜色

创建"可选颜色"调整图层，在打开的"属性"面板中选择"颜色"下拉列表中的"黄色"选项，并设置该选项下的色阶值分别为-20、30、60、40。

STEP 20　创建"色彩平衡"调整图层

创建"色彩平衡"调整图层，在打开的"属性"面板中设置"中间调"选项下的色阶值分别为14、-12、-15，在图像窗口中可以看到画面色调呈现出暖色调的效果。

STEP 21　应用"镜头光晕"滤镜

新建图层，得到"图层4"图层，将其填充为黑色，执行"滤镜>渲染>镜头光晕"菜单命令，在打开的对话框中进行设置，在图像窗口中可以看到编辑的效果。

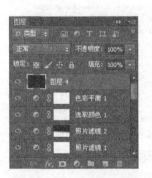

STEP 22　设置图层属性

完成"镜头光晕"滤镜的编辑后，在"图层"面板中设置"图层4"的图层混合模式为"滤色"，在图像窗口中可以看到设置后的效果。

STEP 23 编辑图层蒙版

为"图层4"添加上图层蒙版,选择工具箱中的"渐变工具",利用该工具对"图层4"的图层蒙版进行编辑,在图像窗口中可以看到编辑后的效果。

STEP 24 应用"照片滤镜"调整图层

创建"照片滤镜"调整图层,在打开的"属性"面板中选择"滤镜"下拉列表中的"加温绿(B1)"选项,并设置"浓度"为25%,在图像窗口中可以看到编辑的效果。

STEP 25 添加文字

选择工具箱中的"横排文字工具",在图像窗口中的适当位置单击并输入所需的文字,再设置文字的颜色为R50、G56、B66,在图像窗口中可以看到本例最终的效果。

知识提炼 磁性套索工具

"磁性套索工具"用于选择边缘与背景反差较大的图像,反差越大,选取的结果就越精准。

该工具可以沿着图像的边缘自动创建带锚点的路径,当终点和起点重合时,就会自动创建闭合的选区。选择工具箱中的"磁性套索工具" ,在如下图所示的选项栏中可以查看到该工具的设置选项。

❶**宽度:**该选项用于设置检测的范围,设置的参数值为1像素~40像素,系统将以当前鼠标所在的点为标准,在设定的范围内查找反差最大的边缘,设置的值越小,创建的选区就越精准。

❷**对比度:**该选项用于设置边界的灵敏度,参数范围为1%~100%,设置的参数越高,则要求边缘与周围图像的反差就越大。下图所示分别为不同对比度下创建选区时的效果。

❸**频率:**该选项用于设置生成锚点的密度,设置的值越大,在图像上生成的锚点就越多,选取的选区效果就越精确;反之参数越小,锚点的数量就越少,选区的效果就越粗糙。下图所示分别为不同频率下创建选区时的锚点效果。

14.7 夕阳下的美丽剪影

形态明显没有影调细节的黑影象称为剪影，一般为亮背景衬托下的暗主体。本例将人物照片合成到风景照片中，并将其变暗制作成剪影效果，通过调整命令对画面的色调和影调进行修饰，同时添加上修饰的气球图像，制作出夕阳下的逼真剪影效果，用鲜明的动作表现出少女无拘无束、自由舞动的形态。

素 材	素材\14\26、27.jpg，28.psd
源文件	源文件\14\夕阳下的美丽剪影.psd

STEP 01　打开素材

运行Photoshop CS6应用程序，执行"文件＞打开"菜单命令，打开素材\14\26.jpg素材文件，在图像窗口中可以看到素材照片的原始效果。

STEP 02　利用色阶调整影调

创建"色阶"调整图层，在打开的"属性"面板中依次拖曳RGB选项下的色阶滑块到11、1.00、241的位置，对全图的影调进行调整，提高暗部的细节。

STEP 03　用照片滤镜改变画面颜色

创建"照片滤镜"调整图层，选择"滤镜"下拉列表中的"加温滤镜（B1）"选项，设置"浓度"为80%。

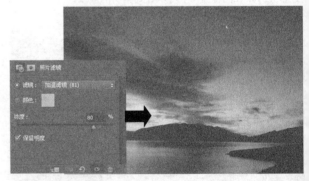

STEP 04　调整可选颜色

创建"可选颜色"调整图层，在打开的"属性"面板中对"黄色"和"洋红"选项下的色阶值进行设置。

STEP 05 预览编辑效果

完成"可选颜色"调整图层的编辑后，在图像窗口中可以看到画面颜色的改变。

STEP 06 增强画面饱和度

创建"自然饱和度"调整图层，在打开的"属性"面板中设置"自然饱和度"选项的参数为70、"饱和度"选项的参数为10，提高画面整体的颜色浓度。

STEP 07 使用照片滤镜改变颜色

创建"照片滤镜"调整图层，在打开的"属性"面板中选择"滤镜"下拉列表中的"加温滤镜（LBA）"选项，并设置"浓度"为70%，在图像窗口中可以看到编辑的效果。

STEP 08 添加素材文件

新建图层，得到"图层1"图层，打开素材\14\27.jpg素材文件，将其复制到该图层中，并适当调整其大小，放在画面的右侧位置。

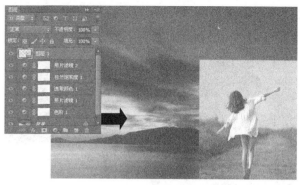

STEP 09 编辑图层蒙版

使用"钢笔工具"将人物抠选出来，把路径转换为选区后为其添加上蒙版，并使用"橡皮擦工具"对局部细节进行调整，在图像窗口中可以看到抠取的效果。

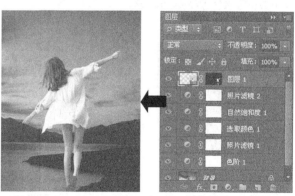

STEP 10 载入选区创建颜色填充图层

按住Ctrl键的同时单击"图层1"的图层蒙版缩览图，将人物载入选区，为其创建颜色填充图层，设置填充色为黑色，在图像窗口中可以看到人物变成了剪影效果。

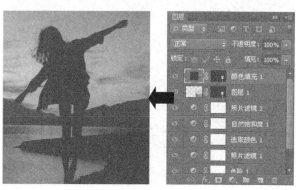

STEP 11　编辑颜色填充图层的蒙版

按住Alt键的同时单击颜色填充图层的蒙版，进入蒙版编辑状态，使用黑色的柔边圆画笔对蒙版中人物的边缘位置进行涂抹，模拟出光线照射的效果。

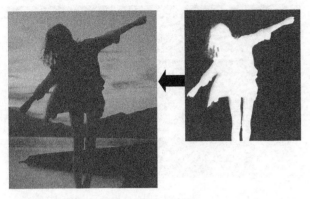

STEP 12　创建"色彩平衡"调整图层

创建"色彩平衡"调整图层，在打开的"属性"面板中设置"阴影"选项下的色阶值分别为13、0、-22，然后选择"色调"下拉列表中的"中间调"选项，设置该选项下的色阶值分别为46、0、-28。

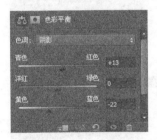
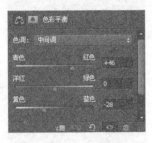

STEP 13　预览编辑效果

完成"色彩平衡"调整图层的编辑后，在图像窗口中可以看到画面的颜色更加偏暖色调。

STEP 14　添加气球素材

新建图层，得到"图层2"图层，打开素材14\28.psd素材文件，将其复制到该图层中，并适当调整其大小，将其放在画面的左侧位置。

STEP 15　设置图层属性

完成气球素材的复制后，在"图层"面板中将"图层2"的图层混合模式修改为"明度"，改变画面中气球的颜色。

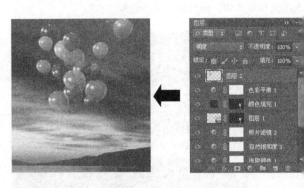

STEP 16　载入选区创建"照片滤镜"调整图层

按住Ctrl键的同时单击"图层2"的图层蒙版缩览图，将气球载入选区，为其创建"照片滤镜"调整图层，在打开的"属性"面板中选择"滤镜"下拉列表中的"加温滤镜（B1）"选项，设置"浓度"为73%。

STEP 17 载入选区创建"色阶"调整图层

按住Ctrl键的同时单击"图层2"的图层蒙版缩览图，再次将气球载入选区，为其创建"色阶"调整图层，在打开的"属性"面板中依次拖曳RGB选项下的色阶滑块到47、0.76、255的位置。

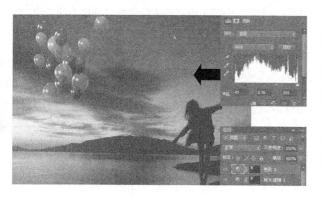

STEP 18 新建图层并填色

在"图层"面板中新建图层，得到"图层3"图层，在工具箱中设置前景色为黑色，按Alt+Delete快捷键将"图层3"图层填充上黑色。

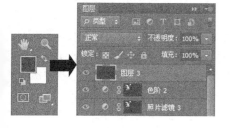

STEP 19 应用"镜头光晕"滤镜

选中"图层3"图层，执行"滤镜＞渲染＞镜头光晕"菜单命令，在打开的对话框中设置"亮度"为100%，并单击"105毫米聚焦"单选按钮，在图像窗口中可以看到编辑后的画面效果。

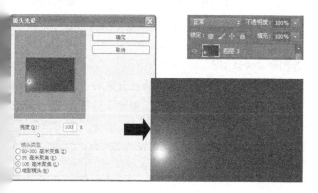

STEP 20 设置图层属性

完成"镜头光晕"滤镜的编辑后，在"图层"面板中设置"图层3"的图层混合模式为"滤色"，在图像窗口中可以看到设置后的效果。

STEP 21 创建"照片滤镜"调整图层

创建"照片滤镜"调整图层，在打开的"属性"面板中选择"滤镜"下拉列表中的"加温滤镜（LBA）"选项，并设置"浓度"为80%，在图像窗口中可以看到编辑的效果。

STEP 22 执行"减少杂色"命令

盖印可见图层，得到"图层4"图层，执行"滤镜＞杂色＞减少杂色"菜单命令，在打开的"减少杂色"对话框中对各个选项进行设置，去除画面中的噪点。

STEP 23　添加主题文字

使用"横排文字工具"在图像窗口中单击并输入主题文字，打开"字符"面板，设置字体大小为24点、字间距为-25、字体颜色为黑色，接着打开"段落"面板，在图像窗口中可以看到编辑的文字效果。

STEP 24　输入段落文字

使用"横排文字工具"在图像窗口中单击，输入所需的段落文字，将段落文字放在主题文字的下方，并对"字符"和"段落"面板进行设置。

 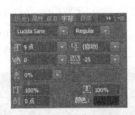

STEP 25　添加修饰图像

选择工具箱中的"自定形状工具"，设置前景色为黑色，并对该工具的选项栏进行设置，绘制出沙漏的形状，得到"形状1"图层，将其放在主题文字的左侧，在图像窗口中可以看到本例最终的编辑效果。

知识提炼　橡皮擦工具

"橡皮擦工具"是最基本的擦除工具，在工具箱中选择该工具后，在目标位置拖曳鼠标，即可擦除当前图层上不需要的像素。若图像内有选区，则只能擦除当前图层上选区内的图像；若擦除的是背景层中的图像，则擦除位置用背景色来填充；若擦除的是普通层中的图像，则擦除位置显示为透明效果。选择该工具后，对应的工具选项栏如下图所示。

❶模式：该列表中有三个选项，分别是"画笔"、"铅笔"和"块"。当选择"画笔"或"铅笔"模式时，橡皮擦像"画笔工具"或"铅笔工具"一样工作，只是它在背景层上是用背景色来绘画，在普通层上则绘制透明效果；当选择"块"模式时，"橡皮擦工具"在图像窗口中是具有硬边缘和固定大小的方块形状，并且不提供用于设置"不透明度"和"流量"的选项，利用该特点，可将图像放大到一定倍数，再对图像中的细微处进行修改。

❷不透明度：该数值框内的值决定了橡皮擦的不透明程度。数值越大，橡皮擦越不透明，但一次擦除的图像越彻底，擦除部位的透明程度越好；反之，橡皮擦一次擦除的图像越不彻底，擦除部位的透明程度越差。下图所示为不同不透明度下的擦除效果。

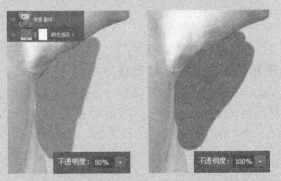

❸流量：该数值框内的值决定了绘制图像的笔墨流动速度，数值越大，绘制的图像颜色越深，用橡皮擦擦除图像越快越彻底。

❹抹到历史记录：选中该复选框后，在擦除图像时，可将擦除部位恢复到"历史记录画笔的源"的状态。"历史记录画笔的源"的设置方法是：在"历史记录"面板内，单击某历史记录左边的方框，使其内部出现"历史记录画笔的源"标记。

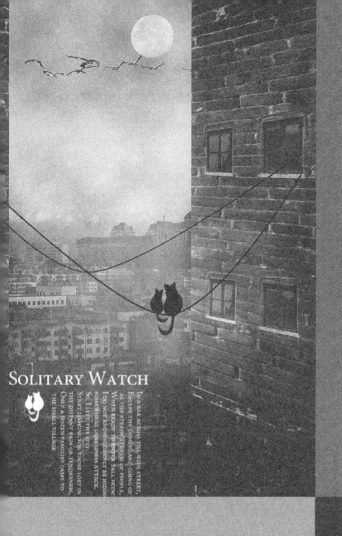

第15章
超现实创意合成

超现实的创意合成，是指将原本风马牛不相及的图像内容，运用Photoshop强大的功能合成在一起，给人以趣味、震撼、惊奇等不同的感受，也可称之为图片蒙太奇。通过超现实创意而打造的图像常常给人一种超乎寻常的视觉感受，合成的作品大多数都建立在一个相对真实的环境中，而且该环境越真实，再配合令人拍案的想法，就越能凸显出该作品的过人之处本章将通过具体的案例，将超现实创意的魅力进行展现。在本章中，我们就来讲解一些常见的创意合成作品类型。

本章内容

15.1 另类的迁徙

本例采用夸张的表现手法，将画面中的乌龟主体进行放大，使其与画面中其余的景致形成较大的差异，突破原有的视觉比例。在制作的过程中通过素材文件的添加、图层蒙版的应用、图像大小和位置的调整等操作，并集合"调整"面板中的命令，对画面进行完善，由此打造出一幅巨形乌龟迁徙的视觉效果。

素 材	素材\15\01、02、04.jpg，03、05.psd
源文件	源文件\15\另类的迁徙.psd

STEP 01　新建文档

运行Photoshop CS6应用程序，执行"文件＞新建"菜单命令，在打开的"新建"对话框中对各个选项进行设置，创建一个空白的文档。

STEP 02　添加素材文件

在"图层"面板中新建图层，得到"图层1"图层，打开素材\15\01.jpg素材文件，将其复制到该图层中，并对其大小和位置进行调整。

STEP 03　添加天空素材

在"图层"面板中新建图层，得到"图层2"图层，打开素材\15\02.jpg素材文件，将其复制到该图层中，并将该图像放在画面的上方。

STEP 04　编辑图层蒙版

在"图层"面板中为"图层2"添加白色的图层蒙版，使用黑色的画笔工具对图层蒙版进行编辑，使天空与下方的大地进行自然的过渡。

STEP 05 添加乌龟素材

在"图层"面板中新建图层，得到"图层3"图层，打开素材\15\03.psd素材文件，将其复制到该图层中，并对其大小和位置进行调整。

STEP 06 编辑图层蒙版

在"图层"面板中为"图层3"添加白色的图层蒙版，使用黑色的画笔工具对图层蒙版进行编辑，将乌龟上部分的图像进行隐藏，在图像窗口中可以看到编辑的效果。

STEP 07 使用黑色画笔工具添加阴影

新建图层，得到"图层4"图层，选择工具箱中的"画笔工具"，设置其"不透明度"为10%，前景色为黑色，在乌龟的脚部进行涂抹，为其添加上黑色的阴影效果。

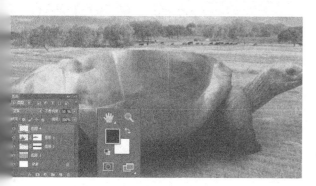

STEP 08 创建并编辑图层组

在"图层"面板中创建图层组，将其命名为"背景和乌龟"，并将"图层1"、"图层2"、"图层3"和"图层4"都拖曳到该图层组中，方便对其进行管理和编辑。

STEP 09 添加素材文件

在"图层"面板中新建图层，得到"图层5"图层，打开素材\15\04.jpg素材文件，将其复制到该图层中，并对其进行适当的变形处理。

STEP 10 编辑图层蒙版

在"图层"面板中为"图层5"添加白色的图层蒙版，使用黑色的画笔工具对图层蒙版进行编辑，使图像的周围与背景自然地融合在一起，在图像窗口中可看到编辑的效果。

STEP 11 复制图层

按Ctrl+J快捷键复制"图层5"图层，得到"图层5副本"图层，并对该图层的大小和位置进行调整，在图像窗口中可以看到编辑后的效果。

STEP 12 添加树木素材

在"图层"面板中新建图层，得到"图层6"图层，打开素材\15\05.psd素材文件，将其复制到该图层中，并对其大小和位置进行适当的调整。

STEP 13 编辑图层蒙版

在"图层"面板中为"图层6"添加白色的图层蒙版，使用黑色的画笔工具对图层蒙版进行编辑，使树叶的周围与背景自然地融合在一起，在图像窗口中可看到编辑的效果。

STEP 14 复制图层

对"图层6"图层进行多次复制，并调整各个图层中图像的大小、角度和位置，使其呈现出自然分布的状态，在图像窗口中可以看到编辑后的效果。

STEP 15 添加暗部阴影

新建图层，得到"图层7"图层，选择工具箱中的"画笔工具"，设置其"不透明度"为10%，前景色为黑色，在画面中进行涂抹，为树木添加上黑色的阴影效果。

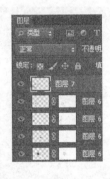

STEP 16 创建并编辑图层组

在"图层"面板中创建图层组，将其命名为"龟背"，并将该图层拖曳到该图层组中，方便进行管理和编辑。

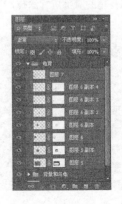

STEP 17 编辑"黑白"调整图层

创建"黑白"调整图层,在打开的"属性"面板中勾选"色调"复选框,并单击色块,在打开的对话框中设置颜色为R255、G224、B179,同时对下方的各个选项进行调整。

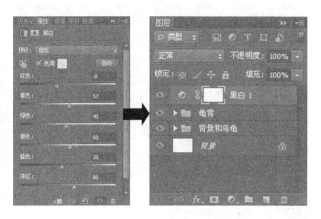

STEP 18 编辑图层蒙版

选择工具箱中的"画笔工具",将前景色设置为黑色,在乌龟背上的草地上进行涂抹,隐藏对其应用的效果,在窗口中可以看到编辑后的画面效果。

STEP 19 创建"色彩平衡"调整图层

通过"调整"面板创建"色彩平衡"调整图层,在打开的"属性"面板中设置"中间调"选项的色阶值分别为-8、83、33,调整画面的颜色。

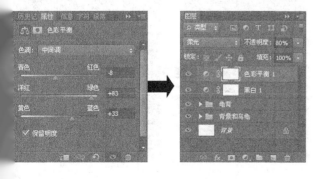

STEP 20 编辑图层蒙版

将"色彩平衡"调整图层的蒙版填充为黑色,选择工具箱中的"画笔工具",调整前景色为白色,在树叶上进行涂抹,将其应用上色彩平衡效果。

STEP 21 创建"色阶"调整图层

通过"调整"面板创建"色阶"调整图层,在打开的"属性"面板中依次拖曳色阶滑块到38、1.00、255的位置,在"图层"面板中可以看到创建的图层效果。

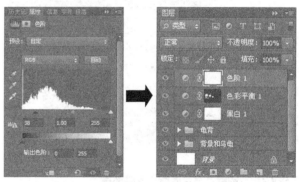

STEP 22 编辑图层蒙版

将"色阶"调整图层的蒙版填充为黑色,选择工具箱中的"画笔工具",调整前景色为白色,在画面的暗部进行涂抹,增强画面中暗部的表现,让画面更具层次感。

STEP 23   编辑"色阶"调整图层

通过"调整"面板创建"色阶"调整图层，在打开的"属性"面板中依次拖曳色阶滑块到0、1.56、203的位置。

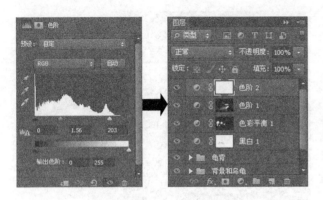

STEP 24   编辑图层蒙版

将"色阶"调整图层的蒙版填充为黑色，选择工具箱中的"画笔工具"，调整前景色为白色，在画面的亮部进行涂抹，增强画面中亮部的表现。

STEP 25   创建"照片滤镜"调整图层

创建"照片滤镜"调整图层，在打开的"属性"面板中选择"滤镜"下拉列表中的"深褐"选项，同时拖曳"浓度"选项的滑块到63%的位置，并勾选"保留明度"复选框。

STEP 26   编辑"照片滤镜"调整图层

使用"椭圆选框工具"创建带有一定羽化值的圆形选区，为选区创建"照片滤镜"调整图层，在打开的"属性"面板中进行设置，在图像窗口中可以看到编辑的效果。

STEP 27   增强画面对比度

创建"亮度/对比度"调整图层，在打开的"属性"面板中设置"亮度"选项的参数为0、"对比度"选项的参数为51，增强画面整体的对比度。

STEP 28   创建"曲线"调整图层

创建"曲线"调整图层，在打开的"属性"面板中单击右上方的控制点，并向下拖曳，将其调整至"输入"为250、"输出"为20的位置，改变曲线的形态。

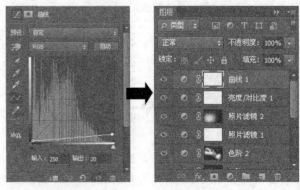

STEP 29　编辑图层蒙版

选择工具箱中的"画笔工具"，将前景色设置为黑色，使用画笔工具在画面的中间位置进行涂抹，只对画面的四周应用效果，为画面添加上黑色的晕影。

STEP 30　锐化处理

盖印可见图层，得到"图层8"图层，执行"滤镜＞锐化＞智能锐化"菜单命令，在打开的对话框中设置"数量"为90%、"半径"为2像素，对画面进行锐化处理。

STEP 31　输入主题文字

选择工具箱中的"横排文字工具"，在图像窗口中单击并输入所需的主题文字，再打开"字符"面板进行设置，调整文字的填充色为白色。

STEP 32　添加"外发光"图层样式

双击文字图层，在打开的"图层样式"对话框中勾选"外发光"复选框，并在右侧对应的选项组中进行设置，调整外发光的颜色为R250、G235、B195。

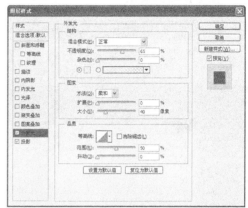

STEP 33　添加"投影"图层样式

继续对"图层样式"对话框进行设置，勾选"投影"复选框，为文字添加上阴影效果，并在右侧的选项组中进行设置，完成设置后直接单击"确定"按钮即可。

STEP 34　预览编辑效果

完成"图层样式"对话框的编辑后，在图像窗口中可以看到文字更具观赏性。

STEP 35 输入文字

使用"横排文字工具"在图像窗口中输入文字，并打开"字符"面板，设置"字体"为宋体、"字体大小"为12点、"字间距"为-25，并对其进行粗体显示，在图像窗口中可以看到文字的编辑效果。

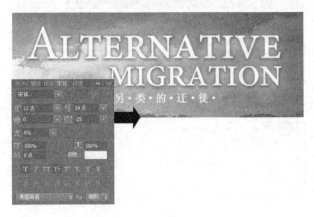

STEP 36 设置"段落"和"字符"面板

打开"字符"面板进行设置，调整"字体"为Arial、"字体大小"为8点、"字间距"为-75，接着打开"段落"面板，在其中设置对齐方式为左对齐、"行间距"为-14点，为段落文字的编辑做准备。

 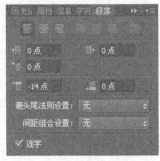

STEP 37 输入段落文字

使用"横排文字工具"在图像窗口中单击，并输入所需的段落文字，在图像窗口中可以看到文字添加的效果，"图层"面板中将看到创建的文字图层。

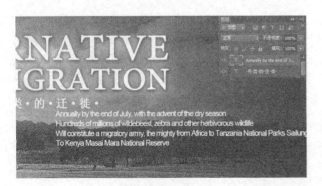

STEP 38 预览编辑效果

创建图层组，将其命名为"文字"，把文字图层都拖曳到其中，在图像窗口中可以看到本例最终的编辑效果。

知识提炼 图层组的编辑

图层的组合就是将若干图层捆绑到一个文件夹中，顾名思义称之为"图层组"。在制作某些比较复杂的图像时，图层的个数会很多，此时就可以通过图层组来对图层进行管理，轻松地对图层中的图像进行编辑。

在"图层"面板中单击"创建新组"按钮，可以创建一个新的图层组，也可以通过在"图层"面板中选择一个图层后，单击该面板右上角的扩展按钮，在打开的面板菜单中选择"新建组"命令，即可弹出如下图所示的"新建组"对话框，在"名称"文本框中输入组的名称，设置"颜色"和"不透明度"后单击"确定"按钮，即可在"图层"面板中创建一个新的图层组。

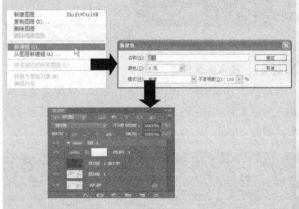

创建图层组后，通过在"图层"面板中的拖动可以将选中的图层拖入到图层组中进行编组，也可以将图层组中的图层拖出图层组，只需单击选中图层，按住鼠标将图层拖入/拖出图层组即可。

15.2　孤独的守望

　　本例要打造出一幅以剪影为主要对象的合成画面，通过破旧的建筑、恶劣的自然气候、纯黑白的画面色调来凸显两个细小剪影之间相互相依、孤独守望的场景效果。画面中将剪影中的猫咪通过拟人的表现手法进行体现，并结合线条、调整命令的修饰和美化，制作出凄凉、冷漠的画面场景。

素　材	素材\15\06、07、08、09.jpg
源文件	源文件\15\孤独的守望.psd

STEP 01　新建文档

　　运行Photoshop CS6应用程序，执行"文件＞新建"菜单命令，在打开的"新建"对话框中设置"名称"为"孤独的守望"，并对其他选项进行设置。

STEP 02　打开天空素材

　　新建图层，得到"图层1"图层，将素材\15\06.jpg文件复制到其中，并调整其大小和位置。

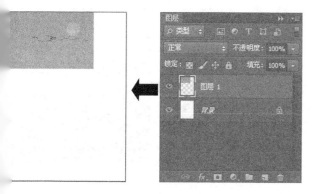

STEP 03　添加群体建筑素材

　　在"图层"面板中新建图层，得到"图层2"图层，将素材\15\07.jpg文件复制到其中，按Ctrl+T快捷键编辑自由变换框，适当调整图像的大小。

STEP 04　添加图层蒙版

　　单击"图层"面板下方的"添加图层蒙版"按钮，为"图层2"添加上白色的图层蒙版。

STEP 05　编辑图层蒙版

选择工具箱中的"渐变工具"，设置渐变色为白色到黑色的线性渐变，使用该工具对图层蒙版进行编辑，让天空部分进行自然的融合，呈现出渐隐的效果。

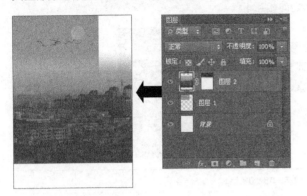

STEP 06　复制图层

复制"图层2"图层，得到"图层2副本"图层，适当调整图像的大小，将其填满画布的下方，并使用"渐变工具"对蒙版进行重新编辑，使建筑体之间的过渡自然。

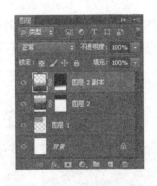

STEP 07　添加墙面素材

新建图层，得到"图层3"图层，将素材\15\08.jpg文件复制到其中，并调整其大小和位置，再对其进行适当的透视变形处理。

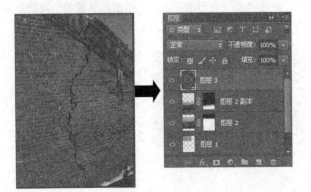

STEP 08　编辑图层蒙版

使用"矩形选框工具"在画面的左侧创建矩形的选区，然后单击"图层"面板下方的"添加图层蒙版"按钮，为"图层3"添加上图层蒙版。

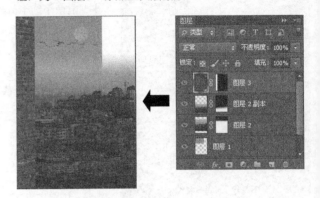

STEP 09　复制墙面素材图层

复制"图层3"图层，得到"图层3副本"图层，并将其图层蒙版进行删除，接着按Ctrl+T快捷键对墙体图像进行适当的透视变形，在图像窗口中可以看到编辑的效果。

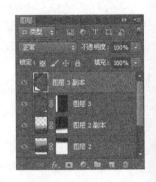

STEP 10　编辑图层蒙版

使用"矩形选框工具"在画面的右侧创建矩形的选区，然后单击"图层"面板下方的"添加图层蒙版"按钮，为"图层3副本"添加上图层蒙版。

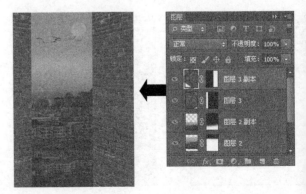

STEP 11　添加窗户素材

新建图层，得到"图层4"图层，将素材\15\09.jpg文件复制到其中，并调整其大小和位置，再对其进行适当的透视变形处理。

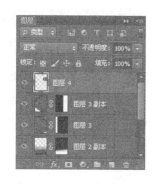

STEP 14　创建并填充图层

新建图层，得到"图层5"图层，将前景色设置为白色，按Alt+Delete快捷键为图层添加上白色，并在"图层"面板中将"不透明度"降低为20%。

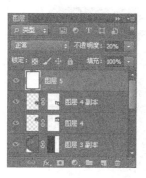

STEP 12　编辑图层蒙版

为"图层4"添加上白色的图层蒙版，选择工具箱中的"画笔工具"，设置前景色为黑色，利用该工具对图层蒙版进行编辑，使窗户与墙面自然地拼合在一起。

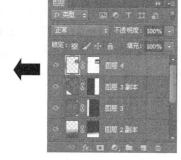

STEP 15　编辑图层蒙版

为"图层5"添加上白色的图层蒙版，选中图层蒙版缩览图，执行"滤镜＞渲染＞分层云彩"菜单命令，对图层蒙版进行编辑，让画面呈现出云彩飘动的效果。

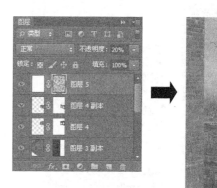

STEP 13　复制图层

复制"图层4"图层，得到"图层4副本"图层，并适当调整图层中图像的大小和位置，接着按Ctrl+T快捷键，对复制的窗户进行适当的透视变形处理。

STEP 16　将画面转换为黑白色

创建"黑白"调整图层，在打开的"属性"面板中对各选项的参数进行设置，将画面转换为黑白色，在图像窗口中可以看到编辑后的画面效果。

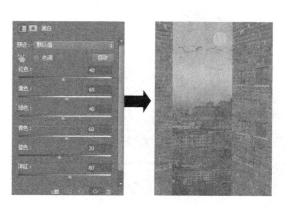

STEP 17　编辑"曲线"调整图层

　　创建"曲线"调整图层，在打开的"属性"面板中为曲线添加两个控制点，并分别对两个控制点的位置进行调整，由此改变曲线的形态。

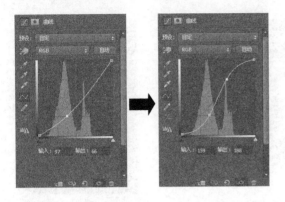

STEP 18　预览编辑效果

　　完成"曲线"调整图层的编辑后，在图像窗口中可以看到画面中明暗区域之间的对比增强，画面更具空间感，在"图层"面板中可以看到创建的"曲线"调整图层。

STEP 19　添加"颜色填充"图层

　　创建"颜色填充"图层，设置填充色为白色，然后将该填充图层的蒙版填充为黑色，使用白色的"画笔工具"对图层蒙版进行编辑，得到云雾缭绕的画面效果。

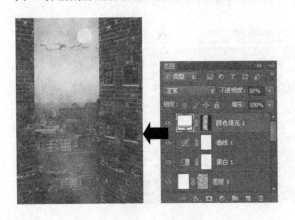

STEP 20　设置工具选项栏

　　选择工具箱中的"直线工具"，在其选项栏中选择"像素"选项，并设置"粗细"为8像素、"不透明度"为100%。

STEP 21　绘制黑色的直线

　　新建图层，得到"图层6"图层，使用"直线工具"在图像窗口中两个墙面之间绘制一条黑色的直线。

STEP 22　执行"液化"命令

　　执行"滤镜＞液化"菜单命令，在打开的"液化"对话框中选择"向前变形工具"，在图像预览窗口中单击并进行拖曳，调整直线的形态，使其变得弯曲。

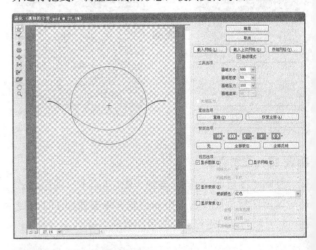

STEP 23　预览编辑效果

　　完成"液化"滤镜的编辑后，在图像窗口中可以看到两个墙面之间由一条弯曲的线条进行连接，如果对调整的效果不满意，还可以使用"变形"命令进行适当的调整。

STEP 24　复制图层

复制"图层6"图层,得到"图层6副本"图层,适当调整其位置,并执行"滤镜＞液化"菜单命令,对线条进行适当的变形处理,在图像窗口中可以看到编辑的效果。

STEP 25　绘制小猫剪影

新建图层,得到"图层7"图层,使用黑色的"画笔工具"在图像窗口中的黑色线条位置绘制出小猫的剪影效果,接着新建图层,得到"图层8"图层,绘制出另外一个小猫的剪影,在图像窗口中可以看到编辑的效果。

STEP 26　编辑"色阶"调整图层

创建"色阶"调整图层,在打开的"属性"面板中依次拖曳色阶滑块到103、1.00、255的位置,在"图层"面板中可以看到添加的"色阶"调整图层效果。

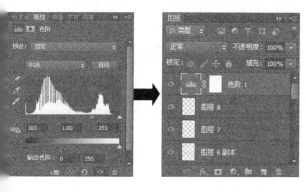

STEP 27　编辑图层蒙版

完成"色阶"调整图层的编辑后,设置前景色为黑色,使用"画笔工具"在画面中进行涂抹,对"色阶"调整图层的蒙版进行编辑,在图像窗口中可以看到编辑的效果。

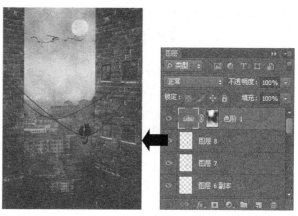

STEP 28　编辑"色阶"调整图层

使用"椭圆选框工具"创建带有一定羽化边缘的选区,为选区创建"色阶"调整图层,在打开的"属性"面板中依次拖曳色阶滑块到0、1.80、255的位置。

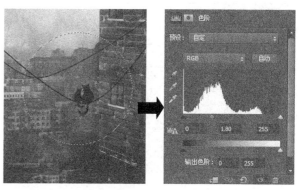

STEP 29　编辑图层蒙版

完成"色阶"调整图层的编辑后,在图像窗口中可以看到选区中的图像变亮了,让观赏者的视线更为集中。

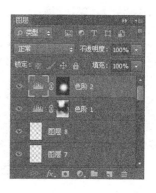

STEP 30　锐化图像细节

盖印可见图层，得到"图层9"图层，执行"滤镜＞锐化＞智能锐化"菜单命令，在打开的"智能锐化"对话框中设置"数量"为100%、"半径"为2像素。

STEP 31　添加文字

使用工具箱中的"横排文字工具"和"直排文字工具"为画面添加上文字，并设置文字的填充色为白色，将文字放在画面的下方，在图像窗口中可以看到添加文字的效果。

STEP 32　复制并编辑小猫剪影

复制"图层7"和"图层8"图层，得到对应的副本图层，将图层调整到最顶端，并修改图层中图像的颜色为白色，在图像窗口中可以看到最终的编辑效果。

知识提炼　直线工具

"直线工具"用于创建直线，通过该工具选项栏中的设置可以绘制出直线的路径、形状或者像素。

选择工具箱中的"直线工具"，在其选项栏中可以看到如下图所示的设置，当选择不同的选项后，其选项栏中的设置也会发生相应的改变。

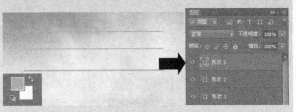

当选择"形状"选项后，使用"直线工具"在图像窗口中单击并拖曳，可以绘制出直线的形状，并且以前景色对形状进行填充，在"图层"面板中将以"形状"图层进行显示，当选择其中一个形状图层时，会显示出当前直线形状的路径效果，如下图所示。

当选择"路径"选项时，可以显示出如下图所示的选项栏，使用"直线工具"在图像窗口中单击并进行拖曳，可以绘制出设定粗细的直线路径，并且在"路径"面板中将显示出绘制的路径效果，如下图所示。

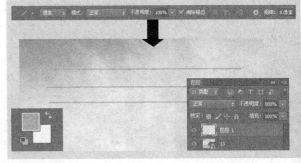

当选择"像素"选项时，可以显示出如下图所示的选项栏，并且需要在普通图层下才可进行操作，使用"直线工具"在图像窗口中单击并进行拖曳，可以绘制出以前景色为填充色的直线图像，如下图所示。

15.3 感官的极度交锋

　　清新的自然状态与炎热的气候形成了强烈的反差，由于不同气候下大自然所呈现出来的状态会存在很大的差距，因此本例中为了清晰地表现出两种感官之间的视觉冲击力，将两种截然不同的气候景象合并在一起，通过中间的建筑体和道路将左右两端的画面进行协调，后期修饰中再结合调整命令和图层蒙版的使用让色彩形成反差，打造出两种极度交锋状态下的景象。

素　材	素材\15\10、11、12、13、14.jpg
源文件	源文件\15\感官的极度交锋.psd

STEP 01　新建图层

　　运行Photoshop CS6应用程序，打开素材\15\10.jpg文件，可查看到照片的原始效果，在"图层"面板中新建图层，得到"图层1"图层。

STEP 02　添加素材文件

　　新建图层，得到"图层1"图层，将素材\15\11.jpg文件复制到其中，并适当调整其大小和位置。

STEP 03　编辑图层蒙版

　　为"图层1"添加白色的图层蒙版，使用黑色的"画笔工具"对蒙版进行编辑，只保留道路的图像。

 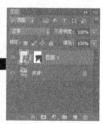

STEP 04　复制图层

　　按Ctrl+J快捷键复制"图层1"图层，得到"图层1副本"图层，按Ctrl+T快捷键对复制的图像进行自由变换，使两条道路之间呈现完全的对称状态。

STEP 05 创建"色阶"调整图层

通过"调整"面板创建"色阶"调整图层，在打开的"属性"面板中依次拖曳RGB选项下的色阶滑块到62、0.76、255的位置，对画面的影调进行调整。

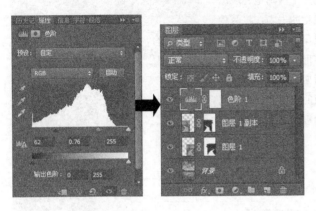

STEP 06 编辑图层蒙版

完成"色阶"调整图层的编辑后，将该图层的蒙版填充为黑色，并使用白色的"画笔工具"对蒙版进行编辑，增强画面中阴影的表现，在图像窗口中可以看到编辑的效果。

STEP 07 添加城堡素材

在"图层"面板中新建图层，得到"图层2"图层，将素材\15\12.jpg文件复制到其中，并适当调整图像的大小，将其放在画面的中央位置。

 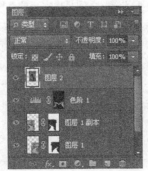

STEP 08 编辑图层蒙版

在"图层"面板中为"图层2"添加上白色的图层蒙版，设置前景色为黑色，使用"画笔工具"对图层蒙版进行编辑，将城堡抠选出来。

 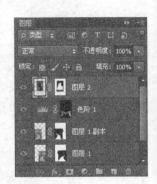

STEP 09 创建"色阶"调整图层

通过"调整"面板创建"色阶"调整图层，在打开的"属性"面板中依次拖曳RGB选项下的色阶滑块到58、1.00、255的位置，对画面的影调进行调整。

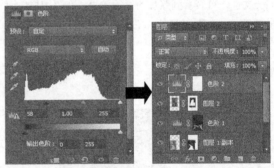

STEP 10 编辑图层蒙版

完成"色阶"调整图层的编辑后，将该图层的蒙版填充为黑色，并使用白色的"画笔工具"对蒙版进行编辑，增强画面中暗部的表现，在图像窗口中可以看到编辑的效果。

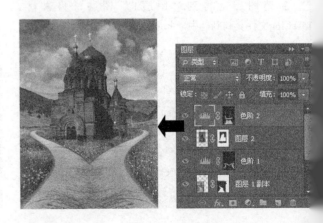

STEP 11　创建"曲线"调整图层

创建"曲线"调整图层，在打开的"属性"面板中单击曲线的中间位置，为其添加一个控制点，设置该控制点的"输入"为120、"输出"为156，提高中间调的亮度。

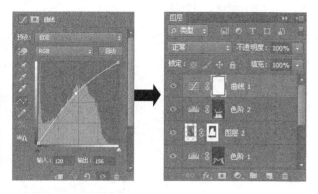

STEP 12　编辑图层蒙版

完成"曲线"调整图层的编辑后，选择工具箱中的"渐变工具"，设置渐变色为黑色到白色的线性渐变，使用该工具对图层蒙版进行编辑，只对画面的左侧图像应用效果。

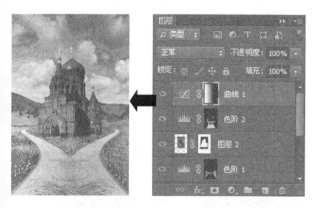

STEP 13　添加素材文件

在"图层"面板中新建图层，得到"图层3"图层，将素材\15\13.jpg文件复制到其中，并适当调整其大小，将其放置在画面的右侧。

STEP 14　编辑图层蒙版

在"图层"面板中为"图层3"添加上白色的图层蒙版，设置前景色为黑色，使用"画笔工具"对图层蒙版进行编辑，将山脉与背景中的图像进行自然的融合。

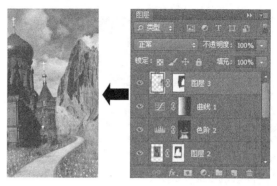

STEP 15　添加素材文件

在"图层"面板中新建图层，得到"图层4"图层，将素材\15\14.jpg文件复制到其中，并适当调整其大小，将其放置在画面的右侧。

STEP 16　编辑图层蒙版

在"图层"面板中为"图层4"添加上白色的图层蒙版，设置前景色为黑色，使用"画笔工具"对图层蒙版进行编辑，将开裂的地面与道路图像进行自然的融合。

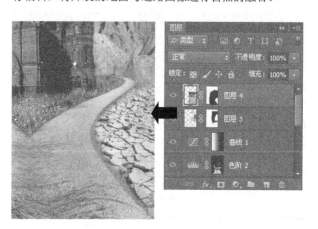

STEP 17 设置填充色

通过"图层"面板创建"纯色"填充图层，在打开的"拾色器（纯色）"对话框中设置填充色为R255、G102、B0，完成设置后单击"确定"按钮即可。

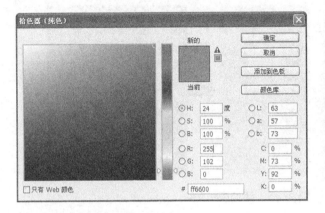

STEP 18 设置图层属性

完成"纯色"填充图层的编辑后，在"图层"面板中设置该图层的混合模式为"柔光"，并使用"渐变工具"对该图层的蒙版进行编辑，只对右侧的图像应用效果。

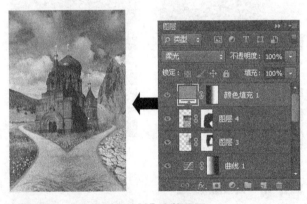

STEP 19 编辑"渐变映射"调整图层

通过"调整"面板创建"渐变映射"调整图层，在打开的"属性"面板中单击渐变色块，打开"渐变编辑器"对话框，设置渐变色为R255、G0、B0到R255、G252、B0的渐变。

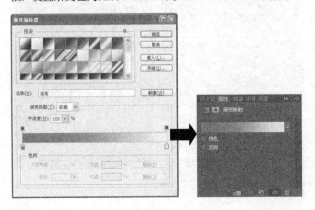

STEP 20 编辑图层蒙版

完成"渐变映射"调整图层的编辑后，在"图层"面板中设置该图层的混合模式为"叠加"、"不透明度"为65%，并使用"画笔工具"对该调整图层的蒙版进行编辑，只对部分图像应用效果。

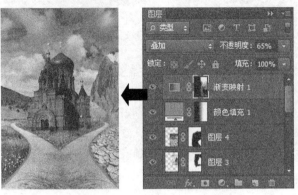

STEP 21 调整局部色彩平衡

创建"色彩平衡"调整图层，在打开的"属性"面板中设置"中间调"选项下的色阶值分别为-49、40、31，并使用"画笔工具"对图层蒙版进行编辑。

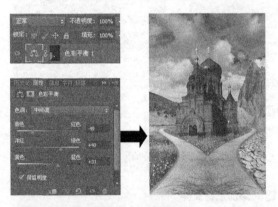

STEP 22 创建"曲线"调整图层

创建"曲线"调整图层，在打开的"属性"面板中单击曲线的中间位置，为其添加一个控制点，设置该控制点的"输入"为168、"输出"为103，降低中间调的亮度。

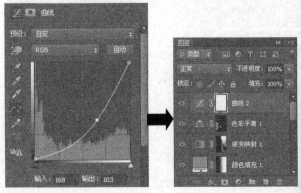

STEP 23　编辑图层蒙版

完成"曲线"调整图层的编辑后，将该图层的蒙版填充为黑色，并使用白色的"画笔工具"在图像上进行涂抹，增强画面中暗部的表现力。

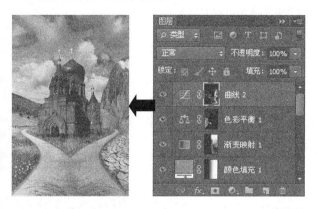

STEP 24　调整可选颜色

创建"可选颜色"调整图层，在打开的"属性"面板中选择"颜色"下拉列表中的"蓝色"，设置该选项下的色阶值分别为50、65、-50、0，控制蓝色的显示比例。

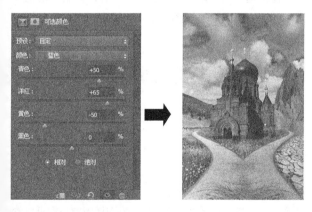

STEP 25　增强画面颜色浓度

创建"自然饱和度"调整图层，在打开的"属性"面板中设置"自然饱和度"选项的参数为80、"饱和度"选项的参数为15，提高画面整体的颜色浓度。

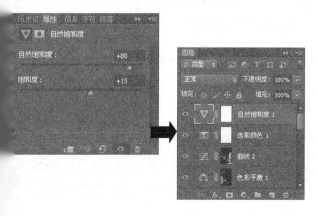

STEP 26　编辑图层蒙版

完成"自然饱和"度调整图层的编辑后，选择工具箱中的"渐变工具"，设置渐变色为黑色到白色的线性渐变，使用该工具对图层蒙版进行编辑，只对左侧图像应用效果。

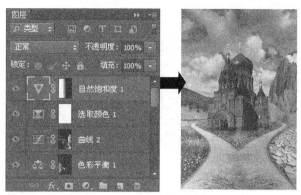

STEP 27　应用"镜头光晕"滤镜

盖印可见图层，得到"图层5"图层，执行"滤镜＞渲染＞镜头光晕"菜单命令，在打开的对话框中设置"亮度"为150%，并单击选中"105毫米聚焦"单选按钮。

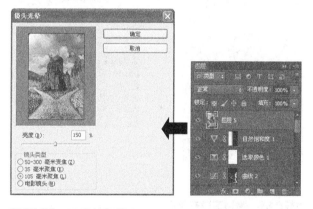

STEP 28　预览编辑效果

完成"镜头光晕"对话框的设置后单击"确定"按钮即可，在图像窗口中可以看到画面的左上方呈现出自然的光照效果，让画面的影调更为自然、真实。

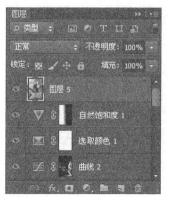

STEP 29 编辑"颜色填充"图层

创建"颜色填充"图层，设置填充色为黑色，使用"渐变工具"对该图层的蒙版进行编辑，只对下方的图像应用效果，在图像窗口中可以看到下方的图像变暗了。

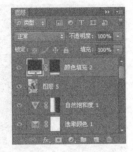

STEP 30 创建选区

新建图层，得到"图层6"图层，选择工具箱中的"矩形选框工具"，在其选项栏中设置"羽化"为0像素，在图像窗口中创建一个矩形的选区。

STEP 31 为选区填充颜色

设置前景色为黑色，将创建的矩形选区进行反向选取，按Alt+Delete快捷键将选区填充上黑色，并调整该图层的"不透明度"为50%，为图像添加上边框效果。

STEP 32 创建并填充选区

新建图层，得到"图层7"图层，设置前景色为白色，选择工具箱中的"椭圆选框工具"，在其选项栏中设置"羽化"为0像素，在图像中的城堡上创建圆形的选区，并为选区填充上白色。

STEP 33 羽化选区

保持选区的选取状态，执行"选择>修改>羽化选区"菜单命令，在打开的对话框中设置"羽化半径"为100像素，对选区进行羽化处理。

STEP 34 反向选区

对选区进行羽化处理后，执行"选择>反向"菜单命令，将创建的选区进行反向选取，在图像窗口中可以看到编辑的选区效果。

使用快捷键快速反向选区 TIPS

使用选区工具在图像窗口中创建选区后，按Shift + Ctrl + I快捷键可以将当前选区进行反向选取。

STEP 35 添加图层蒙版

选中"图层7"图层,单击"图层"面板下方的"添加图层蒙版"按钮,为该图层添加上蒙版,在图像窗口中可以看到画面中的白色圆形变成了类似气泡的形态。

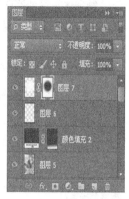

STEP 36 输入主体文字

选择工具箱中的"横排文字工具",在图像窗口中的适当位置单击,并输入所需的主题文字,再打开"字符"面板进行设置,调整文字的填充色为R234、G200、B109。

STEP 37 应用"外发光"图层样式

双击主题文字图层,在打开的"图层样式"对话框中勾选"外发光"复选框,为文字添加上外发光效果,并在右侧对应的选项组中进行设置。

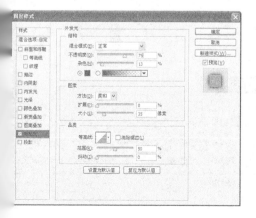

STEP 38 预览编辑效果

完成"图层样式"对话框的编辑后单击"确定"按钮即可,在图像窗口中可以看到文字的周围呈现出自然的发光效果,使其显得更加立体。

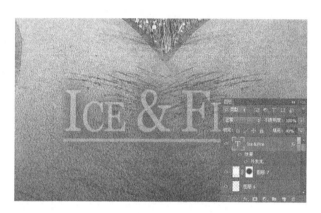

STEP 39 设置"字符"和"段落"面板

打开"字符"面板,在其中设置字体为Georgia、字体大小为11点、字间距为75,并设置文字的填充色为R234、G200、B109,接着打开"段落"面板进行设置,调整对齐方式为居中对齐、行间距为-3点。

STEP 40 输入段落文字

完成"字符"和"段落"面板的设置后,使用"横排文字工具"在图像窗口中的主题文字下方单击,输入所需的段落文字,在图像窗口中可以看到添加段落文字后的效果。

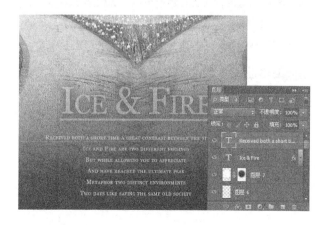

STEP 41 复制段落文字

选中段落文字图层，按Ctrl+J快捷键对该图层进行复制，然后调整图层中文字的大小和位置，在图像窗口中可以看到编辑后的效果。

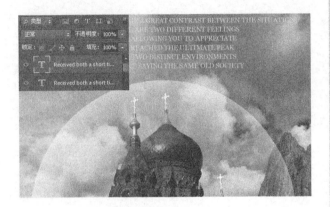

STEP 42 设置图层混合模式

将复制的段落文字的图层混合模式设置为"颜色加深"，使其与下方的图像进行自然的融合，在图像窗口中可以看到本例最终的编辑效果。

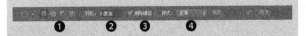

知识提炼 椭圆选框工具

"椭圆选框工具"可以在图像或者图层中创建圆形或椭圆形的选区，在工具箱中单击"椭圆选框工具"按钮，拖动鼠标即可创建椭圆选区，并可以根据具体需要来调整选区的形态，该工具的选项栏如下图所示。

❶ 选取方式：用于控制选区的添加或减去，以控制选区的大小。单击其中的"新选区"按钮，可以用"矩形选框工具"在图像中创建新的矩形选区；单击"添加到选区"按钮，可将后建立的选区与原选区相加；单击"从选区中减去"按钮，可在原选区中减去

新选区；单击"与选区交叉"按钮，可保留新选区和原选区之间的相交部分。下图所示依次为创建新选区、添加到选区、从选区中相减和与选区交叉的选区创建的效果。

❷ 羽化：通过该选项可以对选区和选区周围之间的像素进行模糊处理，设置范围为0像素～1000像素，参数越大，边缘越光滑。下图所示分别为羽化0像素与羽化100像素创建圆形选区后的填色效果。

❸ 消除锯齿：该选项通过软化边缘像素与背景像素之间的颜色转换，使选区的锯齿状边缘平滑。

❹ 样式：在该下拉列表中包含了"正常"、"固定比例"和"固定大小"3个选项，如下图所示。当选择"固定比例"和"固定大小"选项后，后面的"宽度"和"高度"选项将被激活。

利用"固定比例"选项可以创建出宽度和高度比例相同的选区、"固定大小"选项可以创建出相同大小的矩形选区，创建的选区效果如下图所示。

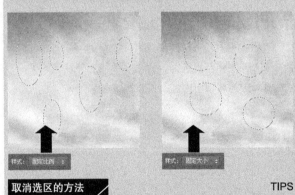

取消选区的方法 TIPS

创建选区后，如果对选区的效果不满意，可以执行"选择>取消选择"菜单命令取消选区的选取状态，也可直接按Ctrl+D快捷键，或者按Ctrl+Z快捷键取消这一步的操作。

15.4 梦境

梦境是睡梦中经历的情境，常用于比喻虚构的美妙世界。本例中通过多个风景和奔跑的白马，以及多种修饰元素的组合，打造出梦幻迷离的梦境，并结合调整命令和图层混合模式对画面的影调和色调进行控制，使其呈现出高调、唯美的画面效果。

素 材	素材\15\15、16、17、18、20.jpg，19、21.psd
源文件	源文件\15\梦境.psd

STEP 01　新建文档

运行Photoshop CS6应用程序，执行"文件>新建"菜单命令，在打开的"新建"对话框中设置"名称"为"梦境"，并对其余的各个选项进行调整。

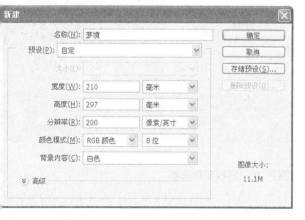

STEP 02　打开素材文件

打开素材\15\15.jpg文件，按Ctrl+A快捷键进行全选，然后按Ctrl+C快捷键进行复制，接着在"图层"面板中新建图层，得到"图层1"图层。

STEP 03　复制图像

选中"图层1"图层，按Ctrl+V快捷键将15.jpg图像复制到其中，并适当调整图像的大小和位置，在图像窗口中可以看到编辑后的效果。

STEP 04　复制图层

按Ctrl+J快捷键复制"图层1"图层，得到"图层1副本"图层，在"图层"面板中可以看到复制的图层。

STEP 05　使用"仿制图章工具"

选中工具箱中的"仿制图章工具"，在其选项栏中进行设置，按住Alt键的同时在湖水上取样，接着在近景位置单击，对图像进行修复。

STEP 06　预览编辑效果

完成"仿制图章工具"的编辑后，在图像窗口中可以看到编辑的效果，画面的下方呈现出整洁的湖水效果，画面的表现更为清爽。

STEP 07　添加素材文件

在"图层"面板中新建图层，得到"图层2"图层，将素材\15\16.jpg文件复制到其中，并适当调整图像的大小和位置，在图像窗口中可以看到编辑的效果。

STEP 08　编辑图层蒙版

在"图层"面板中为"图层2"添加上白色的图层蒙版，使用黑色的"画笔工具"对蒙版进行编辑，让该图层中的图像与背景中的图像进行自然的融合。

STEP 09　添加素材文件

在"图层"面板中新建图层，得到"图层3"图层，将素材\15\17.jpg文件复制到其中，并适当调整图像的大小和位置，在图像窗口中可以看到编辑的效果。

STEP 10　编辑图层蒙版

在"图层"面板中为"图层3"添加上白色的图层蒙版，使用黑色的"画笔工具"对蒙版进行编辑，让该图层中的瀑布与背景中的图像进行自然的融合。

STEP 11 添加素材文件

在"图层"面板中新建图层，得到"图层4"图层，将素材\15\18.jpg文件复制到其中，并适当调整图像的大小和位置，在图像窗口中可以看到编辑的效果。

STEP 14 利用色阶调整影调

通过"调整"面板创建"色阶"调整图层，在打开的"属性"面板中设置RGB选项下的色阶值依次为18、1.00、241，对画面的影调进行调整。

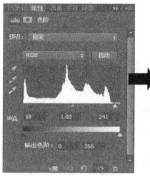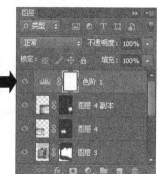

STEP 12 编辑图层蒙版

在"图层"面板中为"图层4"添加上白色的图层蒙版，使用黑色的"画笔工具"对蒙版进行编辑，让该图层中的马儿与背景中的瀑布进行自然的融合。

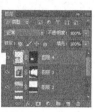

STEP 15 编辑图层蒙版

设置前景色为黑色，选择工具箱中的"画笔工具"，涂抹调整过度的区域，对该调整图层的蒙版进行编辑，让画面的效果更加完美。

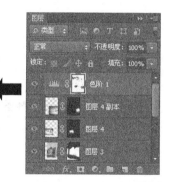

STEP 13 复制图层

按Ctrl+J快捷键复制"图层4"图层，得到"图层4副本"图层，并适当调整图像的大小，将其放置在画面的右侧，在图像窗口中可以看到编辑的效果。

STEP 16 创建选区并填色

新建图层，得到"图层5"图层，设置前景色为白色，选择工具箱中的"椭圆选框工具"，在其选项栏中设置"羽化"为0像素，创建正圆形的选区，并为选区填充上白色。

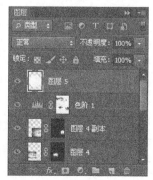

STEP 17　羽化选区

保持选区的选取状态，执行"选择＞修改＞羽化选区"菜单命令，在打开的对话框中设置"羽化半径"为100像素，对选区进行羽化处理。

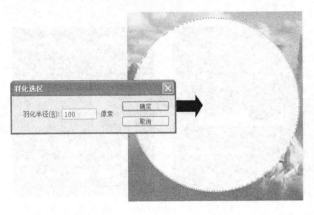

STEP 18　反向选区

对选区进行羽化处理后，执行"选择＞反向"菜单命令，将创建的选区进行反向选取，在图像窗口中可以看到编辑的选区效果。

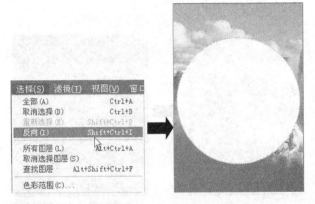

STEP 19　添加图层蒙版

选中"图层5"图层，单击"图层"面板下方的"添加图层蒙版"按钮，为该图层添加上蒙版，在图像窗口中可以看到画面中的白色圆形变成了类似气泡的形态。

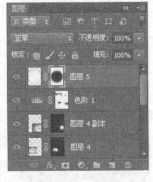

STEP 20　编辑图层蒙版

设置前景色为黑色，选择工具箱中的"画笔工具"对"图层5"的图层蒙版进行编辑，只显示出部分气泡效果，在图像窗口中可以看到画面显得更为梦幻。

STEP 21　应用"照片滤镜"调整图层

通过"调整"面板创建"照片滤镜"调整图层，在打开的"属性"面板中选择"滤镜"下拉列表中的"冷却滤镜（LBB）"，设置"浓度"为25%，调整画面中的颜色。

STEP 22　设置填充图层的颜色

通过"图层"面板创建"纯色"填充图层，在打开的"拾色器（纯色）"对话框中设置填充色为R250、G200、B93，完成设置后单击"确定"按钮即可。

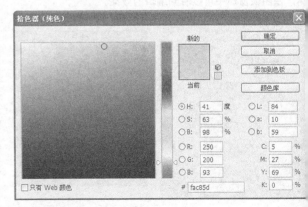

STEP 23 设置图层属性

完成颜色填充图层的编辑后，在"图层"面板中设置该图层的混合模式为"线性加深"、"不透明度"为30%，在图像窗口中可以看到画面的颜色效果。

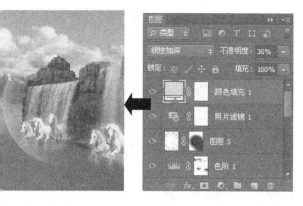

STEP 24 创建"曲线"调整图层

创建"曲线"调整图层，在打开的"属性"面板中单击曲线的中下方位置，为其添加一个控制点，设置该控制点的"输入"为107、"输出"为55，降低中间调的亮度。

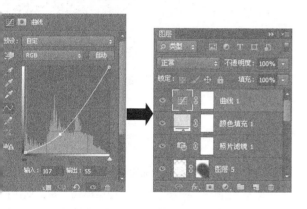

STEP 25 编辑图层蒙版

完成"曲线"调整图层的编辑后，将该图层的蒙版填充为黑色，并使用白色的"画笔工具"在图像上进行涂抹，增强画面中暗部的表现力。

STEP 26 创建"曝光度"调整图层

通过"调整"面板创建"曝光度"调整图层，在打开的"属性"面板中设置"曝光度"为0.30、"灰度系数校正"为1.14，对画面的曝光进行调整。

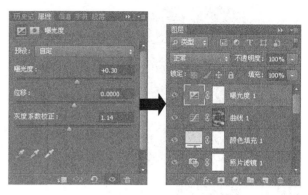

STEP 27 编辑图层蒙版

完成"曝光度"调整图层的编辑后，设置前景色为黑色，选择"画笔工具"在图像上调整过度的区域进行涂抹，对"曝光度"调整图层的蒙版进行编辑。

STEP 28 添加音乐符号素材

在"图层"面板中新建图层，得到"图层6"图层，将素材\15\19.psd文件复制到其中，并适当调整图像的大小和位置，在图像窗口中可以看到编辑的效果。

STEP 29 添加星光素材

在"图层"面板中新建图层，得到"图层7"图层，将素材\15\20.jpg文件复制到其中，并适当调整图像的大小和位置，在图像窗口中可以看到编辑的效果。

STEP 30 设置图层属性

在"图层"面板中设置"图层7"的图层混合模式为"滤色"、"不透明度"为80%，在图像窗口中可以看到马儿的周围呈现出闪耀的星光效果。

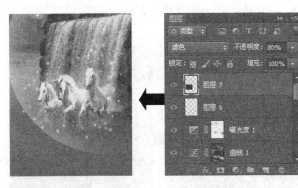

STEP 31 复制图层

按Ctrl+J快捷键复制"图层7"图层，得到"图层7副本"图层，适当调整图层中图像的大小，将其放在画面的右下角位置，在图像窗口中可以看到编辑的效果。

STEP 32 复制图层

按Ctrl+J快捷键再次复制"图层7"图层，得到"图层7副本2"图层，适当调整图层中图像的大小，将其放在画面的下方位置，在图像窗口中可以看到编辑的效果。

STEP 33 添加马车素材

在"图层"面板中新建图层，得到"图层8"图层，将素材\15\21.psd文件复制到其中，并适当调整图像的大小和位置，在图像窗口中可以看到编辑的效果。

STEP 34 添加"内发光"图层样式

双击"图层8"图层，打开"图层样式"对话框，在其中勾选"内发光"复选框，为其添加上内发光效果，设置内发光的颜色为R209、G235、B252。

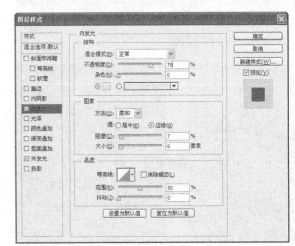

STEP 35 添加"外发光"图层样式

继续对"图层样式"对话框进行设置，勾选"外发光"复选框，添加上外发光效果，设置外发光的颜色为R183、G227、B254，并对相应的选项组进行设置。

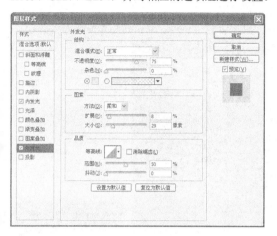

STEP 38 预览编辑效果

完成"镜头光晕"对话框的设置后单击"确定"按钮即可，在图像窗口中可以看到画面的右上方呈现出自然的光照效果，让画面的影调更为自然、真实。

STEP 36 预览编辑效果

完成"图层样式"对话框的编辑后，单击"确定"按钮关闭对话框，在图像窗口中可以看到马车的周围散发着淡淡的蓝色光芒，让画面显得更为梦幻。

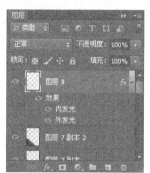

STEP 39 设置"字符"和"段落"面板

打开"字符"面板，在其中对字体、字体大小和字间距等进行设置，并设置文字的填充色为R194、G234、B255，接着打开"段落"面板进行设置，调整对齐方式为居中对齐、行间距为-12.11点。

STEP 37 应用"镜头光晕"滤镜

盖印可见图层，得到"图层9"图层，执行"滤镜>渲染>镜头光晕"菜单命令，在打开的对话框中设置"亮度"为165%，并单击选中"105毫米聚焦"单选按钮。

STEP 40 输入文字

选择工具箱中的"横排文字工具"，分别在图像窗口中输入所需的两组文字，并适当调整文字的位置和排列，在图像窗口中可以看到添加文字后的效果。

STEP 41 设置工具选项栏

选择工具箱中的"自定形状工具"，在其选项栏中进行设置，选择"像素"选项，并设置"不透明度"为100%，同时选中所需的自定形状。

STEP 42 绘制花纹

新建图层，得到"图层10"图层，在工具箱中设置前景色为R194、G234、B255，使用设置好的"自定形状工具"在文字的旁边绘制形状，并适当调整其显示的角度。

STEP 43 复制图层

按Ctrl+J快捷键复制"图层10"图层，得到"图层10副本"图层，适当调整复制图层的位置，并对其进行翻转，在图像窗口中可以看到编辑的效果。

其他绘制形状的方法 　　　　　　　　　　TIPS

使用"自定形状工具"绘制像素图像的操作中，除了直接使用该工具选项栏中的"像素"选项进行创建以外，还可以选择其中的"路径"选项，先绘制出路径，再将路径转换为选区，最后为选区填充上所需的颜色，也可以达到绘制自定形状的目的。但是前者在操作前需要先创建图层，而后者可以在创建选区后再创建图层。

STEP 44 执行"减少杂色"滤镜

盖印可见图层，得到"图层11"图层，执行"滤镜＞杂色＞减少杂色"菜单命令，在打开的对话框中进行设置，对画面进行降噪处理，可以看到本例最终的编辑效果。

知识提炼 | 羽化选区

"羽化"命令是通过建立选区和选区周围像素之间的转换来将图像的边缘进行模糊设置的。

执行"选择＞修改＞羽化"菜单命令，可以打开如下图所示的"羽化选区"对话框，其中"羽化半径"用于对选区周围的柔和程度进行控制，设置的参数越大，羽化的效果就越明显。

"羽化"命令可以让选区效果更加柔和，使选区内外的图像进行自然的过渡。下图所示为羽化选区300像素后的选取前后效果。

其他羽化选区的方法 　　　　　　　　　　TIPS

创建选区后，执行"选择＞调整边缘"菜单命令，在打开的"调整边缘"对话框中设置"调整边缘"选项组中"羽化"选项的参数，也可以羽化选区。

15.5 梦想的田园生活

随着生活水平的不断提高，绿色环保生活已经逐渐成为当代都市人所崇尚的生活方式。为了表现出梦想的绿色田园生活，本例采用异想天开的组合方式，将建筑体上的元素拼合到大树中，并透过窗户展示出一片青山绿色的景象，让观赏者深切体会到清新的绿色生活，表达出梦想中完美健康的生活方式。

素材	素材\15\22、23、25.jpg，24、26、27.psd
源文件	源文件\15\梦想的田园生活.psd

STEP 01   新建文档

运行Photoshop CS6应用程序，执行"文件＞新建"菜单命令，在打开的"新建"对话框中设置"名称"为"梦想的田园生活"，并对其余的各个选项进行调整。

STEP 02   打开素材文件

打开素材\15\22.jpg文件，按Ctrl+A快捷键进行全选，然后按Ctrl+C快捷键进行复制，接着在"图层"面板中新建图层，得到"图层1"图层。

STEP 03   编辑素材文件

选中"图层1"图层，按Ctrl+V快捷键将22.jpg图像复制到其中，并适当调整图像的大小和位置，在图像窗口中可以看到编辑后的效果。

STEP 04   添加素材文件

在"图层"面板中新建图层，得到"图层2"图层，将素材\15\23.jpg文件复制到其中，并适当调整图像的大小和位置，在图像窗口中可以看到编辑的效果。

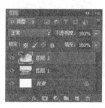

STEP 05　编辑图层蒙版

在"图层"面板中为"图层2"添加上白色的图层蒙版，设置前景色为黑色，使用"画笔工具"对蒙版进行编辑，让该图层中的图像与近景中草地的图像进行自然的融合，在图像窗口中可以看到编辑的效果。

STEP 08　编辑图层蒙版

在"图层"面板中为"图层3"添加上白色的图层蒙版，设置前景色为黑色，使用"画笔工具"在大树的根部位置进行涂抹，使其与下方的植被进行自然的融合。

STEP 06　打开树木素材

打开素材\15\24.psd文件，按Ctrl+A快捷键进行全选，然后按Ctrl+C快捷键进行复制，接着在"图层"面板中新建图层，得到"图层3"图层。

STEP 09　利用曲线调整影调

创建"曲线"调整图层，在打开的"属性"面板中单击曲线的中间位置，为其添加一个控制点，设置该控制点的"输入"为172、"输出"为102，降低中间调的亮度。

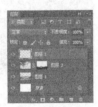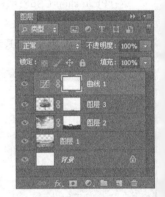

STEP 07　添加树木素材

选中"图层3"图层，按Ctrl+V快捷键将24.psd树木图像复制到其中，并适当调整树木的大小，将其放在画面的中央位置，在图像窗口中可以看到添加大树素材后的画面效果。

STEP 10　编辑图层蒙版

完成"曲线"调整图层的编辑后，设置前景色为黑色，选中该图层的图层蒙版缩览图，按Alt+Delete快捷键将蒙版填充为黑色，然后设置前景色为白色，使用"画笔工具"在树木的下方进行涂抹，为其添加上黑色的阴影。

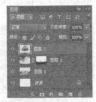

STEP 11 添加路灯素材

在"图层"面板中新建图层，得到"图层4"图层，将素材\15\25.jpg文件复制到其中，并适当调整路灯的大小，将其放在大树的右侧位置。

STEP 12 编辑图层蒙版

使用"钢笔工具"沿着路灯的边缘创建路径，再通过"路径"面板将路径转换为选区，单击"图层"面板下方的"添加图层蒙版"按钮，为该图层添加上图层蒙版，同时将路径抠取出来，在图像窗口中可以看到编辑的效果。

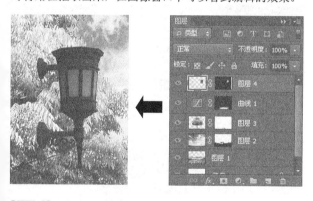

STEP 13 添加"投影"图层样式

双击"图层4"图层，打开"图层样式"对话框，在其中勾选"投影"复选框，为路灯添加上阴影效果，并对相应的选项进行设置。

STEP 14 利用色阶提高路灯的亮度

将路灯创建为选区，为其创建"色阶"调整图层，在打开的"属性"面板中依次拖曳RGB选项下的色阶滑块到11、1.55、149的位置。

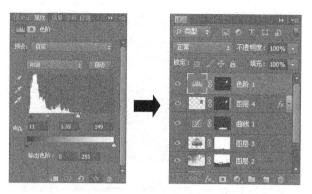

STEP 15 复制图层

对"图层4"和"色阶1"图层进行复制，得到相应的副本图层，并将复制的图层调整到"图层"面板的最顶端位置，方便对其进行编辑。

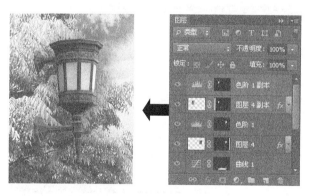

STEP 16 调整左边路灯的形态

对复制的路灯和色阶图层进行调整，将其放在大树的左侧，在图像窗口中可以看到编辑后的效果。

STEP 17 添加窗户素材

在"图层"面板中新建图层，得到"图层5"图层，将素材\15\26.psd文件复制到其中，并适当调整窗户的大小，将其放在大树的中间位置。

STEP 18 添加"外发光"图层样式

在"图层"面板中双击"图层5"图层，打开"图层样式"对话框，在该对话框中勾选"外发光"复选框，为图层应用上"外发光"效果，并对相应的选项组中的各个选项进行设置。

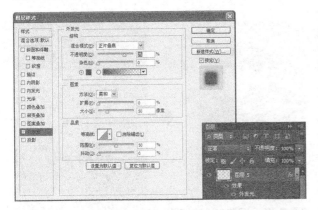

STEP 19 预览编辑效果

完成"外发光"图层样式的编辑后，在图像窗口中可以看到窗户与树木之间的融合更为真实。

STEP 20 复制"图层1"

选中"图层1"图层，按Ctrl+J快捷键进行复制，得到"图层1副本"图层，删除其图层蒙版，并将其拖曳到"图层"面板的最顶端位置，同时调整其大小。

STEP 21 编辑图层蒙版

使用"矩形选框工具"创建矩形选区，然后按"图层"面板下方的"添加图层蒙版"按钮，为"图层1副本"添加上图层蒙版，可以看到选区外的图像被隐藏了。

STEP 22 置入文件

执行"文件＞置入"菜单命令，在打开的"置入"对话框中选择素材\15\27.psd文件，将其置入到当前文件中，得到以文件名命名的智能图层。

STEP 23 调整文件大小并进行栅格化

置入27.psd文件后，右键单击图层，在其快捷菜单中选择"栅格化图层"命令，将其转换为普通图层，并适当调整图层中图像的大小，放在窗户的右下方。

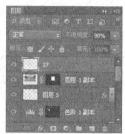

STEP 24 编辑图层蒙版

为包含楼梯的图层添加上图层蒙版，选择工具箱中的"画笔工具"，设置前景色为黑色，使用"画笔工具"在楼梯的下方进行涂抹，让楼梯与背景进行自然的融合。

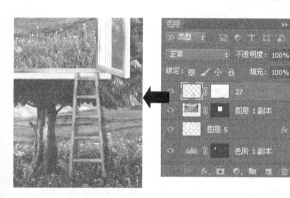

STEP 25 利用色阶调整影调

通过"调整"面板创建"色阶"调整图层，在打开的"属性"面板中依次拖曳RGB选项下的色阶滑块到0、1.04、228的位置，调整画面的影调。

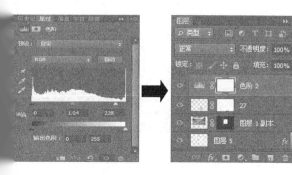

STEP 26 编辑图层蒙版

完成"色阶"调整图层的编辑后，设置前景色为黑色，使用"画笔工具"对调整过度的区域进行涂抹，隐藏对其应用的色阶调整，在图像窗口中可以看到编辑的效果。

STEP 27 设置"字符"和"段落"面板

打开"字符"和"段落"面板，分别对文字的字体、大小、字间距、横间距和对齐方式等进行设置，并调整文字的填充色为白色。

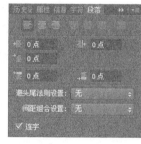

STEP 28 输入文字

完成"字符"和"段落"面板的设置后，使用"横排文字工具"在图像窗口中单击，输入所需的段落文字，在图像窗口中可以看到添加文字后的效果。

STEP 29　添加主体文字

打开"字符"和"段落"面板，分别对文字的字体、大小、字间距、横间距和对齐方式等进行设置，并调整文字的填充色为白色，使用"横排文字工具"在图像窗口中单击并输入所需的主题文字。

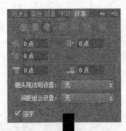

STEP 30　应用"投影"图层样式

在"图层"面板中双击主题文字图层，打开"图层样式"对话框，在该对话框中勾选"投影"复选框，为图层应用"投影"效果，并对相应的选项组中的各选项进行设置，让阴影的效果更加完美。

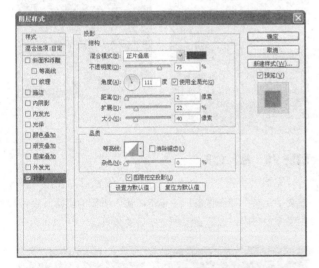

STEP 31　降低不透明度

完成"图层样式"对话框的设置后，在"图层"面板中将主题文字的"不透明度"设置为70%。

STEP 32　预览编辑效果

完成主题文字的编辑后，在图像窗口中可以看到文字处理后的效果。

知识提炼　"置入"命令

当新建或者打开文件后，执行"文件＞置入"菜单命令，可以将其他的文件置入到当前操作的文件中，执行该命令后将弹出"置入"对话框，在其中可以选择所需要置入的文件，如下图所示。

置入文件后，所选择的文件将出现在当前编辑的文件中，并且在图像上会出现一个自由变换框，通过这个自由变换框可以对置入的图像进行缩放、旋转等自由变换，确认变换后，置入的文件将会自动生成智能对象图层，以文件的名称进行命名，具体效果如下图所示。

15.6　大自然的精灵

　　精灵是具有灵性的虚构生物，本例中通过人物照片和植物素材的合成，将画面打造成梦幻的精灵效果。在制作的过程中利用图层蒙版将图像进行抠取，并结合调整命令对区域图像的颜色和影调进行协调和统一，让整体画面具有层次感和立体感，由此展现出栩栩如生的大自然精灵梦幻图。

素　材	素材\15\28、29、30.jpg，31、32.psd
源文件	源文件\15\大自然的精灵.psd

STEP 01　新建文档

　　运行Photoshop CS6应用程序，执行"文件＞新建"菜单命令，在打开的"新建"对话框中设置"名称"为"大自然的精灵"，并对其余的各个选项进行调整。

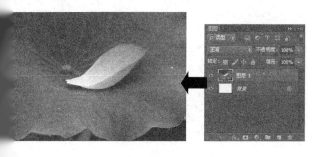

STEP 02　添加素材文件

　　新建图层，得到"图层1"图层，打开素材\15\28.jpg文件，将其复制到"图层1"中，并适当调整其大小，将其铺满整个画布。

STEP 03　添加素材文件

　　新建图层，得到"图层2"图层，打开素材\15\29.jpg文件，将其复制到"图层2"中，并适当调整其大小和位置，在图像窗口中可以看到编辑的效果。

STEP 04　编辑图层蒙版

　　使用"钢笔工具"沿着人物的轮廓创建路径，再通过"路径"面板将路径转换为选区，为"图层2"添加上图层蒙版，将人物抠取出来，在图像窗口中可以看到抠取的效果。

STEP 05　应用"投影"样式

双击"图层2"图层，在打开的"图层样式"对话框中勾选"投影"复选框，为其添加上阴影效果，并在右侧的"投影"选项组中进行相应的设置。

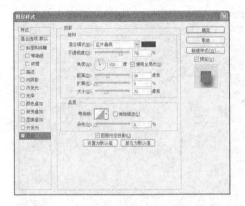

STEP 06　预览编辑效果

完成"图层样式"对话框的编辑后，单击"确定"按钮关闭对话框，在图像窗口中可以看到应用样式后的人物更加立体，其图像的下方呈现出自然的阴影效果。

STEP 07　调整人物的颜色

将"图层2"的图层蒙版载入选区，为其创建"色彩平衡"调整图层，在打开的"属性"面板中设置"中间调"选项的色阶值分别为-28、40、43，改变人物的颜色。

STEP 08　创建选区调整色彩平衡

使用"套索工具"将人物的衣服创建为选区，并进行适当的羽化，为其创建"色彩平衡"调整图层，在打开的"属性"面板中设置"中间调"选项的色阶值。

STEP 09　预览编辑效果

完成"色彩平衡2"调整图层的编辑后，在图像窗口中可以看到人物的衣服变成了绿色，与背景颜色更加统一。

STEP 10　调整衣服区域的色阶

再次将人物的衣服创建为选区，为其创建"色阶"调整图层，在打开的"属性"面板中依次拖曳RGB选项下的色阶滑块到47、0.90、218，增强衣服的层次。

STEP 11　增强衣服区域的对比度

再次将人物的衣服载入到选区中，为其创建"亮度/对比度"调整图层，在打开的"属性"面板中设置"亮度"选项的参数为2、"对比度"选项的参数为40，增强衣服的立体感，在图像窗口中可以看到编辑的效果。

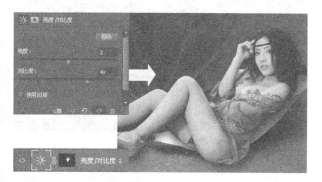

STEP 12　添加素材文件

新建图层，得到"图层3"图层，打开素材\15\30.jpg文件，将其复制到"图层3"中，并适当调整其大小，将其放在画面的右上方位置。

STEP 13　设置图层混合模式

完成素材大小和位置的编辑后，在"图层"面板中将"图层3"的图层混合模式设置为"滤色"，在图像窗口中可以看到蔓藤植物被抠取了出来。

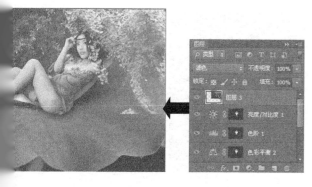

STEP 14　编辑图层蒙版

为了使植物的合成更加自然，还需要为"图层3"添加上白色的图层蒙版，然后使用黑色的"画笔工具"对蒙版进行编辑，让植物边缘的合成效果更加逼真。

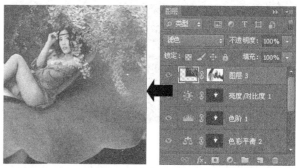

STEP 15　复制图层

选中"图层3"图层，按Ctrl+J快捷键得到"图层3副本"图层，对其进行水平翻转处理，并将其拖曳到画面的左侧，再使用"画笔工具"对蒙版进行编辑。

STEP 16　创建"色阶"调整图层

通过"调整"面板创建"色阶"调整图层，在打开的"属性"面板中依次拖曳RGB选项下的色阶滑块到60、0.86、245的位置，对全图的影调进行调整。

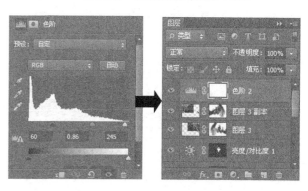

STEP 17　编辑图层蒙版

选择工具箱中的"画笔工具"，将前景色设置为黑色，使用"画笔工具"在调整过度的区域进行涂抹，对"色阶"调整图层的蒙版进行编辑，在图像窗口中可以看到编辑的效果。

STEP 18　添加素材文件

新建图层，得到"图层4"图层，打开素材\15\31.psd文件，将其复制到"图层4"中，并适当调整其大小，将其放在画面的右下角位置。

STEP 19　应用"外发光"样式

双击"图层4"图层，在打开的"图层样式"对话框中勾选"外发光"复选框，为其添加上外发光效果，并在右侧的选项组中进行相应的设置，可以看到花朵更有立体感。

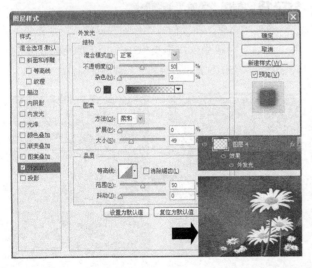

STEP 20　添加素材文件

新建图层，得到"图层5"图层，打开素材\15\32.psd文件，将其复制到"图层5"中，并适当调整其大小，将其放在画面的左下角位置。

STEP 21　应用"投影"样式

双击"图层5"图层，在打开的"图层样式"对话框中勾选"投影"复选框，为其添加上阴影效果，并在右侧的选项组中进行相应的设置，可以看到植物显得更加立体。

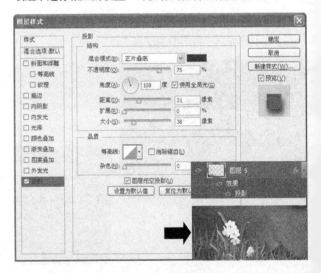

STEP 22　创建"照片滤镜"调整图层

通过"调整"面板创建"照片滤镜"调整图层，在打开的"属性"面板中选择"滤镜"下拉列表中的"水下"选项，并拖曳"浓度"选项的滑块到64%的位置。

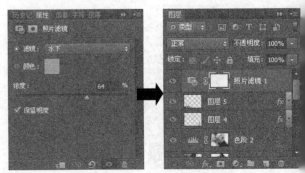

STEP 23　编辑图层蒙版

选择工具箱中的"画笔工具"，将前景色设置为黑色，使用"画笔工具"在人物的皮肤上进行涂抹，对"照片滤镜"调整图层的蒙版进行编辑，在图像窗口中可以看到编辑的效果。

STEP 24　设置"画笔"面板

选择"画笔工具"，打开"画笔"面板，在基本设置中选择"柔边圆"画笔样式，并调整"间距"为100%，接着勾选"形状动态"复选框，对"大小抖动"、"最小直径"和"角度抖动"的选项进行设置。

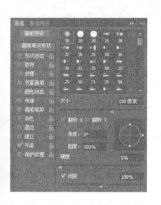

STEP 25　设置"画笔"面板

继续在"画笔"面板中进行设置，勾选"散布"复选框，对"散布"、"数量"和"数量抖动"选项的参数进行调整，接着勾选"传递"复选框，设置"不透明度抖动"为100%、"流量抖动"为0%。

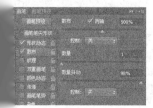

STEP 26　绘制白色闪光点

设置前景色为白色，并在"画笔工具"的选项栏中进行设置，在"图层"面板中新建图层，得到"图层6"图层，使用设置好的"画笔工具"在图像窗口中进行绘制，添加上白色的闪光点，在图像窗口中可以看到画面显得更加梦幻。

STEP 27　创建选区并填色

新建图层，得到"图层7"图层，使用"椭圆选框工具"创建选区，并将其填充为白色，在"图层"面板中设置"图层7"的不透明度为50%。

STEP 28　制作气泡效果

为"图层7"添加图层蒙版，并保存选区的选取状态，对其进行150像素的羽化，设置背景色为黑色，选中"图层7"的图层蒙版，按Delete键删除选区内图像。

STEP 29　复制气泡图像

　　完成气泡图像的编辑后，选中"图层7"图层按Ctrl+J快捷键得到"图层7副本"图层，并适当调整气泡的大小和位置，在图像窗口中可以看到编辑的效果。

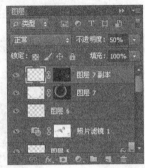

STEP 30　创建"曲线"调整图层

　　通过"调整"面板创建"曲线"调整图层，在打开的"属性"面板中单击中间调区域添加一个控制点，设置该控制点的"输入"为159、"输出"为111。

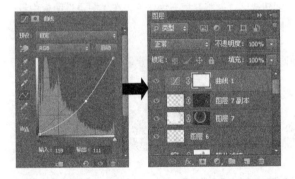

STEP 31　编辑图层蒙版

　　将"曲线"调整图层的蒙版填充为黑色，设置前景色为白色，使用"画笔工具"在画面下方的植物位置进行涂抹，对"曲线"调整图层的蒙版进行编辑，让画面更具层次感。

STEP 32　添加暗角

　　创建带有一定羽化效果的椭圆形选区，然后将选区进行反向选取，接着为选区创建"颜色填充"图层，设置填充色为黑色，为画面添加上暗角效果，让主体更加突出。

STEP 33　增强画面亮度和对比度

　　通过"调整"面板创建"亮度/对比度"调整图层，在打开的"属性"面板中设置"亮度"选项的参数为10、"对比度"选项的参数为20，提高画面的亮度和对比度。

STEP 34　添加边框效果

　　使用"矩形选框工具"创建矩形选区，然后将选区进行反向选取，接着为选区创建"颜色填充"图层，设置填充色为黑色，并调整"不透明度"为50%，为画面添加上边框。

STEP 35　添加文字

使用"横排文字工具"在图像窗口中单击并输入所需的文字，在"字符"和"段落"面板中对文字的属性进行设置，调整文字的颜色为白色，让画面内容更加丰富。

STEP 36　转换为智能图层

按Ctrl+Shift+Alt+E快捷键盖印可见图层，得到"图层8"图层，执行"图层>智能对象>转换为智能对象"菜单命令，将"图层8"图层转换为智能图层。

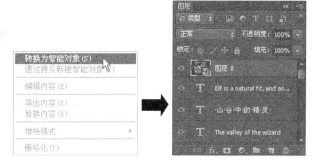

STEP 37　应用"减少杂色"滤镜

执行"滤镜>杂色>减少杂色"菜单命令，在打开的对话框中设置"强度"为5、"保留细节"为30%、"减少杂色"为50%、"锐化细节"为70%，完成设置后单击"确定"按钮即可。

STEP 38　预览编辑效果

完成对"图层8"图层的降噪处理后，可以看到画面更加整洁，同时"减少杂色"滤镜将以子图层的方式显示。

知识提炼　智能对象

"智能对象"图层是Photoshop CS3版本后新增的一种功能，它可以对图像实现无损编辑，而不影响源图像的画质，保留源图像中所有的特性。

选中图层后，执行"图层>智能对象>转换为智能对象"菜单命令，就可以将该图层转换为智能图层，同时在图层缩览图的在右方显示智能图标。对智能图层应用效果后，会在图层的下面产生像"图层样式"一样的子选项，可以使用"开启或关闭"眼睛图标来显示或不显示该图层的滤镜效果，并且多个效果可以重复叠加，如下图所示。

将普通图层转换为智能图层后，可以对图层应用多种效果，而不会对源图像有任何改变。当对智能对象图层进行放大或缩小操作之后，该图层的分辨率不会发生变化；而普通图层进行缩小操作后，再进行放大变换，就会发生分辨率的变化，从而损失图像的质量，但是智能图层具有同步智能功能，即使对图像进行多次大小变换操作，也不会造成图像质量的损失。

如果将要创建的智能图层转换为普通图层，可以在"图层"面板中右键单击智能图层，在弹出的菜单命令中选择"栅格化图层"命令即可。